彩图 −1

彩图 −2

彩图 −3

彩图 −4

彩图 −5

彩图 −6

彩图 −7

彩图 -8

彩图 -9

彩图 -10

彩图 -11

彩图 -12

彩图 -13

彩图 -14

彩图 −15

彩图 −16

彩图 −17

彩图 −18

彩图 −19

彩图 −20

彩图 −21

彩图 −22

彩图 –23

彩图 –24

彩图 –25

彩图 –26

彩图 –27

彩图 –28

彩图 –29

彩图 −30

彩图 −31

彩图 −32

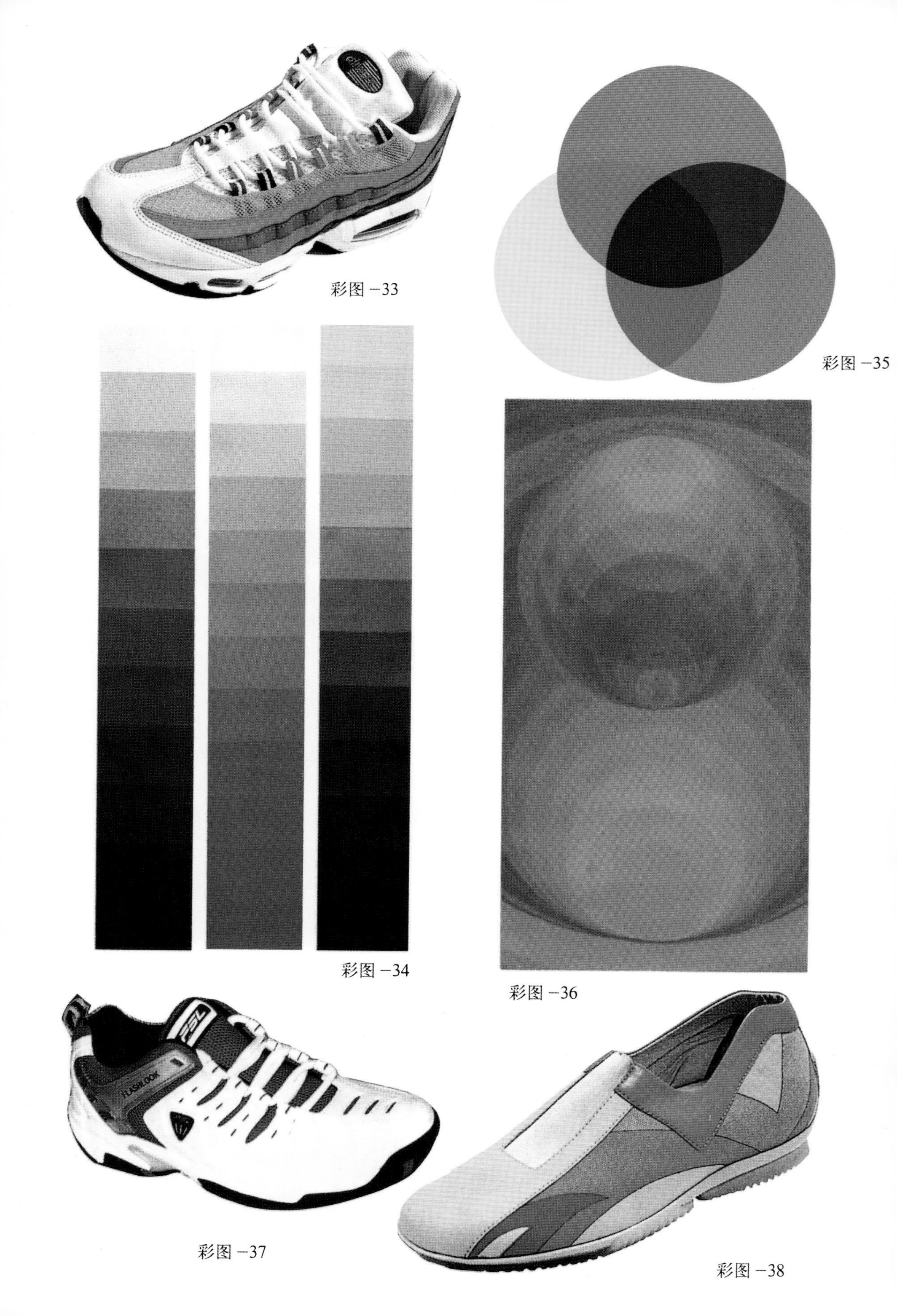

彩图－33

彩图－34

彩图－35

彩图－36

彩图－37

彩图－38

彩图 −39

彩图 −40

彩图 −41

彩图 −42

彩图 −43

彩图 −44

彩图 −45

彩图 −46

彩图 −47

彩图 -48

彩图 -49

彩图 -50

彩图 -51

彩图 -52

彩图 -53

彩图 -54

彩图 -55

彩图 -56

彩图 -57

运动鞋的设计与打板

高士刚
刘玉祥 编著

中国轻工业出版社

图书在版编目（CIP）数据

运动鞋的设计与打板/高士刚，刘玉祥编著．—北京：中国轻工业出版社，2024.1
ISBN 978－7－5019－5132－1

Ⅰ．运…　Ⅱ．①高…②刘…　Ⅲ.运动鞋－设计
Ⅳ.TS943.74

中国版本图书馆CIP数据核字（2005）第116076号

内容简介

《运动鞋的设计与打板》一书分为上、下两篇，共计十五章。上篇介绍了运动鞋的设计基础、结构设计和打板的操作过程，重点讲解了制备半面板的方法和基线设计法，其中的基线设计法可以帮助你改变思维方式，从仿制的束缚下解脱出来。下篇阐述了大设计的观念，并通过造型和色彩在运动鞋上的应用，分析了仿型设计、改样设计、底配帮设计以及创意设计，为学习不同的专业运动鞋设计打下了基础。本书是为高职院校鞋类设计的专业课程而编写的，经过在广州白云学院和福建三明学院的应用，受到广泛欢迎。本书也可供广大的制鞋科技人员，工厂的技术人员、管理人员进行学习、阅读和参考。

责任编辑：李建华　陈　萍　杜宇芳
策划编辑：李建华　责任终审：孟寿萱　封面设计：艾　维
版式设计：马金路　责任校对：李　靖　责任监印：张　可

出版发行：中国轻工业出版社（北京鲁谷东街5号，邮编：100040）
印　　刷：三河市万龙印装有限公司
经　　销：各地新华书店
版　　次：2024年1月第1版第12次印刷
开　　本：787×1092　1/16　印张：19.25
字　　数：472千字　插页：4
书　　号：ISBN 978-7-5019-5132-1　定价：58.00元
邮购电话：010－85119873
发行电话：010－85119832　010－85119912
网　　址：http://www.chlip.com.cn
Email：club@chlip.com.cn
如发现图书残缺请与我社邮购联系调换
232420K4C112ZBW

前言

近年来运动鞋的生产得到了很大的发展，这是有目共睹的，但是由于发展得太快，还没有像皮鞋那样经受时间的打磨，所以设计的总体水平并不太高。一方面表现在设计者基础知识比较差，另一方面表现在创新的能力低。就目前而言，有关运动鞋与运动鞋楦的标准都是针对胶鞋制定的，与现在流行的运动鞋相差甚远，理论的滞后必然会有碍产品的设计和开发。

就鞋类的设计而言，本质上都是相通的，本书通过脚型规律的应用，引申出运动鞋的设计原理；通过造型规律的应用，引申出设计的概念；其目的是想抛砖引玉，搞好运动鞋设计的理论知识建设。

上篇的内容，以技术设计为主，讲述了如何找设计点、如何制备半面板、如何确定设计参数、如何利用基线设计法进行结构设计、如何取跷，以及如何打板的详细过程。本书中的基线设计法，是一种新的结构设计法，本身就是脚型规律的直接应用。这种方法改变了利用测量尺寸进行仿制的思维模式，可以充分发挥创造性的想象，并以结构图的形式表现出来。这是一种机动灵活、“以不变应万变”的简洁方法，对传统的仿制方法也能包容，但更主要的是用来进行创新设计。

下篇的内容，以艺术设计为主，通过分析造型、色彩在运动鞋上的应用，阐述了大设计的观念，以市场调查为起点，从设计的前期创意设计开始，到设计的中期结构设计、再到设计的后期生产与营销，形成了一个往复循环的系统，“设计”就在往复循环中不断地完善和提升。通过市场调查确定设计目标、通过设计定位进行创新设计、通过结构设计试制样品、通过生产把样品变成产品、通过营销把产品变成商品、通过商品出售再进行第二轮的市场调查，这些过程都包含在大设计的范畴。有了大设计的概念，不管是生产还是管理、不管是开发还是营销，大家所做的都是同一件“设计”工作，每个人都能在“设计”工作中找准自己的位置。

本书中引用的“5W”市场定位法，对于仿制来说没有任何的价值，但是对于设计来说，是一种很实用的方法。鞋类的设计，就是根据需要把创造性的想象以具体的鞋的形式表现出来的过程。本书还介绍了常用的改样设计法、底配帮设计法以及创意设计的思维方法，并通过对专业运动鞋的设计练习，加深对创意思维的认识，提高设计的水平。

在本书的编写过程中，得到扬州广陵学院、邢台军需学院、广州白云学院、福建三明学院以及《中国皮革》杂志社的大力帮助，在此一并表示感谢。

作者

2005．8．

目录

上篇　运动鞋的设计基础

下篇 运动鞋的设计

上篇　运动鞋的设计基础

第一章　运动鞋的概述

运动鞋，顾名思义是指在体育运动时穿用的鞋，这里的体育运动既包括竞技比赛运动、赛前的训练运动，也包括日常生活中的休闲、漫步、健身、旅游等体育活动。

在鞋的分类中，运动鞋应该属于哪种类型的鞋呢？我国传统的鞋类是依据制鞋的主要材料来划分的，有以皮革材料为主的皮鞋、以橡胶材料为主的胶鞋、以布料为主的布鞋、以塑料为主的塑料鞋，通常把皮、胶、布、塑鞋统称为“四鞋”。这四种鞋类，不仅在材料上有很大的区别，在鞋的结构、加工方法、功能款式上也有很大的区别。早期的运动鞋大都是布面胶鞋，属于胶鞋的范畴；现代的运动鞋可称为是后起之秀，用人工合成材料做鞋底、用人工合成材料做帮，在传统的四鞋中当然找不到它的位置。但是从目前的生产规模、市场占有率、出口规模以及发展趋势来看，运动鞋足可以与四鞋中的任一种鞋类相抗衡，把运动鞋称为第五类鞋也不过分。从生产运动鞋帮的主要材料看，主要有聚氨酯合成革、聚氯乙烯人造革、超纤革以及无纺布等，都是一些人工革，把运动鞋称为人工革鞋或许更贴切些，用天然革材料生产的运动鞋所占比例太少了。运动鞋的生产工艺已经成熟，特别是在鞋的结构、款式、功能、色彩搭配的变化上，已经具有自己的特色而自成一族、独树一帜，非往常的四鞋所能相比，把运动鞋单独分成一大类也未尝不可。如果按材料把鞋划分成五类的话，它们应该是皮、胶、布、塑、革五大鞋类。

第一节　运动鞋的发展简介

人类起源大约在400万年前，“现代人”只不过有100万年的历史。其间人类为了生存去狩猎或逃避灾害总是在奔跑，奔跑就成了人类的天然本能，那时人的各种活动都是光着脚的，并没有什么运动鞋。

人类的第一双鞋是用皮制成的脚的包裹物，在奔跑中起着保护脚的作用，而后又有了用植物的茎皮编制的草鞋。不过在公元前800年的古希腊，赛跑虽然已成为规定的运动项目，但人们还是在光着脚跑步。公元前776年在希腊首次奥林匹克运动会上，长跑的获胜者也是光着脚跑步，看来人类对运动鞋的需求还有一个认知的过程。有一件与运动有关的事件应该记住：公元前490年，希腊军队在马拉松平原击退波斯王军队的入侵，为了把这个胜利的消息尽快告诉雅典人民，一名善跑的战士菲迪皮茨（Pheidippides）从马拉松一直跑到雅典，冲进雅典议会高呼胜利——Nike！由于筋疲力尽战士随即死去，为了纪念他的英雄事迹，在1896年的第一届现代奥运会上，举行了首次马拉松比赛。公元前480年，在女子赛跑中，有些人光着脚，有些人穿着草鞋，这些草鞋能不能算是最早的运动鞋？在以后的12个世纪里，“运动鞋”没有什么重要的进展，一直到1714年英国爱尔兰举办的女子比赛中，跑者们仍然是赤裸着双脚。

1736年，橡胶首次用于商业上，用粗制的橡胶做成鞋袜，用来保护双脚防止蛇虫叮咬。1839年发明了橡胶的硫化工艺，使橡胶的性能得到很大的改善。1850年才出现橡胶底，1868年第一双帆布面橡胶底的“轻便运动鞋”在美国面市，这种鞋的价格在当时比皮鞋或皮靴高一倍，备受人们的重视。1870年，轻便运动鞋演变成网球鞋。在20世纪初，橡胶帆布鞋普遍为孩子们所穿，在20年代网球运动开始变得越来越受欢迎时，成年人也开始接受这种鞋。到了30年代，掀起了一股健康与舒适热，于是这种软底鞋就成了休闲、运动与娱乐时普遍穿的流行鞋了。橡胶底以其高弹性和高耐磨性，在运动鞋的生产中一直起着重要的作用。

1868～1895年间，徒步锻炼的长跑比赛得到蓬勃发展，在美英成为非常普遍的运动，许多职业运动员都穿着高帮皮靴，皮底坚实，有皮鞋跟，少数人穿低帮皮革鞋，几乎没有人穿轻便运动鞋，当时的观念是“硬性的外底可以保持双脚的稳定和平衡”，与现代的轻软有弹性的护脚观念是截然不同的。市场上出售的大部分是钉跑鞋，其余的少数是强力跑鞋。所有这些跑鞋的式样基本相同：用袋鼠皮作帮面，有1in（2.54cm）的皮鞋跟，皮底、楦型加宽，鞋帮上有7对鞋眼，鞋带几乎系到鞋尖。1908年，美国Spaulding公司的制鞋专家专门设计制作了第一双长跑鞋，选用的是优质皮革，采用手工缝制，高帮大后跟配橡胶底，不过鞋很重，每双鞋重达2lb（1lb = 0.45kg），为的是耐磨耐穿。这种长跑鞋与现代的长跑鞋是不能相提并论的，不过运动鞋的厂商已经认识到长跑鞋中某些特殊结构的设计是非常重要的。

1917年，第一双Converse的“全明星篮球鞋”问世，这是一双盖及脚面、高及脚踝的球鞋，但在上市之初却没有引起人们的注意，而后经过前球员 Chuck Taylor 到处推销宣传，几经改进，最终成为一种备受欢迎和长期流行的产品。在 20 世纪 80 年代，这种鞋有 200 多种不同的款式、50 多种颜色，当时差不多有 93% 的美国人都拥有一双这种鞋。Taylor 的签名也印在商标上，这种鞋被称为“卡克斯”鞋，是有史以来第一次由一名球员支持而推广的一种运动鞋，开了明星做鞋类广告的先河。

1924 年是运动鞋开始走向繁荣昌盛的年代，阿道夫·达斯勒（Adolph Dassler）和鲁道夫·达斯勒（Rudolph Dassler）兄弟俩在德国设厂生产运动鞋，以“达斯勒兄弟”为品牌，他们设计的运动鞋包含了许多新概念，例如为加速系带研发的 C 型鞋扣、具有足穹支撑功能的系带设计、系脚侧带及弓形垫等。据报道，这兄弟俩所扮演的角色就像是专业发明家，“达斯勒兄弟”已成为全球知名品牌，在 1936 年的柏林奥运会上，他们的田径鞋在这一领域里已达到了顶峰，在 1941 年出现的带有三道杠式样的跑鞋，现在已成为经典的标志。后来兄弟俩分道扬镳，阿道夫创立了阿迪达斯（Adidas）品牌，变形的三道杠成为令人瞩目的商标；鲁道夫创立了彪马（Puma）品牌，矫健的美洲豹商标造型叫人爱不释手。

1930 年，曾有位英国退休的 75 岁老鞋匠定居美国，大家都叫他“老头儿律金”。他专心于长跑鞋的设计，曾设计了第一双在鞋的侧面系带的跑鞋，从而解除鞋带对脚面的压力，并能使鞋帮灵活地贴伏在脚背上。鞋跟设计没变化，鞋后帮设计得较低以防擦伤，主跟柔软，鞋内有弓形垫。这种风格一直持续到 20 世纪 40 年代末。

1950 年，日本鞋商正式进入跑鞋市场，当时有位日本运动员穿了一双日本的名牌——虎牌运动鞋在波士顿的马拉松比赛中获胜，叫美国人非常眼红。这种鞋实际是日本木屐鞋的变种，大拇指与其它四趾分开，布料制成的帮面，配有附着力很强的橡胶外底，穿着非常轻软。由于虎牌跑鞋继承了跑鞋的传统式样，在 1960 ~ 1967 年间，成为美国最畅销的产品。

1967 年，虎牌运动鞋提出了全尼龙帮面，尼龙不仅耐穿，使鞋身变轻，而且便于洗涤，在以后的几年里，所有的跑鞋几乎都换上了尼龙帮面。尼龙帮面实际上是由美国的径赛教练 Bill Bowerman 和运动员 Phil Knight 所开发的，当时他们正在虎牌厂工作，不过后来就建立了自己的耐克公司。第一双采用“耐克”这一名字的运动鞋是生产于 1971 年的一双足球鞋，想出这个名字的是他们的另一个叫 Jeff Johnson 的队员。Jeff Johnson 在 1970 年开发的中底垫，现在已成为运动鞋减震的一大特点，最早的耐克鞋就正式采用了这种中底垫。早期的运动鞋底非常简单，多半是一块带有止滑底纹的薄橡胶片，Bill Bowerman 先生在家里通过用做威化饼的模子加热聚氨酯，试验成了沿用至今的威化底（Waffle Sole），这种鞋底是一种发泡底，重量轻，附着力强，可以牢牢地抓住地面，并且有很好的减震作用。1972年生产了第一双带有这种威化底的网球鞋，随后许多运动明星都穿带有威化底的耐克鞋参加比赛，1974年网球明星 Jimmy Connores 穿着耐克网球鞋赢得了温布尔登网球公开赛和美国网球公开赛的冠军，那个勾形的商标开始成为国际上的知名品牌，特别是1985年篮球新手迈克尔·乔丹与耐克公司签约，诞生了“飞人乔丹”篮球鞋，这款鞋又一代代演变下去，形成了系列化的产品，成为令收藏者着迷的宠物。

1973年，Adidas 用硬主跟代替了盛行一时的软主跟和半软主跟，于是引出了“跟位控制”的观念。1974年，EVA 材料面世，这是一种封闭式的微孔泡沫材料，比微孔橡胶还轻，并且减震性能更好，Brooks 公司用它来做轻质鞋垫，目前已成为运动鞋垫的主要材料。1975年，New Balance 公司采用了底部加宽的鞋跟，后跟座的加宽可以使鞋穿起来变得更为稳定可靠，防护作用强，今天这已成为运动鞋的一大特色。1977年，有“正形垫时代”开始的说法，所谓正形垫，就是用来支撑或平衡脚的一类软弓垫或是符合脚型的内底托，Brooks 公司是第一批摆脱传统、镶入弓形鞋垫的厂商之一，今天使用正形鞋垫已经习以为常了。1978年，当销售员发现健美班的女士们穿的竟然是男式运动鞋时，Reebok 公司就推出了专为女士们设计和生产了灵巧的新款运动鞋。1979年，耐克公司采用了商业上行得通的空气底——气垫鞋，由此一发而不可止。名牌运动鞋之所以出名，不是取决于投放了多少广告费，而是看你有没有创新。

1990年以后，各种类的运动鞋纷纷上市，科技含量也逐渐增加，特别是在外观的装饰与色彩的变化上，越来越让人眼花缭乱。运动鞋已不仅仅是用来运动时穿，他们已经成为街上的时髦宠物，收藏运动鞋就像收藏邮票一样惹人着迷。

我国的运动鞋发展虽然起步比较晚，但是赶上了改革开放的好时机，从来料加工开始一路打拼，最终也有了自己的龙头企业和拳头产品。短短的十几年，我国已经发展成为世界鞋类生产的大国、出口的大国、消费的大国，摆在眼前的任务是如何使大国转变成为一个强国。国内的许多产品目前还处在摹仿抄袭的阶段，同质化现象严重，盖住了商标就分不出彼此。为什么？因为没有自己的设计师为自己设计产品，也不会有自己的特色。无论是造型设计，还是结构设计，不管是功能设计，还是工艺设计，都需要设计师去完成。如果说没有创新就没有发展，那么没有设计师的创新，也就不可能有自己的品牌！

作业与练习

1. 通过运动鞋的发展简介来分析“创新”在树立品牌中所起的

作用。

2. 收集整理一些国外品牌鞋商标和国内一些知名企业的商标。

3. 分析一款你喜欢的运动鞋，你喜欢的内容是什么？

第二节　运动鞋的结构

结构是指各个组成部分的搭配和排列。对于运动鞋来说，它的组成是由鞋帮和鞋底两大部分构成的，鞋帮又由帮面和帮里搭配而成，帮面又由前帮、后帮等部件按照一定的规律排列起来，而鞋底同样也是由中底、外底等部件按照一定要求组合起来的。结构是成品鞋的骨架，了解了运动鞋的结构也就了解了运动鞋的内在实质，也就为运动鞋的设计打下了良好的基础。

一、运动鞋的款式结构特点

从第一双轻便运动鞋的问世，到现代亚洲飞人的“红色魔鞋”的出现，尽管运动鞋的款式在千变万化，但运动鞋的结构却很简单。较早时期的运动鞋，款式上以内耳式和外耳式结构为主，较典型的代表是风靡一时的白球鞋和篮球鞋。参见图 1-1。

图 1-1　早期内耳式白球鞋与外耳式高帮篮球鞋

图中的白球鞋是用白色的帆布作鞋面，配以平跟橡胶底，以前打网球、打排球、跑步、划船、体操、跳绳、春游等活动都穿这种鞋。篮球鞋是打篮球时穿用的，高筒帆布面鞋帮，厚厚的橡胶底，非常漂亮，在白球鞋一统天下的年代，篮球鞋就是一种高贵典雅的代表。即使是现在，当运动鞋不再仅仅是用于运动场合时，它们已经成为人们流行的饰品。在20世纪70～80年代流行的训练鞋，是一种外耳式结构运动鞋，不过这种训练鞋的科技含量已大大高于早期运动鞋，参见图1-2。

图1-2　流行一时的校园跑鞋

随着人们对体育运动的深入研究，对运动的必要装备——运动鞋提出了更高要求。现在前开口式结构运动鞋已成为运动鞋的主流，这种结构更有利于调节束脚的舒适度，有利于脚腕、跖趾关节的运动，有利于创造更高、更快、更好的运动成绩。下面以普通的前开口式运动鞋为例来进行结构说明，参见图1-3。

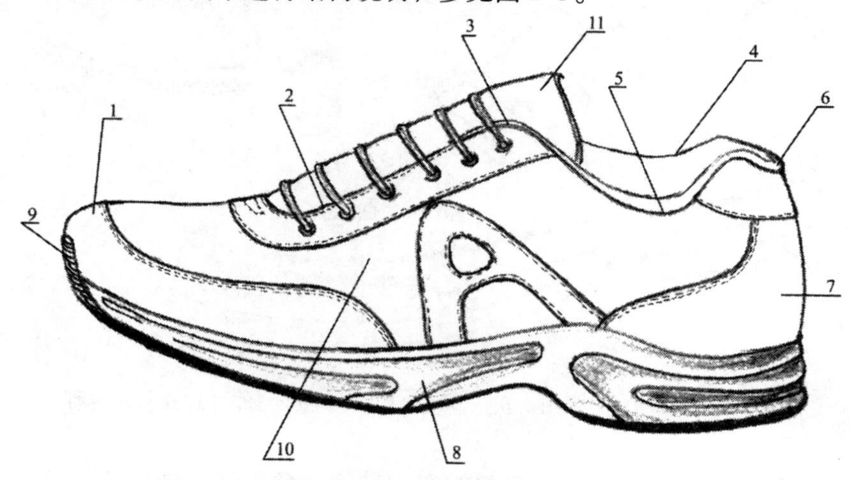

图1-3　前开口式运动鞋的结构

1—鞋头位置　2—前开口位置　3—脚山位置　4—领口位置　5—足踝位置
6—后踵高度位置　7—鞋后跟位置　8—鞋底　9—鞋底舌　10—鞋身　11—鞋舌

不同款式的运动鞋，部件的多少、部件的外形、部件的装饰等都会有变化，但运动鞋的前开口式结构，决定了其结构基本造型。由于前开口位置很靠前，也就决定了运动鞋结构设计的简捷性，它不用像满帮鞋那样进行跷度处理，而更像浅口鞋那样可以把跷度直接处理在模板上，在后面的设计中将专门探讨这个问题。

当运动鞋进一步贴近生活时，运动休闲鞋、运动凉鞋应运而生，同时也引进了封闭式结构和透空式结构，参见图 1-4，这不仅增加了运动鞋花色品种的变化，更重要的是给了我们一种启示：变化是绝

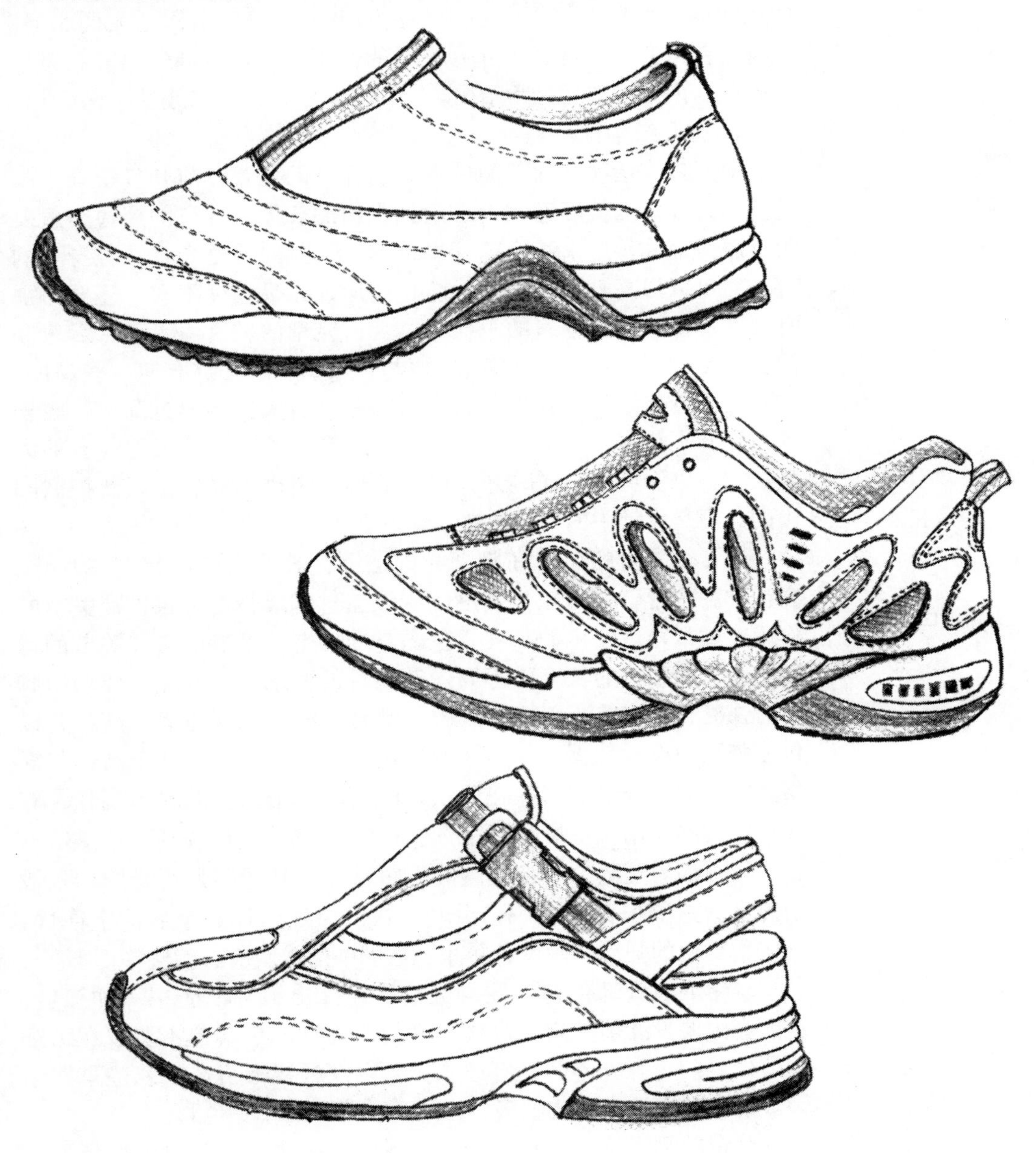

图 1-4　运动休闲鞋的封闭式结构和透空式结构

对的，不变是相对的，鞋的结构可以变，造型也可以变；鞋的色彩可以变，材质也可以变；为了满足不同项目的运动要求，鞋的功能也可以变，加工方法也可以变。掌握运动鞋的基本结构，也正是为了以后在设计中进行不断的变化立下根基。

综合起来，运动鞋经历了内耳式、外耳式、前开口式、封闭式、透空式等一系列变化。

二、运动鞋帮面结构的特点

运动鞋的帮面结构主要是由鞋身和各种帮部件组成，不同品种的运动鞋虽然在外观上、功能上差别很大，但在结构上大同小异。鞋身是鞋帮的主体部件，起到支撑的作用，各种帮部件附着在鞋身上，最后形成完整的鞋帮结构。

1. 鞋帮结构分析

前开口式运动鞋的帮面中央是前开口的位置，前开口正处于脚的背部，开口的长度通常为口门到脚山的长度，开口的周边一般要设计眼盖部件，用来稳定前开口结构。眼盖部件是重合在鞋身上的部件，可以提高鞋口的强度，防止变形，如果强度不够，还要另加补强的部件。在前开口的下面是鞋舌，典型的鞋舌由舌面、舌里和泡棉三层构成，有一定的厚度，设计口门时要适当增加一些高度，这有利于鞋帮贴楦。脚山的高度与绑鞋带有关，脚山过高，鞋腔松弛，穿着不舒服，绑带也困难；脚山过低，造成鞋带束缚脚背的力量加大，也不舒服，同时开口过大的鞋外观也不好看，因此控制脚山的高度是设计中的一个重要知识点。

鞋帮后领口的位置在脚踝骨的上下，长度自脚山起到眉片止。高帮鞋和中帮鞋的后领口高度，应该盖过脚踝骨，有保护踝关节的作用，矮帮鞋后领口的高度要在踝骨球之下，不能妨碍踝关节的运动功能。后领口的长度随不同运动项目的要求有所变化，要求缚脚能力强时，长度略小，要求脚腕活动自如时，长度略大。高帮鞋以包住脚腕为设计依据，与矮帮鞋的设计不同。中帮鞋介于高帮与矮帮之间，取长补短。眉片在后领口的后端，用软质的材料制作，有保护筋腱的作用，再加上眉片的造型变化，也调节了鞋子的情趣。

鞋帮的后踵部位包裹住脚的后跟，影响到穿鞋是否稳固。一般情况下后踵部位都设计一个后套，在内层还设计一个后港宝部件，用于增加鞋的强度和硬度，防止在运动中造成崴脚、磕碰等伤害。

鞋帮的前头部位包裹住脚趾，常设计出各种前套来增加强度，在前套内要设计前港宝提高防护功能。前套的后端位不要取在跖趾关节处，防止有碍脚的不舒适感觉，以及频繁弯折造成线迹早期断裂。前套的造型变化比较多，为运动鞋增添了不少色彩。

鞋帮的侧身位置面积比较大，视野空间也大，是设计商标、装饰片的有利位置，运动鞋的丰富多彩的变化，与腰身的装饰作用有很大的关系。参见图 1-5 至图 1-7。

图 1-5　矮帮慢跑运动鞋

图 1-6　中帮篮球运动鞋

图 1-7　高帮登山运动鞋

2. 鞋身的类型

运动鞋的鞋身，可以分成三种类型：即整片式鞋身、两片式鞋身和两截式鞋身。

整片式鞋身也叫做全片式鞋身，是指里、外怀鞋身在背中线位置连成一体的结构类型，参见图 1-8。

图 1-8　整片式鞋身

典型的整片式鞋身是没有断帮位置的，后弧的中线采用拼缝的方法连接。但有时考虑到取板的方便，或为了节省材料，也可以在里怀一侧或里外怀两侧进行断帮，断帮位也可以有前后的变化。设计时要注意，断帮线是不能外露的，经常被掩藏在侧饰片部件之下。图 1-8 中的侧饰片，既有装饰作用，又有掩盖断帮线的作用。

两片式鞋身是指鞋身在背中线位置断开，形成里、外怀两片的结构类型。这种鞋身制取方便，也便于材料套划，比较省料，在背中线位置常用一个条形部件来掩盖断帮线，参见图 1-9。

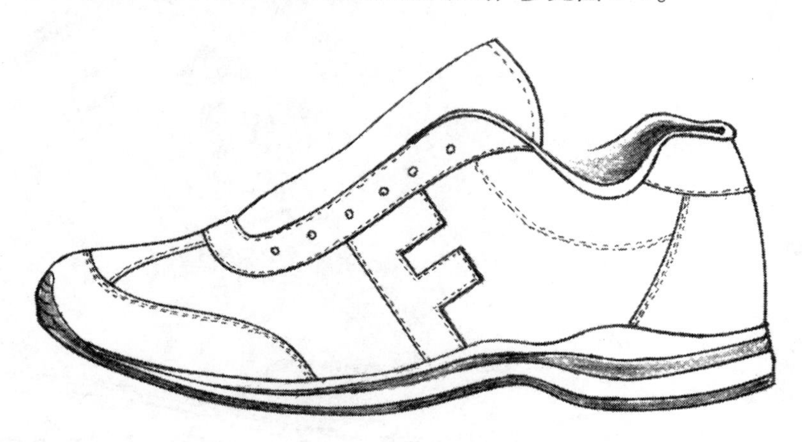

图 1-9　两片式鞋身

图 1-9 中是采用 T 型前套来掩盖断帮线的。

两截式鞋身也叫做双羽式鞋身，是由鞋头和两翼组合成的，专门用于外耳式结构运动鞋。由于外耳式结构的开闭功能和缚脚能力优于前开口式结构，所以在运动鞋中很常见，参见图 1-10。

图 1-10 两截式鞋身

3. 主要的帮部件

运动鞋的帮部件比较多，有时多达十几件，但从种类上区分，主要有眼盖、前套、眉片、后套和侧饰片五种主要帮部件。

（1）眼盖：眼盖是位于前开口周边的一种部件，鞋眼的孔位安排在眼盖上。眼盖的前端是口门位置，眼盖的后端是脚山位置。眼盖也被叫做眼套、眼片、护眼，名称虽不同，含义是相同的。眼盖的结构有整眼盖和断眼盖的区别，参见图 1-11。

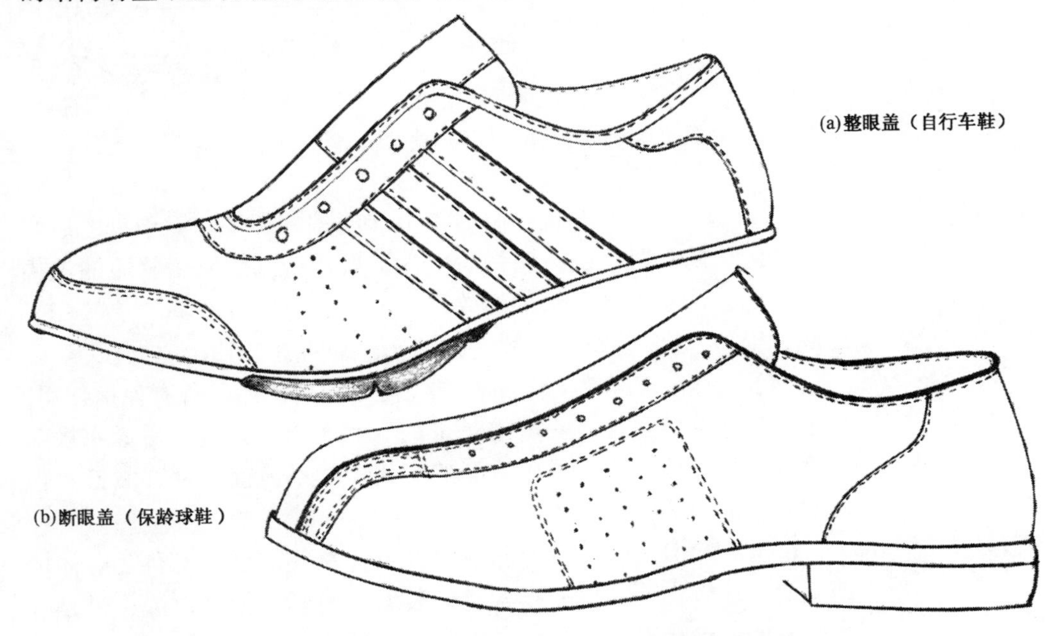

图 1-11 整眼盖自行车鞋（a）与断眼盖保龄球鞋（b）

（2）前套：前套是位于鞋头位置的一种部件，对脚趾有保护作用。前套也被叫做前片、前包头、鞋头、外头、头环等，为了加强前套的强度，一般采用双针缝纫机车出双线迹。前套的外形变化比较多，常依据类似的字母形状来命名，例如有 C 形前套、T 形前套、D 形前套、W 形前套、G 形前套、I 形前套和 Y 形前套等，参见图1-12。

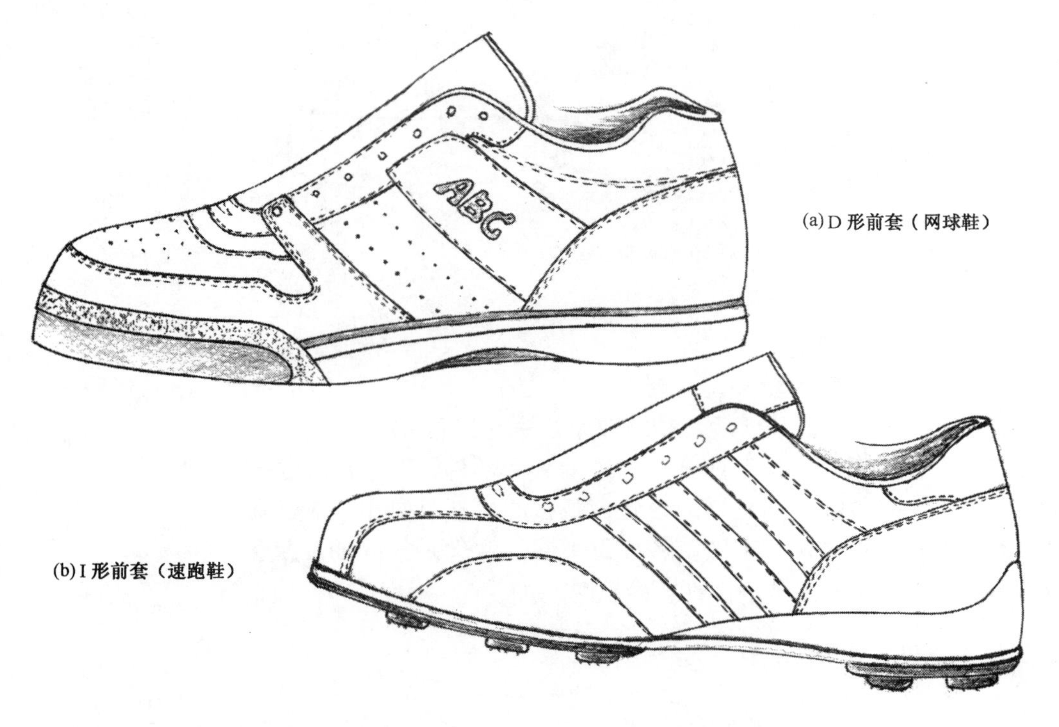

图 1-12　D 形前套网球鞋（a）与 I 形前套速跑鞋（b）

（3）眉片：眉片是位于鞋后踵上端的一种部件，对于脚的后弯有保护的作用。眉片也被叫做后上片，眉片的内侧要用软质的泡棉材料填充，这样才会有保护的效果。眉片的外形有双峰、单峰和平峰的区别。“峰”是指眉片的突起部分，参见图 1-13。

（4）后套：后套位于鞋的后端位置，对脚的后跟骨有保护作用。为了增加后套的强度，一般也是采用双针车出双线迹。后套也被叫做后片、后包跟、后踬等，后套的变化虽然不像前套那样复杂，但也有自己的特色，参见图 1-14。

（5）侧饰片：侧饰片是指安排在鞋体两侧的装饰部件。鞋体的两侧面积比较大，经常安排各种的装饰、商标、标志，饰片只是各种装饰的一种代表。早期的工艺有车假线、印刷、电脑绣花等，现在的工艺则出现了滴塑、热切、分化、高频等吸引力更强的装饰变化。

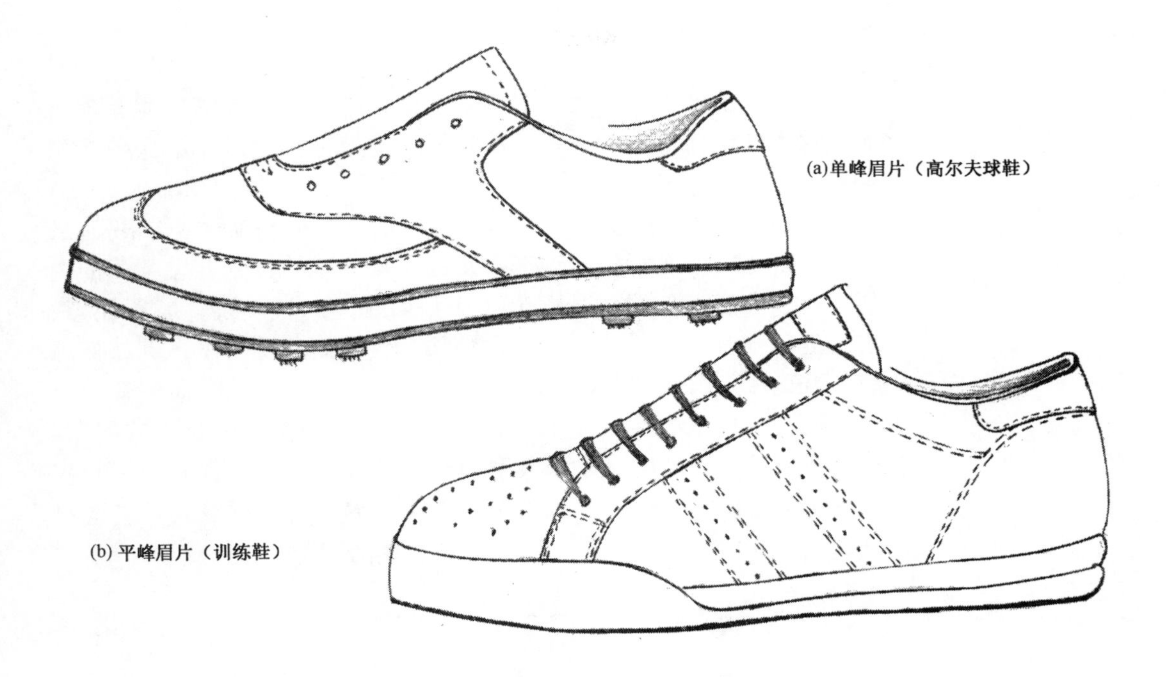

图 1-13　单峰眉片高尔夫球鞋（a）与平峰眉片训练鞋（b）

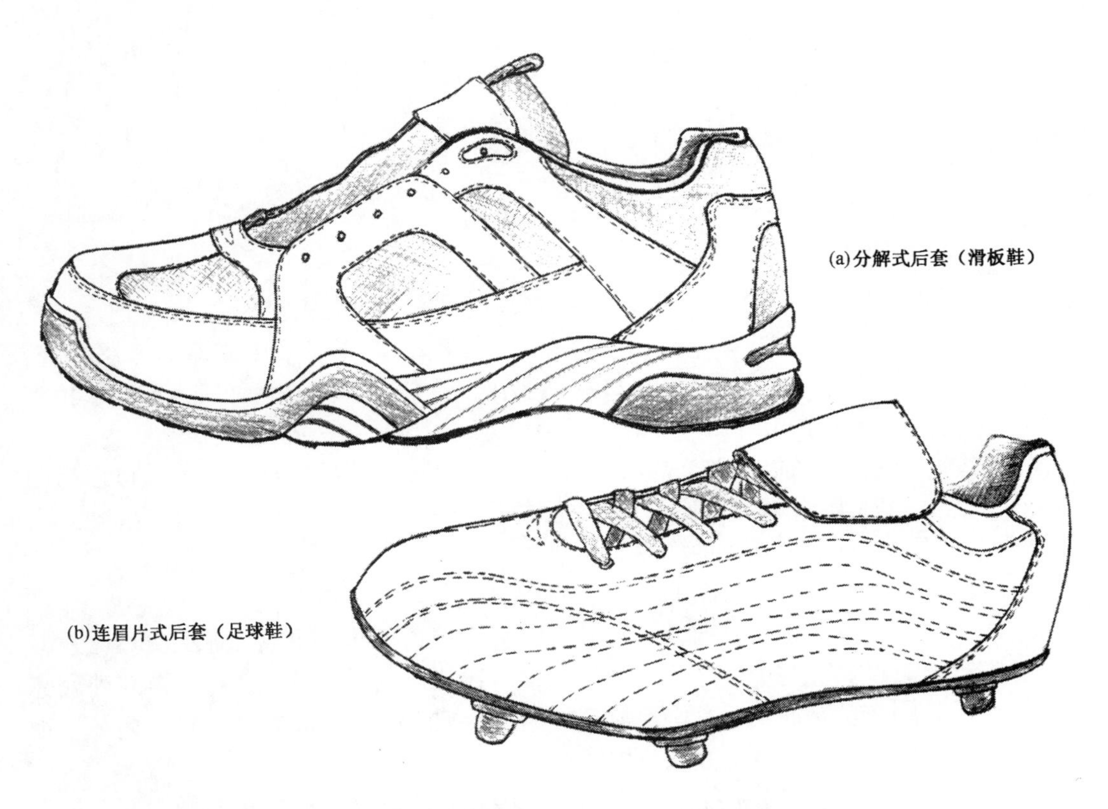

图 1-14　分解式后套滑板鞋（a）与连眉片式后套足球鞋（b）

4. 鞋里结构

运动鞋的鞋里结构比一般鞋要复杂，这是由于鞋的功能要求所致。典型的结构包括鞋身里、翻口里、领口泡棉，以及起保护作用的前港宝、后港宝、补强衬等。

常用的鞋身里是整片式结构，与帮面的整片式鞋身结构很相似，断帮与否是根据能不能开料来决定的。鞋身里的位置在鞋帮面的内层，所以在后弧位置的长度上要比帮面略短一些。设计时要注意，有些运动鞋对强度要求比较高，必须有鞋身面和鞋身里，例如篮球鞋、登山鞋、滑板鞋等；而另有一些鞋类，可以把鞋身面与鞋身里合二而一，以减轻鞋的重量，例如慢跑鞋，常使用三合一的网布，既做鞋身面，又做鞋身里。典型的鞋里结构在前尖位置有一个开衩处理，为了便于绷帮。开衩采用万能车拼缝，由于拼缝后长度会自然收缩，所以在前尖点要补长 3mm，参见图 1-15。

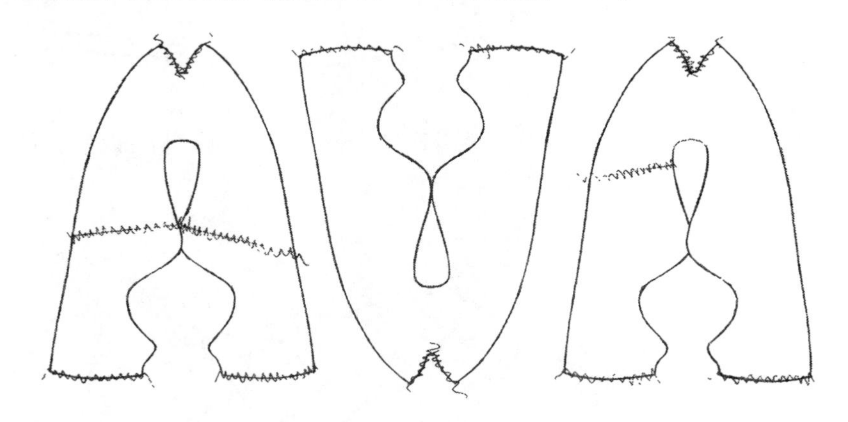

图 1-15　鞋里示意图

翻口里是运动鞋特有的里部件，翻口里采用翻缝的方法缝合，翻到鞋里后要把领口泡棉包住，使鞋口变得松软舒适，起到保护脚的作用。

前、后港宝和补强衬，虽然也属于鞋里的部件，但也可以另归为一类补强的部件，主要的作用是支撑、定型、增加鞋身的强度，对脚起保护的作用。

5. 运动鞋的底结构特点

运动鞋的鞋底主要由中底、外底和鞋垫组成。加工生产时，鞋帮先与中底完成基础结合，达到鞋帮成型的目的，然后再与外底完成帮底结合，实现成品的鞋底造型。鞋垫是最后放入鞋腔内的，增加鞋的舒适性和防护性。

（1）中底：这里所说的中底，在皮鞋结构中被叫做内底，但在运动鞋中普遍叫做中底。按中底使用的材料不同，有软中底和硬中底的区别。软中底是由“帆布 + 无纺布 + 帆布”组成，用于套楦鞋的生产，在加工过程中，因为要把鞋帮与鞋中底先缝成一个鞋套，然后再套在鞋楦上成型，所以要使用软中底。目前的硬中底，大多使用纸板——这是专门为制鞋行业生产的一种纸板革，具有一定的强度和韧性。使用硬中底时，要采用绷帮工艺，在加工过程中，鞋帮套在鞋楦上，通过拉伸帮脚达到与中底相结合的目的。绷帮操作工艺，在不同地区有不同的叫法，所说的绷楦、蒙鞋、结帮、钳帮、拉帮、网底等，都是指绷帮操作。

（2）外底：在鞋底部件中最外面的一层底叫做外底，也叫做大底。由于外底直接与地面接触，因此要求外底具有较好的耐磨性、耐曲挠性、防滑性、减震性以及安全性等，此外考虑到全鞋造型、线条、色彩的和谐统一，还要求外底具有较好的审美性。外底与帮脚的结合方法不同，就形成了不同的工艺操作，其中缝制工艺、硫化工艺、模压工艺、注射工艺、胶粘工艺被称为五大基础工艺。

在运动鞋的生产中，由于外底材料多是塑胶类，不适于缝合操作，基本不用缝制工艺。在剩余的几种工艺中，硫化、模压、注射工艺的共同特点是在鞋底成型的同时也就完成了帮底结合的过程，操作虽然简单，但是受到模具的限制，产品功能单一，只用于某些特定的运动鞋产品。例如低价位运动鞋，多采用硫化工艺生产，大批量品种的鞋，采用注射工艺效率更高。目前运动鞋大多是采用胶粘工艺，不单是为了操作简捷方便、适应小批量多品种的变化，更重要的是许多含有高科技的功能设计，例如气垫结构、蜂窝结构等都在胶粘工艺过程中得以实现。

外底的组合可分成两大类型：一种是成型底，另一种是组装底。成型底可以直接用来与帮脚结合，简单的成型底可以是单片射出型，例如足球鞋底；复杂的成型底可以有多种底纹和边墙的变化以及色彩的变化，功能仍然比较单一，例如普通的旅游鞋底。组装底需要把上下前后的部件组合起来，形成完整的鞋底才能与帮脚结合，操作虽复杂一点，但鞋底的功能性增强。简单的组装底是单片组合型的，例如十佳鞋底；复杂的组装底中，往往装配一些耐磨的、透气的、减震的、发光的、发声的等功能性部件，例如耐克气垫跑鞋。

（3）鞋垫：鞋垫是垫在鞋腔内的一种底部件，用以改善鞋底的舒适性和卫生性。运动鞋垫有两种类型：一种是 EVA 材料经过压模定型处理，鞋垫上压出底托的纹路，脚感比较舒适，使用时直接垫在鞋内，穿着时不易错位，取出也很方便，被称为活动鞋垫；另一种鞋垫是“切片”式的，使用 EVA 发泡材料或乳胶发泡材料直接裁断而成，被称为直裁鞋垫，装配鞋垫时要刷胶粘在中底上，防止滑移。鞋垫上复合一层鞋里布，使鞋腔变得干净整洁。有些简易运动鞋垫选材比较薄，目的是降低成本，脚感的舒适性却大大降低。

作业与练习

1. 简述运动鞋在款式、帮结构、里结构、底结构上的特点。

2. 观察和分析某一款运动鞋样品，记录下该运动鞋的各种部件。

第三节　运动鞋的分类

运动鞋的种类比较多，随着新运动项目的增加，运动鞋的品种还会增多。通过对运动鞋的分类研究，可以从多角度、多侧面、多层次加深对运动鞋的了解。出于不同的目的和要求，运动鞋的分类方法也不同。

一、按运动鞋的专业程度划分

按专业程度划分运动鞋，是为消费者提供明确的选择目标，也为生产厂家提供准确的产销定位，一般可分为以下三种。

1. 普通运动鞋

普通运动鞋是一种普及率很高的大众化鞋类，大多是为了满足运动心理的需要，或为参加一些简单的体育活动而设计的鞋类。比如现在穿跑鞋的人越来越多，除了跑步时穿着外，上学时也穿、上班时也穿、逛街时还穿。为什么？人们喜爱运动鞋不仅仅是因为它的造型好看、线条流畅、轻软舒适、颜色漂亮，更重要的是“运动”本身会给人一种积极向上、活泼健康、精力旺盛的感觉，运动鞋承载着运动的象征，穿运动鞋恰恰能满足这种向往运动的心理需要。随着全民健身运动的深入开展，特别是2008年奥运会在北京召开，普通运动鞋还会更加普及。

普通运动鞋的特点是既可以用于一般的体育运动，也能用于日常生活，在运动鞋生活化、生活鞋运动化中走出了一条新路径。这种鞋的市场需求量很大，相应投产量也大，花色品种变化快，价位比较低。典型的品种就是旅游运动鞋。

2. 专业训练鞋

顾名思义，专业训练鞋是为了参加专业比赛、而在赛前进行训练时穿用的鞋。由于训练的过程是摹拟比赛的场景，所以设计的重点是鞋的功能性和实用性，其专业化的程度比普通运动鞋要求高。由于训练的时间比较长，鞋的耗费量也比较大，在选材的质量上要优于普通运动鞋，在成本上要比专业比赛鞋价位底。

专业训练鞋的特点是在功能设计和实用性上与专业比赛鞋相似，在选材上常用价格较低的代用材料，降低训练成本。比如足球鞋，市场上有一种帆布面、橡胶底、鞋底有许多橡胶凸起的足球鞋，这就是一种普通型足球鞋，价格不太高，许多中学生都在穿。如果把这种鞋作为专业球队的训练鞋，无法达到赛前训练的目的。因此需要选用功能性强的、能适应“勾、挑、垫、射、铲、传、带”等一系列踢球动作圆满完成的鞋。这种鞋大多用合成革做鞋面，结构与功能设计要求与专业比赛鞋相似。

3. 专业比赛鞋

专业比赛鞋是指在正式比赛场合中穿用的鞋。俗话说“养兵千日用兵一时”，为了能在比赛中充分发挥人体的潜能，向极限挑战，冲击金牌，在专业比赛鞋中往往使用了高新技术成果，再配以新材料、新工艺，全力打造具有个性化的专业比赛鞋。在悉尼奥运会上短跑女飞人琼斯穿的是一双无后跟的跑鞋，设计师是根据琼斯在跑步时脚后跟从不着地来设计的，因此才诞生了这款无后跟的跑鞋，大大减轻了鞋的重量，比赛时为赢得冠军立下了汗马功劳。同样在雅典奥运会上，中国飞人刘翔在110m跨栏运动中奋勇夺金，他穿的那双赛鞋被称为“红色魔鞋”，同样是根据他起跑、用力、跨越、落地、受力等一系列运动特点进行分析，耐克公司专门为他的脚量身设计的，在目前是一款重量最轻的跑鞋。许多专用比赛鞋的设计，已经朝着“定制化”的方向发展，按照客户的不同需要进行人性化的设计。

专业运动鞋的特点是科技含量高、材质优良、工艺装配精细，发挥潜能的功能性设计重于结构与款式的设计。

二、按运动鞋的生产工艺划分

鞋类生产的五大基础工艺有缝制工艺、硫化工艺、模压工艺、注射工艺和胶粘工艺，不同种的工艺是以帮底结合的方式来区分的。其中的缝制工艺虽说是传统工艺，但由于运动鞋多用塑胶鞋底，没有纤维筋骨，缝合后帮底结合的强度反而降低，一般不选用缝制工艺。胶粘工艺所占的比例比较大，有时为了补强，也在鞋墙增加一些侧缝。按生产工艺划分运动鞋，可为生产厂家提供不同的工艺路线选择。

1. 硫化工艺鞋

由硫化工艺生产的鞋叫做硫化鞋。硫化工艺就是生产布面胶鞋的传统工艺。硫化工艺的典型生产设备是硫化罐。

硫化鞋加工的主要过程是：生橡胶混炼后压片→冲裁出鞋底形状→与鞋的帮脚粘合→鞋底周边粘贴围条→放入硫化罐中硫化→控制一定的温度、时间、压力使橡胶硫化→出罐后得到成品鞋→出楦→成品整饰。

硫化工艺生产工效高，成本底，硫化鞋性能具有胶鞋的特点，防水性强，透气性差，鞋底柔软舒适，帮底结合牢固。由于硫化过程中没有模具控制，产品外观粗糙，一般生产中低档鞋。在运动鞋中的典型的品种是学生足球鞋、传统的羽球鞋、要求鞋底柔软的攀岩鞋以及要求防水性好的水上运动鞋等。

2. 模压工艺鞋

由模压工艺生产的鞋叫做模压鞋。模压工艺是对硫化工艺的改进，将无模硫化改进为有模硫化，改善了外观质量。模压工艺的典型生产设备是模压机。

模压鞋加工的主要过程是：缝制好的鞋帮绷楦成型→出楦→缝内线固定帮脚与中底→套在模压机的铝楦上→混炼后的生胶片定量地放入模压机的阴模内→合模硫化→控制一定的温度、压力、时间使橡胶硫化→开模→脱楦→成品整饰。

模压工艺比硫化工艺操作更简单，功效更高，产品外观质量也有所提高，模压鞋的防水性能也很好，产品坚固耐用，耐曲折不易开胶，特别适合于大批量的劳保鞋、军用鞋的生产。由于生产设备一次性投资比较大，模具不能轻易更换，所以产品的底型比较单调。在运动鞋中，典型品种是野外运动鞋，例如打猎用鞋、钓鱼靴、高尔夫鞋以及室内运动的举重鞋等。

3. 注射工艺鞋

由注射工艺生产的鞋叫做注射鞋，当注射的材料为塑料时，产品为注塑鞋；注射材料是热塑橡胶时，产品是注胶鞋。注射工艺是对模压工艺的改进，将模压工艺的定量喂料改为按需喂料，鞋底花纹的完好率大大提高。注射工艺的材料必须是热塑性材料，典型的生产设备是注射机。

注射鞋加工的主要过程是：鞋帮套在模具的铝楦上拉线成型→合模→注射鞋底材料→静置冷却→开模脱楦→成品整饰。

注射工艺的机械化程度高，生产效率比模压鞋高，帮底结合的过程只需几分钟，采用热塑性材料生产可以省去硫化工艺的繁杂过程，使工艺操作变得简单。注射鞋的成本低、帮底结合牢固、外观质量好、节约材料，外底可以根据材料的不同有多种颜色的变化。注射工艺同样适于大批量生产，例如沙滩凉鞋、拖鞋、旅游鞋等，在运动鞋中典型的品种有传统的网球鞋等。

4. 胶粘工艺鞋

由胶粘工艺生产的鞋叫做胶粘鞋。胶粘工艺是指用胶粘剂将鞋帮鞋底粘合在一起的操作过程。经过几十年的发展，胶粘工艺已经很成熟，目前胶粘鞋在各种工艺鞋类中所占的比例最大。保证胶粘鞋粘合质量的关键是胶粘剂的选择和控制粘合的工艺条件。

胶粘鞋主要的加工过程是：鞋帮成型→帮脚处理→外底处理→刷胶→活化→粘合→压合→静置→出楦→成品整饰。

胶粘工艺具有操作简单、生产周期短、投资少、见效快、生产效率高等优点，适于小批量多品种的投产，精细的加工工艺可生产出各种高档鞋。如果胶粘剂的选择不对路或胶粘条件控制达不到要求，会造成开胶、粘合强度低等缺陷。目前大部分运动鞋都采用胶粘工艺生产，例如篮球鞋、慢跑鞋、散步鞋等。

三、按运动鞋的后帮高度划分

在运动鞋帮结构设计中，由于要控制运动鞋后帮的高度，也常常要按运动鞋后帮高度来划分，主要有矮帮鞋、中帮鞋、高帮鞋这三种不同高度的区别，三种不同的高度，与脚的生理结构和运动功能的要求有直接的关系。

1. 矮帮鞋

矮帮运动鞋是一种最常见的运动鞋，像各种跑鞋、足球鞋、乒乓球鞋、网球鞋等。矮帮鞋的后帮高度比一般皮鞋要高，控制的位置以脚的后弯点为界限。

有些运动项目，要求脚腕的灵活性高，脚腕的活动，实际上是脚踝关节的活动，在设计矮帮鞋时，要求后帮：①能抱住脚后身不会滑脱；②躲开脚腕的活动部位不妨碍运动。因此在设计脚山高度时，要控制在脚的前弯点以下；在设计后踵高度时，要控制在脚后弯点以下；在设计足踝高度时，要控制在踝骨球以下。对于后领口的长度，一般控制在115～120mm，例如跑鞋、足球鞋等；有些鞋要求抱脚能力更强，后领口长度略短，取在105～110mm范围，例如网球鞋、矮帮登山鞋等；有些要求脚腕灵活性更高的鞋，后领口长度取在125～130mm范围，例如滑板鞋、运动凉鞋等。矮帮鞋的高度控制参见图1-16。

2. 高帮鞋

有些运动项目危险性较大，要求运动鞋不仅能对脚、而且对脚腕也有防护作用，因此要穿用高帮运动鞋，像登山靴、滑雪靴、花样冰鞋、冰球鞋等。一般高帮运动鞋的后帮高度要求控制在脚腕附近，加大保护的力度。考虑到鞋体的重量与加工成本，只有特殊要求的鞋，后帮才会更高些，例如摩托靴、赛马靴等。高帮鞋的鞋口位置形成了“筒状”，所以叫做筒口。由于脚腕高度的比例占脚长52.19%，所以高帮中号鞋一般后帮高度为120～140mm，并设计成前高后底的形式，前端高出后端15～20mm。

高帮运动鞋的筒口前端，远远地高出舟上弯点位置，所以鞋前开口的轮廓线并不是一条圆滑的曲线，而是在舟上弯点附近形成一个明显的拐点，一方面是为了满足划料的要求，另一方面也是为了满足绑鞋带的要求。在拐点之前，鞋带是上下绑起，在拐点之后，鞋带是前后绑起。脚腕围的比例占脚跖围的86.23%，中间号的宽度在106mm左右，考虑到材料的厚度，所以一般的设计尺寸为115～125mm范围。高帮鞋的高度控制参见图1-17。

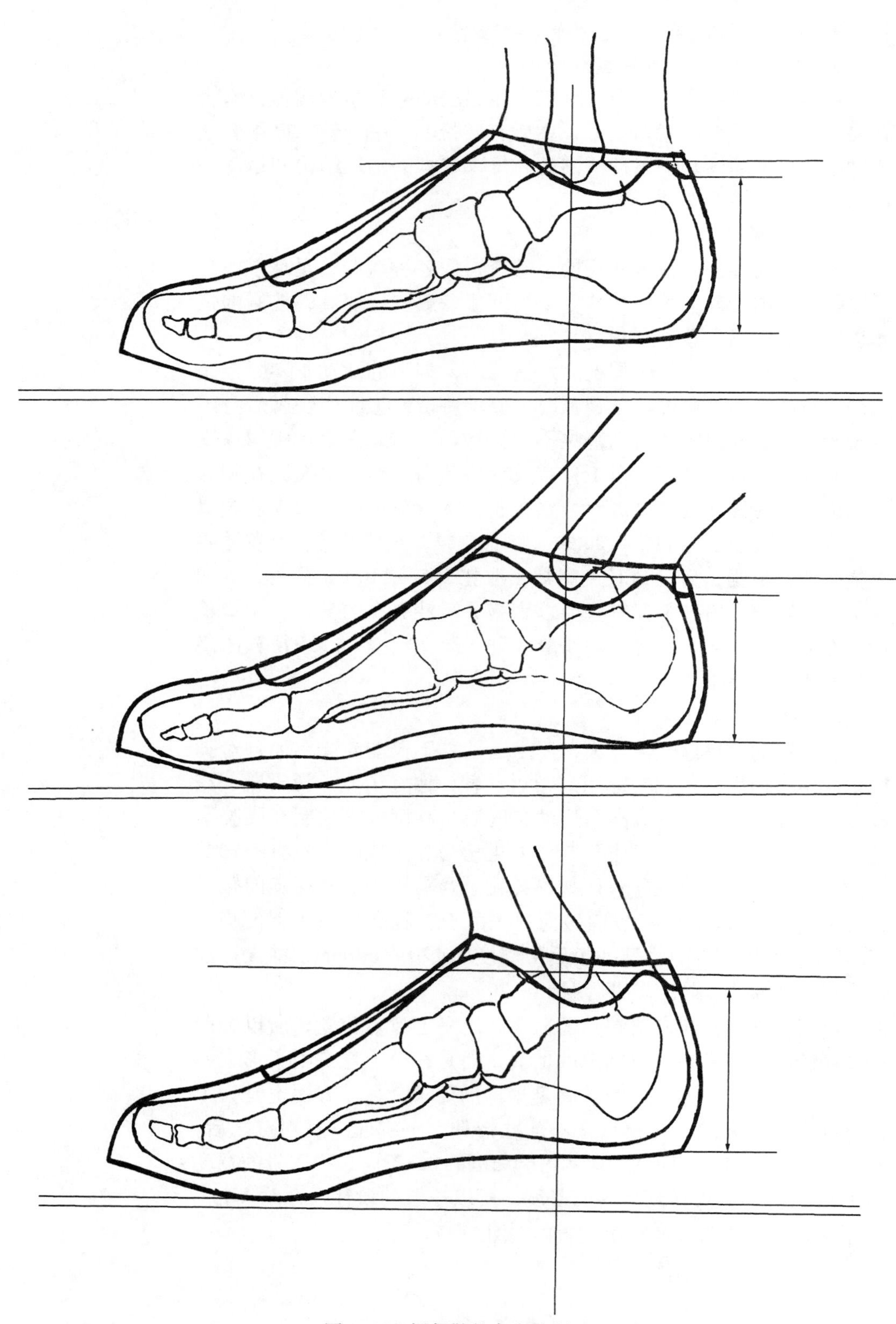

图 1-16　矮帮鞋的高度控制

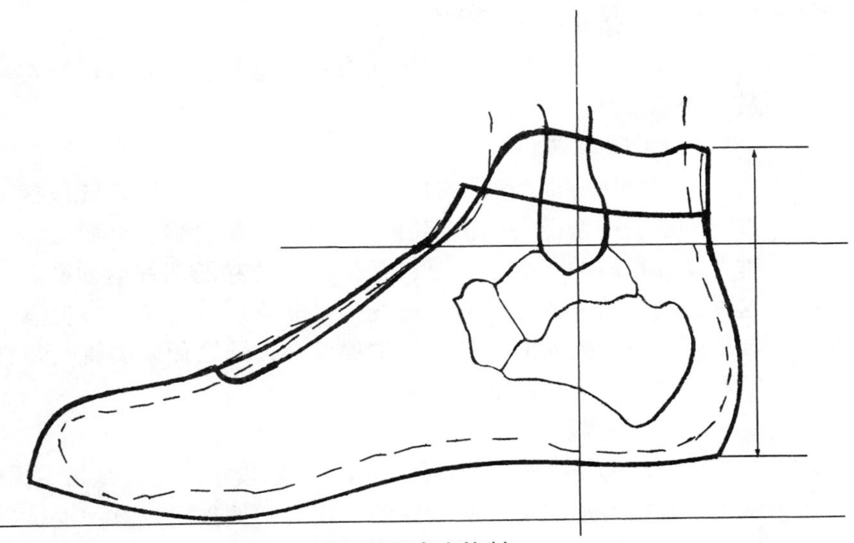

图 1-17　高帮鞋的高度控制

3. 中帮鞋

中帮运动鞋是一种特殊的鞋类，要求护脚的能力强，但又不能妨碍脚腕动作的灵活性，因此才出现统口前端像高帮鞋、后端像矮帮鞋的中帮运动鞋，典型的例子就是篮球鞋。设计后踵高度尺寸略高于矮帮鞋，一般取值在 88～100mm 范围，后帮如果太高，就如同是高帮鞋，影响动作的灵活性；后帮如果太矮，脚踝骨球就不容易掩盖起来，防护性能降低。中帮鞋统口的前端也要高于后端，为 20～25mm，以线条圆顺为主，要盖过踝骨球。中帮鞋的前端虽然也较高，但还不能算是筒口，也不需要用一个拐点控制，仍然叫做脚山。篮球鞋的后领口比较小，常用的经验数据在 105～110mm。中帮鞋的高度控制参见图 1-18。

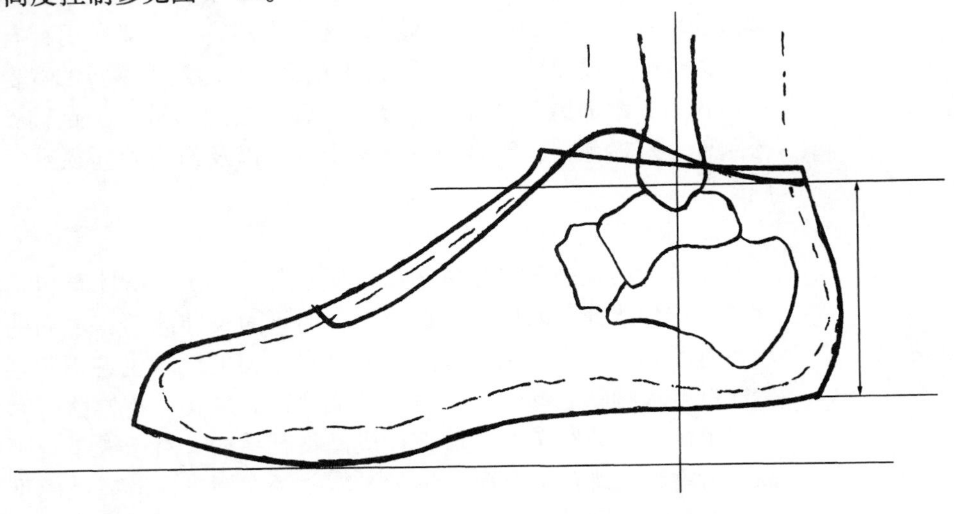

图 1-18　中帮鞋的高度控制

四、按运动项目和场地划分

这种分类的方法几乎涵盖所有的运动鞋，可对运动鞋有一个比较全面地了解。

1. 跑步训练鞋

跑步是所有训练项目的基础运动，这类跑步训练鞋包括了大多数户外运动的慢跑鞋、散步鞋、练习鞋、健身鞋、旅游鞋等，是一种普及性很高的鞋类，也是日常生活中常穿的那种运动鞋。由于穿这种运动鞋的人数比较多，市场远景非常看好，特别是奥运会在中国举办，将会大大促进体育活动的开展，随之而来的将是体育装备的需求增加，运动鞋也必在其中。

2. 小型球场专用鞋

小型球场是指运动项目所占用的场地较小，尤其是指室内球场。这类鞋是在特定球场运动所穿的专用鞋，例如网球鞋、羽球鞋、排球鞋、篮球鞋、乒乓球鞋等等。这些鞋类由于运动的环境相似，就有许多共性之处，比如都不需要用鞋钉来提高抓地功能，但由于运动本身特点的不同，在鞋的功能上还是有很大区别的。

3. 大型球场专用鞋

这类运动鞋包括大多数户外球场专用鞋，例如足球鞋、棒球鞋、垒球鞋、橄榄球鞋、曲棍球鞋等。不同的球类运动特点不同，要求运动鞋的功能自然也不同，但由于运动的场地较大，运动员大都需要在大范围内奔跑，这类鞋共性之处是必须具有速跑的特点，鞋底安装鞋钉，有利于防滑和提高跑动的速度。

4. 田径专用鞋

田径运动是以走、跑、跳跃、投掷等运动组成的以展示个人技能为主的运动项目。“田”是指广阔的空地，在跑道所围绕的中央或邻近的场地上举行的跳跃、投掷，统称为田赛，田赛专用鞋有跳高鞋、跳远鞋、投掷鞋等；“径”是指跑道，在跑道上举行的竞走和各种形式的赛跑都属于径赛，径赛专用鞋包括短跑鞋、长跑鞋、马拉松跑鞋、跨栏跑鞋、障碍跑鞋、竞走鞋，以及作为独立径赛项目的越野跑鞋等。

5. 冰雪运动鞋

冰雪运动鞋是开展冬季运动时所必备的鞋类。滑冰鞋包括速滑冰鞋、花样冰鞋、冰球鞋，在滑冰鞋的下面安装冰刀，不同的滑冰项目有不同的动作要求，因此对冰鞋和冰刀的要求也各不相同。速滑冰鞋要求脚腕运动灵活，被设计成矮帮式结构，花样冰鞋和冰球鞋要求保护脚的踝关节，被设计成高帮鞋结构。对于滑雪靴则包括高山滑雪靴、跳台滑雪靴、越野滑雪靴等类型，在滑雪靴的下面配有滑雪板，不同的滑雪项目对滑降、回转、跳跃、平滑、上坡滑行等技术要求不同，因此对滑雪板和滑雪靴的要求也有很大的区别。

越野滑雪靴的鞋底前头稍往前伸出，略成方形，在鞋底伸出部分有稳定孔，以便与固定器上的稳钉相吻合，然后通过弹簧弓子将鞋压在固定器上。这种鞋的结构为矮帮式，轻便而柔软，便于滑行中提挪雪板与蹬动。高山滑雪靴过去均用皮革制造，现在使用塑料模压制成硬的外壳，然后用泡沫塑料制成内套，这种鞋的鞋底较窄，鞋腰较高，质硬不能弯曲，能够固定踝关节，便于稳定重心、变换方向和提挪。通过雪板上脱落式固定器把鞋紧紧地固定在雪板上，以便做出各种动作。脱落装置可以根据运动员的活动项目和体重等不同情况进行调节。跳台滑雪鞋是用皮革制成的，鞋底宽而硬，鞋底前部位成方形，以便将鞋底固定在固定器上。鞋后跟有弹簧弓子压槽，弹簧的伸展力较强，运动员在跳跃时可根据动作要求提起鞋后跟稍离板面，以帮助身体前倾，易于调整姿势保持平衡。

6. 野外运动鞋

这是指在广阔的野外活动中穿用的鞋类，例如狩猎靴、登山鞋、钓鱼鞋、划船鞋、高尔夫鞋等。不同的野外环境，不同的活动内容，对所穿用鞋类的功能要求也各不相同。比如登山运动，可分为旅游登山、竞技登山、探险登山三种活动，旅游登山鞋就是商店里常见的爬山鞋，最显著的特征是鞋底纹路粗深，而后两种鞋的要求比较特殊。一种叫做岩石鞋，是便于在岩石上作业的特种鞋，鞋帮用结实透气的皮革材料制成，鞋底用较硬的橡胶材料制成，比较厚，有突起的齿纹，有利于行动中摩擦固定，防止滑脱；另一种叫做高山靴，是攀登冰雪地形的特种鞋，用料要求保暖、防水、质轻、通气性能好，还常配有绑腿和鞋罩，进一步起到防水保暖等保护作用，在冰上行走时，还要在靴下绑冰爪。由此可见，只要是对运动项目要求有变化，运动鞋也必然随之有所改变。

7. 特种运动鞋

这里的特种运动鞋是指在前六类鞋中不包括的运动鞋，有些是目前参加的人数相对较少的运动项目用鞋，例如攀岩鞋、旱冰鞋、滑板鞋、自行车鞋、技巧小车鞋等等。其中的滑板运动，是近几十年才流行起来的，先是在美国的青年人中兴起，以后又传入日本，再经香港流入中国内地，目前玩滑板的人越来越多，使得滑板鞋的销路也越来越好。由于玩滑板是双脚踩在带轮的板上滑翔腾跃，所以对滑板鞋的防滑性、保护性以及脚感性的要求都非常高。

作业与练习

1. 进行市场调查，掌握运动鞋的几种不同分类方法。

2. 针对身边常见的运动鞋样品进行不同的分类练习。

第二章　运动鞋的基础知识

学习运动鞋的设计和打板之前，有些基础的知识必须掌握，例如脚型规律、鞋号、鞋楦等，虽然这些知识并不是总在设计和打板中出现，但是当你遇到问题解决不了时，这些基础知识就一定会派上用场。

第一节　脚型规律及应用

一、常用的脚型规律值

脚型规律是指不同性别、不同年龄、不同地区、不同职业人群脚型所具有的共同特点和共同的变化趋向。我国脚型规律的出现，是在全国范围的脚型测量基础上，再通过数理统计的方法加以分析，最后得出的具有中国人群脚型特点的变化规律。脚型规律的内容有许多，其中的长度系数、高度系数、围度系数就是我们常用的脚型规律值。

1. 长度系数

长度系数是指脚的各个特征部位长度与脚长的比例。脚长不同于楦底样长，楦底样的长度肯定大于脚长。脚长是通过分析脚印图得到的，指的是脚趾前端点与脚的后跟突度点在底中线上投影间的长度。知道了脚长，脚的各个特征部位的长度都可以通过长度系数计算出来。相关长度系数参见表2-1。

表2-1　全国成年男女及儿童脚型长度系数

部　位	长度系数（占脚长）/%	男255号 脚长/mm	女235号 脚长/mm	备　注
脚　长	100	255	235	*根据2003年脚型调查结果，于2004年该项目长度系数修订为84%；男255脚长：255×84% = 214.2（mm）；女235脚长：235×84% = 197.4（mm）
拇指外突点部位长	90	229.5	211.5	
*小趾端点部位长	*82.5	*210.4	*193.9	
小趾外突点部位长	78	198.9	183.3	
第一跖趾关节部位长	72.5	184.9	170.4	
第五跖趾关节部位长	63.5	161.9	149.2	
前跗骨突点部位长	55.3	141.0	130.0	
外腰窝部位长	41	104.6	96.4	
舟上弯点部位长	38.5	98.2	90.5	
外踝骨中心部位长	22.5	57.4	52.9	
踵心部位长	18	45.9	42.3	

注：儿童脚型长度规律值与成人相同。

2. 高度系数

高度系数是指脚的各个特征部位高度与脚长的比例，参见表2-2。

表2-2　全国成年男女及儿童脚型高度系数

部　位	高度系数（占脚长）/%	男255号脚长/mm	女235号脚长/mm
拇指高度	8.54	21.78	20.07
第一跖趾关节高度	14.61	37.26	34.33
前跗骨突点高度	23.44	59.77	55.08
舟上弯点高度	32.61	83.16	76.63
外踝骨中心下沿点高度	20.14	51.36	47.32
后跟突点高度	8.68	22.13	20.40
后跟骨上沿点高度	21.66	55.23	50.90
脚腕高度	52.19	133.08	122.65
腿肚高度	121.88	310.79	286.42
膝下高度	154.02	392.75	361.95

注：儿童脚型高度规律值与成人相同。

3. 围度系数

围度系数是指脚的特征部位围度与脚跖围长度的比例。脚跖围指的是通过脚的第一和第五跖趾关节所测量的围长。脚跖围长不同于楦跖围长，两者之间有一定的长度配合关系。相关围度系数参见表2-3。

表2-3　全国成年男女及儿童脚型围度系数

部　位	成年男（二型半）女（一型半）			儿童（二型）围度系数/%		
	围度系数/%	男255号脚长/mm	女235号脚长/mm	大童	中童	小童
跖　围	跖围（S）	246.5	225.5	$S=0.9\times$脚长$+4.5+7\times$型		
跗　围	$100\times S$	246.5	225.5	100×S	101×S	*102×S
兜　围	$131\times S$	322.92	295.41	*132×S	*131×S	*129×S
脚腕围	$86.23\times S$	212.56	194.45	平均值：$90.25\times S$		
腿肚围	$135.55\times S$	334.13	305.67	平均值：$125.96\times S$		
膝下围	$125.95\times S$	310.47	284.02	平均值：$120.65\times S$		
备　注	$S=0.7\times$脚长$+50.5+7\times$型			*该数据参考了2004年的修订值		

二、脚型规律的应用

利用脚型规律进行鞋类设计，不仅是为了增加设计的准确性，更重要的是可以提高设计的科学性，设计越符合脚型规律，鞋的适穿性越好，这也是人性化设计的基本要求。在运动鞋帮结构的设计中，控制口门位置、脚山位置、足踝位置以及脚山高度、后踵高度、足踝高度，就是直接利用了脚型规律。

1. 口门位置

口门位置是指鞋口前端与背中线相交的位置，也叫做前开口位置。运动鞋的口门位置比较靠前，属于浅口门鞋类型，设计时要取在鞋楦的跖围线与背中线交点位置（V_0点）之前。这样做的目的不仅仅是为了穿脱的方便，更主要的是要从动态方面考虑鞋的功能。脚在行走跑跳时，是以跖趾关节为中心不断地弯折，口门位置设计在跖围线之前，正好躲开了弯折部位，减少了运动阻力，增加了运动的舒适感，有利于运动成绩的提高。口门位置参见图2-1。

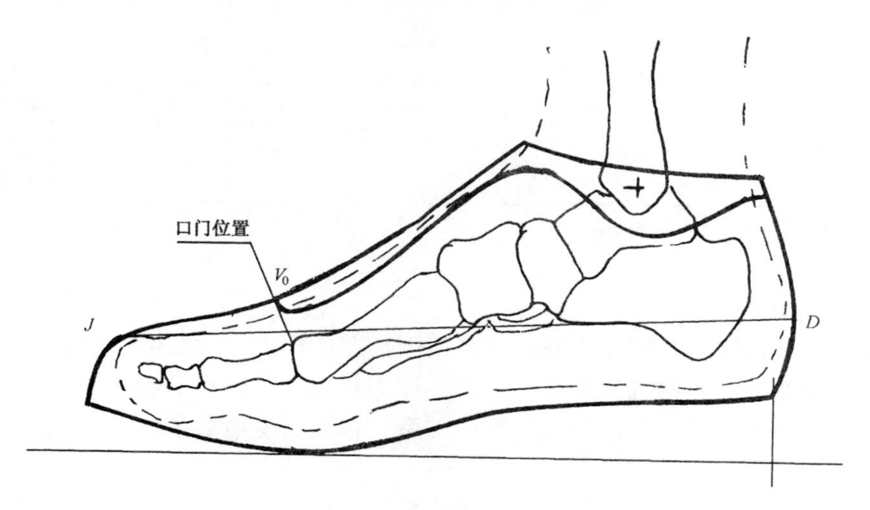

图2-1　口门位置

2. 脚山位置

脚山位置是全鞋中最高的位置，非常抢眼，也是鞋的前开口和后领口的拐弯控制点，所以脚山的位置显得很重要。脚山位置过于靠前，后领口变大，抱脚能力减弱；脚山位置过于靠后，加大鞋带的缚脚作用，舒适感减弱；脚山的基本位置在舟上弯点比较合理，既可以满足后领口的抱脚能力，又可以满足鞋带缚脚的舒适感。在皮鞋设计中，鞋前帮总长度控制在舟上弯点之前，这是为了防止活动时磨脚弯，但在运动鞋的设计中，由于是前开口式结构，又有鞋舌护脚，所以不会造成磨脚现象。从鞋体的大形上看，舟上弯点几乎就处在“黄金分割点”上：舟上弯点占脚长的比例是38.5%，从前向后测量时就是61.5%，也就是0.615，接近0.618，这样的比例当然协调好看。参见图2-2。

3. 足踝位置

足踝位置可以直接按脚型规律值求出。在皮鞋的设计中，强调

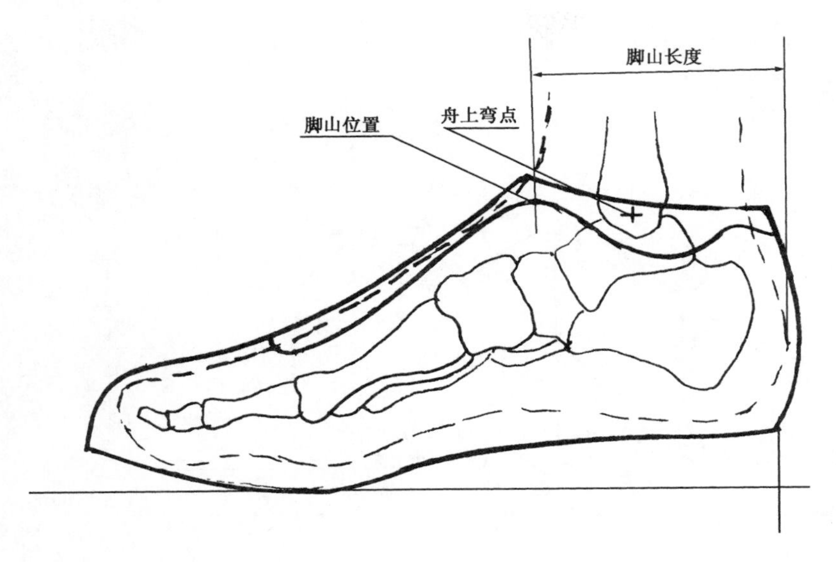

图 2-2　脚山位置

足踝位置的高度是为了控制外踝骨中心下沿点，防止鞋帮磨脚踝骨。运动鞋的后领口，都有一层软软的泡棉，翻口里也是非常柔软的天鹅绒等材料，磨脚不会成为问题，关键是要求足踝位置既要有防护的功能，又要有不妨碍关节运动的作用，所以该部位控制在踝骨球以下 15 ~ 20mm。参见图 2-3。

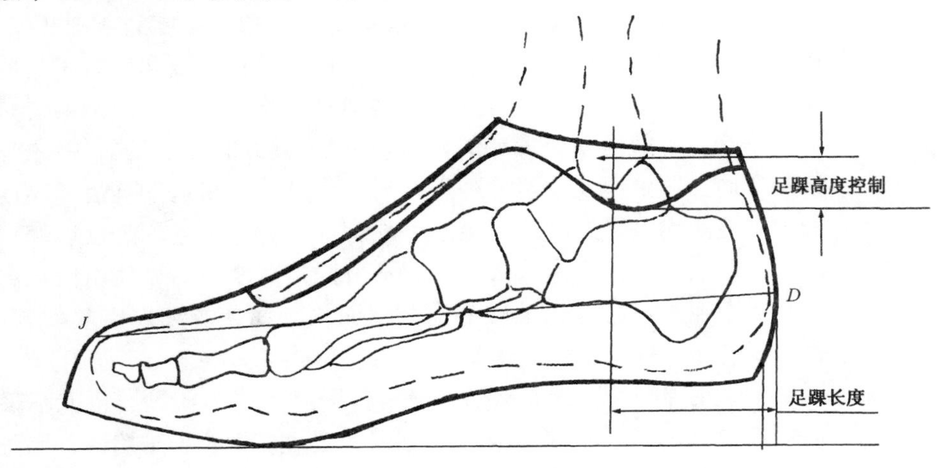

图 2-3　足踝位置

4. 脚山、后踵和足踝的高度

脚山、后踵和足踝的高度，分别处在三个位置，放在一起分析是要对“三高”的统一性引起重视。从造型上看，三个高度的分割比例要协调有序；从控制高度上看，三者都与脚的踝关节有直接关系。参见图 2-4。

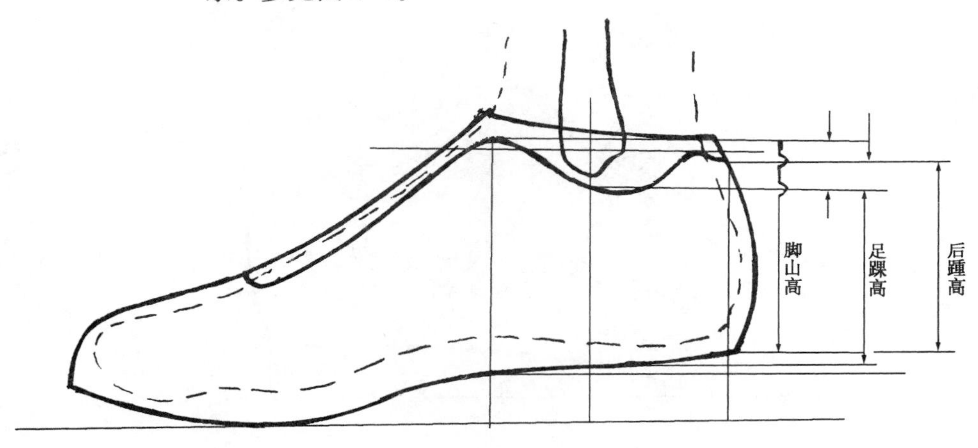

图 2-4　脚山、后踵和足踝高度

踝关节属于屈戌关节，是一种只能做屈伸运动的关节。踝关节的上部是由小腿胫骨下端内踝和腓骨外踝组成，下部是由距骨上面及其两侧面构成，脚向小腿前侧移动叫做背屈，向跖侧移动叫做跖屈。脚在做背屈运动时，可以明显看到舟上弯点位置的皮肤有深深的皱褶，这是踝关节运动的结果。在脚型测量时，舟上弯点的高度占脚长的 32.61%（或用 33%），这就是设计脚山高度的基础数据。同样，脚在做跖屈运动时，脚后跟向上移动，在小腿和后脚跟之间便会形成一个后弯点，后弯点的高度同舟上弯点等高，因为两者是由同一踝关节的运动所形成的，只是由于运动的方式不同，一个形成前弯而另一个形成后弯。后弯点高度是设计矮帮运动鞋后踵高度的上限控制点，超过该点就会产生顶脚、磨脚等现象。既然后弯点与舟上弯点等高，那为什么设计的脚山位置高度却明显高出后踵高度呢？请不要忘记在运动鞋的前开口结构下面还有那厚厚的鞋舌，也不要忽略脚背的厚度明显大于楦背的厚度。

关于足踝的高度，前面已经分析过磨脚不成为问题，也就不采用脚长的 20.14% 的数据来控制。足踝的高度应取决于防护性、无碍于运动性以及上下比例协调的美观性。我们常见的足踝数据在 55～70mm，取值范围很大，是因为不同品种的鞋功能要求不同，设计数据也就不同。不过，足踝高与脚山高和后踵高的比例关系一定要调节好，在无具体数据要求时就以取黄金分割比为好。

作业与练习

1. 观察脚的踝关节运动与舟上弯点和后弯点的关系。

2. 观察脚山位置在运动鞋的造型中所起的作用。

3. 矮帮运动鞋的后踵高度为什么不能设计得过高？

4. 思考题：高帮和中帮运动鞋的后踵高度已超过脚的后弯点，会不会磨脚顶脚？

第二节　运动鞋的鞋号

鞋号是楦、脚、鞋的长度与肥度标志。在皮鞋结构设计的课程中，我们已经对中国鞋号、法国鞋号、英国鞋号、美国鞋号有过了解，运动鞋的鞋号就是这些鞋号在运动鞋中的应用。但是由于运动鞋的特殊性，使得运动鞋号有区别与普通的鞋号，这是本节要讲述的要点。

关于鞋号的应用，如果单用某一系统的鞋号并不难，如果是在鞋号之间进行换算就会出现麻烦。因为不同的国家和地区在制定鞋号时所采用的基准不同，有的采用脚长制，有的采用楦底样长度制，使得不同制式的鞋号间没有一一对应的换算关系。鞋号间的换算，是以楦底样的长度为媒介的，对不同国家和地区的鞋号有了深入的了解，鞋号的换算也就轻而易举了。

一、中国的运动鞋号

中国鞋号是以脚长为基准制定的，知道了鞋号就可以知道脚长，知道了脚长就可以知道鞋号，两者之间有相等的关系，使用起来非常方便。关于中国运动鞋号的资料报道的比较少，早期的20世纪80年代曾制定过《网球鞋标准中号楦体尺寸》，并注明：旅游鞋楦和田径鞋楦可与网球鞋楦通用。这应该是我国最早的运动鞋楦标准。在2004年经过修订，做了微小的变动。现将主要内容引述如下。

1. 中间型号

255号为中间号，二型半为中间型，鞋号范围为90～305号，其中男鞋号范围235～275号或更大。女鞋中间号235号，大、中、小童鞋中间号分别是225、190、150号。

2. 楦底样长

男鞋255中间号的楦底样长267mm；女鞋235为中间号，楦底样长247mm；半号等差为±5mm，整号等差为±10mm。

中间号楦的楦底样长度按与脚长的关系求出：

楦底样长＝脚长＋放余量－后容差

例如：男鞋255号　楦底样长＝255＋16－4＝267（mm）

其中的放余量为16mm，后容差为4mm。

3. 楦跖围长

楦跖围长是通过楦的第一和第五跖趾关节边沿点测量的围长。其中男鞋255号第一跖趾部位长（180.68±3.38）mm、第五跖趾部位长（157.75 ±2.95）mm。

男鞋 255 号（二型半）楦跖围长为 243mm，半号围差为 ±3.5mm，整号围差为 ±7mm。整型差 ±7mm，半型差 ±3.5mm。应用时，女鞋与童鞋的相关数据是依据男鞋数据按等差推导出来的。

4. 基本宽度

基本宽度指的是第一跖趾关节里宽与第五跖趾关节外宽之和。基本宽度不同于跖趾斜宽，比跖趾斜宽略小。

男鞋 255 号楦的基本宽度 88mm，半号等差为 ±1.3mm。

二、外国的运动鞋号

外国的鞋号以法国鞋号、英国鞋号、美国鞋号比较常见。

1. 法国鞋号

法国鞋号也叫做法码，流行于欧洲大陆，也称为欧码（EUR）。法码是以楦底样长厘米数为基准制定的，鞋号范围 16～48 号，在 2cm 长度内安排 3 个号码，所以号差为 ±6.67mm（$\frac{2}{3}$cm），整号之间没有半号。男 41 号为中间号，楦底样长 266.7mm，F（6）型时楦跖围长 235mm；围差 ±4mm 或 ±5mm；型差 ±5mm。

求楦底样长度公式：楦底样长 =（法码数 -1）$\times \frac{20}{3}$

例如：男鞋 41 号楦底样长 =（法码数 -1）$\times \frac{20}{3}$

$= 40 \times \frac{20}{3} = 266.7$（mm）

应用时，从长度上看，运动鞋号相当于比皮鞋号少 1 个号。

2. 英国鞋号

英国鞋号也叫做英码，记作 UK 。英码是以楦底样长的英寸数为基准制定的，儿童鞋安排有 13 个号，顺延着又安排了 13 个成人的鞋号。在 1in（25.4mm）长度内安排了 3 个整鞋号，在两整号间还有半号，所以整号差为 ±$\frac{1}{3}$in（8.467mm），半号差为 ±$\frac{1}{6}$in（4. 23mm）。在运动鞋号的应用中，长度上相当于比皮鞋少半号。

男鞋 7 号为中间号，楦底样长 266.7mm（10.5in），E 型时跖围长 235mm（9.25in）；整围差 ±6.35mm（$\frac{1}{4}$in），半围差 ±3.175mm（$\frac{1}{8}$in）；型差为 ±6.35mm（$\frac{1}{4}$in）。

求楦底样长度的公式：楦底样长 =〔4 +（13 + 成人鞋号 - 0.5）$\times \frac{1}{3}$〕$\times 25.4$

例如：男鞋 7 号运动鞋楦底样长 $= [4 + (13 + 7 - 0.5) \times \frac{1}{3}] \times 25.4$

$= (4 + 19.5 \times \frac{1}{3}) \times 25.4$

$= 10.5 \times 25.4$

$= 266.7$（mm）

3. 美国鞋号

美国鞋号（US）是套用的英国鞋号，号差、围差与型差都与英国鞋号相同。在应用中会发现美国鞋号比较乱，例如同样一个法国鞋号，会换算出几个美国鞋号来。其中的原因是美国的鞋号本身就有三种，一种是波士顿鞋号，一种是标准鞋号，一种是惯用鞋号。同样一个尺码，标准鞋号比波士顿鞋号大一个半号，惯用鞋号又比标准鞋号大一个号，只有波士顿鞋号与英码相近。另外，对于不同品种的鞋来说，即使是鞋号相同，在长度、围度上也会有区别，不知内里的人就会觉得云山雾罩。美国鞋号参见表2-4。

表2-4　美国鞋号的参考尺寸数据　单位：mm

序号	男鞋8号D型	运动鞋	登山鞋	凉鞋	绅士鞋	脚型规律
1	楦底样长	270	268	266	271	脚长255
2	跖趾宽	90	90	96	92	91
3	趾围	243	246	238	243	235
4	腰围	244.5	249	240	243	233
5	背围	251	255.6	251	252.4	243
6	后跟围	365	365	359	365	
7	后跟宽	59	62	66	61	61
8	后跟肥	68	70	71	69	
9	楦跟高	12	15	8	14	
10	楦头厚	26	30	22	24	拇指高20
11	鞋垫厚	4	6	0	3	

美国的运动鞋号，采用的是波士顿鞋号系统，由于运动鞋的放余量比较小，也同法码、英码一样，采用错号办法来使用：美码运动鞋8号楦底样长270mm，但是脚长为255mm，相当于英码7号。在表中列出了鞋垫的厚度，是因为美码鞋的鞋垫比较厚，对鞋楦的围度有直接的影响。

三、运动鞋号之间的换算关系

不同鞋号之间的换算要注意以下三点：①不同的鞋号之间由于制定的基准不同、计量单位不同，所以没有一一对应的换算关系，只能进行“相当于”的换算；②鞋号间的换算一般是以楦底样的长度为媒介来进行的，也就是在楦底样的长度近似相同时，可看做鞋号也相同，其中美码比较特殊；③在以不同的鞋号为基准进行分别换算时，会出现误差。

1. 运动鞋号与皮鞋号间的关系（参见表2-5）

表2-5　运动鞋号与皮鞋号间的关系

类　别	中国鞋号	法国鞋号	英国鞋号	美国鞋号
皮　鞋	250	40	6½	7½
运动鞋	255	41	7	8
楦底样长/mm	265/267	267	267	267/265

2. 运动鞋号间的换算（参见表2-6）

表2-6　以美码为基准的鞋号间的换算（8号脚长=255mm）

美码（US）	楦底样长/mm	英码（UK）	法码（EUR）	中国码（CHINA）	公分码（CM）	日本码（JAP）
7	261	6（258）	40	245（257）	26	25.5
7½	265	6½（262）	40（260）	250（262）	26	25.5
8	270	7（267）	41（267）	255（267）	26.5	26
8½	274	7½（271）	42	260（272）	27	26.5
9	279	8（275）	42（273）	265（277）	27.5	27
9½	283	8½（279）	43（280）	265	28	27.5
10	287	9（284）	44（287）	270（282）	28.5	28

注：括号里的数值为楦底样长。

关于公分码：公分码为欧洲军靴类及特种规格靴鞋类所用的鞋码，在运动鞋的标志中也常见。公分码是以楦底样的长度为基准制定的，长度号差为1cm，鞋号通常在16~30号之间，在普通民用公分码制度中，也备有半个码，半号差是5mm。围差为7.5mm，楦底斜宽约占楦跖围的38%。

关于日本码：日本的运动鞋码是按照国际标准鞋号，以脚长（cm）为基准制定的，整号差10mm，半号差5mm，鞋号数值等于脚长厘米数。鞋号的范围为14~28.5，楦底样的长度等于脚长加5mm。整围差6mm，半围差3mm，楦底斜宽占楦跖围的40%。

作业与练习

1. 在运动鞋的鞋舌背后常有各种鞋码的标记，分析下列三组数据是否准确。

（1）USA 8 UK 7 EUR 42（测得鞋腔内长度约272mm）

（2）EUR 41 USA 9½ JAP 27（测得鞋腔内长度约262mm）

（3）CHINA 255 EUA 41 CM 265（测得鞋腔内长度约267mm）

2. 现有一无标记的运动鞋的裸楦，如何用简单快速的方法判断出最适穿的脚长？

3. 填出下表，练习以法码为基准的鞋号间的换算。

法码	楦底样长	中国码	日本码	公分码	英码	美码
39						
40						
41						
42						
43						
44						

第三节　运动鞋的楦型特点

鞋楦是指能够保持鞋腔内具有一定规格尺寸的胎具。鞋楦是人类摹仿脚外形的造型产物，这种摹仿并不是简单的重复，而是在科学的基础上进行美化和艺术处理，因此可以把鞋楦看成是脚的模特。运动鞋楦是各类楦型之中的一个品种，具有鞋楦的共性：①楦体由楦底面、楦侧面、统口面这三个曲面构成；②三个曲面相交后得到楦底棱线、统口棱线这两条棱线；③在楦体上可以分别画出背中线、底中线、后跟弧中线、统口中线这四条中线，四条中线形成封闭的曲线，将鞋楦分成里怀和外怀两个部分；④四条中线的四个连接点形成四个测量点，分别是楦体的前端点、后端点、统口前端点、统口后端点。

一、运动鞋楦体尺寸

对于运动鞋楦的了解，先从楦体尺寸开始。1980 年，《中国鞋号及其鞋楦尺寸系列》正式列入了国家标准。其中有关于网球鞋的中号楦体尺寸。此时的楦体特征，与目前流行的运动鞋楦在外形上有很大的不同，此种楦型的造型，还没有完全从布面胶鞋楦上脱胎出来，但并不影响穿用。在设计运动鞋楦的基础数据方面，制定了相对完善的、合理的、比较全面的标准，研究目前的运动鞋楦，也离不开这些基本内容（参见表 2-7）。

表 2-7　　运动鞋楦体尺寸表　　单位：mm

编号及品名		运动鞋楦			
部位名称		（网球鞋）25 号 二型半（1980 年）		男 255 号二型半（2004 年修订）	
		尺寸	等差	尺寸	等差
长度	楦底样长	262	±5	267	±5
	放余量	16	±0. 31	16. 31	±0. 31
	脚趾端点部位	246	±4. 69	250. 69	±4. 69
	拇指外突点部位	221	±4. 22	225. 22	±4. 22
	小趾外突点部位	191	±3. 65	194. 65	±3. 65
	第一跖趾部位	177. 3	±3. 38	180. 68	±3. 38
	第五跖趾部位	154. 8	±2. 95	157. 75	±2. 95
	腰窝部位	98. 5	±1. 88	100. 38	±1. 88
	踵心部位	41	±0. 78	41. 78	±0. 78
	后容差	4	±0. 08	4	±0. 08
围度	跖围	239. 5	±3. 5	243	±3. 5
	跗围	243. 5	±3. 6	247. 1	±3. 6

续表

编号及品名		运动鞋楦			
部位名称		（网球鞋）25号 二型半（1980年）		男255号二型半（2004年修订）	
		尺寸	等差	尺寸	等差
宽度	基本宽度	86.7	±1.3	88	±1.3
	拇指里宽	33.1	±0.5	33.6	±0.5
	小趾外宽	48.5	±0.73	49.23	±0.73
	第一跖趾里宽	36.2	±0.54	36.74	±0.54
	第五跖趾外宽	50.5	±0.76	51.26	±0.76
	腰窝外宽	38.3	±0.57	38.87	±0.57
	踵心全宽	58.7	±0.88	59.58	±0.88
楦体尺寸	总前跷高	18	±0.26	*17	±0.26
	前跷高	10	±0.23	*15	±0.23
	后跷高	平		*2	
	头厚	26	±0.38	*26	±0.38
	后跟突点高	22.4	±0.33	*22.4	±0.33
	后身高	76	±1.11	*76	±1.11
	前掌突度	6	±0.09	*4	±0.09
	底心凹度	3	±0.04	*4	±0.04
	踵心突度	3.5	±0.05	*3	±0.05
	统口宽	26	±0.38		
	统口长	110	±2.10		
	楦斜长	262	±5		

* 为修订过的项目。

按照楦体尺寸数据，可以粗略画出楦体外形轮廓，楦的后身比较矮，参见图2-5。

目前常用的运动鞋楦，大多是从外来鞋楦复制出来的，传来传去，就丢失了楦的出处，误差就比较大。从脚型规律来看，欧美人脚型瘦长，但美鞋楦却比欧鞋楦肥，那是因为美鞋楦要求有较厚的鞋垫；对于亚洲人来说，脚型普遍较短较肥；对于东欧人来说，脚型偏长偏肥；对于非洲人来说，前掌较宽、后跟较窄。其中以美码楦的尺寸较为完善，参见表2-8。

表2-8　美码中间号运动楦型尺寸表　单位：mm

编号	项　目	M's 男楦	W's 女楦	Infant's 小童	Y's 男童	B's 少男	Missie 女童
1	鞋号范围	6.5~13	5~12	5~10	3~11	3.5~6	4~11
2	中间型号	8D	6B	7D	13D	4D	13D

续表

编号	项 目	M's 男楦	W's 女楦	Infant's 小童	Y's 男童	B's 少男	Missie 女童
3	脚长	255	229	142	192	224	193
4	脚趾围长	235	205	154	186	209. 6	181
5	楦底样长	270	240	153	204	236	205
6	楦趾围	243	213	163. 5	193. 7	217. 5	190. 5
7	楦腰围	244. 5	214	165	197	219	193. 7
8	楦背围	251	222	171. 5	203	225. 4	201. 6
9	后跟围	365	333	232	289	333. 4	282. 6
10	楦底宽	90	79	64	72	82	71
11	后跟宽	59	52	46	47	52	46
12	后跟肥	68	60	51	55	60	54
13	楦头厚	26	24	20	24	23	23
14	后跟高	12	10	7	9	11	10
15	楦投影长	273	243	155	207	239	207
16	鞋垫厚	4	4	3	3	4	3

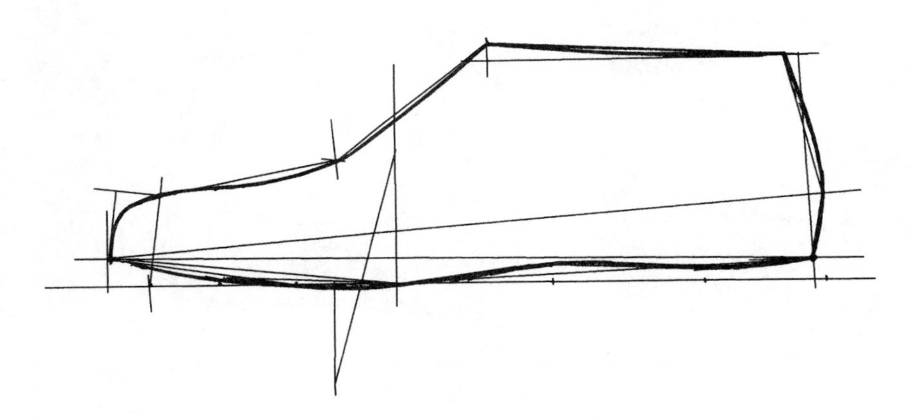

图 2-5 早期运动鞋楦轮廓

表中的围度测量与国内习惯的用法有些不同。其中常用的跖围，与表中的趾围意义相同，测量方法也相同。常用的跗围，被腰围和背围两项指标代替，对于控制楦背的围度尺寸更为有利。通过测量趾围，可以在围长与背中线的交点处确定浅口门位置 V_0 点，然后自 V_0 点向后 1⅛in（约 28mm）定出腰围测量点；然后再向后移动1⅛in 定出背围测量点。测量腰围与背围的方法，都属于通过一个点来测量围长，与测量跗围的要求相同。

二、运动鞋楦与皮鞋楦的比较

运动鞋楦的特点可以通过与皮鞋楦的比较体现出来。由于运动鞋楦的品种和皮鞋楦的品种都很多，下面只做一般性的比较，参见图 2-6。

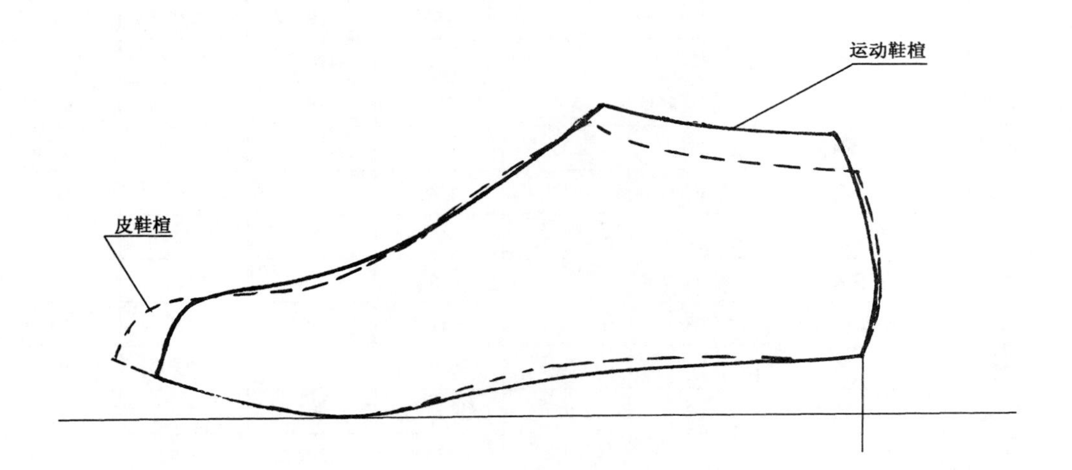

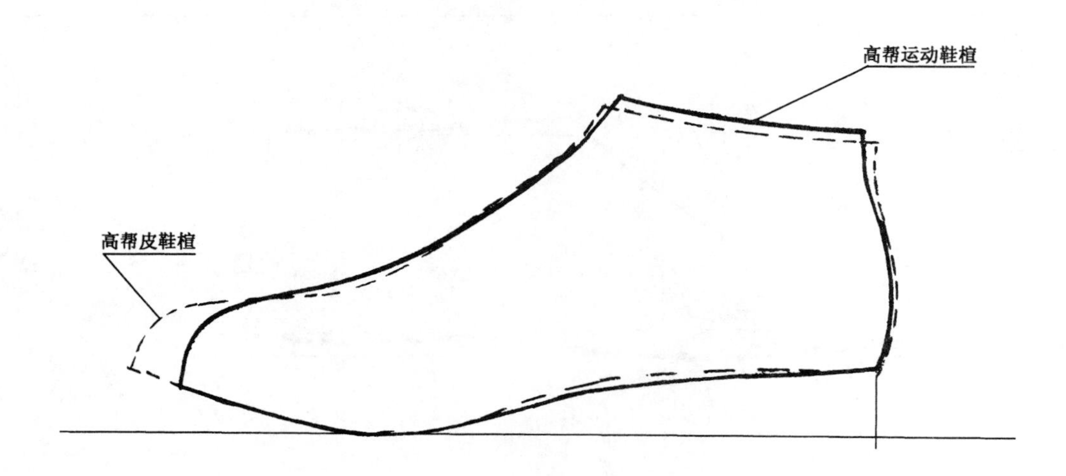

图 2-6　运动鞋楦与皮鞋楦的比较图

1. 楦前头的比较

运动鞋考虑到跑跳活动的方便，放余量设计得比较小，一般取值在 12 ~ 16mm 范围，所以鞋头显得比较短、比较宽。运动鞋的鞋头的厚度比较大，这是为了便于脚趾的活动和抓地运动不受阻碍，如果考虑鞋垫的厚度，楦头会显得更厚。运动鞋的前跷普遍比较底，一般在 13mm 左右，这与协调运动的稳定性有关，只有少数与“跑”相关的鞋类前跷较高。成品鞋的前跷与鞋楦的前跷可能会有 3 ~ 6mm

的变形量，如果鞋底又厚又平，前跷的变形会有6mm左右，如果鞋底有跷度，变形会很小。

2. 楦底的比较

相同鞋号的楦相比较时，运动鞋楦的长度较短，这是由于放余量较小造成的，但是运动鞋底却比较宽，因为在运动时脚板要往外涨，鞋底盘宽一些比较舒适。运动鞋楦的后跷比较低，一般取值10～12mm，这是为了在运动的过程中容易保持动态平衡，少数特殊的运动要求后跷比较高，例如花样冰鞋、自行车鞋等。运动鞋的楦底曲线普遍比较平缓，凸凹程度不像皮鞋那样明显。

3. 楦后身的比较

运动鞋楦的后身比较高，一般取值在92～98mm，高帮楦可达105mm左右。由于鞋楦的后容差在4mm左右，比较小，后弧的突度并不大，但是楦统口后端向前的倾斜程度明显，使得后身很饱满。

4. 楦统口的比较

运动鞋楦的统口长度比较短，这是为了鞋口的抱脚功能性好，运动鞋的前开口结构也不会造成穿脱的困难。有些楦型是统口后端位置前移，有些楦型是统口前端位置后移，一般取值在83～93mm，高帮楦在103mm左右。统口的宽度也比较窄。

5. 楦背的比较

运动鞋楦的背中线变化比较简单，不像皮鞋楦那样一波三折，这与运动鞋的前开口式结构有关，楦背的曲线变化集中表现在楦的头式造型上。

6. 楦肉体安排的比较

运动鞋楦的肉体安排比较丰满，看上去比较肥厚，一方面是为了使脚在鞋腔内感到舒适，另一方面也考虑到在运动之后脚要充血发胀，宽松的鞋腔不会给脚带来损伤。

7. 楦跖围的比较

一般男女素头皮鞋楦的跖围比脚瘦半型，但运动鞋楦一般要控制脚跖围与楦跖围相同，对于儿童楦来说，还要适当加肥。主要考虑在运动后，双脚会充血发胀，有些鞋类还会要求更肥一些，例如滑板鞋。较高级的运动鞋是按照运动员的脚型特征直接设计的，或肥或瘦要以运动员脚穿着舒适为准，而跖围数据仅供参考。

三、运动鞋楦的简易画法

在对运动鞋楦有了深入了解后，再画运动鞋楦的外形轮廓就变得容易了，参见图2-7。

①画一条水平线，分成三等份。

②按比例取出楦跟高以后再取出一份后身高，后身高的¼位置

为楦的后跟突度点。

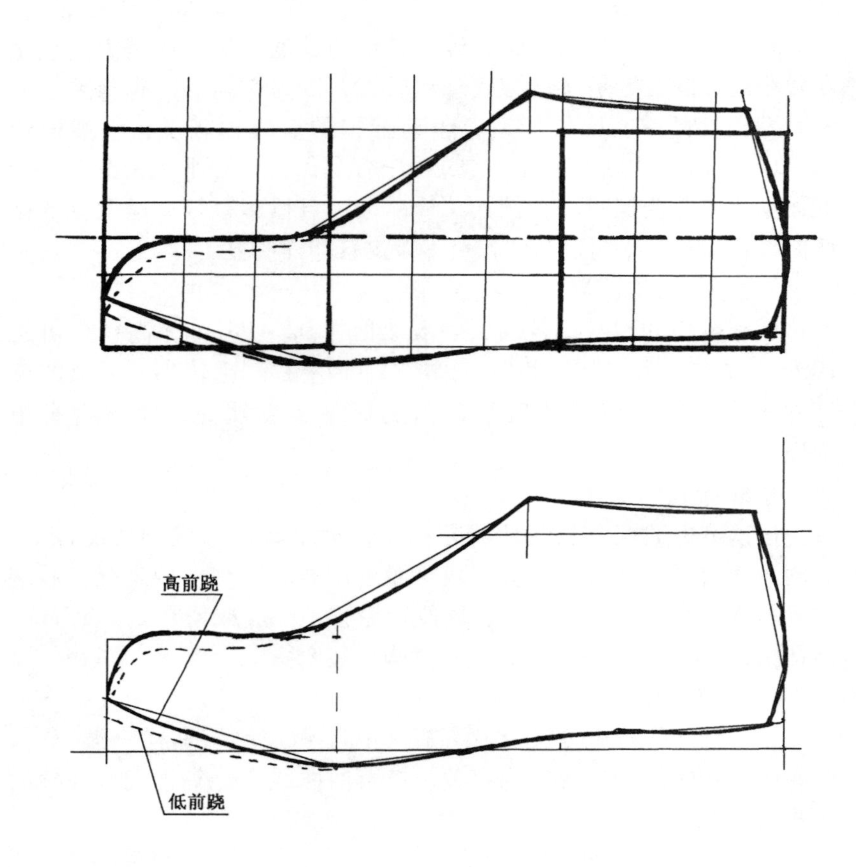

图 2-7　三分法画运动鞋楦

③留出适当的后身前倾量以后取出一份的统口长度。

④楦头的高度取半份，在高度线第一份长度的¼处画出与统口的连线，控制统口前端略高一些。

⑤取出适当的前跷高度连接楦底曲线。

⑥参照运动鞋楦的外形，用圆滑的曲线绘出运动鞋楦的轮廓。

四、主要运动鞋楦间的差异

运动鞋楦的品种比较多，大部分楦型都是舶来品；工厂里使用的鞋楦，大多是复制的。因此，可以通过对楦型特征部位的比较，对不同品种的鞋楦进行较全面的了解。下面是针对在市面上常见的几种楦型的比较和分析，目的不是要统一数据，而是要在比较中找出楦型的特征。

1. 测量数据的比较

表 2-9　　主要测量数据（41 号楦）　　单位：mm

测量项目	运动鞋楦	慢跑鞋楦	足球鞋楦	篮球鞋楦	滑板鞋楦	高帮鞋楦
楦底样长	265	267	267	267	269	267
背中线长	196	198	190	202	202	205
统口长	95	94	83	98	94	102
后身高	93	92	92	98	92	103
前跷高	15	18	23	10	15	14
楦跟高	12	12	12	12	7	15
楦头厚度	30	25	24	26	26	27
后弧倾斜量	较大	13mm 左右	较大	较小	较大	呈 S 曲线
备注	普及楦	直楦墙	练习楦	圆跟楦	美码长度	

由于测量方法和测量的精度不同，会造成一定的误差，但从测量的结果来看，不同楦型之间的差异已经完全显示出来了，见表 2-9。例如：早期普通运动鞋楦的楦头比较厚，统口比较肥，适用范围广；慢跑鞋楦的前跷较高；足球鞋楦的前跷较高，统口较短，背中线也较短；高帮鞋楦的后身较高，楦头较厚；篮球鞋楦的前跷较小，后身高度介于普通鞋楦和高帮鞋楦之间；滑板鞋楦的楦跟较矮，楦头较厚，背中线较长等。

2. 外形上的比较

将表 2-9 中的六种鞋楦摆放到一起，外观上的差异也很容易区分。

高帮鞋楦专门用于生产高帮鞋，所以鞋楦的后身最高，而且后弧呈 S 曲线，这是其它楦型所不具备的，楦头肥厚，楦身饱满。

篮球鞋楦专门用于生产中帮类型的篮球鞋，鞋楦的后身也较高，但不及高帮楦，在楦背中线的舟上弯点位置，有一个明显的拐弯，这是为脚山部件外形的需要而特意设计的。也有用高帮楦设计篮球鞋的，穿起来虽然舒适，但功能性相差太远，因为篮球鞋楦的鞋身并不肥厚，接近于脚型，穿着的灵活性能好，篮球鞋楦的前跷不高，造型以稳健为主。

足球鞋的抱脚性能要求高，因此鞋楦的后身向前倾斜的程度较大，使得楦统口变短，这样可以减小鞋领口的长度，提高抱脚能力。鞋楦的前跷比较大，鞋底的里怀弯曲程度大，这些都有利于在球场上奔跑。楦的背中线比较平缓，里怀肉体饱满，外怀接近脚型，这些都有利于各种踢球的动作。普及型的帆布胶底足球鞋楦的前跷并不高，这与硫化工艺有关。

滑板鞋楦的后跷低、后身平，适合脚踏滑板、扭动脚腕的运动，但是楦的前跷并不低，因为有些跳起的动作需要用脚尖打板来完成。楦身很肥壮，在这几种楦型中最突出，这并不是因为脚型肥，而是要在鞋帮里加入厚厚的泡棉，加强对脚的防护作用，把楦设计得肥一些，为脱楦后泡棉的膨胀留出了宽松量。

慢跑鞋楦是一种最常见的楦型，楦型清秀是它的特点，前跷较高，肉体安排适度，鞋身显得瘦长，看上去就有“轻”、“快”的感觉。

普通的运动鞋楦是由网球鞋楦演化过来的，楦头厚，鞋身饱满，前后跷都不高，很适合休闲、旅游等活动，具有运动鞋楦的共性。

作业与练习

1. 在运动鞋楦上画出统口中线、后跟弧中线、底中线和背中线；并找到楦头突点、后跟突度点；测量出楦底样长、趾围长、腰围长和背围长。

2. 比较两款不同楦型的主要外形尺寸和外观差异，并画出它们的外形轮廓图。

3. 练习画运动鞋楦的外形轮廓。

第三章　运动鞋结构设计原理

运动鞋的结构设计也经历了从经验设计到平面设计的演变过程，六点设计法就是经验设计的精辟总结，但是由于经验设计比较繁琐，发展到一定阶段就转入平面设计，这是不可争辩的事实。转入平面设计不单纯是设计方法的改变，而是思维的转变，从简单到复杂、从低级到高级、从具象到抽象，设计人员必须具有一定的能力和素质才能搞好平面上的设计。

第一节　六点设计法

六点设计法是在楦面上选取六个关键的设计点进行帮结构设计的一种经验设计法，是台湾业内人士在运动鞋设计方面的精辟总结。目前传统的六点设计法已不多见了，许多改良的设计方法基本上都起源于六点设计法。六点设计法将脚型规律与设计的要点紧密地结合起来，使帮结构设计变得简单易行，作为运动鞋结构设计的原理来说，六点设计法是必修的第一课。这六个控制点分别是：后踵高度点（a）、足踝高度点（b）、鞋口长度点（c）、鞋口最高点（d）、前开口点（e）、开口间距点（f）。

一、六个设计点的选取

选择一只运动鞋楦，画出背中线和后跟弧中线，在楦面上选出六个设计点，参见图3-1。

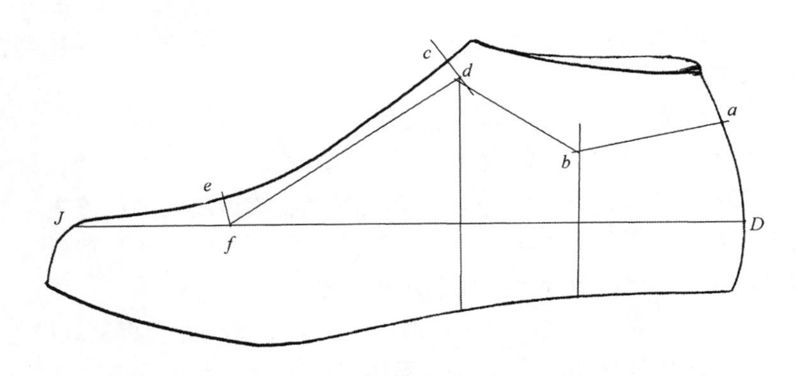

图3-1　在楦面上选取六个设计点

1. 后踵高度点（a）

后踵高度点选在后弧中线上，一般叫做后帮高度控制点。矮帮

鞋 a 点的高度通常为楦面长的 25% 左右。41 号楦面长度一般在 300～310mm，后踵高度平均值为 76mm 左右，视造型而定，还可进行高低调节。

2. 足踝高度点（b）

足踝点的位置在楦长的后¼处、与楦底棱线的垂直线上，b 点的高度为楦面长的 20% 左右，平均值大约在 60mm，可按不同品种要求进行调节。

3. 鞋口长度点（c）

鞋口长度点要从 a 点用软尺沿楦面向背中线量起，取楦面长的 40% 左右，平均值在 120mm 左右。找 c 点的目的其实是要找鞋口最高点，也就是脚山位置。

4. 鞋口最高点（d）

找鞋口最高点时，要通过 c 点作背中线的垂线，然后再作一条与踝骨高度线相平行的线，自底口向上量取经验值 90～100mm，与过 c 点的垂线相交，得到鞋口最高点 d。

5. 前开口点（e）

前开口点要取在背中线上，要避开跖趾关节的弯曲位置。跖趾关节的弯曲位置在哪里？量取跖围线，找到跖围线与背中线的交点即浅口门控制点（V_0），就是弯曲位置。前开口点一般取在 V_0 点之前，经验数据为从楦的前端点沿背中线向后量取 80～85mm 范围。

6. 开口间距点（f）

过 e 点作背中线的垂线，在垂线上取开口宽度的间距点，经验值取在 10～15mm。

在六点设计法中，需要通过两次测量才能确定脚山的位置，显得比较麻烦，在以后的改良设计法中，常采用分割比例的方法自前向后量取脚山的位置，或者自后踵高度向前量取后领口的长度来控制脚山的位置。

二、六点设计法的主要设计过程

有了六个设计点，就解决了运动鞋的外形轮廓的控制。在楦面上直线连接六个控制点，得到的是基本控制线；改用曲线连接主要的控制点，就得到运动鞋的外形大轮廓，后面的任务就是把所有部件的位置、外形细致地刻画出来，参见图 3-2。

早期的六点设计法，是先在楦面上画设计图，然后再制取样板，这样做显然比较麻烦，后来改为先用美纹纸胶带贴楦，然后再找六个设计点、画设计图，最后揭下胶带纸、制取帮样板。

1. 画成品图

把所要设计的成品图画出来，有了画楦型轮廓的基础，有了六个设计点的支撑，再画运动鞋的成品图就比较轻松了。参照图 3-3。

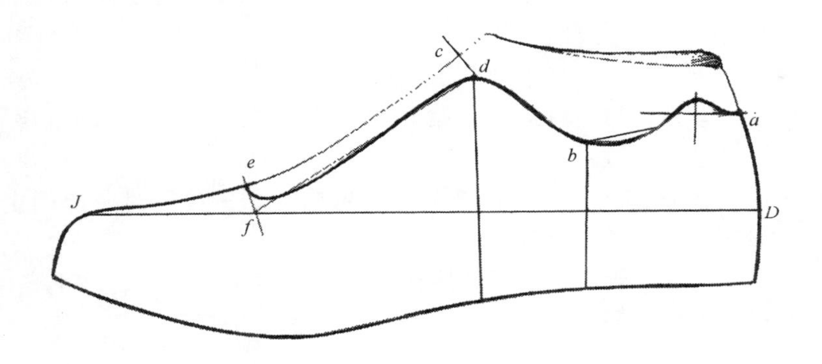

图 3-2　运动鞋的外形大轮廓

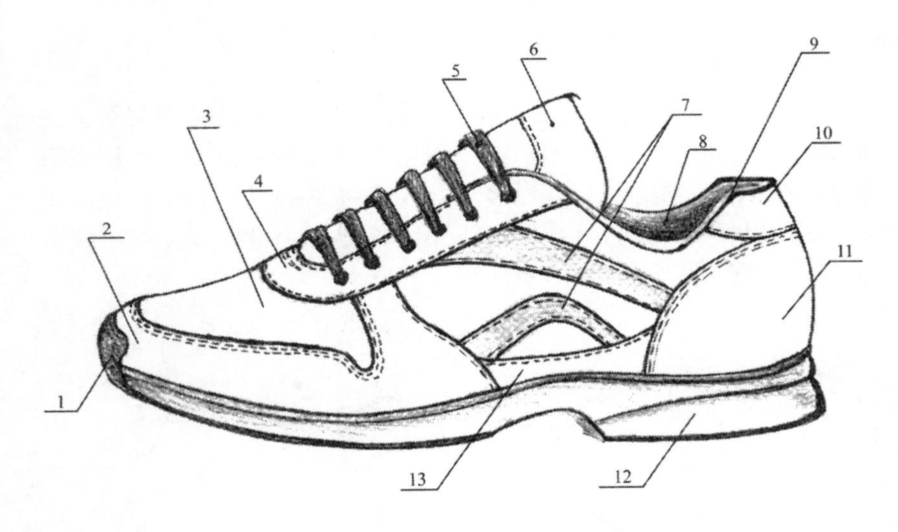

图 3-3　运动鞋成品图

1—底舌　2—前套（围片）　3—头面片　4—眼盖（眼片）　5—鞋带
6—鞋舌　7—侧饰片　8—翻口里　9—领口　10—眉片（后上片）
11—后套（后片）　12—外底　13—侧挡泥片

①可以利用三分法先画出慢跑鞋的楦型轮廓。

②再按照六点设计法的比例缩小，把六个设计点标在楦型轮廓上。

③先画出运动鞋的大轮廓，再分别画出鞋眼盖、前套、眉片、后套、装饰件的轮廓。

④最后配上鞋底。

2. 选楦、贴胶带纸

选一款慢跑鞋的鞋楦，画出背中线和后跟弧中线，然后贴胶带纸。

贴胶带纸的方法有多种，下面介绍一种简洁的手法：

①胶带纸一般贴在外怀一侧，先沿着外怀的背中线贴一条胶

带，要比齐背中线贴，贴不平时要在另一侧纸边打剪口，目的是要保留背中线的形态。用同样的方法在后跟弧的外怀也贴一条胶带纸。

②自统口位置横向开始顺次贴胶带纸，胶带纸之间重叠一半左右，贴满为止。

③沿着背中线、后跟弧中线再重复贴一层胶带，起固定作用，沿底口边也贴一层胶带。

这种贴胶带方法的速度比较快，长度不易变形，取两条中线时可以不用刀割。

3. 选设计点

在胶带纸上找出六个设计点，包括：后踵高度点、足踝高度点、鞋口长度点、鞋口最高点、前开口点、开口间距点。

4. 画大轮廓线

运动鞋的大轮廓很关键，除了色彩之外，外形的美观与否首先看大轮廓，部件的刻画是细节的处理，起锦上添花的作用，所以第一步要把“锦”织好。先将几个设计点连成控制线，再仿照成品图逐步画出开口弯弧线、脚山弧线、领口弧线、眉片弧线，要求线条流畅、圆滑、舒展，见图3-4。

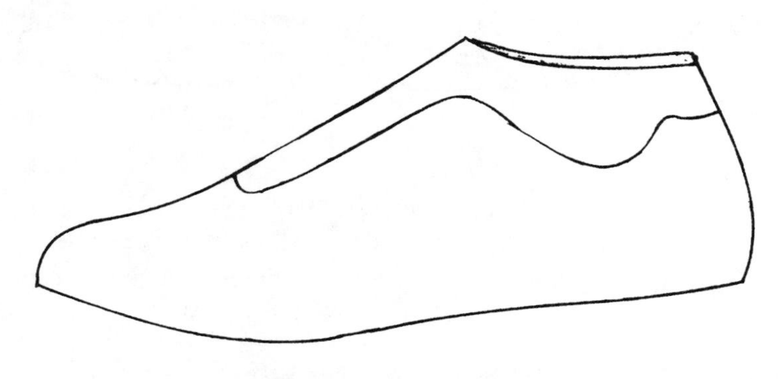

图3-4 运动鞋的大轮廓

5. 画出所有部件轮廓线

按照成品图的提示，把所有的部件都画在楦面上。经验设计法有一个特点就是效果直观，直观的意思是可以直接看到画的效果好坏，并不是指容易画或画得好，所以在画各种部件时肯定要经过涂涂改改，“十年磨一剑”，功夫深了，经验自然有了。楦面设计图参见图3-5。

图 3-5　运动鞋的楦面设计图

①画出鞋眼盖的轮廓，两侧宽度 20mm 左右，前端宽度 15mm 左右，鞋眼位取在侧宽的½位置，安排 6 个眼位，第一个眼位距离取 8～10mm，剩余的眼位间距取等分。

②画出前套的轮廓，设计成 D 形前套，两翼长度要错开跖趾关节，弯弧曲线自然顺畅。

③画出眉片的轮廓，取平缓隆起的双峰外形，宽度取后身高的¼左右，长度适当、比例协调。

④画出后套的轮廓，长度、高度、弯曲度要与前套相呼应。

⑤画出装饰件的轮廓（可以替换其它外观造型）。

鞋舌的设计暂不用考虑，在后面的章节中专门进行讲解。

6. 制取鞋帮样板

用美工刀刻出鞋身的大轮廓，取下贴楦纸，在前尖和后跟的底口打 2～3 个刀口，再将贴楦纸展平，贴在卡纸（薄纸板）上，需要对前尖、后跟、后弧上口进行技术处理。参见图 3-6。

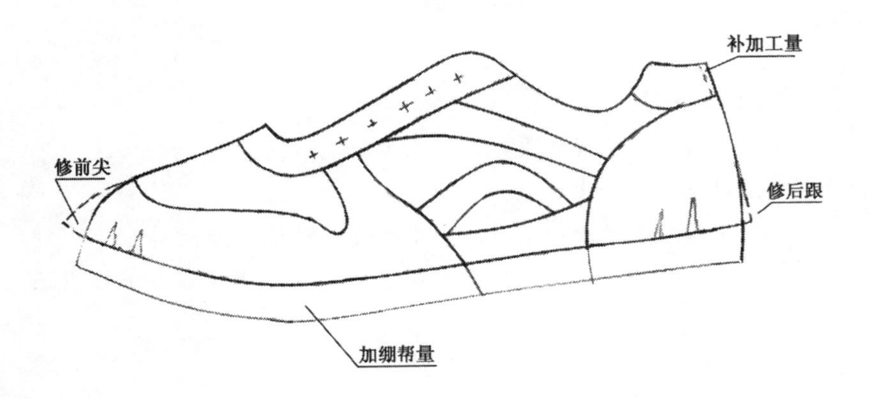

图 3-6　运动鞋楦面设计图的展平处理

最后将各种部件一一取出，参见图 3-7，这部分打板的内容在以后专门讲述。

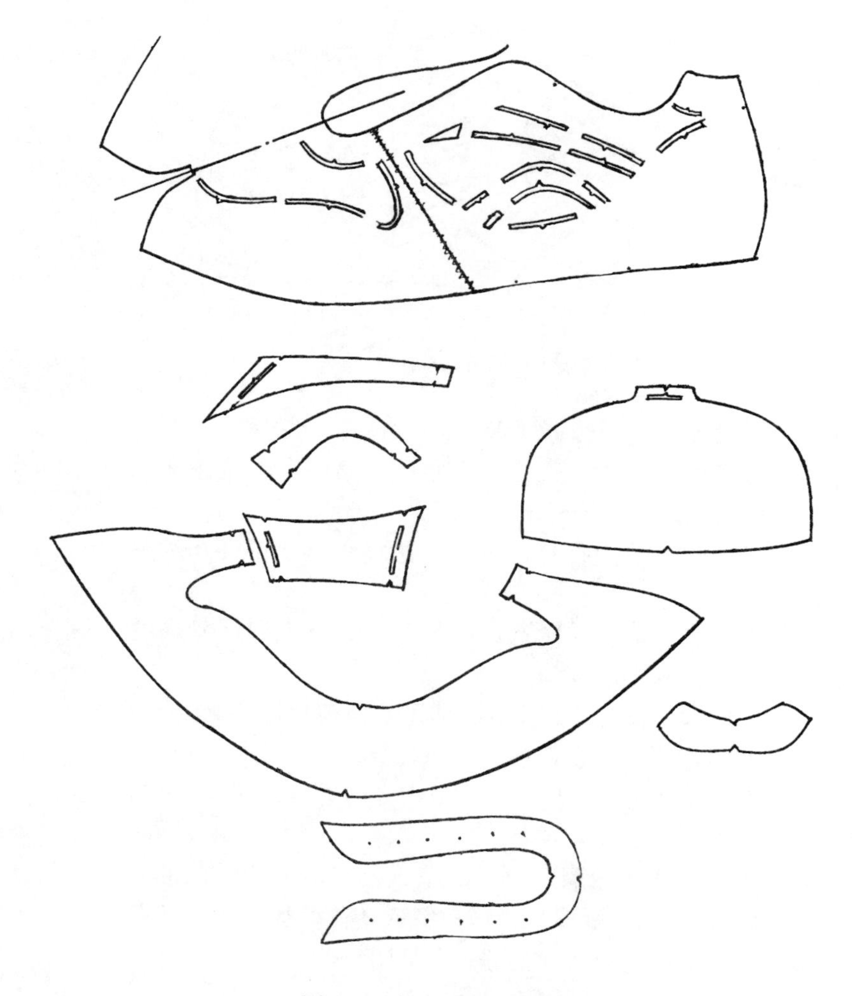

图 3-7　制取帮部件样板

作业与练习

1. 练习在楦面上贴胶带纸，要求掌握贴楦的方法。
2. 练习在贴楦纸上找到六个设计点。
3. 利用六点设计法绘制一款简单的慢跑鞋设计图。
4. 将绘有设计图大轮廓的贴楦纸展平，观察展平时会出现什么问题？

第二节　比例设计法

比例设计法是由六点设计法引申出来的。在应用六点设计法时，会发现找鞋口长度点与找鞋口最高点都是为了确定脚山的位置，找两次点来确定一个位置显然在时间上不经济，在制取样板时，还必须添加工艺量和进行修板，操作比较复杂，于是就形成了利用六点设计法的结果来进行设计的比例设计法。

一、比例关系的确定

我们可以利用上一节中六点设计法的楦面展平图，找出前帮长度与后帮长度的比例关系、前开口长度与后领口长度的比例关系，参见图3-8。

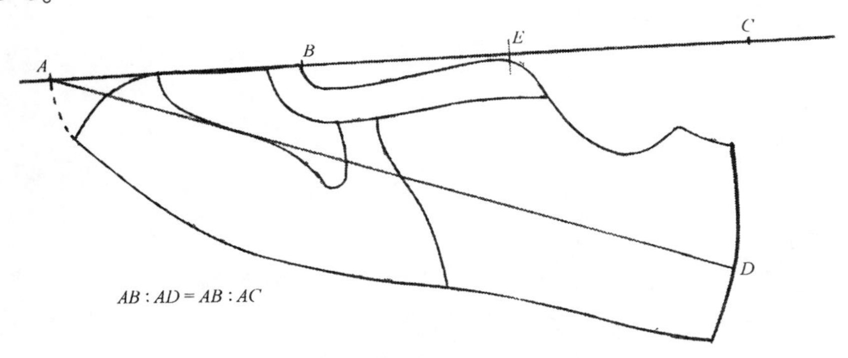

图3-8　计算比例关系的方法

过前开口点 B 作一条前帮背中线，并向后延长。然后修整鞋前尖的轮廓，便得到了前端点 A。再量一量前尖点 A 到后跟突度点 D 的长度，并把 AD 的长度转移到背中线上来，使 $AC = AD$，在背中线上就可以找出前帮长度和后帮长度所占的比例，前帮长: 后帮长 = AB: BC。

通过大量的实例验证，一般运动鞋的基本比例确定关系为31: 69，在图3-7中的计算值，不一定是这个比例，这是因为口门的位置不同。如果调节口门位置，完全可以达到这个比例，但比例合适了，外形不一定好看。早期的楦头比较厚，口门位置较合适；目前的楦头比较薄，口门位置就会靠后，还必须再进行调节。所以31%只是个基本比例关系，可以根据不同的要求进行变化。

采用同样的方法过脚山位置作背中线的垂线，便可以得到前开口与后领口的分界点 E，通过计算就能知道前开口长度 BE 与后领口长度 EC 的比例关系，前开口长: 后领口长 = BE: EC。

通过验证，在“100% −31% =69%”的范围内，这种基本的比例关系为46: 54。

把前后的比例关系理顺，就成为: AB: BE: EC = 31: 31.74: 37.27。

确立了这种比例关系以后，就可以把在楦面上找设计点转化为在平面样板上找设计点，为平面的设计打下了基础，平面设计可以简化设计的过程，提高设计的效率。有些工艺上的加工量数据，在鞋楦上是无法加放的，这就造成了经验设计的局限性，但是在平面的设计中，加放工艺加工量是一件很平常的事。观察图3-5中的后踵高度位置，这并不是后踵的实际位置，距后踵位置还有一定的距离，这段距离有什么用？是鞋材厚度和泡棉厚度的预留加工量，在

图3-6中已经加放出来了。在六点设计法中，这种加工量要放在取样板时去考虑，把直观的东西变得不直观了，显然不如在平面上按比例设计法方便。基本比例关系的表示参见图3-9。

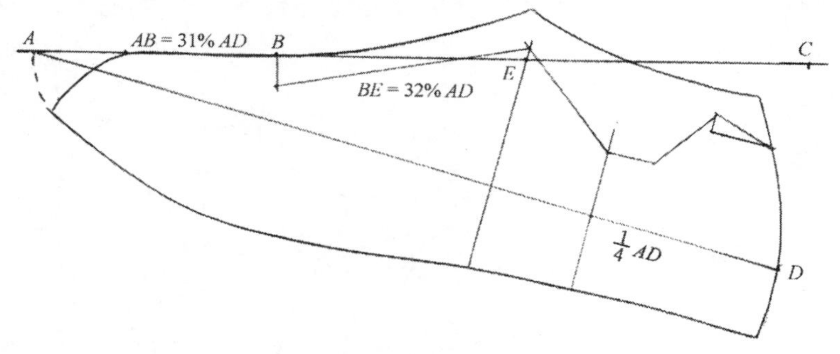

图3-9　基本的比例关系

二、比例设计法的应用

应用比例设计法是要在展平面上找设计点的，因此制取展平面就成了关键。早期，制取展平面是采用PVC人造革材料，由于这种材料有延伸性，贴楦时很容易平伏，展平时也容易处理，但是制取的模板会有变形，变得不容易控制，现在多用美纹胶带纸。

用美纹胶带纸贴楦方便、干净，又不容易变形，但很快就发现不同的师傅采用同样的方法贴楦，展平的效果却不相同，从而形成了每个师傅都有自己的处理手法的现象。这是因为楦面是一个空间曲面，贴楦板展平时就会有空间角的变化，在处理这些空间角时，也就是在处理展平面的皱褶时，每个师傅的处理手法不同，就造成了还原效果的不同，在后续的操作过程中必然是采用各不相同手法，才能达到还原的目的。结果就造成"一个师傅一个样"。如何克服这些缺陷呢？下面介绍一种很实用的展平方法。

1. 楦面展平

贴楦的方法与上一节相同，展平时揭下贴楦纸，然后贴平在卡纸上。事先，要在前尖的底口和后跟的底口分别打2~3个剪刀口，剪刀口与底口垂直，打在贴楦板的突起位置，参见图3-10。

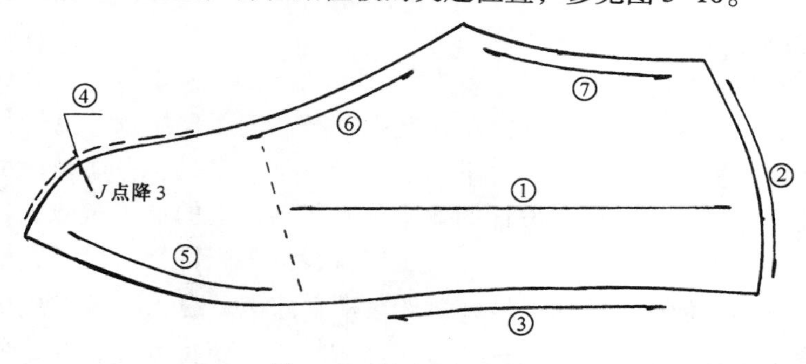

图3-10　楦面展平顺序

①贴平时，先把前帮跖围宽度的½处与后跟突度点这一线贴平；②、③再贴平后弧一线和后帮底口一线；④此时轻拉前帮，找到前头突点的自然位置，再将该位置下降约3mm；⑤把前帮背中线贴平；顺次贴平前帮底口一线，有少量的皱褶要均匀分散开；⑥贴平后帮背中线和统口一线，后帮背中线上的少量皱褶也要均匀分散开。此种贴楦方法可以屡试不爽。

楦面展平以后，底口会变长，要修正前尖底口和后跟底口的长度，与原长度相等。最后再将贴在卡纸上的贴楦板刻下来，得到一个原始样板。以后的设计，就以原始样板为基础进行。

2. 确定基本比例关系

将原始板的轮廓描画在另一张卡纸上，过口门近似位置作前头突点的切线并延长，形成前帮背中线。修整前头底口轮廓线，得到前端点 *A*；再找到楦的后跟突度位置，得到后端点 *D*；*AD* 长度为楦面全长，取 31% *AD* 长度定出口门（鞋喉）准确位置点 *B*，再量 32% *AD* 长度定出脚山位置点 *E*，剩下的 37% *AD* 长度为后帮长。以后的设计就在这些基本比例的关系中进行。在比例不合适时也可以进行调整，这就需要有实践的经验。

基本的比例只确定了长度的关系，对于口门宽度、足踝高度、后踵高度、脚山高度的确定，仍然与六点设计法相似。在设计前要确定出这些数据，之后才能将设计作品进行到底。例如：口门宽度取 15mm，足踝高度取 60mm，后踵高度取 80mm，脚山高度取 90mm，利用这一组数据就可以画出运动鞋的大轮廓，参见图3-11。

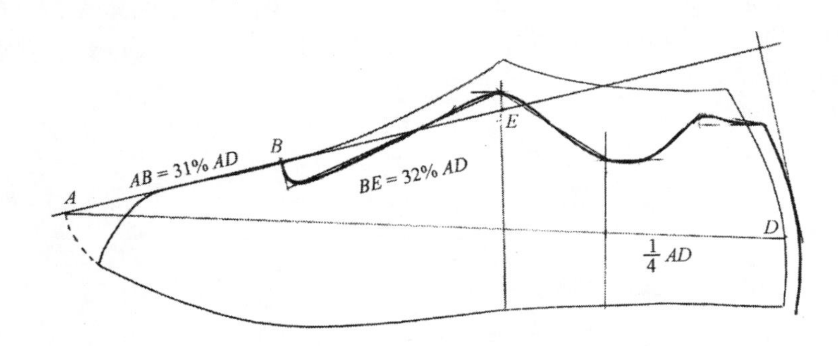

图 3-11　利用比例法画出运动鞋的大轮廓

3. 画设计图

下面设计一款网球鞋。先分析网球鞋的成品图，参见图 3-12。

图 3-12　网球鞋的成品图

从外表上可以看到网球鞋的帮部件有以下几种：鞋身、鞋眼盖、前套、后套、挡泥片、侧饰片、鞋舌。其中，鞋眼片上有 6 个眼位，眉片与后套连成一体，挡泥片上有装饰孔。

按照设计的过程，要选择网球鞋楦，贴胶带纸，制取展平面，得到原始样板。

在卡纸上画出原始样板的轮廓，作出前帮背中线，按照 31%、32% 的比例分出前帮、中帮和后帮三段。取设计参数：开口宽度 15mm，脚山高度 100mm，足踝高度 70mm，后踵高度 85mm。再观察眉片位置的形状，成双峰状态，峰高与后踵高的差值 6 ~ 7mm。还要注意到，由于材料厚度的原因，在后弧一线要留出厚度量 7mm 左右，泡棉厚度留量 5mm。还要注意到，由于鞋舌的厚度原因，要把口门的位置抬高 2mm 左右。处理这些工艺量，在平面上设计显然要比在楦型上设计更方便，参见图 3-13。

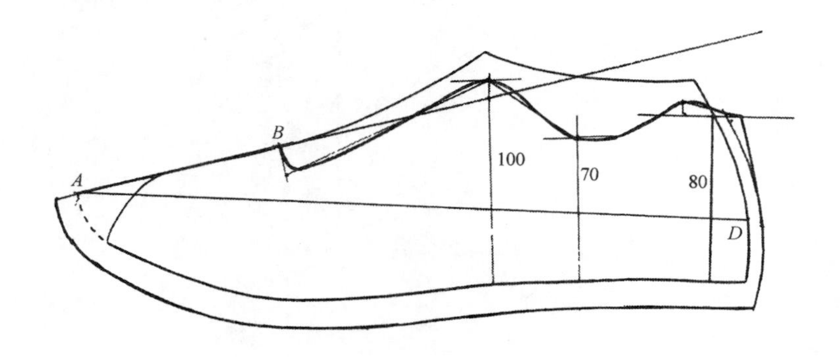

图 3-13　设计板上的比例分配和设计参数

在图 3-13 的基础上开始仿照成品图设计部件的轮廓线。

①先设计出鞋身的大轮廓线，注意双峰的长度取在 25mm 左右。

②设计出鞋眼盖的轮廓线，安排 6 个眼位，注意鞋眼盖的长度向后拖到足踝位置附近。

③设计出前套的轮廓线，前套在背中线的位置，取在前头突点（J）之后的 3 ~5mm，两侧宽度比前头宽度略宽些，长度要避开跖趾关节。

④设计出挡泥片的轮廓线，注意挡泥片是衔接在前套之间的一弧线，弧线弯曲的走向要与脚山的曲线呼应，长度到足踝位置附近。装饰孔的边距取 5 ~6mm，要在部件外形完全固定下来之后再确定。

⑤设计出后套的轮廓线，后套的凹弧线要与鞋眼盖的后脚相呼应。

⑥设计出侧饰片的轮廓线。侧饰片很简单，上连眼盖下连挡泥片。（想一想，这件侧饰片除了装饰、补强的作用外，还有什么作用?）

⑦设计图画好之后，要对所有的线条进行一次修整，要求线条光滑、流畅、风格统一，因为轮廓线就是取板的基准线。在处理好线条之后，底口加放绷帮量，前身底口加 15mm，后身底口加 12mm。参见图 3-14。

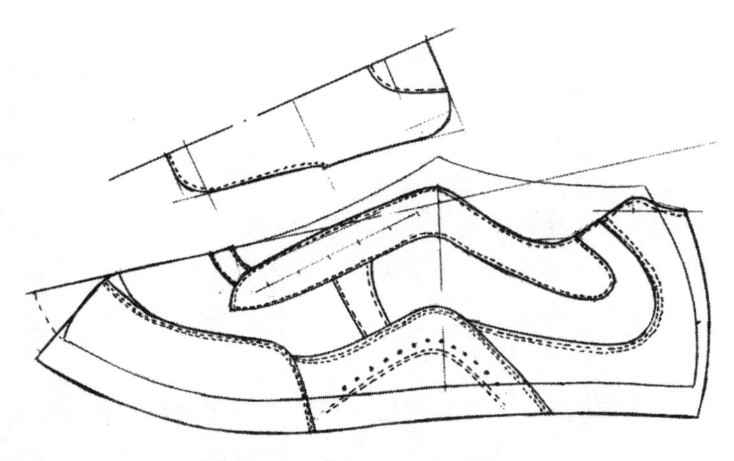

图 3-14　网球鞋的设计图

4. 制取样板

制取样板见图 3-15。

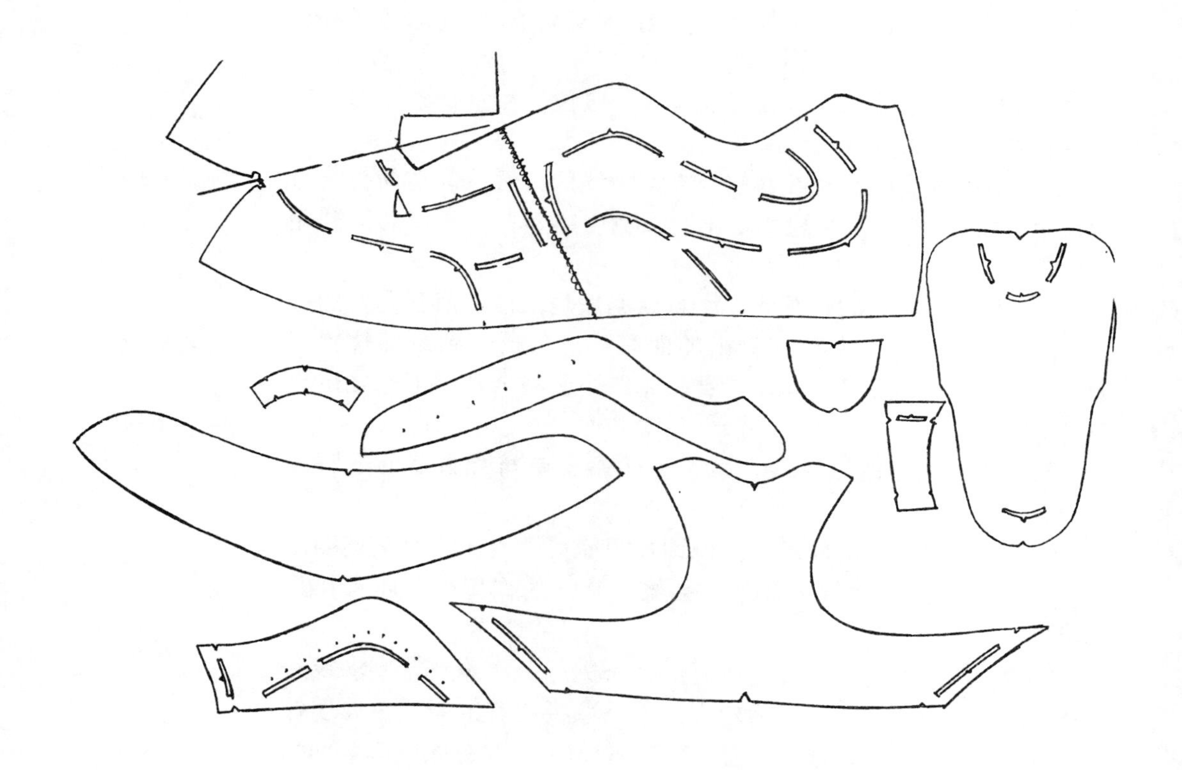

图 3-15 制取样板示意图

作业与练习

1. 做楦面展平练习，掌握楦面展平的方法。
2. 利用比例设计法设计举例中的网球鞋。
3. 比例设计法中的比例关系是怎样形成的？

第三节 基线设计法

六点设计法为勾画运动鞋的大轮廓奠定了基础，比例设计法为勾画大轮廓找到了简单的比例关系，人们对运动鞋设计方法的探索始终也没有停止过。有时为了仿板的需要，干脆就直接测量原鞋的数据，或复制原鞋的部件外形。仿制与设计固然不同，不过却从中发现了楦前头突点（*J*）和楦后跟突点（*D*）的重要作用。在比例设计法中，前帮长度是从楦的前端点 *A* 开始计量的，由于运动鞋楦的放余量较小，楦头突点 *J* 到楦前端点 *A* 的长度主要处于楦体高度的范围，几乎与长度无关，因此以 *AD* 长度为基准测量，势必会造成长度向上比例失调。如果以楦头突点 *J* 和楦后跟突点 *D* 为基准，连接出一条基准线来控制长度比例，其效果将会更好，因为 *JD* 线更接近于脚长。基线设计法就是以 *JD* 线为基准来进行帮结构设计的一种方法，省去了找 *A* 点的麻烦。下面以男楦中间号（41 号）为基础进行说明。

一、基线设计法的长度控制

1. *JD* 基准线的长度控制

通过观察楦头外形，在楦头背中线的拐弯处定出 *J* 点，*J* 点为楦头突点位置控制点，在测量鞋楦的基准长度时要从 *J* 点开始。不过应该注意到，对于鞋帮上的 *J* 点，由于绷楦时的向前拉伸的作用，*J* 点会往前移动，因此在设计前套部件时，要把 *J* 点向后移动 3 ~ 5mm，定出 *J′* 点来应用。

楦的后跟突度点 *D* 可以直接在后弧中线上测量。自楦底的后端点 *B* 向上用软尺沿后弧中线量出：

BD = 脚长 ×8.8%（楦型规律）+4（鞋垫厚度）

=255（41 号脚长）×8.8% +4

=26.5（mm）

测量楦面的 *JD* 长度与测量原始样板的 *JD* 长度应该是相同的，但在楦面展平时，由于皱褶的存在，往往有误差，因此要修整原始样板。修整的方法是：在贴楦完成后，用软尺量出楦面的 *JD* 的长度，同时画出测量的线迹，待楦面展平后再按照原线迹测量，就可以找到修正值。用同样的方法，也要对楦统口长度进行修整，参见图 3-16。

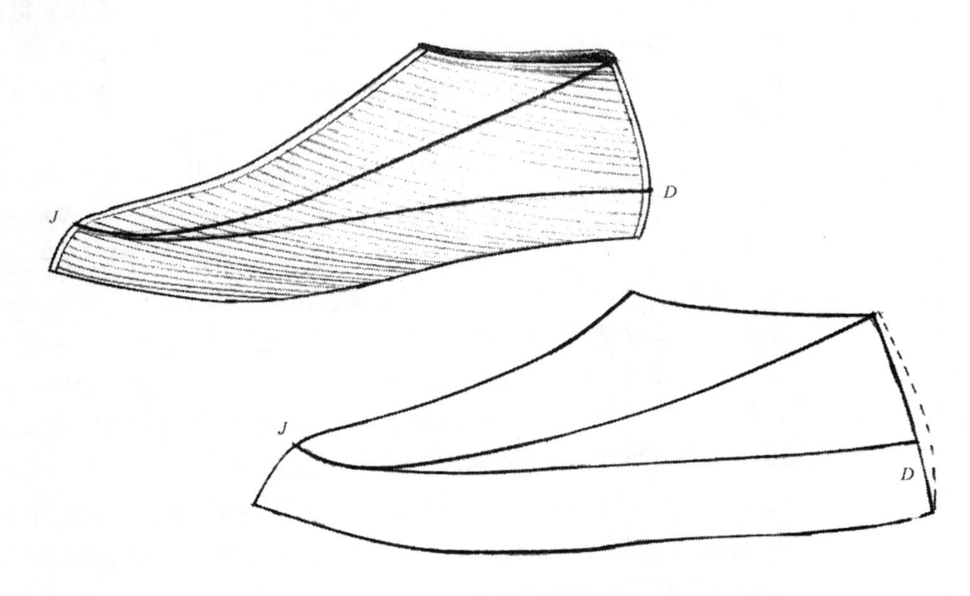

图 3-16　对楦面后弧的修整

底口长度的修整方法同前。

2. 口门位置的长度控制

在原始样板上直线连接 JD 的长度，取其前¼点为 a 点，过 a 点作背中线的垂线，相交后得到口门位置点。脚的第一跖趾关节占脚长的 72.5%，a 点近似于脚长的 75%，所以该口门位置处在脚的跖趾弯点之前，比较符合现代运动鞋的特点，可以直接用来设计口门位置。如果需要调整，也可以前后移动；如果需要测量，只需量出 J 点到口门的长度即可，使用起来非常方便。早期的运动鞋口门位置都比较靠后，如果后帮占 69%，该口门位置就会在脚的跖趾弯点之后，与现在的休闲鞋相似，参见图 3-17。

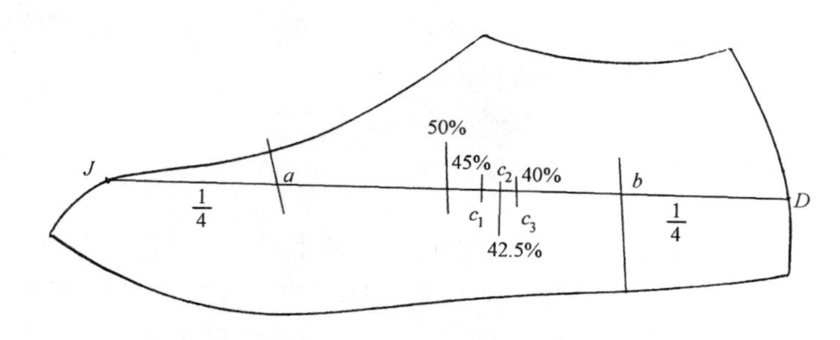

图 3-17　长度位置控制点

3. 足踝位置的长度控制

足踝位置取基线 JD 的后¼长度定 b 点，过 b 点作样板底口的垂线即可以量取足踝高度值。由于脚外踝骨中心位置占脚长的 22.5%，b 点占脚长近似于 25%，消除后跟曲面弯曲度的影响，两者很相近。

4. 脚山位置的长度控制

脚山位置的控制，关系到后领口长度的大小，直接与鞋口的抱脚能力、穿脱是否方便有关。由于运动鞋的种类不同，要求也不同，后领口长度应该有大、中、小三种不同区别的控制。例如运动凉鞋、运动休闲鞋等，鞋口应该大一些，取 JD 的 45% 左右，用 c_1 点来表示；例如篮球鞋等，取 JD 的 40% 左右，用 c_3 点来表示；一般的运动鞋大都取 JD 的 42.5% 左右，用 c_2 点来表示。如何量取呢？其实很简单：取 JD 长度的一半即为 50%，后退⅒的 JD 长度即为 40%，取 50% 与 40% 的平均值即为 45%，再取 45% 与 40% 的平均值即为 42.5%。参见图 3-17，可以把 c_1、c_2、c_3 三个点同时标在原始板上，设计时再选其中的一个点来应用，过该点作足踝高度线的平行线，在平行线上截取脚山的高度。

二、基线设计法的高度控制

1. 后踵高度的控制

前面提到过脚的后弯点，如果鞋帮的后踵高度超过脚的后弯点，就会出现顶脚的现象，对脚造成不适，妨碍脚腕的运动，影响运动员的成绩，所以一般矮帮鞋的后帮高度不超过脚的后弯点。脚后弯点高度 =32.61%（脚型规律）×255（41 号脚长）=83（mm）。

在实际的应用中，矮帮运动鞋后踵高度常取在 75～82mm。有些特殊的矮帮鞋，出于防护或造型的需要，取值还可以更高些，其中考虑到鞋垫的垫高和后帮高度的变形，可以取值到 87mm，也不会造成顶脚。对于高帮运动鞋来说，后踵高度取值在 120～130mm，由于高帮楦的后弧曲线呈 S 形，靠近统口位置后弧线向外伸展，模仿小腿的外形，也不会造成顶脚现象。对于中帮运动鞋来说，后踵高度取值在 88～100mm，同样是鞋楦的原因，也不会造成顶脚。有些中帮鞋楦的后弧是 S 形曲线，有些中帮鞋楦后弧呈 C 形曲线，但楦统口比一般矮帮楦要高一些，后弧前倾量也小一些，其目的就是为了防止鞋帮升高后造成顶脚。后踝、足踝、脚山高度控制参见图 3-18。

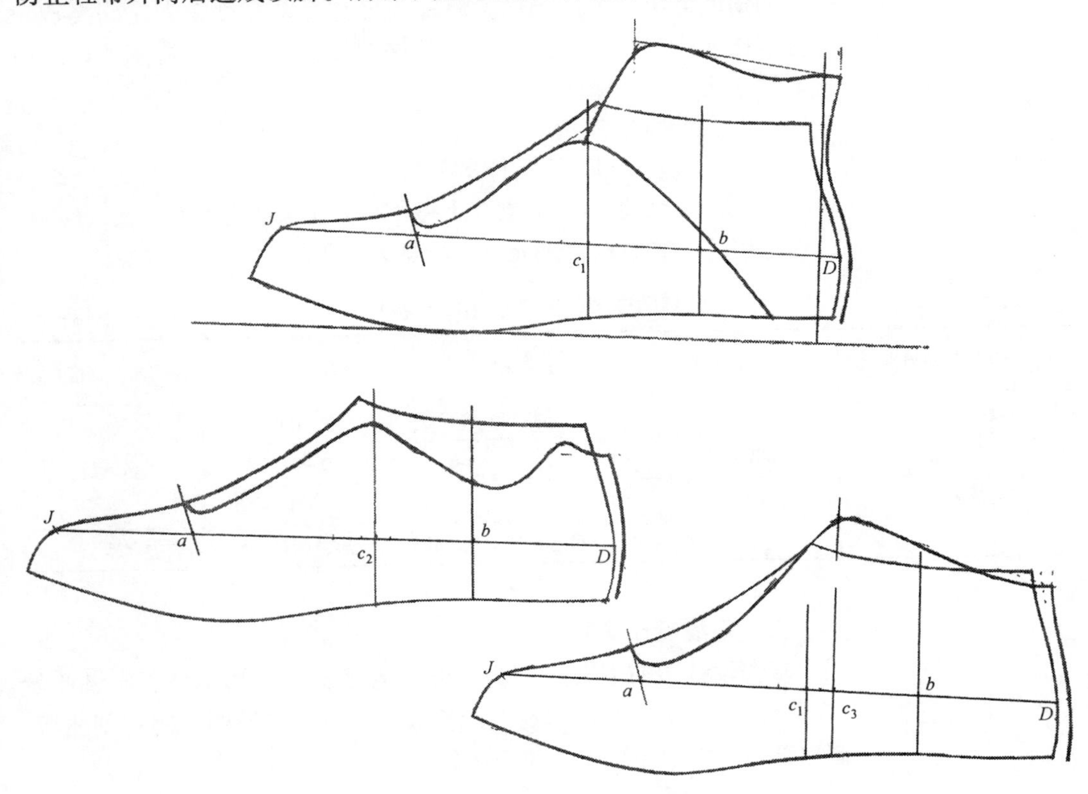

图 3-18　后踵、足踝、脚山高度控制

2. 足踝高度的控制

对于运动鞋来说，足踝的高度不用考虑外踝骨中心下沿点的高度，由于鞋口都裹有泡棉，不会磨脚。但鞋口的位置不能影响脚踝关节的运动功能，所以矮帮运动鞋的足踝高度取在踝关节活动中心之下20mm左右，中帮和高帮运动鞋的足踝高度要求遮盖过脚踝骨，对踝关节起保护的作用。

足踝高度＝踝关节活动中心高度－下降量
＝后弯点高度－下降量
＝舟上弯点高度－下降量
＝83－（13～23）
＝60～70（mm）

3．脚山高度的控制

脚山高度的控制，也是以舟上弯点的高度为基准，在83mm的基础上再加上一个提升量。这个提升量包括鞋舌厚度10mm左右，鞋垫厚度4mm左右，高度变形量3mm左右。一般矮帮运动鞋脚山高度在90～100mm。早期运动鞋的后踵高度比较矮，所以脚山的高度也不高；现在运动鞋的后踵高度增加，脚山的高度也相应提高。从美学的角度考虑，脚山高度、后踵高度与足踝高度三者之间要成黄金分割比才协调美观，在设计帮部件的过程中，如无特别的要求时就取黄金比，可以保证不出错。

4．口门宽度的控制

口门的宽度与口门部件的造型有关，一般控制总宽度28～34mm，设计时在过口门的垂线上截取口宽15mm左右。

常用的一些数据整理如下，参见表3-1。

表3-1　常用的参考设计尺寸（41号楦）　单位：mm

运动鞋种类	后踵高度	足踝高度	脚山高度	开口宽度
矮帮运动鞋	75～82～87	58～70	90～100	14～17
中帮运动鞋	88～100	盖住脚踝骨	110～125	
高帮运动鞋	120～140		比后踵高15～20	
备注	本数据为设计尺寸，成品尺寸由于有变形，两种尺寸间有误差			

三、基线设计法的应用

基线设计法的主要过程为：分析成品图、选择楦型、制备原始样板、原始样板检验、确定设计参数、画结构设计图、制备刻线板、制取部件样板。下面逐一进行分析。

1．分析成品图

成品图是表示所设计样品的结构图形。所要设计的样品可能是一张形象生动的效果图，可能是一幅漂亮的照片，也可能是一款实物样品，要把这些参照物“变”成样品鞋，必须经过结构设计、制取部件样板、样品试制等几个环节，而其中的结构设计图是关键。没有结构设计图就无法制取部件样板和试制，结构比例是否准确、外观线条是否美观、设计效果是否到位等，都取决于结构设计图，因此画好结构设计图就成了图形转变成实物的关键。要画好结构设计图就要先分析成品图，把所要设计的内容记在脑子里，落实到结构图上，做到心中有数，笔下有谱。

应当清楚，成品图不同于效果图、不同于照片，它强调的不是立体感，不是质感，也不是有多么亮丽，而是要强调它的内在结构、部件比例和轮廓线条。所以在动手画结构设计图之前，要先动手画成品图，即使有了实物进行仿制，要想达到事半功倍的效果，也要画成品图。因为在画成品图的时候，鞋帮的结构、鞋底的搭配、部件的多少、安排的比例、位置的高低、轮廓的外形、线条的风格、装饰的难易等，都会在你的笔下事先预演一遍，有此功力之后再画结构设计图，肯定要顺畅一些。

分析成品图的主要内容有：结构，楦型，部件的多少、位置、外形，装饰工艺的要求等。下面以一款慢跑鞋为例进行说明，参见图 3-19。

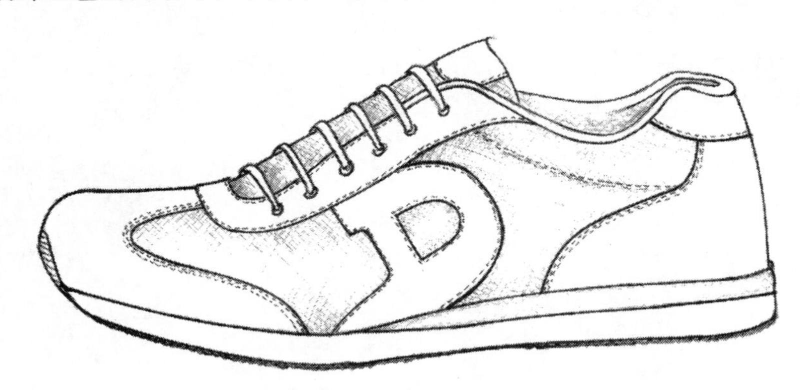

图 3-19　慢跑鞋成品图

结构：本款鞋为日常穿用的慢跑鞋，属于前开口式结构，口门位置用基准线前¼的 a 点控制。后领口长度为中等类型，用 c_2 点来控制。眉片采用双峰造型。鞋底为发泡 EVA 和橡胶片的组合底，俗称“十佳底”。

楦型：使用 41 号慢跑鞋楦。

部件：帮面部件有鞋身、鞋眼盖、鞋舌、T 型前套、双峰眉片、后套、D 字形装饰件。前套长度接近第五跖趾关节，后套长度到达脚山，部件之间的上下搭配关系用车缝线迹表示：眼盖压前套，压装饰片，眉片压后套。鞋里部件包括有鞋里大身、前港宝、后港宝、领口泡棉、翻口里、鞋舌泡棉和舌里等。

装饰：D 字形装饰件采用车缝工艺，后领口之下有车缝线。鞋舌上有一饰片。

2. 制备原始样板及检验

选用慢跑鞋楦，画出中线，贴楦制备原始样板。贴楦的方法已学过，楦面展平的方法也学过，注意后弧曲线的长度处理，底口的处理。连接 JD 基准线，分别找到控制口门的 a 点、控制踝骨的 b 点、控制脚山的 c_2 点。这些操作要熟练掌握，是设计入门的基本功。原始样板的伏楦效果如何要进行检验。

检验的方法如下：

①用牛皮纸复制两张相同的原始样板。

②将两张原始样板的背中线和后弧中线用胶带纸粘住，形成一个套样。

③将套样套在鞋楦上检验伏楦的效果。这种检验的方法虽然简单，但是效果非常好，你可以预先知道原始样板的准确性，在原始样板不准确时，先不要进行后面的操作，直到原始样板修改得准确时再继续后面的设计。

如果发现原始样板有问题，可以检查背中线是否正、展平时 J 点下降量是否准、底口长度修整是否合理、后弧长度修整对不对等内容。

在套样贴伏在楦面上时，还要观察底口轮廓的位置，会发现楦面前掌位置的里怀宽度小于外怀，在腰窝位置楦面的里怀宽度要大于外怀。把这些差别的位置和差别量记下来，为后面的设计打基础，参见图 3-20。

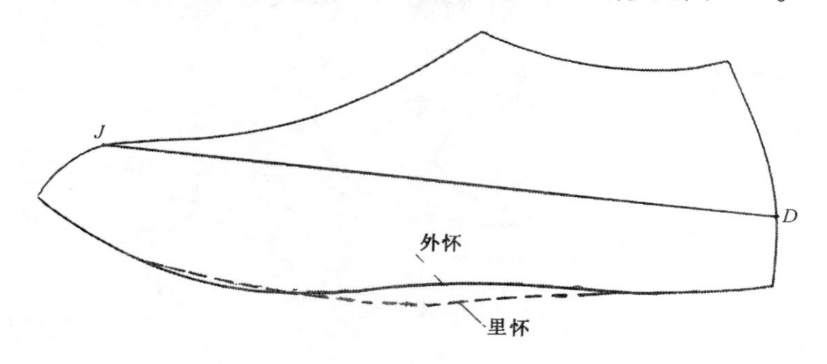

图 3-20　里、外怀底口的区别

3. 确定设计参数

设计参数包括设计尺寸和添加工艺量两部分，参见表 3-2。

表 3-2　十佳底慢跑鞋设计参数表　单位：mm

设计尺寸		工艺量	
脚山高度	95	口门提升量	2
后踵高度	78	后弧材料预留量	5
足踝高度	60	领口泡棉预留量	4
开口宽度	15	底口里怀差别量	-2 ~ +10
峰差	6	底口绷帮量	12 ~ 15
备注：眉片采用双峰造型		备注：采用绷帮工艺	

关于材料的预留量，在这方面皮鞋的设计与运动鞋的设计大不相同。为了使鞋口抱楦，在皮鞋半面板的后鞋口位置要收缩1～2mm，但在运动鞋的设计时却要加放材料的预留量，目的是为了舒适和便于运动。设计运动鞋时，一般是以鞋身样板为基准，鞋身以外的帮部件往往是附着在鞋身上，其厚度可以不考虑；但鞋身以内的所有部件厚度就必须考虑，也包括鞋身本身的厚度，当然既包括前尖的厚度，也包括后跟的厚度。此外，还要考虑材料的延伸性，在总厚度上乘以70%～100%。以图3-19为例，前尖的鞋身、港宝、鞋里厚度按3.2mm（1.4+1+0.8=3.2）计，后跟的鞋身、港宝、鞋里按4mm（1.4+2+0.6）计，总厚度7.2mm，预留厚度：7.2×70%=5.1mm，按5mm计算。泡棉的厚度可以按本身厚度的½计算预留量。如果使用泡棉厚度为8mm时，预留量为4mm。

每设计一款运动鞋，都会有设计尺寸和工艺添加量的要求，这不同于造型设计，怎么美观怎么画。但数据是死的而人是活的，在比例不协调时也能改动数据，但同样要留下记录。造型设计偏重于艺术效果，结构设计偏重于技术质量，要先保证鞋的适穿性，再考虑美观性。

鞋底与鞋帮的装配工艺不同，对帮脚的工艺添加量也不同，本例采用绷帮工艺，其它的变化以后专门讲述。对于底口里、外怀的区别，可以采用分怀处理的办法或取折中样板的办法，本例中采用分怀处理的办法。里怀前掌底口少2mm，里怀腰窝多10mm，画出结构设计图以后，要按照这些数据处理底口。

4. 画结构设计图

帮结构设计图要画在卡纸上，便于制备划线板。绘制结构设计图的步骤如下：

（1）把原始样板的轮廓线描在卡纸上，连接基准线，分别找到a、b、c_2三个控制点。过a点作背中线的垂线定出口门位置；过b点作底口线的垂线，截取足踝高度60mm；过c_2点作足踝线的平行线，截取95mm为脚山高度点；在经过长度处理的后弧中线上截取78mm为后踵高度点；在D点之后加放5mm，作后弧线的一条平行线为材料厚度量；将后踵高度点转移的新弧线上，加放4mm顺连到D点，为泡棉厚度量；定出口门宽度15mm。

（2）利用设计参数设计出大轮廓。直线连接口门、口门宽度、脚山高度、足踝高度、后踵高度等设计点，再把直线改成圆滑曲线，设计出鞋身外形的大轮廓线，参见图3-21。

脚山的外形很抢眼，控制角度不要太小，控制高度要到位。足踝轮廓曲线的凹度要随眉片的造型来变化，不要太死板。鞋帮后跟

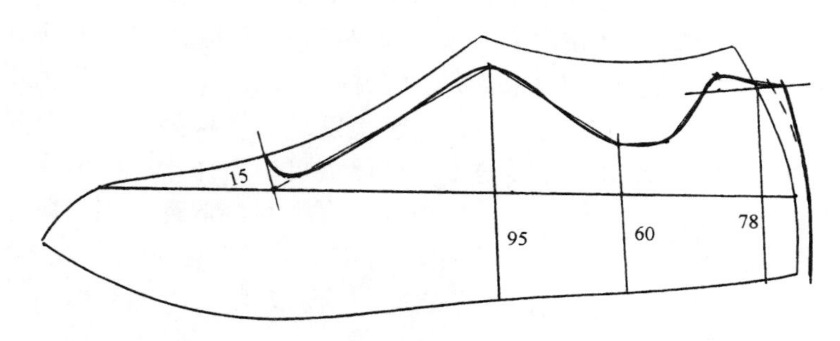

图 3-21　设计大轮廓线

上口的轮廓也就是眉片的轮廓，设计时从后踵高度点作一条底口的平行线，截取 25mm 左右确定双峰的高度，然后再设计出外形轮廓。

（3）设计鞋眼盖。鞋眼盖的位置，在全鞋中有着举足轻重的作用，一旦眼盖的位置确定下来，前帮的长度和后领口的长度也就随之确定下来。将口门的位置提升 2mm，然后连接 *J* 点作背中线，并向后延长。然后观察脚山的高度与背中线的关系位置，要求脚山高度点低于背中线 2mm，保证鞋眼盖部件的开料。先设计出鞋眼盖的外形轮廓，定出 6 个眼位，与前面的眼盖设计方法相同。如果脚山高度达不到要求，就要进行跷度处理。取跷的方法很简单，在脚山高度点之上 2mm 位置，连接口门，并向前延长作鞋眼盖的背中线即可，前帮背中线随即也进行调整，参见图 3-22。

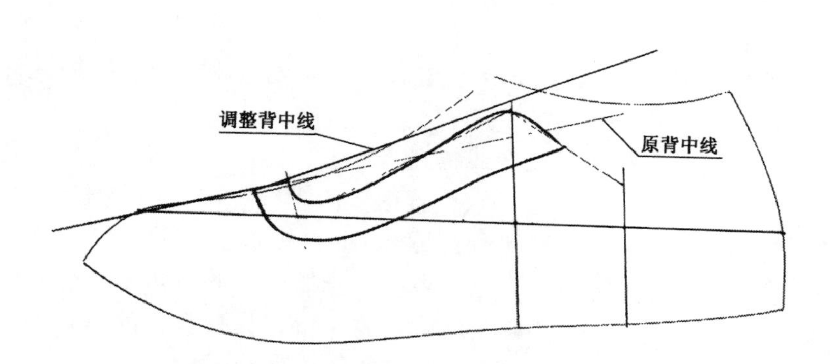

图 3-22　鞋眼盖的跷度处理

（4）设计其它帮部件。参照前面的练习，分别设计出前套、眉片、后套的外形轮廓。

（5）设计侧饰片和领口车缝线。侧饰片为一个变形的字母 D，位置在鞋身中间、鞋眼盖之下，裁断后直接缝合在鞋身上。领口装饰线位置自最后一个眼位开始，向后弯曲，直到后套位置。

（6）设计鞋舌要转移到另一位置。作一条直线为鞋舌中线，截取口门到脚山的长度为标准长，前端加放15～20mm为压茬量，后端加放25～35mm增长量。取标准长的½作垂线，截取楦背距眼位线的实际宽度，然后再加宽20～25mm，定基准宽度。自鞋舌长度的前端、后端和口门位置分别作舌中线的垂线。在口门垂线上截取口门宽度后，再截取12mm定前宽点，将基准宽度收进3mm后再与前宽点相连，画出鞋舌前段的轮廓曲线。鞋舌后段的宽度，根据不同的造型要求，可以截取基准宽度或再宽一些，画出舌后段轮廓曲线，参见图3-23。

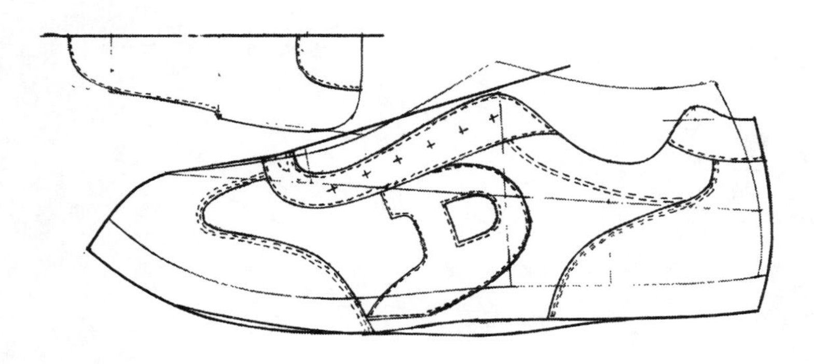

图3-23　运动鞋的结构设计图

（7）修整设计线条，力求做到比例协调、分割合理、线条顺畅、风格统一。最后把底口里、外怀的绷帮量画出来，把针车的线迹也画出来。

5. 制备划线板

制备帮部件的方法本节不要求，外形参见图3-24。

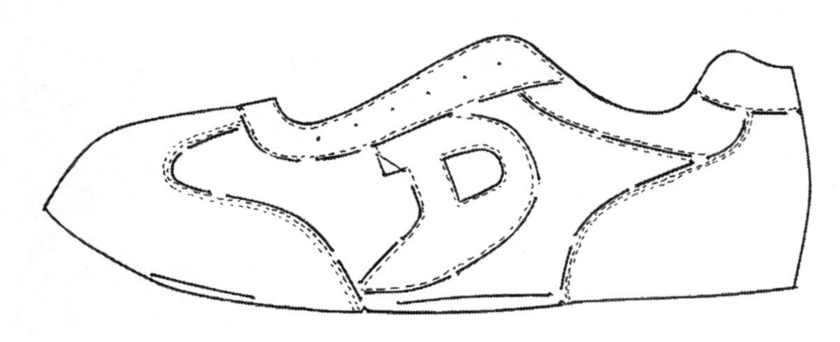

图3-24　划线板

6. 制取部件样板

制备帮部件的方法本节不要求，外形轮廓参见图3-25。

图3-25 帮部件样板外形

作业与练习

1. 掌握设计的基本功：画出成品图，在楦面上画背中线和底中线，贴楦，楦面展平，原始样板长度修整，确定设计参数，画出运动鞋的大轮廓图。

2. 画出3款有不同前套部件的慢跑鞋成品图。

3. 按本节3款慢跑鞋成品图要求画出帮结构设计图。

第四章　运动鞋的结构设计

设计原理是讲设计的普遍规律，设计方法是应用设计原理的一种具体操作方法，因此设计方法总会围绕着原理因地制宜地进行变化。通过前面六点设计法、比例设计法、基线设计法的演变过程，已经大致知道了运动鞋设计的一般规律，概括来讲离不开“图、点、线、面、形”。“图”中包括成品图、设计图；“点”中包括长度、高度控制点；“线”中包括基准控制线、大轮廓线；“面”中包括原始样板、划线样板；“形”中包括鞋的整体外形、部件的局部外形。在掌握了设计原理的基础上再进行帮样结构设计，会起到相辅相成的作用。

第一节　运动鞋的成品图

如果学习过素描课程，画成品图是不成问题的；如果是从零起步，掌握鞋形的长宽大小比例就成为关键问题。因此在画鞋形之前要先画楦形，先掌握住鞋的载体，然后在楦形基础上再画帮部件，正如同画衣服要先画人体一样，等有了经验就能一挥而就了。

一、三分法画楦的外形轮廓

选一只普通的运动鞋楦进行观察，第五跖趾关节位置大约占楦全长的⅓，楦的后身高与楦的统口长大约也是占楦全长的⅓，鞋头的厚度比例大约占⅙，楦的后跟突度点大约占楦身高的⅓，有了这些比例，再考虑楦的前后跷、后弧前倾量等因素，画出楦的外形轮廓就容易了，参见图4-1。

运动鞋楦的头式造型是有变化的，或高或低，或直或圆，都可以通过观察进行临摹。画高帮楦时，统口要适当升高，参见图4-2。

如果将楦头都向外侧扭一扭，可以看到楦面背中线的另一侧，这就是透视的效果。注意在楦头扭动的同时，后跟与统口同时要朝反向扭一扭，参见图4-3。

三分法并不是灵丹妙药，只是揭示一个规律，当楦头扭转后，前身会变长一些、后身会变短一些，要通过观察学会灵活变化。

二、基线法确定鞋形大轮廓

画好楦的外形以后，可以仿照基线设计法的比例确定口门位置、脚山位置、足踝位置、后踵位置，然后画出鞋形的大轮廓，参见图4-4。

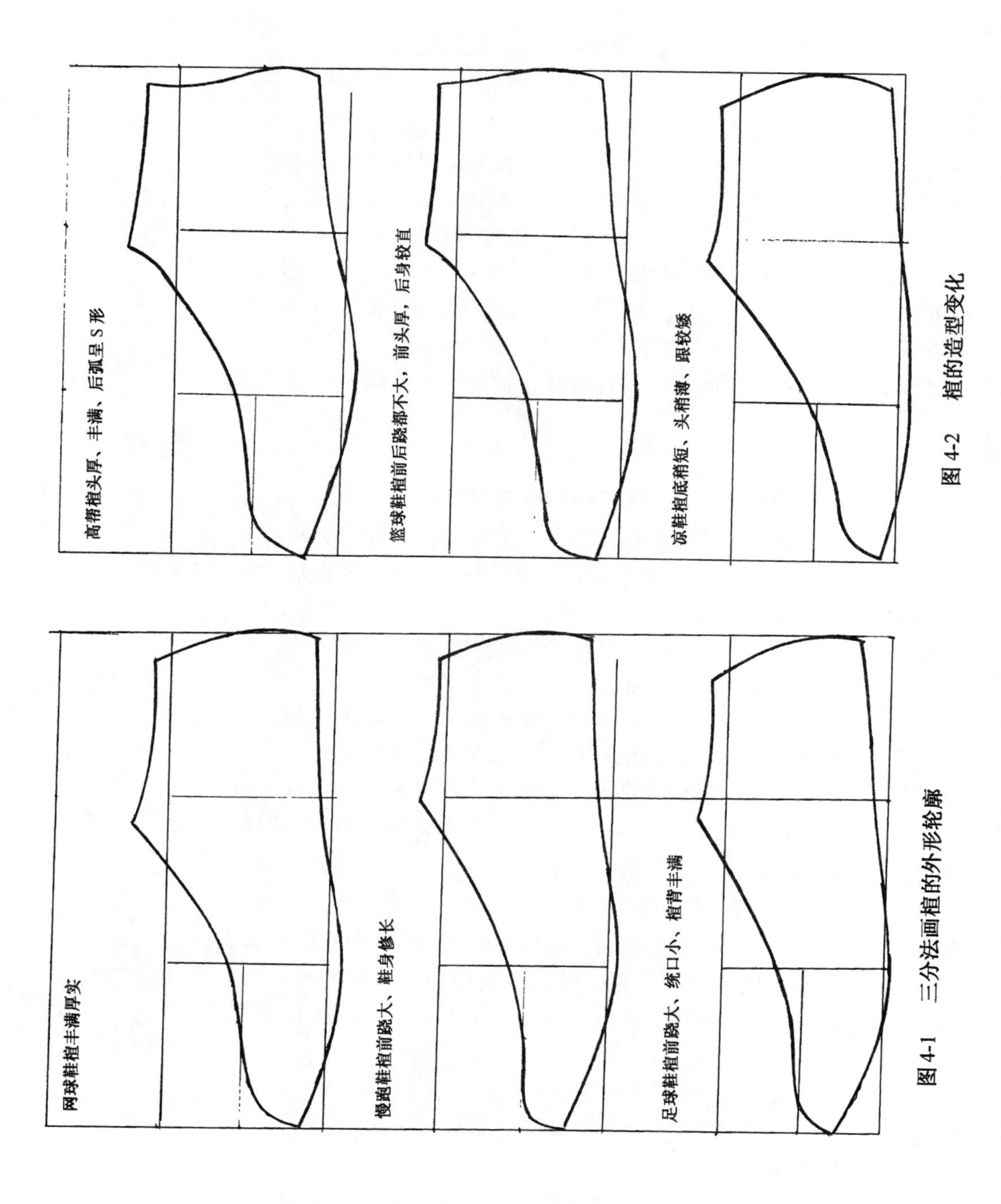

图 4-1　三分法画楦的外形轮廓

图 4-2　楦的造型变化

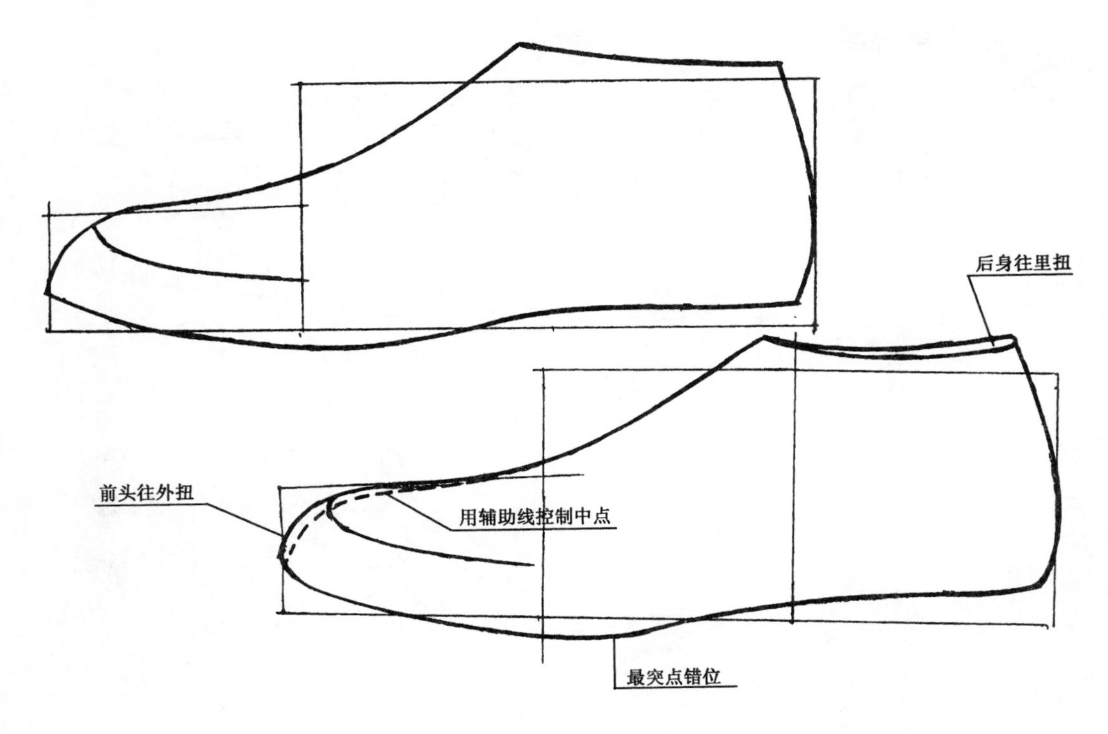

图4-3　楦形轮廓的透视效果

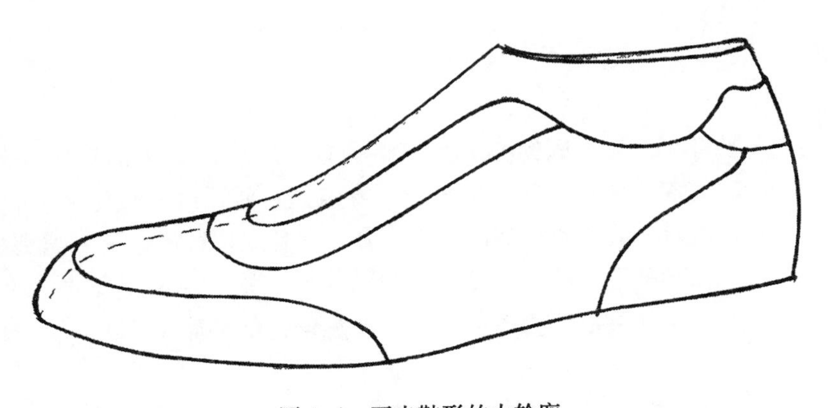

图4-4　画出鞋形的大轮廓

眉片部件的造型与鞋形的大轮廓有关，可进行单峰、双峰、平峰等变换。画好外怀的鞋形后再擦掉楦体线，把里怀一侧的鞋口轮廓线也补充上，就成为带有鞋腔效果的轮廓图了，参见图4-5。

三、画出每个部件轮廓

下面的任务就是安排各种部件的位置，画出每个部件的外形轮廓，见图4-6。这与画设计图是相似的，从中你可以体会到画成品图与画设计图之间相辅相成的默契关系，反复练习，必定有所收获。如果楦的外形有透视效果，画出的鞋形也就有透视效果。

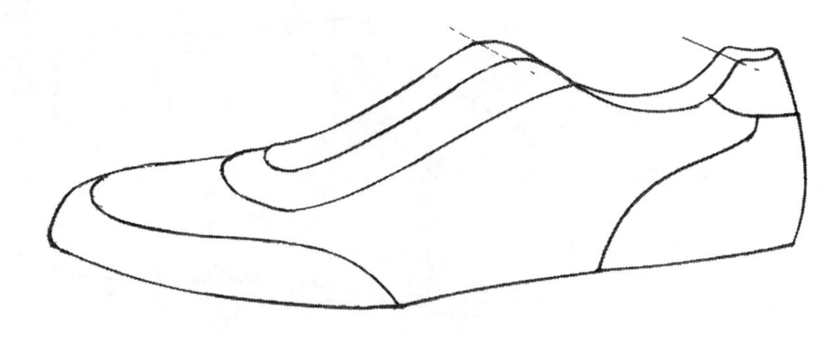

图 4-5　鞋腔的效果

图 4-6　鞋帮部件的位置与轮廓

四、搭配鞋底

没有鞋底的鞋不是完整的鞋，最后还要画出鞋底的外形轮廓。鞋底的外形看起来很复杂，特别是一些花纹和色彩的变化，画鞋底时首先要观察鞋底的结构，有一类是成型鞋底，有一类是组装鞋底，在画鞋底时注意区分这两种结构的差别，能用线条表示出来就可以了，如果把结构搞错，看上去就会乱套，很不舒服。参见图 4-7。

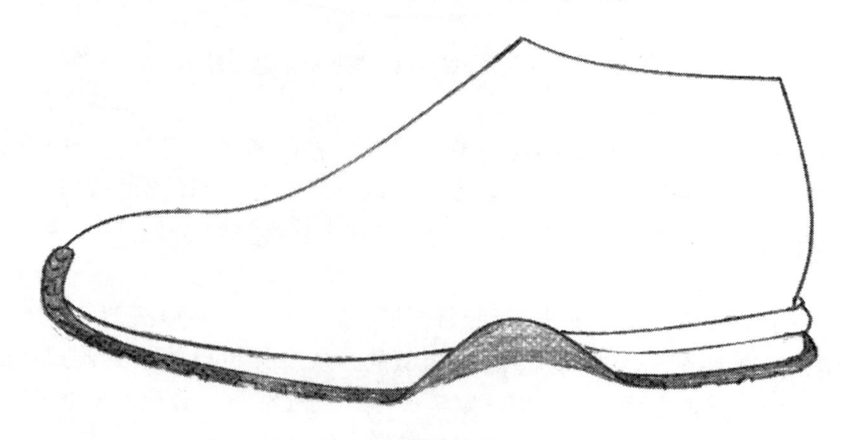

图 4-7　为鞋楦的外形画鞋底

绘图时要注意鞋帮与鞋底的搭配，正如服装与鞋子的搭配一样，和谐才能产生美感。在帮与底的搭配中，要注意动与静、轻与重、简与繁、大与小、放与收、软与硬的协调。在画图中，可以先画鞋子的式样然后配鞋底，也可以先画出鞋底的轮廓再配鞋帮。参见图4-8。

图4-8 帮与底的搭配图

作业与练习

1. 画出3种不同外形的运动鞋楦轮廓。
2. 按照楦外形画出3种不同风格的运动鞋。
3. 为3种不同的运动鞋配上合适的外底。
4. 画出上述3款鞋的帮结构设计图。

第二节 运动鞋的部件设计

运动鞋是由一个个部件按照一定的关系组合和搭配起来的，在设计的基础中，已经学习了运动鞋大形轮廓的设计，下面再分别学习各种部件的设计。

一、眼盖部件的设计

鞋眼盖位置正处在鞋的中部，在全鞋中占据着抢眼的位置，从功能上、形态上、结构上都显得十分重要。一旦眼盖位置确定，前套的位置、领口的位置也就确定了，所以在画结构设计图时，一般要先画出鞋眼盖的位置。鞋眼盖的结构可分为两种类型，一种是整眼盖结构，一种是断眼盖结构。

1. 整眼盖的设计

所谓整眼盖，是指眼盖的里、外怀连成一个整体的结构式样。整眼盖的造型会使人感觉到鞋形规矩、严谨、完整、圆满，设计时要注意脚山的高度位置不能超过前帮背中线，否则无法开料。考虑到刀模的冲裁，脚山的高度距背中线留出2mm为佳。典型整眼盖的侧面宽度取 20mm 左右，前端宽度取 15mm 左右，一般安排 6 个眼位，眼位线取侧宽的中线位置，注意第一个眼位距口门长度距离在 8～10mm范围，剩下的几个眼位间距取等分。参见图 4-9。

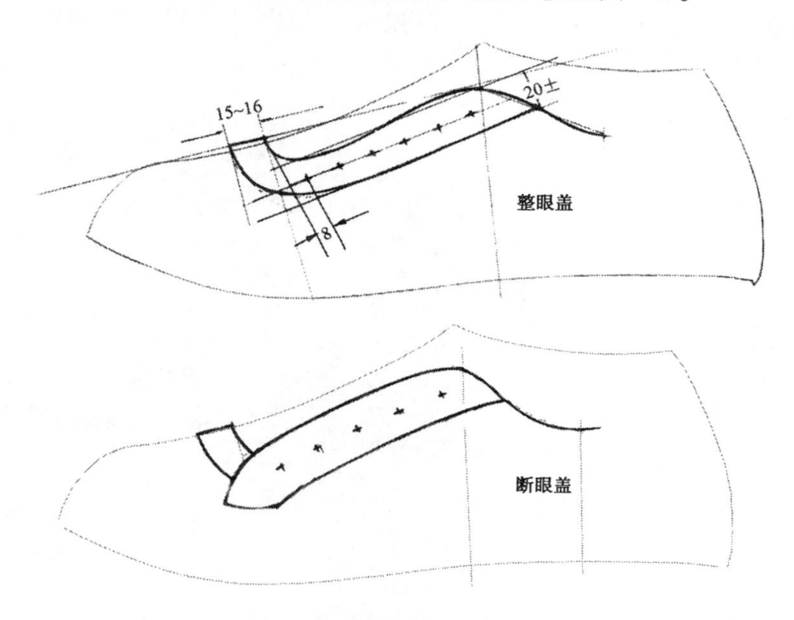

图 4-9　典型整眼盖与断眼盖的设计

断眼盖是整眼盖的一种特殊变化，既可以解决开料问题，又能增加造型花色的变化。眼盖的造型变化有多种，一种是曲线的变化，例如直线条改成波浪线、小圆弧口门改成深弧线、眼盖的收尾线上跷或下滑等。参见图 4-10。

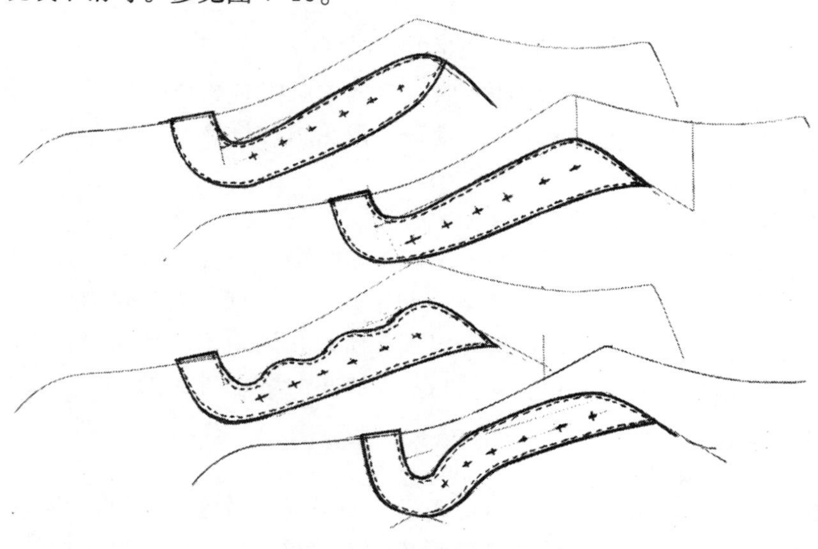

图 4-10　眼盖的线条变化

眼盖造型的另一种变化是把部件延伸，例如向前延伸与前套相连，向后延伸与鞋口或底口相连，也可以中腰向下延伸，从而演变出多种形态各异的造型。参见图4-11。

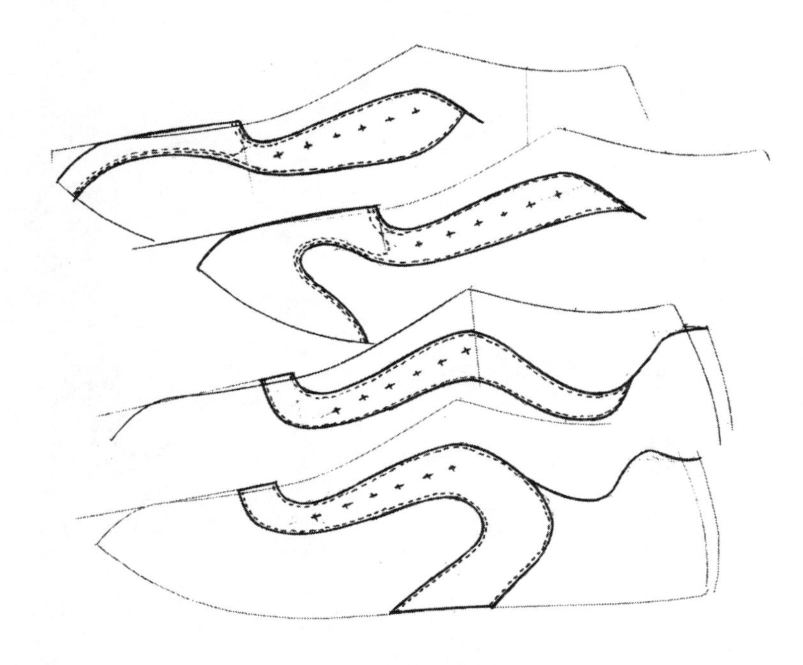

图4-11　眼盖部件的延伸变化

早期的运动鞋，由于脚山的位置比较低，设计整眼盖时不会有大碍，但现在的运动鞋由于脚山位置加高，直接设计的整眼盖往往不能满足开料的要求，因此就需要另外处理。处理的办法基本上有三条：①眼盖取工艺跷，掌握的原则是用眼盖的背中线控制脚山的高度（前帮背中线与眼盖背中线分离开）；②把眼盖的单侧或双侧巧妙地断开；③采用断眼盖的结构设计，参见图4-12。

2. 断眼盖的变形设计

所谓断眼盖，是指眼盖的里、外怀各自形成独立部件的一种结构式样，在里、外怀两片眼盖之间往往用护口片连接。断眼盖结构不但避开了整眼盖结构带来的开料不便，同时使得两只各自独立的眼片造型变化更加大胆。断眼盖造型给人的总体感觉是生动、活泼、自由、舒展，特别是里、外怀不对称的式样，更显出运动之美的朝气。参见图4-13。

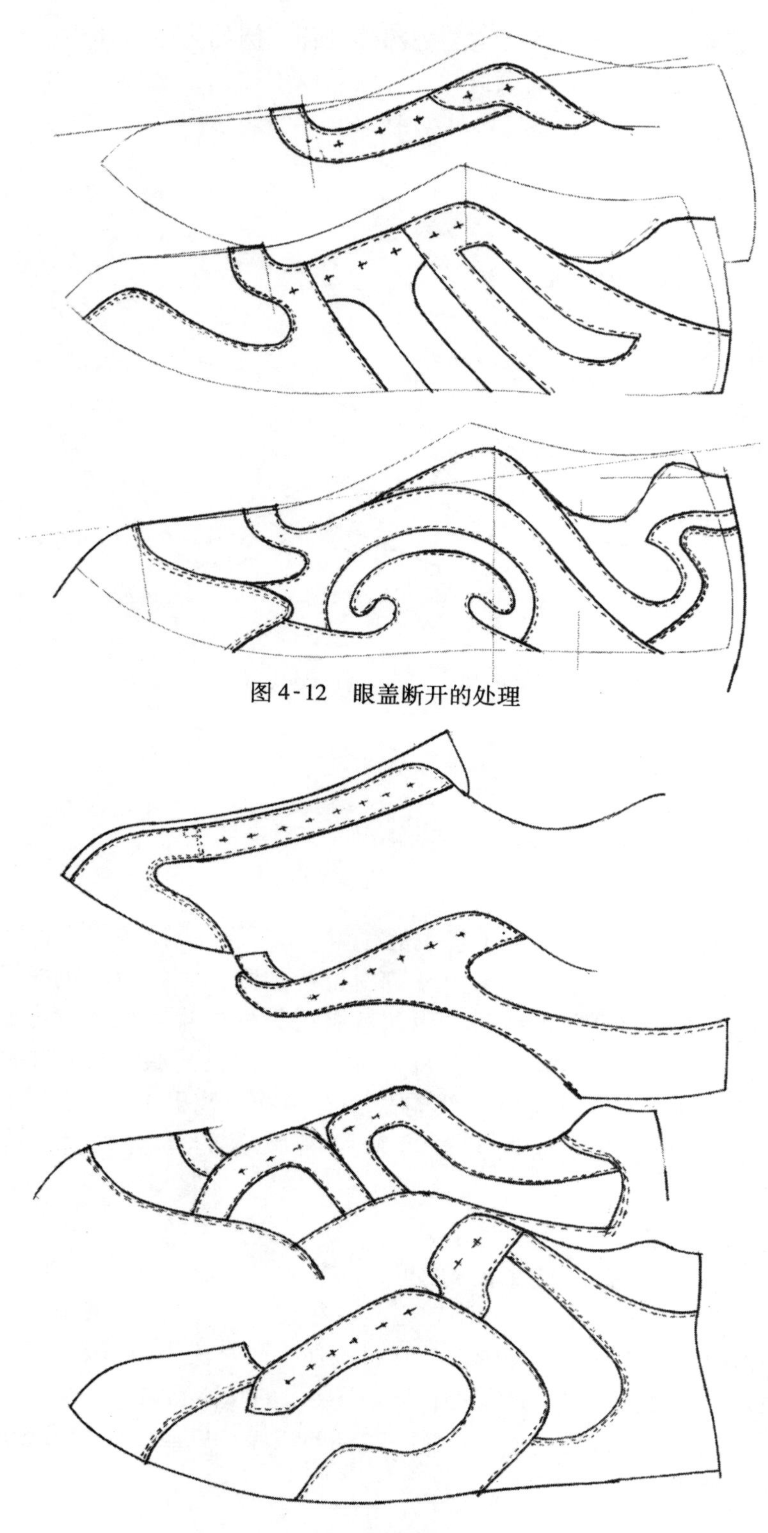

图 4-12　眼盖断开的处理

图 4-13　几种不同的断眼盖式样

二、前套部件的设计

前套部件在鞋的最前端，在防撞击、防挤压、防磨损上有着特殊的作用，因此在设计前套时，不管造型如何，都应当有安全感、结实感。在车帮时，前套部件一般要用双针车缝出双线，也是出于结实、安全的考虑。尽管前套的造型变化有多种，但是设计的方法都相似。

1. C形前套的设计

C形前套是一种很常用的前套式样，它的造型类似字母C，也叫做头环、前包头、前片等。设计前套要注意与鞋眼盖的搭配和谐，前套的位置一般取在J'点，根据鞋材延伸性的大小，JJ'取在3～5mm范围。前套两侧的宽度要依照鞋墙的高度来定，习惯上控制侧宽在高出鞋墙3mm左右的位置。鞋墙的位置可以在贴楦时用铅笔抹出一个痕迹，也可以直接测量出来。前套的长度一般控制在跖趾关节之前或者之后，也就是错开跖趾关节，这样既不妨碍关节的活动，也不易造成早期开线受损。参见图4-14。

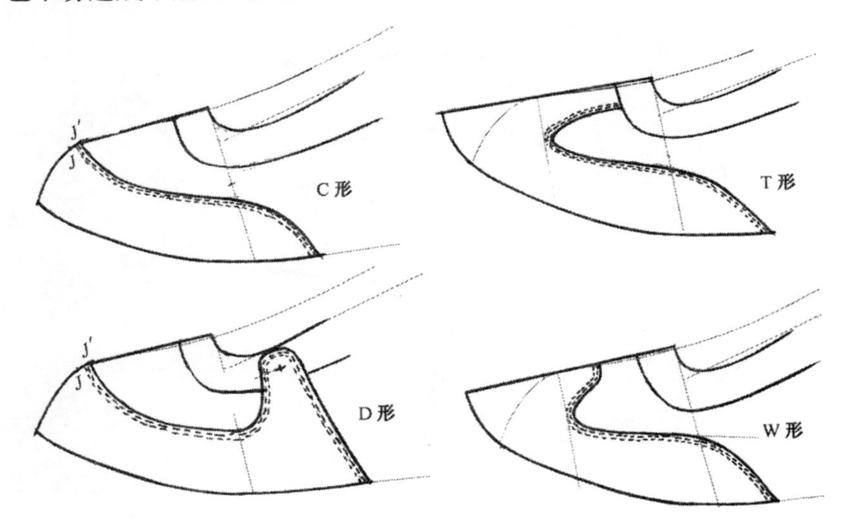

图4-14　C形、T形、D形、W形前套的设计

2. D形前套的设计

如果将C形前套的两个下脚都向上弯曲，分别与鞋眼盖相连，便得到一种封闭式的外形，看起来很像字母D。早期有些鞋的前套部件外形就是字母D，形成一体式的封闭造型，由于绷楦的效果不好，现在已经不用了，大都改为连接式。参见图4-14。

3. W形前套的设计

在C形前套的基础上，将弯弧的中点部位向后延伸，形成一个突起，外形类似字母W，这也是C形前套的一种演变。参见图4-14。

4. T形前套的设计

T形前套的中间有一条带子，好像是W形前套的突起延伸到鞋眼盖的位置。由于T形前套正好掩盖住前帮背中线，所以鞋身部件可以设计成两片式的结构。前套的带子宽度，一般不超过前开口宽度，两侧弯弧的起弯点不要设计在楦墙以下，下脚长度是一种造型变化，类似于C形前套的下脚。T形前套也可以变化成C形前套与条带的组合。参见图4-14。

5. G形前套的设计

G形前套是由C形前套演变过来的，出于强度或外形的要求，将C形前套的一侧下脚向上弯曲，与鞋眼盖相连，增加该侧位的强度。这是一种局部不对称结构，由于外形类似字母G，故叫作G形前套。参见图4-15。

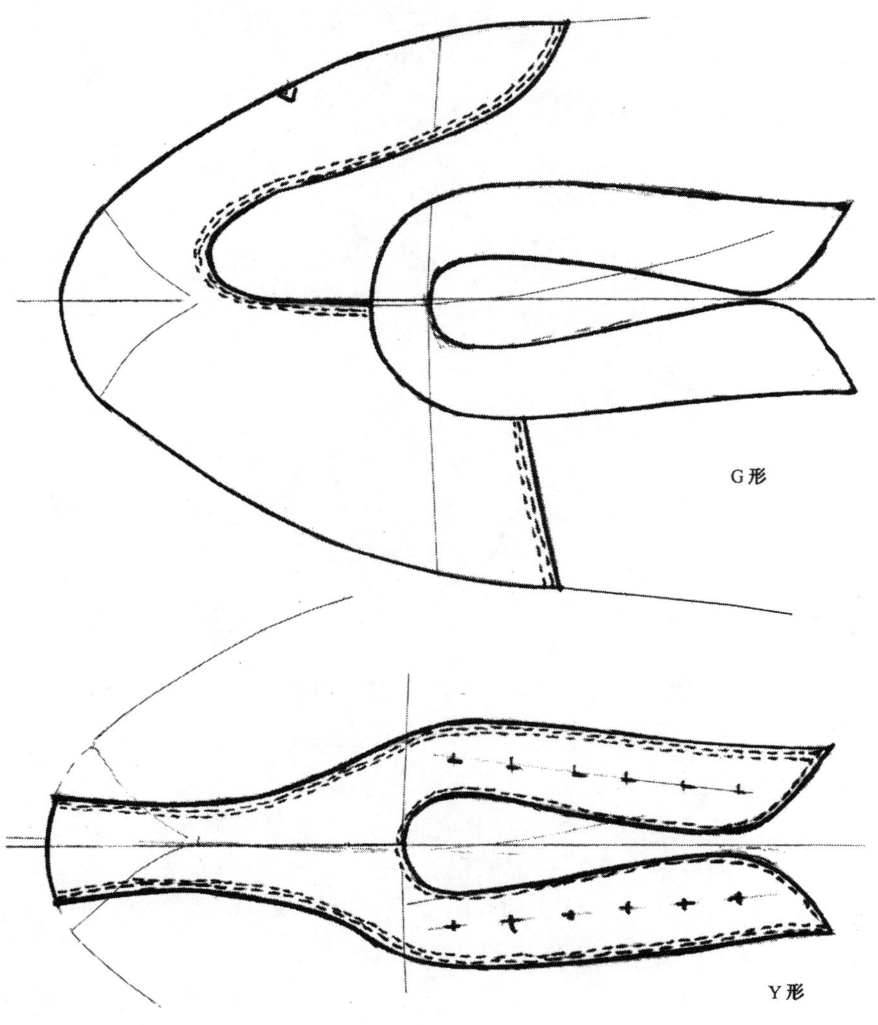

图4-15　G形前套与Y形前套的设计

6. Y 形前套的设计

Y 形前套可以看做鞋眼盖向前延伸的一种变形，相当于条形前套与眼盖的组合。Y 形前套也有掩盖背中线的特点，前端也有不同的造型变化。参见图 4-15。

7. 另类前套的设计

以上几种前套的变化，只是前套的基本变化，熟练掌握这些基本变化以后，就可以不断地组合、拆分、变形，从而演变出各种不同造型的前套。例如 I 形前套，就是 Y 形和 T 形前套的混合变化。有时鞋的前帮虽然不用前套部件，但是却用装饰线来表示出前套的造型，例如足球鞋，原本是一种大素头结构，出于强度的要求和装饰的要求，往往要车缝出装饰线来。参见图 4-16。

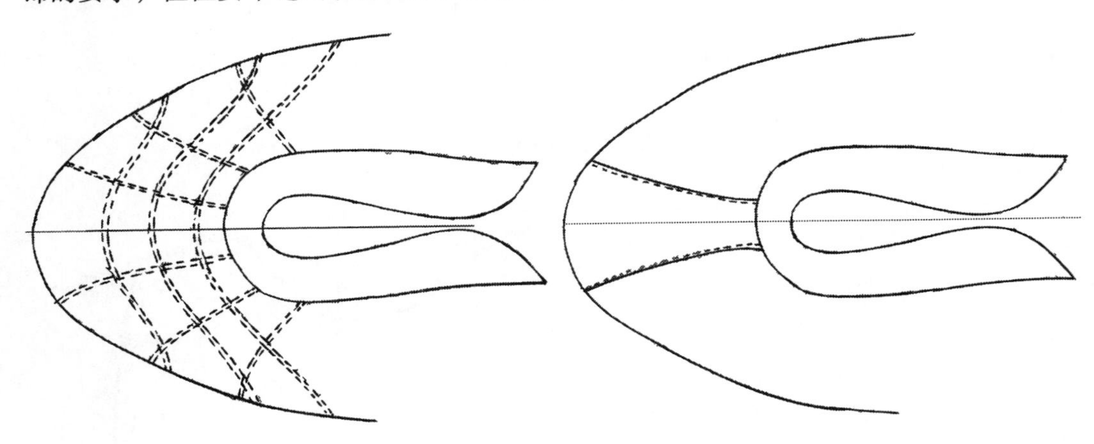

图 4-16　装饰线的设计与 I 形前套

三、眉片部件的设计

眉片部件位于鞋后跟的上口位置，所以也叫做后上片；眉片有保护鞋口的作用，又被叫做保险皮或护口片。眉片内侧装有柔软的泡棉，可以使脚感舒适。眉片的造型常见有单峰、双峰和平峰三种形式。

1. 单峰眉片的设计

单峰眉片的外形在展开后呈一坡状突起，顶端不要太尖细，略平些便于缝合；单侧底座长度在 25mm 左右，眉片后中线的高度占后身的⅓左右；下轮廓线随后套的造型会有一些变化。参见图4-17。

2. 双峰眉片的设计

双峰眉片是从单峰造型转化过来的，展开后的外形有两个坡状突起，峰谷的弧线拐弯不要太小，略平些较好；底座长和后弧高与单峰眉片的造型相似，唯独有个峰差控制在 5 ~ 10mm 范围。参见图 4-17。

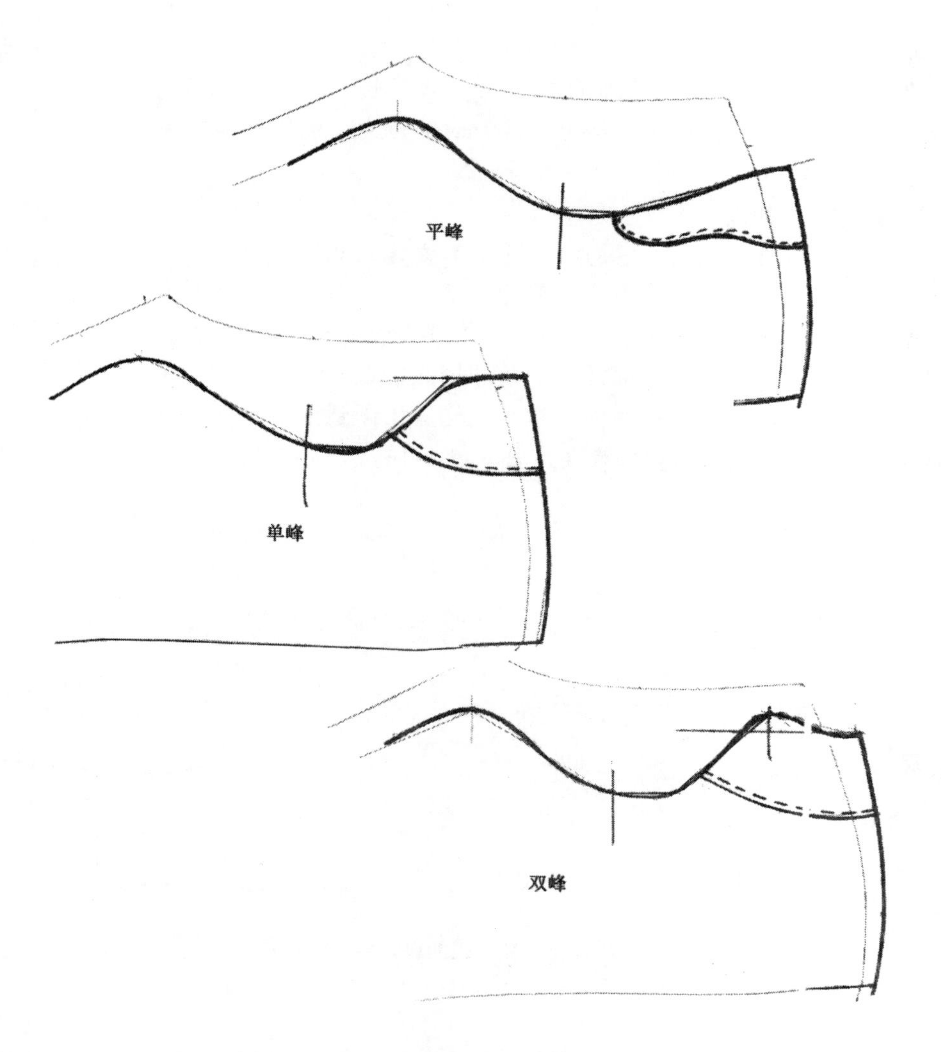

图 4-17　平峰、单峰、双峰眉片的设计

3. 平峰眉片的设计

平峰眉片的外形是一个平缓的微微高起的曲线，早期的运动鞋后踵高度较低，经常用平峰眉片造型，鞋口的外形也就是眉片的外形。眉片的长度略长些，宽度略窄些。参见图 4-17。

四、后套部件的设计

早期的后套部件比较简单，以装饰线为主。装饰线确定出后港宝的位置，后港宝装配在鞋后帮内，运动鞋后身的强度主要依靠后港宝的支撑。参见图 4-18。

后套的基本长度在鞋身长的¼左右，可根据不同的造型要求进行或长或短的变化，上口的外形要与眉片相搭配。参见图 4-19。

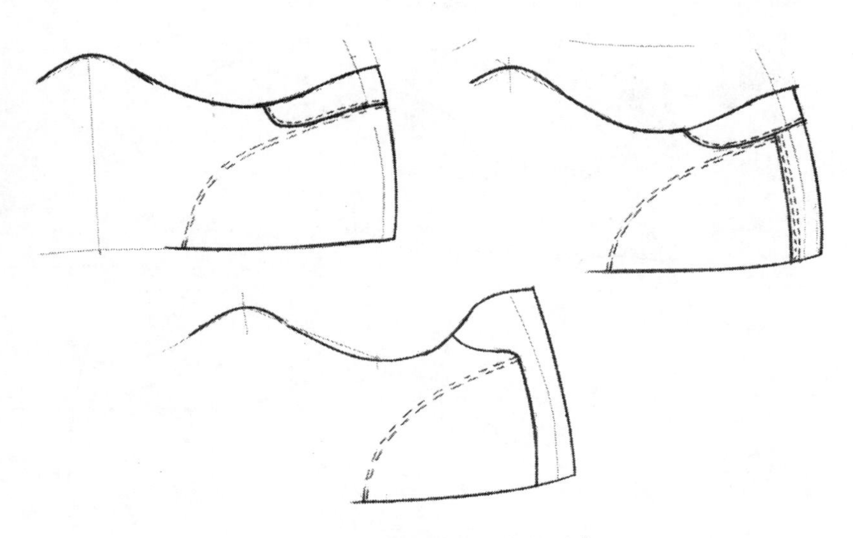

图 4-18　以装饰线为主的后套

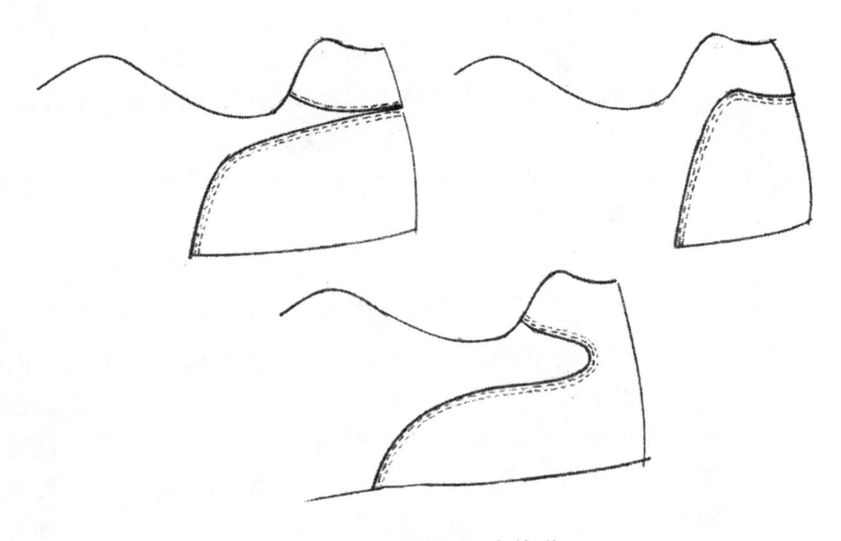

图 4-19　后套的基本外形

从造型的角度考虑，后套的长度、高度以及外形的变化可以灵活多样，特别是后套采用组合与分解的方式变化后，更显得异彩纷呈。参见图 4-20。

在平面构成的课程中，我们已经知道了：所谓构成就是形态的组合与分解的设计。运动鞋的帮样设计就是一种应用构成，把贴楦模板看做一个大的形态，从中要分解出眼盖、前套、后套、眉片等部件；对于每个部件来说，还可以进行局部的变化组合，从而使运动鞋不断产生新的、富有艺术感染力的形象。

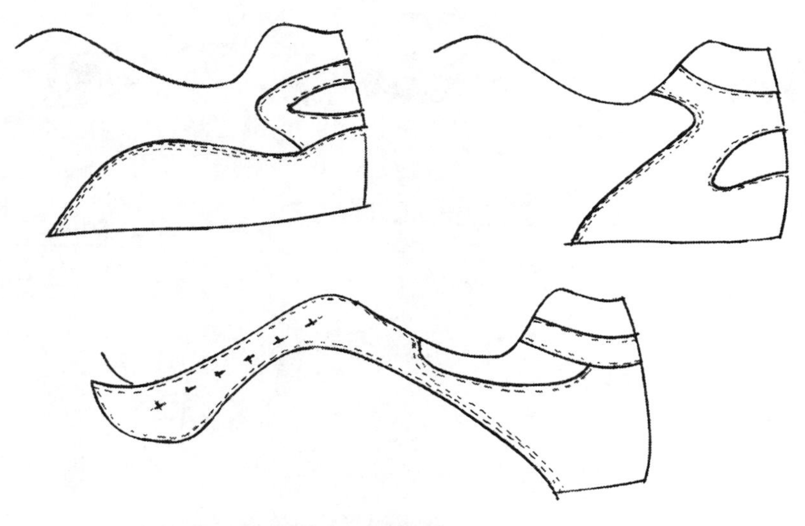

图 4-20　后套的组合与分解

作业与练习

1. 进行眼盖、眉片、前套、后套的分解部件练习。

2. 设计一款带有整眼盖、T 形前套、双峰眉片及后套的运动鞋，并画出成品图和帮结构设计图。

3. 设计一款带有断眼盖、C 形前套、单峰眉片及后套的运动鞋，并画出成品图和帮结构设计图。

第三节　运动鞋的装饰工艺

运动鞋的结构与造型相对简单一些，因此常采用装饰办法增加花色品种的变化，并且不断吸取各种工艺手法弥补完善自己，久而久之就形成了运动鞋独特的装饰工艺。装饰是采用其它的材料来修饰自己，使自己变得漂亮美丽；工艺是一种加工的方法和技艺；将两者结合起来，就形成了装饰工艺。运动鞋早期的装饰工艺与现代的装饰工艺有很大的区别，一个是材料不同，另一个是技法不同。

一、早期常用的装饰工艺

运动鞋早期的装饰工艺是从生产皮鞋、布鞋等工艺中借鉴过来的，例如打花孔、车假线、包口边等，显得很朴实和传统。需要装饰的部位，在成品图中一定要有外观造型表示，在结构设计图中一定要有准确的加工位置。加工标记也叫做规矩点，在结构图中的，加工标记就是图形的位置，在制备样板时，要转化为加工的标记，这是必不可少的工作。

1. 打装饰孔

按照一定的图案标记，把装饰孔凿打在鞋身或鞋头上，称为打装饰孔，参见图4-21。装饰孔既有美化的作用又有透气的作用，一举两得。打孔的工具有小冲刀、榔头和塑料垫板。小冲刀也叫做花眼冲、打眼锥、小钺刀等，花孔轮廓有圆形、三角形、心形等各种不同的图案。

图4-21 打装饰孔的应用

2. 车装饰线

利用针车的线迹进行装饰，把单线或双线车在需要装饰的部位。这种加工的方法简单省事，效果也不错，直到现在都还被采用着。装饰线不同于缝合线，缝合线主要是将两个部件缝合在一起，缝合的效果虽然有装饰作用，但主要作用是连接和补强；装饰线虽然也可以起到补强连接的作用，但主要的作用是美化修饰，所以对装饰的线迹要进行设计，形成有规律的变化。参见图4-22。

图4-22 车装饰线的应用

3. 车镂空线

车饰片是一种浮雕的立体效果，确切地说是阳文浮雕，而车镂空线是先将装饰部位镂空，然后衬上其它材料，最后将镂空的边沿轮廓缝合车线，形成凹进的立体效果，好比是阴文浮雕，两者有异曲同工之妙。特别是下衬蓬松的泡棉材料有弹性，在凹进的部位形成逐渐抛起的状态，增加了装饰的神秘感，使造型显得更加生动。参见图 4-23。

图 4-23　车镂空线的应用

4. 车装饰片

车装饰线是一种平面的装饰，而车装饰片就有了立体的浮雕感，所以经常看到把一些商标、字母、饰片等部件车缝起来。虽然车饰片比车饰线麻烦，但是有立体的效果，既醒目又形象，所以广为采用。特别是饰片的造型可以根据需要进行不同的变化，显得格外生动和活泼。参见图 4-24。

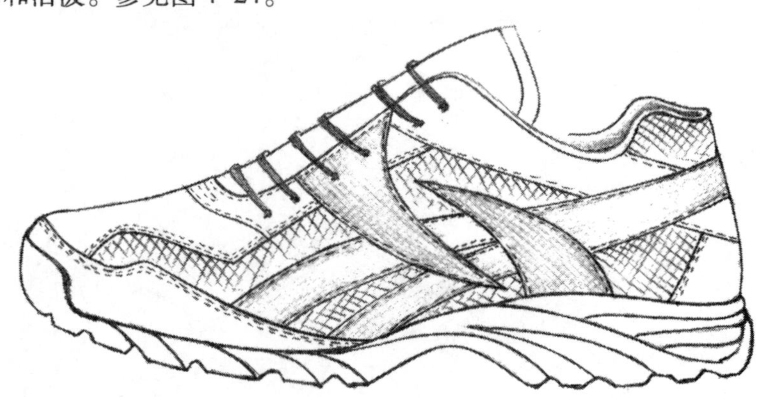

图 4-24　车装饰片的应用

5. 包鞋口边

运动鞋的帮部件一般都是直接冲裁好的剪齐边，很少采用折边工艺修饰，但有时为了强调部件边沿的造型，或为了增加部件边沿的强度，便采用包鞋口边的工艺方法处理。包鞋口边时需要鞋口条材料，材料宽 18～22mm，有用冲裁的纺织布条，也有用织带代替，缝合在部件的边沿，形成鼓起的线条，光滑流畅。参见图 4-25。

图 4-25　包鞋口边的应用

二、目前常用的装饰工艺

1. 电脑绣花

电脑绣花借鉴于我国传统的手工绣花工艺。用手工绣花虽然细腻精湛，但是速度太慢；采用绣花机加工，就可以大大提高生产效率，特别是再配上电脑控制多台机器同时操作，使得在鞋帮上批量生产装饰绣花图案变成了现实。设计人员的工作是设计精美的图案，再把图案标记在鞋帮恰当的位置上，其它的扫描、输入等工作，由电脑技术人员来完成。大批量的电脑绣花是集中完成的，一般是在绣花完成后再进行开料制备帮部件，所以必须设计出开料的样板用来打制刀模。电脑绣花产品，也有一种立体的浮雕感，由于绣花线具有美丽光泽和漂亮的色彩，使人一看到绣品就感到精美绝伦、珍贵华丽，非常亲切温柔，爱不释手，装饰效果极佳，常用于商标装饰上。参见图 4-26。

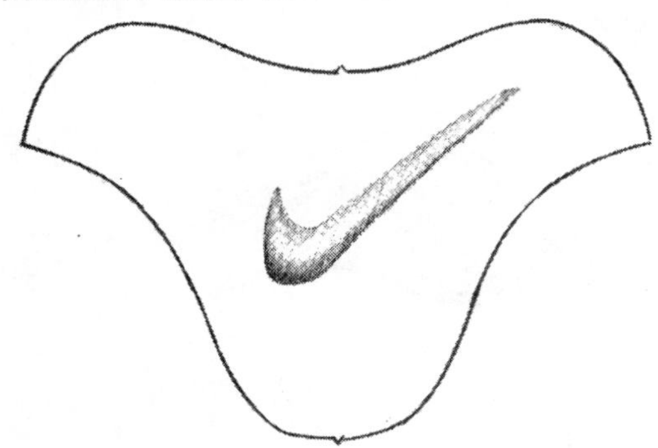

图 4-26　电脑绣花的应用

2. 彩色印刷

彩色印刷借鉴于印刷行业的丝网印刷工艺。丝网印刷的基本工具是橡胶辊和丝网，早先制作丝网的材料是蚕丝织成的绢，也称为绢印，现在常用尼龙丝、钢丝、合成纤维丝等材料制作丝网，故叫做丝网印刷。丝网固定在特制的框架上，为了能够印出图案来，丝网上贴有精心绘制的摹绘板，借以分出油墨能否通过的区域。不同的颜色要配有不同的网版，按先后顺序印刷，就可以得到色彩丰富的套印图案。丝网印刷操作简单、成本低、效率高，颜色鲜艳、活泼、醒目，是目前常用的装饰工艺之一。设计人员的任务是设计装饰的图案，确定图案在鞋帮上的准确位置，提供选择的色彩样标，网版的制作由网版师来完成。参见图4-27。

图4-27　印刷的应用

3. 滴塑成型

滴塑成型工艺是将滴塑成型片缝合在鞋帮上的一种操作。滴塑片是塑料行业中注射工艺的成型产品，把热熔性的塑料装入注塑机，加温熔化并被挤压出来，滴入模具内，冷却成型，即可得到滴塑片。对滴塑成型片的操作离不开车缝，滴塑片的造型细致，立体感强，在颜色、光泽、外形上，都可以有许多变化。滴塑工艺曾经流行一时，但由于制作成型模具和加工的成本较高，逐渐被其它装饰工艺所取代。参见图4-28。

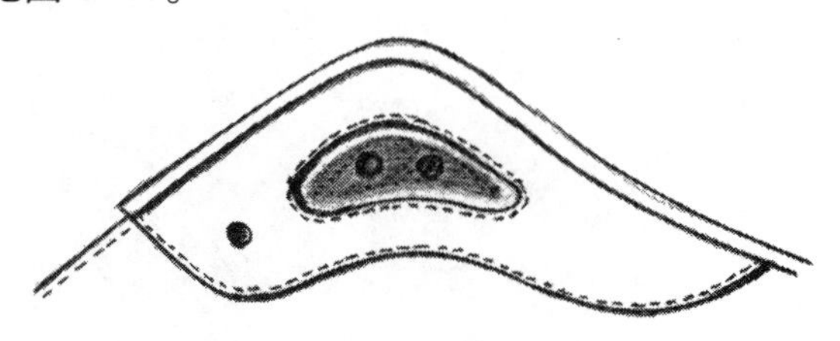

图4-28　滴塑成型的应用

4. 热切焊接

热切焊接也是塑料行业的一种成熟工艺，利用专门的塑胶溶接机设备，采用加热的办法，将装饰图案从塑料基材上切割下来，并“焊接”在鞋帮上，切割与焊接两种操作同时完成。热切焊接的关键在模具的制备上。模具的边沿要制成双边，最外一层边要高于内层边一个热切材料的厚度，压合加热时，内层边沿与其它的磨具花纹形成图案，外层边沿则起到切割的作用，使塑料熔化后与鞋帮亲和，冷却后即能粘在鞋帮上，达到焊接的目的。热切工艺表现出来的是凸凹花纹的变化，与滴塑片相似，但是比滴塑工艺的成本低，操作更简单，色彩鲜亮，装饰的效果更好，再配合上印刷，造型更生动，所以备受欢迎。设计人员的任务同样是设计图案、确定热切的位置。参见图 4-29。

图 4-29　热切焊接的应用

5. 分化渐变

分化渐变源自于印刷行业的印刷技术，一种是直接喷印出渐变的效果，例如从深到浅、从浓到淡、从一种颜色渐变到另一种颜色等；另一种是转印技术，先将花纹图案印刷在一种载体上，使用时再将花纹图案转移到制品的表面，这种技术叫做转印。在运动鞋的生产中，色彩、花纹图案要事先印在分化纸上，再按照所需装饰的部件大小将分化纸裁断，把分化纸有图案的一面复合在鞋帮面上，通过高温加热 300℃左右进行压合，控制时间十几秒钟，就能完成转印的工作。转印的工作并不难，难的是制备分化纸，如果是单一的颜色，采用喷印工艺会更好一些；如果是几种颜色混合变化，采用转印技术可以一次性完成。分化工艺的效果类似于电脑效果羽化、虚化，其中的渐变效果，会使人产生虚渺朦胧的感觉，别有一番风味。参见图 4-30。

图 4-30　分化渐变的应用

6. 高频压花

电磁波振荡的频率高就叫做高频。高频压花是利用高频技术在鞋帮上压出花纹图案的一种工艺。早期的压花技术是对压花辊施加压力，产生物理形变，压力小时花纹模糊，压力大时材料会受到机械损伤；后来采用压花版压花，压花的面积加大、压强变小，就需要采用外加热的方式使材料表面柔软，容易产生形变，如果要求花纹的纹路清晰，就必须长时间高温加热，同样会影响材料的强度；而采用高频压花就可以避免机械损伤和高温损伤。

确切地说，利用高频压花也是利用一种特殊的加热的方式，在高频电磁场的作用下，材料分子的取向就会不断地急剧改变，从而使分子间产生强烈的摩擦，以至在很短的时间内生热而造成升温。这种升温不是从外部向内传入的，而是从材料内部直接产生的，此时通过模具的压合作用，就可以在压力比较小、时间比较短的条件下压出清晰的花纹图案，材料也不会受到损伤。电磁波振荡的频率越高，产生的振荡波长越短，也称为微波；电磁波振荡的频率越高，振荡的周期越短，使振荡波周期重复出现的频率也越高，也称为高周波。

高频工艺现在是一种流行的时髦工艺，一块简单的部件经过高频压花，立刻改头换面，使丑小鸭变成白天鹅，立体的效果栩栩如生，是热切、滴塑等工艺都望尘莫及的。高频工艺的加工也很简单，需要用到模具和高频压花机。根据压花后凸凹程度的不同，可分成两种操作类型：单模高频和双模高频。

（1）单模高频：在花纹凸凹变化不大时，使用一块铜版模具完成高频压花。压合时，在鞋帮的下面要衬上一块高发泡材料，压合完成后，利用高发泡材料的膨胀性来填充凸纹下面的凹槽，以保持花纹图案的稳定性，此种花纹图案的手感比较柔和。对设计人员的要求是确定出花纹图案的外形和位置，以及制备衬料样板。一般情况下，衬料样板的周边轮廓线比高频面板轮廓线少2mm。

（2）双模高频：当要求花纹图案的凸凹起伏较大时，要使用两块铜模来完成高频压花，一块是阴模，另一块是阳模。压合时，鞋帮部件夹在阴模与阳模之间，压合完成后，花纹背面的凹槽要用热熔树脂来填充，用来保持花纹的稳定性，此种花纹的手感比较硬。如果也改用高发泡材料填充，手感也会变得柔软些。对设计人员的要求同样是确定出花纹图案的外形和位置，但要制备两次的开料板，第一次的开料板，要包括因高频所影响的材料损耗量，例如周边加放5mm左右；第二次的开料板就是高频后的帮面基本样板。

高频压花的应用参见图4-31。

图 4-31　高频压花的应用

作业与练习

1. 进行市场调查，了解运动鞋目前常用的装饰工艺，并填好调查表。

年　　月　　日　　　　市场调查表　　　　调查人：

目的：了解运动鞋的装饰工艺											
要求：分散采集不同商店、不同运动项目、不同品牌运动鞋样本											
地点：											
鞋款编号	1	2	3	4	5	6	7	8	9	10	备注
商标品牌											
运动项目											
生产厂家											
鞋舌装饰											
外怀装饰											
里怀装饰											
鞋头装饰											
后跟装饰											
鞋体主色											
部件配色											
帮高类型											
印象评分											

2. 将有效的调查表汇总分析（不少于 45 份），找出有价值的信息（流行色、流行款式、主流装饰、印象排行榜等）。

3. 设计一款属于自己的商标，并用 5 种不同的工艺手段进行装饰，画出成品图和帮结构设计图。

第五章　运动鞋的取跷原理

在皮鞋的设计中，非常强调取跷的处理，因为在楦面形成的马鞍形曲面，需要用帮部件去覆盖，而帮部件是一个平面，这就需要用取跷的方法来实现平面向曲面的转化。在运动鞋的设计中，也会用到取跷，由于运动鞋是一种前开口式结构，取跷处理相对比较容易些。常用的跷度有自然跷、转换跷和工艺跷三种，下面分别讲述。

第一节　楦面自然跷的处理

什么是自然跷？楦面是一个多向弯曲的曲面，在展平时就会出现一些空间角，把背中线上出现的空间角定义为自然跷。因为在制备一般的帮部件时，里、外怀的背中线往往连成一体，因此这里的自然跷度需要另行处理，所以要把背中线上的空间角（自然跷）单独提炼出来，形成了定位取跷。而前尖底口、后跟底口部位的空间角很容易通过工艺手段处理，故叫做取工艺跷。如果需要把前后帮的背中线转换成一条直线时，只凭自然跷也不能解决问题，这就需要加入另一种转换跷，利用转换取跷的方法进行处理。取跷的目的是为了鞋帮伏楦，设计运动鞋时同样有伏楦的要求，因此也就有跷度处理的变化。

一、自然跷的产生

在前面的内容中，我们已经学会了贴楦和展平，好像是没有看到自然跷，那是因为把自然跷直接处理在贴楦板上了。下面通过实验来看看什么是自然跷。

试验一：先把楦面用胶带纸贴好，再取下贴楦胶带纸展平，展平过程如下：①在背中线最凹处斜向跖趾关节打一剪口，剪口深度打在一半的宽度位置，然后再展平；②展平时先贴平后身，后跟底口有2～3个小剪口，贴平前身时底口也有1～2个剪刀口；③当楦曲面完全贴平后，就会发现在背中线的剪刀口处会出现一个重叠角，这个角是自然形成的，就叫做自然跷度角，简称自然跷。底口上的剪口就是工艺跷，这些加长的量很容易通过前套、后套部件的处理得到解决，而自然跷连接着里、外怀两侧面板，就必须另行处理。

试验二：①按贴楦板的轮廓用牛皮纸复制出两片贴楦板备用；②把两片展平面粘成套样并复原到楦面上，就会发现不能伏楦，关键是楦背不能贴平；③把套样的跖趾关节处同样自背中线向宽度的一半打一个剪刀口，再复原到楦面上，此时套样就可以顺利贴伏到楦面上。这个在背中线上张开的角就是自然跷，起着伏楦的作用，这个张开的角与先前重叠的角性质相同，方向相反，同样属于自然跷。自然跷在楦面展平与展平面复原的过程中，都起着关键的作用（如果楦面的长度变短，也会影响伏楦的效果，所以要修正面板的长度）。

结论：在楦面展平或展平面复原的过程中，在背中线位置都会自然出现空间角，楦面展平时出现的是重叠的角，展平面复原时出现的是张开的角，这个角就是自然跷。对自然跷的应用，与其说是个技术问题，还不如说是个认识问题，认识到它的存在，就会自觉处理；认识到它的性质，就知道如何处理；认识到它的变化，就可以灵活处理，而且应用起来还会得心应手了。

二、自然跷的处理

在皮鞋的设计中，定位取跷、对位取跷就是自然跷的一种普遍应用。在运动鞋的设计中，怎样处理自然跷呢？由于运动鞋的结构属于前开口式结构，而且开口位置靠前，这样就可以把自然跷直接处理在贴楦半面板上，省去定位、对位取跷的麻烦。常见的处理办法有以下几种。

1. 随意处理

这种方法的特点是随着自己的心意想办法将贴楦纸展平、压平、擀平，自然跷在不知不觉中被分散。采用这种处理的方法，说明对自然跷还没有认识，所以很随意，看起来很潇洒，但是却留下了后遗症。由于自然跷是随着你的心意被分散，而别人并不知晓，所以别人也无法重复你的动作，展平的结果是一人一个模样。同样由于自然跷是随意处理的，所以无法直接利用展平板，造成的后果就是要修板，修来修去，修上几年，修出了经验，自然也就准确了。对于初学者来说，随意展平虽然很快，你要花费相当长的时间来解决修板的问题，怎么去修，你并不知道，只能去摸索，结果是费力不讨好。

2. 长跷处理

这种方法是先找到自然跷，然后把自然跷度角的取跷中心下降到底口上，还原自然跷，使前帮背中线下降。由于保持取跷量不变，而取跷半径加大一倍，所以只处理了一半的自然跷，克服了鞋头偏高、底口皱褶多的缺点。楦面展平时需要先找出自然跷，然后再做长跷处理，步骤多，比较麻烦。

3. 降 J 处理

这种方法的优点是操作简捷方便，先展平后身，然后找到 J 点的准确位置，再下降 3mm 左右，再将前身展平。3mm 的下降量虽然是个经验数据，但是由于运动鞋楦的鞋身大体相似，展平的效果与长跷处理相同。这种处理的方法可以一次到位，很省事，在前面的展平处理中，采用的就是这种方法。3mm 以外的跷度在展平时被推向鞋的开口位置，不影响伏楦的效果。所以降 J 处理的方法既有它的实用性强的特点，又不排除特殊处理的要求。

4. 旋转处理

这种方法的特点是拉住贴楦材料的两端进行展平，类似于前面提到的随意展平处理。展平后再进行不同的处理，制成半面板。制半面板的方法是先描出模板的前帮轮廓，然后以口门位置为中心，将后帮旋转一定的“量”，再描出后帮轮廓。后帮向下旋转一定的量，就是旋转一定的角度，也就是在处理自然跷。后帮向下旋转与前帮 J 点下降是一个道理，显然，后帮旋转不如前帮下降方便。最早提出旋转处理的时候，采用的是有粘性的 PVC 材料贴楦，由于材料的特点，使得贴楦时不易出皱褶，展平时也不易出皱褶。现在改用美纹纸贴楦，材料性质有了变化，后人在应用时就出现了变化，有人以前帮宽度的½为中心旋转，有人以前帮口门对应的底口位置为中心旋转。旋转处理已经对自然跷有了认识，但处理方法不太灵活。

通过对上面几种取板方法的分析，可以看到自然跷在贴楦板展平时所起的作用，重视了自然跷的存在，模板的还原效果就好，忽视了自然跷的存在，招来的是无休止的修板麻烦。也就是说，在运动鞋的设计中，同样有自然跷的存在，采用把自然跷直接处理在贴楦模板上的方法比较好。

作业与练习

1. 制取带有自然跷的贴楦板，考察自然跷的大小。
2. 制取降 J 处理的贴楦板，并比较与带自然跷贴楦板的区别。
3. 分别利用两种贴楦板制备两个套样进行检验，体验自然跷的作用。

第二节　部件的工艺跷处理

工艺跷是解决部件局部伏楦时所处理的跷度角。在运动鞋的设计中，集中表现在鞋眼盖、前套和后套等部件上。楦面展平时前尖和后跟底口出现的剪口，就是工艺跷，由于靠近前套和后套部件，一般是处理在这两种样板上。

一、眼盖部件的工艺跷处理

当鞋眼盖两侧部位的高度超过背中线的位置时，必须做工艺跷处理，否则无法开料。参见图 5-1。

鞋眼盖部件取跷的方法主要有以下几种。

1. 断帮法

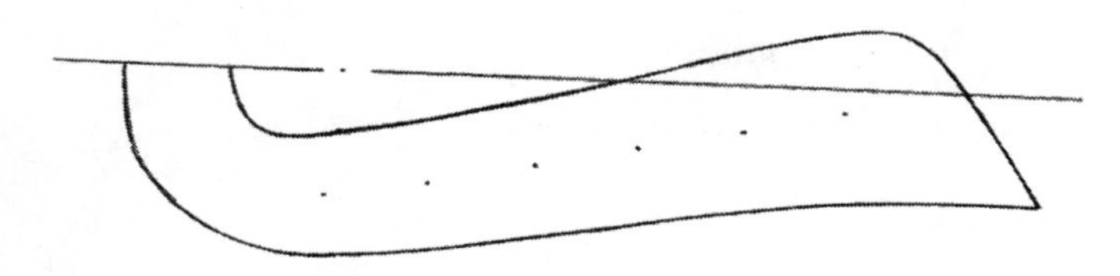

图 5-1　需要取跷的眼盖部件

断帮法最简单，就是将眼盖的里怀一侧断开，断开线的位置要适当。单侧断帮的方法虽然简单，但是接帮线露在表面上不太好看，所以少有采用；也可以采用两侧对称的方法断帮，并且调整部件的外形，借以掩盖硬行断帮的缺陷。参见图 5-2。

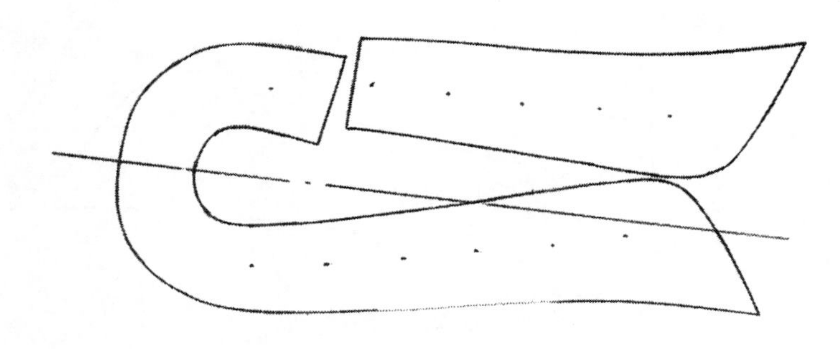

图 5-2　眼盖的断帮法

2. 旋转法

旋转法是通过旋转眼盖的后半部分，借以达到划料的要求。旋转时要先确定旋转中心 a 点，将眼盖的后半部分向下旋转，在脚山距离背中线约 2mm 位置时停止，描出后半部分的轮廓线。参见图5-3。

如图所示，旋转的结果是下边沿的长度不变，便于接帮，但是鞋开口的长度变长，往往造成鞋眼盖的扭曲变形。也有人将旋转中心改在鞋口的拐点上，鞋开口的长度不变，但是下边沿的长度变短，对接帮有影响。

3. 中线调整法

由于旋转的结果不太理想，容易使鞋开口位置受力不均而产生变形，所以采用中线调整法来进行折中变化。画图时，在眼盖的中线选取中心点为 a 点，在距眼盖两侧最高处 2mm 位置取 b 点，直线连接 a、b 两点为眼盖的中线，就可以满足划料要求。中线调整法的关键是让前帮背中线与掩盖的背中线脱离，变化就比较灵活，不仅

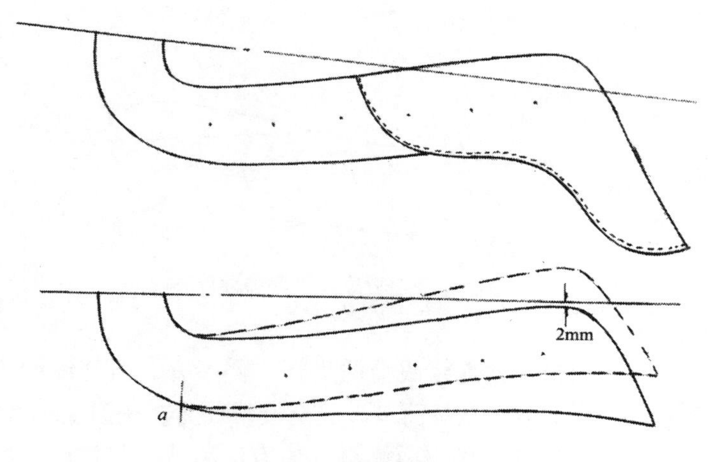

图 5-3　眼盖的旋转法

简单，而且效果好。参见图 5-4。

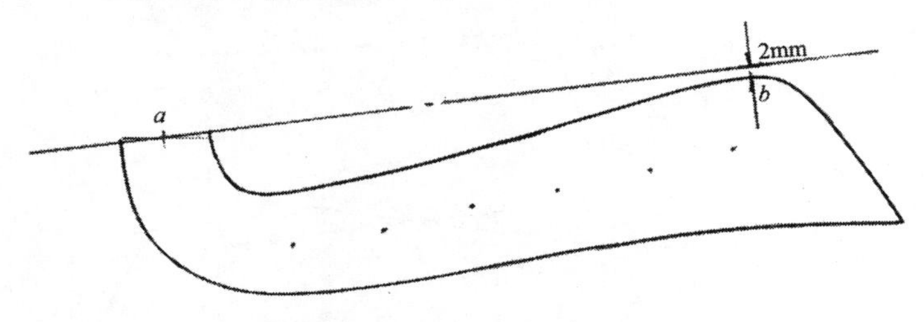

图 5-4　眼盖的中线调整法

二、前套部件的工艺跷处理

前套部件的造型变化虽然比较多，但从取跷的角度看，以 C 形、T 形、Y 形前套的取跷变化最为典型。

1. C 形前套的取跷方法

采用中线调整法，参见图 5-5。

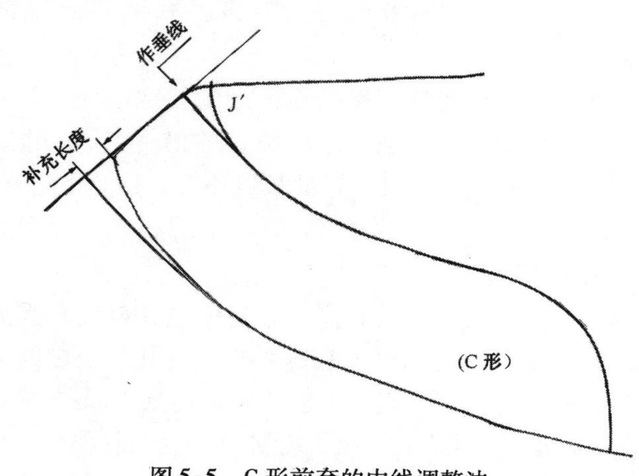

图 5-5　C 形前套的中线调整法

画图时，自前套的上端向底口方向作一条折中的背中线，然后自前套圆弧拐弯处向背中线作垂线，再将垂线以外的长度量补在底口上，顺连底口轮廓线后就可以得到取跷后的前套外形。如果采用旋转法也可以处理C形前套的取跷，但是比较麻烦，转来转去的结果与中线调整法是相同的。在设计G形前套、D形前套时，由于前套的环状外形与C形前套是相同的，所以也采用中线调整法取跷，不过要注意，由于里、外怀不对称结构的影响，G形前套折中背中线的后端点必须通过J'点。参见图5-6。

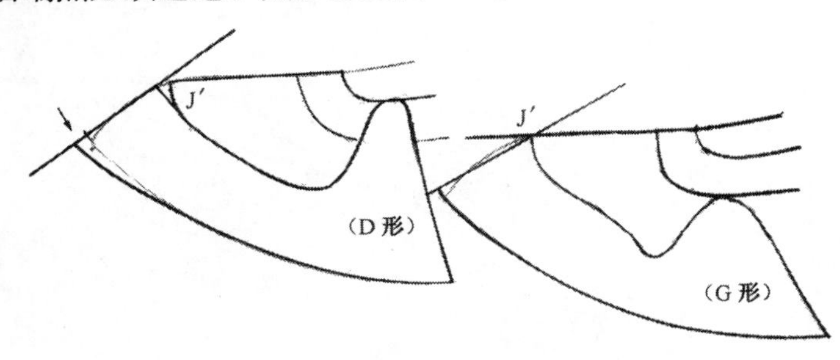

图5-6　G形、D形前套的中线调整法取跷

2. T形前套的取跷方法

采用旋转法，参见图5-7。

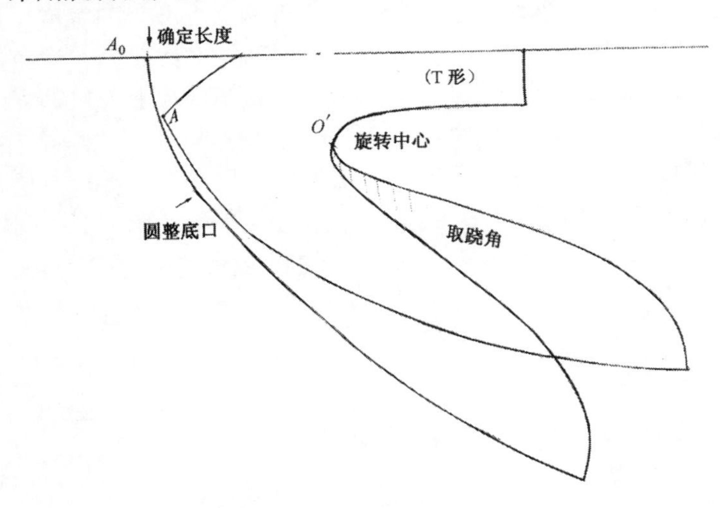

图5-7　T形前套的旋转法取跷

取跷时，先延长前套的背中线，截取前套的总长度定A_0点；再选定取跷中心O'点，取跷中心往往取在拐弯的位置；旋转时O'点不动，将两翼向下旋转，使前套原来的前头A点与背中线重合，此时描出两翼的轮廓线，O'点之前的底口轮廓子自A_0点起向下顺连到两翼。有些旋转法的取跷中心在O'点附近选择三个，连续旋转，这样

做可以使圆弧顺畅些，但是对于跷度的大小、外形轮廓没有影响，操作起来比较麻烦，如果能注意圆弧的圆顺，两者的效果是相同的。

如果设计 W 形前套时，由于突出的部分与 T 形前套的结构类似，也采用旋转法取跷，参见图 5-8。

3. Y 形前套的取跷

采用直接取跷法，参见图 5-9。

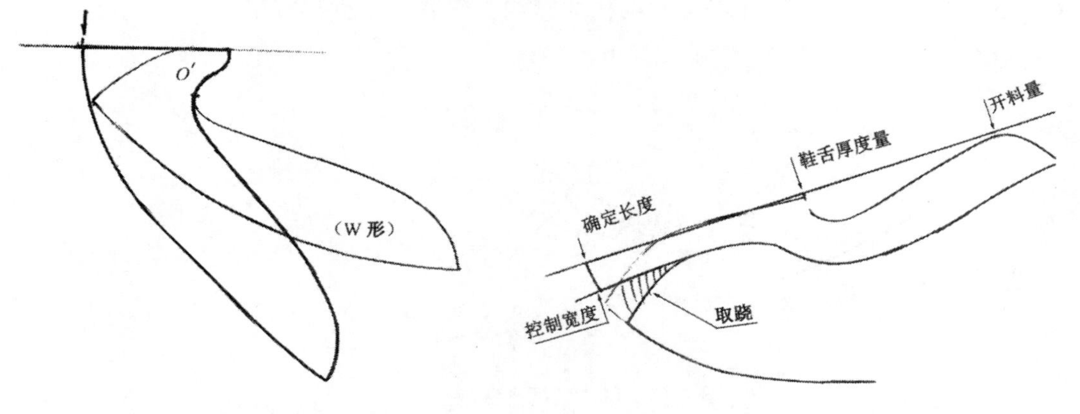

图 5-8　W 形前套的旋转法取跷

图 5-9　Y 形前套的直接取跷法

Y 形前套的前端一般是一个条形部件，常叫做“鼻子”，取跷时先延长背中线，截取鼻子的长度，然后再描画出鼻子的宽度，然后与后边的轮廓线顺连。取跷角就在新、旧两轮廓线之间，注意控制两条接帮线的长相同。这种直接取跷法与处理模板上剪口的方法是相同的，只是表现在变弯曲与取直线的形式不同。

不同外形的前套采用不同的方法处理，只是为了更加方便，如果遇到特殊造型的前套，只要分析一下它与哪种外形相似，就可以判断出采用哪种取跷的方法。特殊前套的取跷处理参见图 5-10。

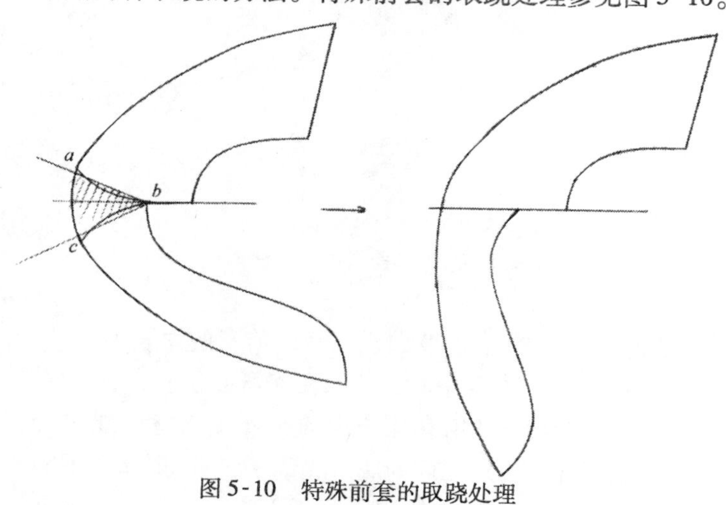

图 5-10　特殊前套的取跷处理

如图所示，这是一种不对称结构的前套，该前套里怀类似于大素头式，外怀类似于T形前套，取跷时就可以采用直接取跷法，将角∠abc 直接去掉。

4. 缺口跷的处理

如果鞋的前帮没有前套部件，而是采用大素头结构，那么，为了减少绷帮时的皱褶量，要在底口做消皱处理，可以把这些缺口称做缺口跷。参见图5-11。

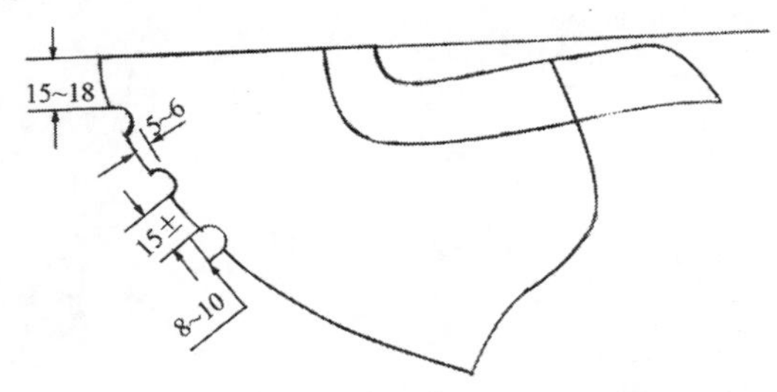

图5-11　大素头鞋底口的缺口跷

缺口的位置一般在前帮鞋头的两侧，每侧的缺口一般取3个，取圆弧形或取长方形均可，第一个缺口距背中线15～18mm，缺口底宽8～10mm，缺口高度5～6mm，缺口间距15mm左右。

三、后套部件的工艺跷处理

后套部件的外形变化虽然比较多，但是取跷的方法基本相同，因为取跷需要处理在后弧中线上，而后套部件的后弧中线基本相同。如果把后套部件翻转一下，再与T形前套部件相比较，就会发现两者取跷的原理、方法都是相同的，采用旋转取跷法。参见图5-12。

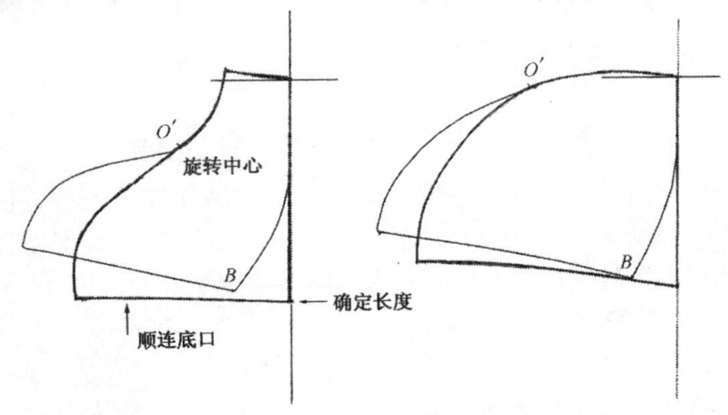

图5-12　后套部件的旋转取跷法

一般情况下后套部件是采用旋转取跷法，先确定出取跷中心 O'点，再将后弧的曲线长度标注出来，然后以 O'点为取跷中心旋转样板，使底口后端点 B 落在中线上，描出侧身轮廓线，最后再顺连底口线。如果遇到后弧的突起程度小于2mm时，可以直接连成直线而不再用取跷。后套的特殊处理参见图5-13。

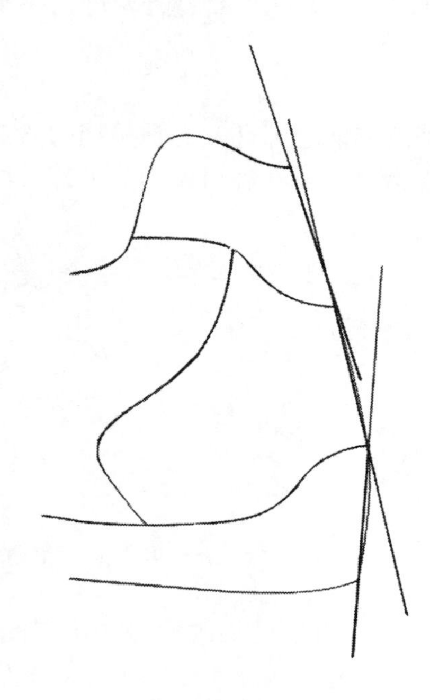

图5-13　后套的特殊处理

作业与练习

1. 练习鞋眼盖的工艺跷处理。
2. 练习各种前套的工艺跷处理。
3. 练习后套的工艺跷处理。

第三节　样板的转换跷处理

一般具有前开口式结构的运动鞋用不上转换取跷处理，但在设计休闲类运动鞋时，往往会遇到整帮结构，这种鞋的跷度处理不会像前开口式鞋那样简单，而必须采用转换取跷法处理。

一、转换跷的产生

转换跷是怎样产生的？先观察楦面的背中线，这是一条曲线，在设计前开口式运动鞋时，鞋帮的背中线只在鞋的前头存在，直接连成直线就可以了，比较容易处理。如果设计成整帮结构，为了能够制取样板、能够开料，弯曲的背中线就必须取成直线，此时单靠自然跷已经不能解决问题，就必须额外增加一个取跷角将背中线调直，这个取跷角就是转换取跷角，参见图5-14。

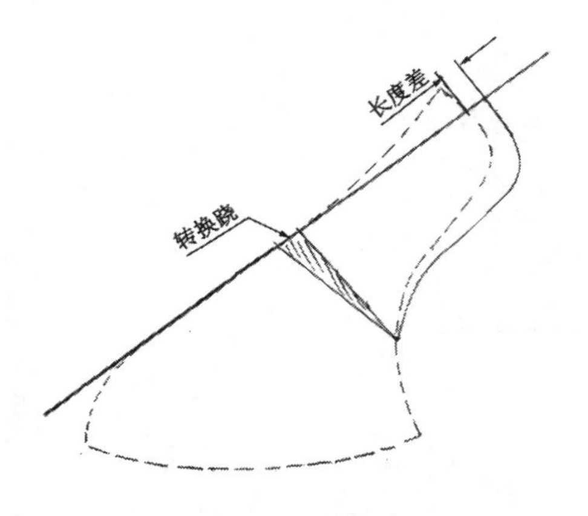

图 5-14　转换跷

从图中可以看出，转换跷是一个人为加入的取跷角，没有这个取跷角，背中线无法转换成一条直线，达不到设计的要求。所以转换跷指的是在前后帮背中线转换成一条直线时所出现的取跷角。转换跷的作用就是用来设计整前帮、整舌盖、需要前后帮背中线转换成一条直线等款式的鞋类。不过由于转换跷的存在，使得背中线变长，转换跷不好处理，主要是这个多出来的长度差不好解决。

二、转换跷的处理

1. 整舌式前帮的处理

如图 5-15 所示，运动凉鞋的前帮是一种整舌式结构，必须用到转换取跷处理。前帮取跷时，先将前帮背中线取直，再以 O' 点为取跷中心，$O'E$ 长为取跷半径，将鞋舌向下旋转到背中线上，达到 E' 点上，然后描出鞋舌的轮廓线。取跷角就存在于两条鞋舌线之间。这就是所要取的转换跷，在设计运动鞋时要取 100% 的转换跷。这时前帮背中线会变长，要通过量出两条背中线找出长度差来。

长度差 = 转换后背中线长度 − 原背中线长度。

由于绷帮时是用力往前拉伸的，所以增加的长度差会集中在底口上，如果去掉这个长度差值，背中线的长度合适，但是底口变短，不好绷帮，此种处理方法适用于柔软的天然革材料；如果保留这个长度差值，底口合适，但是背中线变长，既浪费材料又不利于机器绷帮；较好的处理办法是保留长度差的⅓左右，如果材料较硬不好拉帮时，还可多保留一些长度差。

2. 整舌盖式前帮的处理

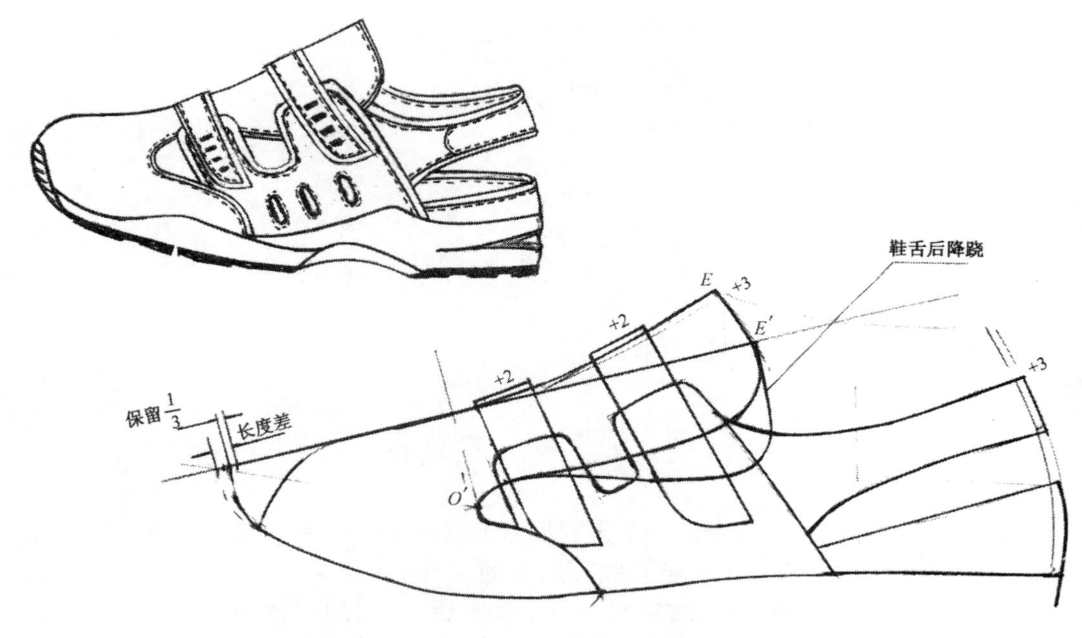

图 5-15　整舌式前帮的转换跷处理

整舌盖取跷时，也是先将舌盖背中线取直，找出取跷中心，然后采用类似整舌式取转换跷的方法处理。在鞋舌的两条轮廓线之间，也会有一个转换跷。在直线与曲线的背中线长度上，也会出现一个长度差。注意：由于鞋围子与鞋盖的存在，把长度差的⅓量减在鞋舌的前端。接帮时，通过拉伸的作用，一方面减少楦背的皱褶量，另一方面使鞋舌弯曲取跷。通过比较图 5-15 和图 5-16，可以看到两图鞋舌的长度差是不相同的，那是因为取跷中心距离背中线的远近不同，取跷中心距离背中线越近，造成的长度差越小。

在实际的取板时，经常用到旋转法取跷，这与作图法有什么不同呢？两者的取板效果是相同的，作图法细致一些，所处理的取跷过程、所处理的加工量都可以明明白白表示出来；旋转法所得到的只是一块样板，合适与否要通过试帮才知道。图 5-17 就是同一部件采用两种不同方法所得到的相同取跷效果。

3. 大素头鞋的处理

见图 5-18，在设计大素头鞋时，由于脚山的位置往往超过背中线，不能直接取板开料，所以必须进行跷度处理，这也是一种转换取跷的过程。一般是利用前开口式结构的特点，采用前降跷或后降跷的方法。前降跷比较容易制作：口门位置提高 2mm 留出鞋舌厚度，脚山位置提高 2mm 留出开料量，将两点连成直线做背中线，就完成了整帮部件的转换取跷处理。整帮部件的转换取跷处理是有限

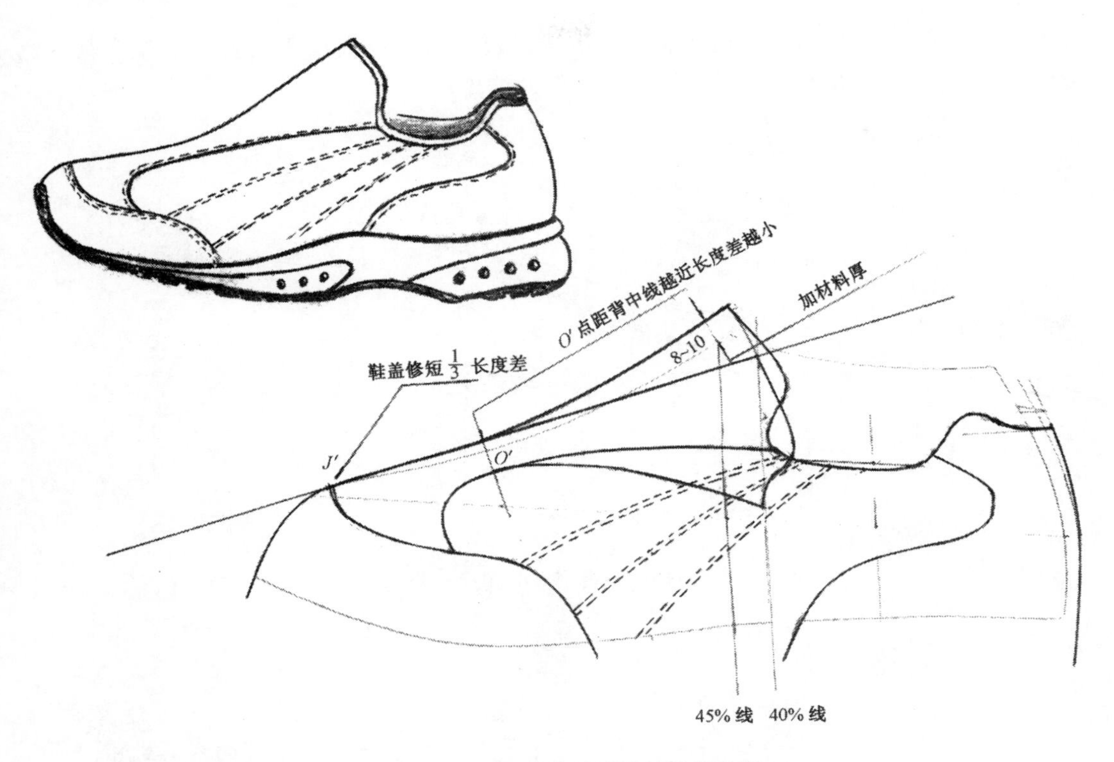

图 5-16　整舌盖式前帮的转换跷处理

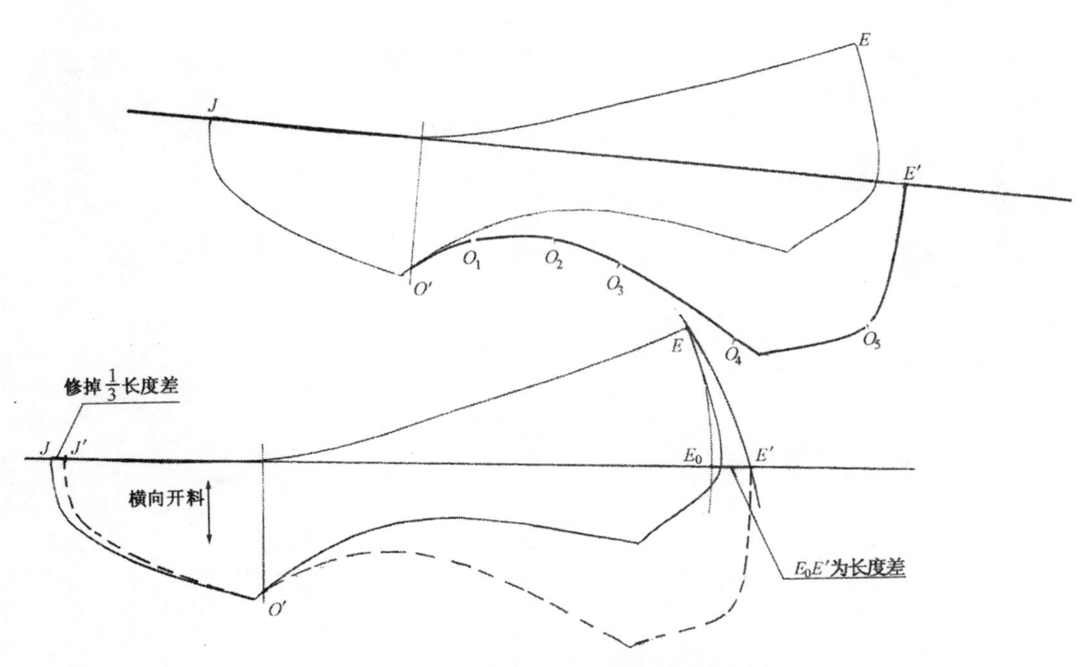

图 5-17　旋转法与作图法的取跷效果相同

度的，前帮或后帮的下降量过大时，效果也不太好，对于中帮、高帮鞋类，必须采用断帮的办法处理。

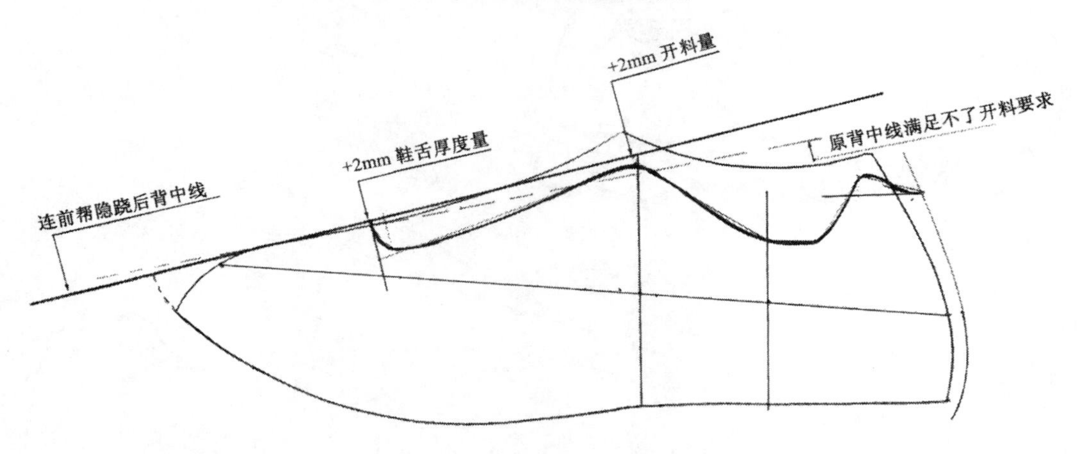

图 5-18　整帮部件的转换跷处理

作业与练习

1. 画出 3 款需要进行工艺跷处理、转换跷处理的成品鞋图。
2. 将上面 3 款鞋的成品图改画成结构设计图。
3. 分别取出需要进行跷度处理的几个部件。

第六章　运动鞋的打板技术

打板也叫做开板、出格、制取样板等，其目的是准备好开料、制作所需要的各种样板，这是一种技术性很强的工作。显然，打板不同于设计，但是打板的重要性同样不能忽略，如果一个设计师只会画效果图而不会打板，那就称不上什么设计师，充其量是个画师。因为画出来的鞋样能否进行生产，有许多工艺的因素掺杂在里面，不会打板就永远弄不清结构之间的关系，这种不考虑加工的效果图就是一张广告画。在学习打板之前，先整理一下已经掌握的内容：选择鞋楦、贴半面板、画成品图、基线设计法、加放加工量、画结构设计图、跷度处理等。下面的工作就是制备样板，包括划线板、鞋身板、帮面板、鞋里板、补强板、鞋舌板等。

打板所用的工具主要有：①美工刀。用来切割部件，刀片宽以9mm为宜，握刀方便，刀尖选用30°角的较好，刻画圆弧时拐弯灵活；②垫板。用于切割部件时的衬垫，选用塑胶板较好，切割后刀口合拢，不易出现粗糙的划痕；③直尺。用于切割直线，选用钢板尺较好，不易被划坏，长度15cm即可；④划针。也叫锥针，用于画轮廓线和扎规矩点，可用刻钢板的铁笔代替，或自己动手用缝衣针制作；⑤小号分规。用于画压茬量等平行线，稳定性好。

第一节　划线板的制备

一、制备划线板

在习惯上，制备皮鞋帮部件的方法常用扎点法、复制法、分割法等，运动鞋的打板方法与皮鞋的打板方法有所不同，由于运动鞋的部件种类多、数量也多，为了提高效率，制备运动鞋帮样板采用的是用“划线板”刻画的方法。所谓划线板是指在结构设计图上刻出部件画线的位置，然后再按照画线痕迹制取帮部件的样板。也就是说，每个部件的轮廓要在划线板上切割出标记来，并不是把部件一块块切割下来，而是要用切割的方法标记出每个部件的准确位置。切割线的位置也就是画线的位置。有了划线板，鞋面和鞋里的部件以及前后港宝部件等都可以顺利取出，最后还要用划线板来核对部件的数量和检验样板的准确性。

制备划线板有一定的规律和要求。

① 先在设计图的内部，按照部件轮廓线做间断性的分割。

② 起刀位置距外形轮廓线5mm左右，不要破坏外形轮廓线的完

整性。

③ 部件之间割开的长度 20～30mm，可灵活掌握；连接部位的长度 3～5mm，取在线条较直的位置；割开刀口位置要包含进部件的拐弯、尖角等有特征的部位，减少取样板时的误差。

④ 最后再切割出外形轮廓，在断帮位置点切割出刀口标记，形成划线板。

划线板参见图 6-1。

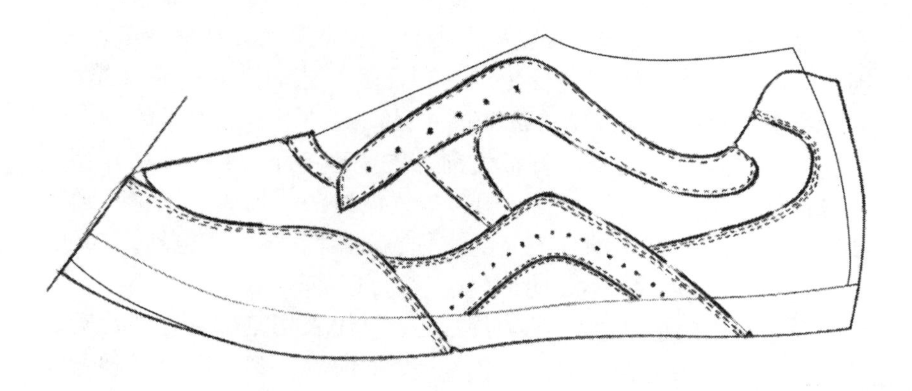

图 6-1　划线板

二、开板的种类

有了划线板以后就可以制备各种样板了，在开板之前一定要算计一下所开样板的种类。一般情况下有以下四大类。

（1）帮面样板：包括鞋身、眼盖、前套、后套、眉片、装饰片等部件。

（2）鞋里样板：包括鞋身里、翻口里、领口泡棉。

（3）补强样板：包括前港宝、后港宝和不同部位的衬里（加强衬、加强布）。

（4）鞋舌样板：包括鞋舌面、鞋舌里、鞋舌泡棉。

三、开板的一般要求

开板的方法大体是将划线板平放在卡纸上，用划针透过切割线把帮部件的轮廓线画出来，再用美工刀把部件切割出来。因为制取部件的多少与打制刀模有直接的关系，所以要知道有关开板的一些具体要求。

1. 取板的数量

一般是有多少种部件就要取多少种样板；里外怀有中线相连的部件取一块整样板，卡纸的对折线就是样板的中线位置（打一件刀模）；里外怀对称的部件只取一块样板（打一件刀模）；里外怀不对称的部件各取一块样板（打两件刀模）。

2. 加放加工量

加放压茬量（接帮量）8mm；加放翻缝量（反车量）3～4mm；加放绷帮量（接帮量）一般15～16mm，特殊工艺另定要求；加放折边量5mm。

3. 刻出加工标记

①在中心位置刻出前后的缺口标记，样板的缺口标记为一个2mm左右的小三角口。

②在里怀底口（与外怀有区别时）刻出齿形标记，也用三角口代替，或有另行规定。

③刻出鞋号的齿形标记，不同厂家有各自的规定，刻在底口或其它不妨碍加工的位置。

④在装饰孔位置打孔。

⑤在加工位置刻出划线槽。接帮位、印刷位、电绣位、车装饰线位等都属于加工位置，都必须用划线槽表示。加工位置的端点在轮廓线边沿上时，要刻出缺口标记；划线槽是一条宽度2mm的开口，长度与划线板上的划线刀口相似，在接帮位开槽时，一条槽边线开在部件轮廓线上，另一条槽边线一定要开在压茬量上，或者是会被掩盖的位置，也做缺口标记，表示这是一条辅助线；在装饰线位置开槽时，线槽开在装饰线的两侧，每侧边距1mm；在折边位置开槽要求与在压茬量上开槽相同；在反车位置的标记不用开槽，而是在起始端位置做斜切角。

四、样板的名称

关于样板的名称，有各种不同的叫法，为了便于学习，在此系统整理一下。

（1）贴楦板：指贴楦后得到的样板，强调样板的来源是贴楦后得到的。

（2）原始板：也是贴楦后得到的样板，强调样板在变化过程中是处于原始的位置。

（3）半面板：指楦面单侧的样板，强调样板的数量是一半，不是整体。

（4）单侧板：也就是半侧面样板，同半面板。

（5）展平板：指楦面展平后得到的样板，也叫做展平面，强调操作过程是展平。

（6）设计板：指用来画设计图的样板，原始板经过处理后得到的样板，强调的是样板的作用。

（7）折中板：指里外怀样板经过“混合”处理后得到的样板，强调的是里外怀共用的样板。前面的所有样板都有里外怀的区别，唯独折中板不分里外怀区别。

（8）部件样板：指各种帮部件、里部件、底部件的各种样板。

作业与练习

1. 划线板有什么作用？

2. 画出一款结构简单的成品鞋图，画出结构设计图，练习制备划线板。

3. 开板的一般要求是什么？

第二节 鞋身样板的制取

鞋身是指运动鞋帮面的本体部分，前面已经讲过，鞋身主要有整片式、两片式、两截式这三种结构。鞋身样板就是一种基础样板，与其它样板相比，不太容易制取，因为各种帮面小部件都车缝在鞋身样板之上，需要的加工标记比较多，显得很复杂。在鞋身样板上需要做哪些部件的标记呢？总体说来，凡是与鞋身样板直接缝合的部件标记，都要刻画出来；如果是间接缝合，一部分标记已经刻画在其它部件之上了，就不用再重复做标记了。板师在操作时，一般都在制备好其它样板之后再制备鞋身样板，但考虑到学习的需要，先从鞋身样板的制取开始，以加深对鞋体结构的理解。

鞋身样板的结构是随着帮部件的变化而变化的，是采用整片式结构，还是两片式结构，或者是两截式结构，通过成品图就能分析出来。

1. 整片式结构

整片式鞋身也叫做全片式鞋身，典型的鞋身只有一片，考虑到开料的要求，经常演变成下面几种断帮结构：①里怀一侧断开；②里外怀断开，位置靠前；③里、外怀断开，位置靠后。参见图6-2。

典型整片式鞋身的前后帮连在一起，里外怀连在一起，样板面积比较大，也称做大身，其它的眼盖、前套、后套、眉片等部件都依次车缝在大身上。采用大身结构操作方便，但从开料的角度看，大身结构不太省料，所以经常见到的是其它几种变形结构：可以将大身的一侧断开，或两侧断开，断开的位置也可调节，或前或后。鞋身上的断开线用“之”字形缝纫机拼缝连接，也就是现在的万能车。如果缝线外露，产品外观就不好看，因此要想办法用装饰部件掩藏断帮线。参见图 6-3，利用眼盖、侧饰片、挡泥片三种部件来掩藏断帮线。

为了满足绷帮的要求，鞋身的前端一般需要处理，在有前套的情况下，处理方法之一是“开前衩”，另一种处理方法是“做省料”。开前衩时，开衩的位置取在 J 点，与前套的 J' 点位置错开，开衩前端底口要补充长度 3 ~4mm，因为在拼缝后会有自然收缩。参见图 6-4。

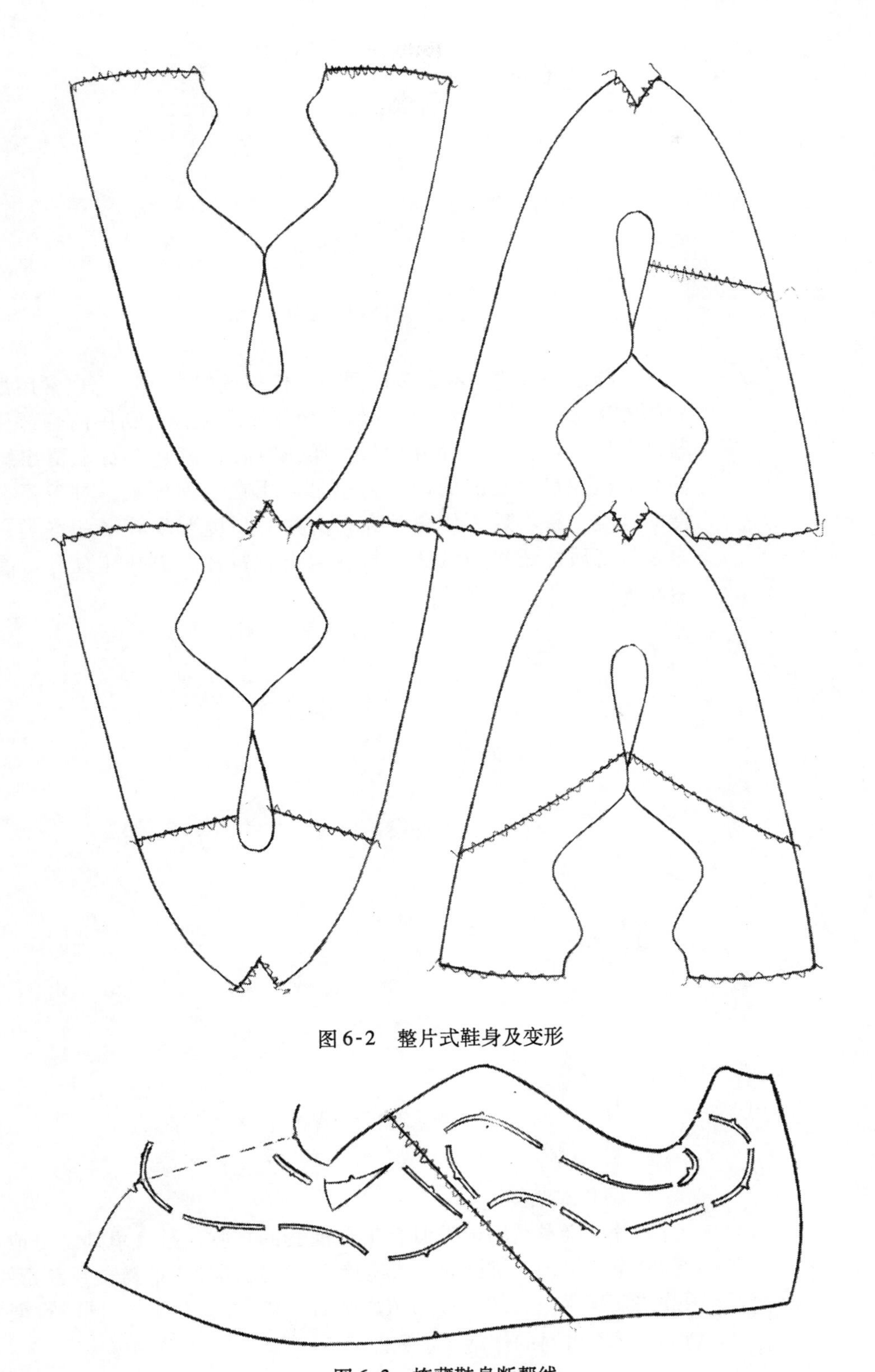

图6-2　整片式鞋身及变形

图6-3　掩藏鞋身断帮线

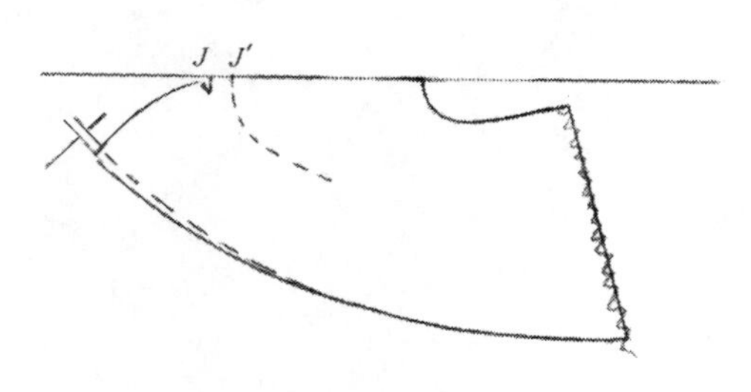

图 6-4 鞋身开前衩

目前做鞋身的材料大多用网布，价格比较贵，因此也常用做省料的方法处理，做省料就是断开前套部件的位置，利用前套部件代替部分鞋身，省去一部分材料，操作时要注意在鞋身上留出缝接前套的压茬量。类似的做省料也可以用在后套位置。对于要求轻便的鞋类，省料后不用再补充；有些对强度要求较高的鞋类，在做省料之后，还要用低廉的材料取出省料片，去补充鞋身。参见图 6-5。

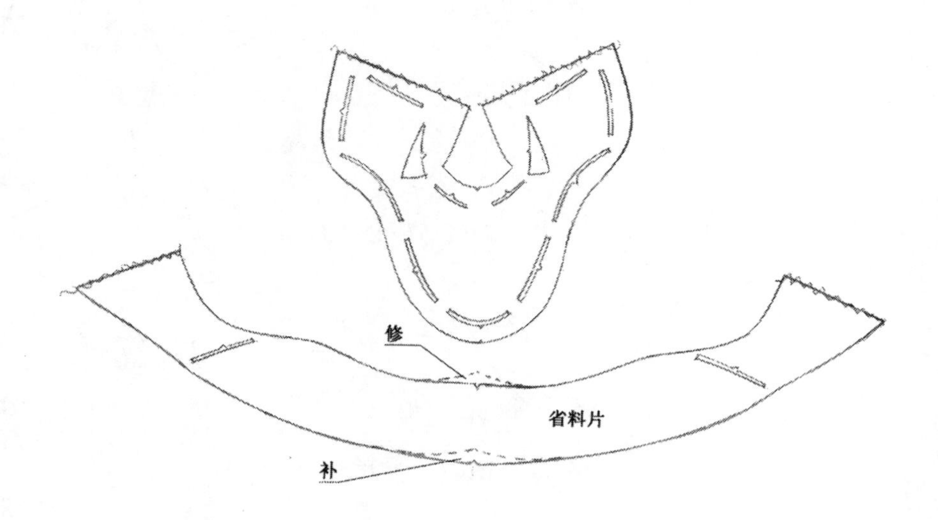

图 6-5 鞋身做省料和省料片

2. 两片式结构

两片式鞋身适用于类似有 T 形前套的鞋款，鞋身里外怀分成两片，断帮线也采用拼缝的方法连接，T 形的部件正好掩盖住断帮线。两片式鞋身背中线的外形与楦面吻合，绷帮的效果好，同时也便于划料，具有省料的作用。参见图 6-6。

3. 两截式结构

外耳式运动鞋的鞋身属于两截式结构，前身一截，后身一截。

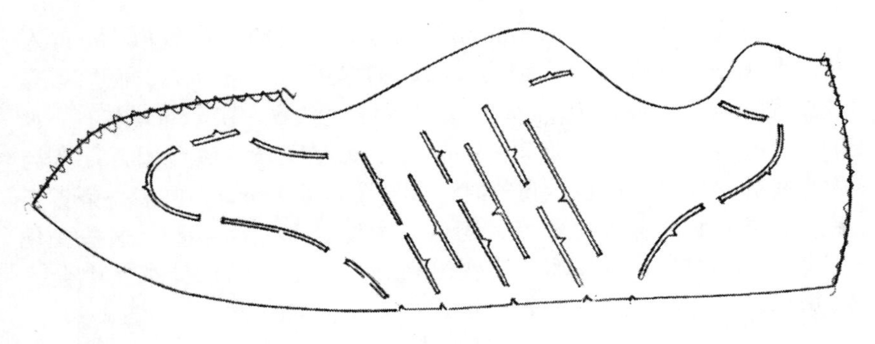

图6-6　两片式鞋身

更通俗的名称是双羽式结构，鞋耳的两片鞋身像一双翅膀。开板时要注意前帮与后帮的连接，采用的是压茬缝法，在前帮上留出压茬量，后帮压在前帮上进行缝合。早期的帆布面橡胶底运动鞋，大多采用外耳式结构，有时鞋舌与前帮面还设计成一体式。参见图6-7。

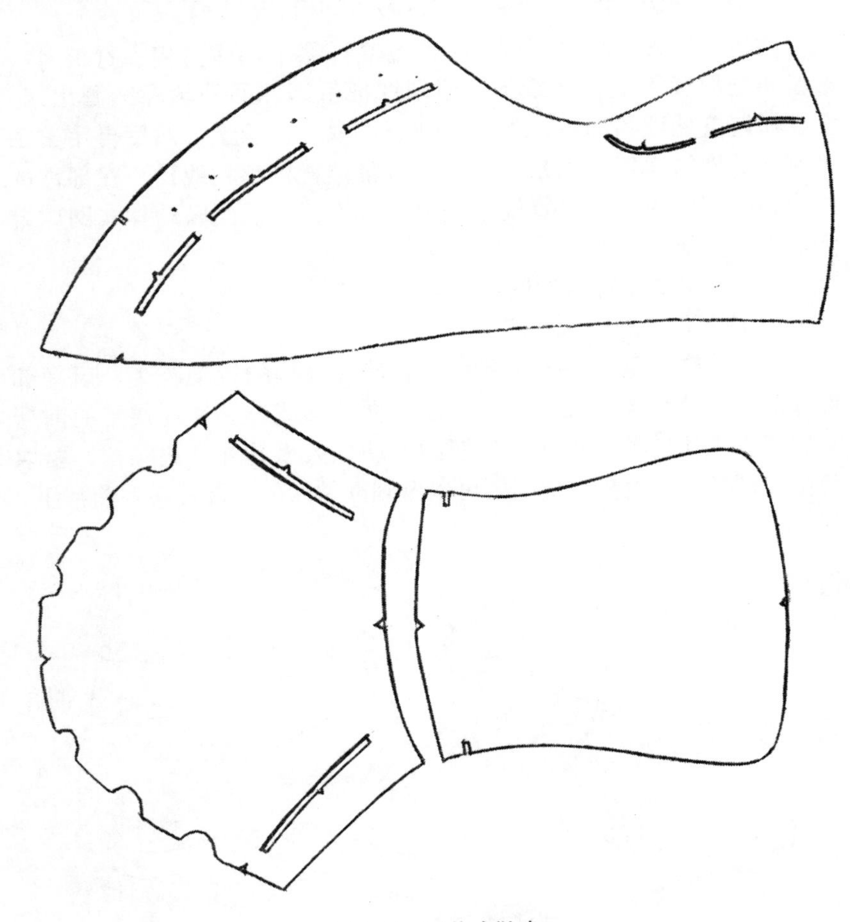

图6-7　两截式鞋身

在鞋身的底口部位，要留出绷帮量，一般的绷帮量取 15mm 左右。考虑到前帮是封闭式结构，材料的厚度与拉帮有关，而后帮是开放式结构，可以减少 3mm 的底口绷帮量，常用在 12mm 左右。如果设计套楦鞋，底口只留 2 ~ 3mm 的中底厚度量，然后用万能车与中底拼缝。如果底口也做省料时，绷帮量留 6 ~ 7mm，再接一条省料片。如果外底的鞋墙比较高，还可以去掉一部分绷帮量，这些变化都是在 12 ~ 15mm 的基础上演变出来的，在后面的设计举例中会一一遇到。

作业与练习

1. 画出一款有整片式鞋身的运动鞋，并制取整片式鞋身样板。
2. 画出一款有两片式鞋身的运动鞋，并制取两片式鞋身样板。
3. 画出一款有两截式鞋身的运动鞋，并制取两截式鞋身样板。

第三节　外耳式运动鞋的打板练习

打板、开板、制取样板，都是指同样一个操作过程。打板时一般是要把划线板覆在卡纸上，用划针把帮部件的外轮廓线画出来，需要做跷度处理的部件，也直接把跷度取在样板上，然后再用美工刀刻出部件的样板轮廓来，在需要接帮位置刻出划线槽，在部件的中点、两部件的分界点等位置刻出缺口标记。下面以外耳式网球鞋为例进行打板说明。

一、外耳式网球鞋的图形练习

1. 成品图

外耳式鞋参见图 6-8 是一种具有传统结构的运动鞋类，后帮部件像两只耳朵一样压在前帮上，故叫做外耳式鞋。外耳式鞋的前帮与后帮以压茬的关系连接。早期的运动鞋大多是外耳式结构，要取两截式鞋身。通过分析成品图可以看到部件间的相接关系：前帮压

图 6-8　外耳式网球鞋成品图

在鞋舌上；后帮压在前帮上；后帮上的装饰片缝在侧饰片上，侧饰片直接与鞋身缝合；后眉片直接缝在鞋身上，后套的上端压缝在眉片上，鞋眼片压缝在侧饰片和后套上。分析这些接帮关系，是为了明确接帮的先后顺序，从而找出加放压茬量的位置和刻画加工标记的位置。制备样板时一般则是从最上层的帮部件开始入手。

材料：牛面革做鞋帮，丽新布做鞋里，领口泡棉厚8mm。加放材料留厚6mm，泡棉留厚4mm。

设计参数：该款鞋后眉片为平峰式样，设计尺寸不要太高。后踵高75mm，足踝高60mm，脚山高90mm，前帮下角位置取在前帮头面长的½处，断舌位置在第一与第二个眼之间，鞋舌与前帮采用压茬缝合时口门不用加抬高量。为了方便，底口不分里外怀的区别，以最宽的面积为准。

2. 设计图

参见图6-9，采用基线设计法时，在半面板上连接*JD*线，在*JD*长的前25%点定出口门位置，在后25%点定出足踝位置，以45%点定出脚山位置，外耳式鞋的脚山位置略靠前些。在后弧上加放6mm材料厚度量，在后弧上口加放4mm泡棉厚度量。然后分别截取后踵高度、足踝高度、脚山高度，在与鞋头面的½相对应的底口位置确定

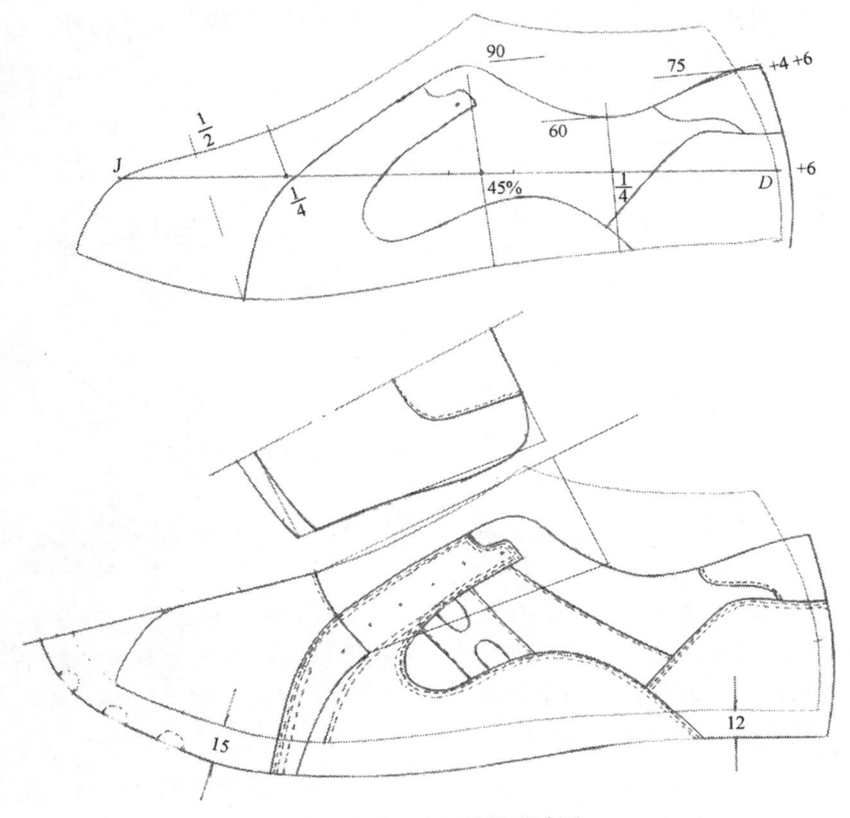

图6-9　外耳式网球鞋设计图

出后帮前下角。连接各个控制点，描绘出鞋帮的大形轮廓线。然后按照成品图各部件的外形画出帮结构设计图来。要求部件的位置比例协调，外形准确，线条流畅圆滑。为了要表示清楚部件之间的相接关系，一般要把车帮的缝线画出来，这样就可以知道哪种部件、在哪个部位需要留出接帮量来。早期的设计图是不画车帮线的，但是要画出压茬量来，取板虽然方便，但是图面太凌乱，不如画车帮线看起来舒服些。其实，只要记住了“在车线部件的下面需要放压茬量”这个规律就不会出错。

二、外耳式网球鞋的板形练习

1. 划线板

划线板参见图6-10是用来制备帮部件样板的基础板，为了节省时间，一般都是把结构设计图改成划线板，这样可以在划线板上留下大量的信息。鞋舌的轮廓可以留在划线板上，但是考虑到脚山外形轮廓的重要性，而鞋舌样板比较容易制备，所以一般在划线板上不留鞋舌轮廓。如果鞋舌与鞋头连成一个整体，就需要连成一体设计。在划线板的边沿，可以用缺口标记表示部件的断帮位置，用缺口跷度表示大素头的前帮底口。划线板上部件间的轮廓线，都用分割线先来表示，因为制备样板时所用的工具是划针，比较精确。如果采用开槽口的办法制备样板，误差就比较大，特别是在部件比较多、比较复杂时，划线板可能会被刻烂。

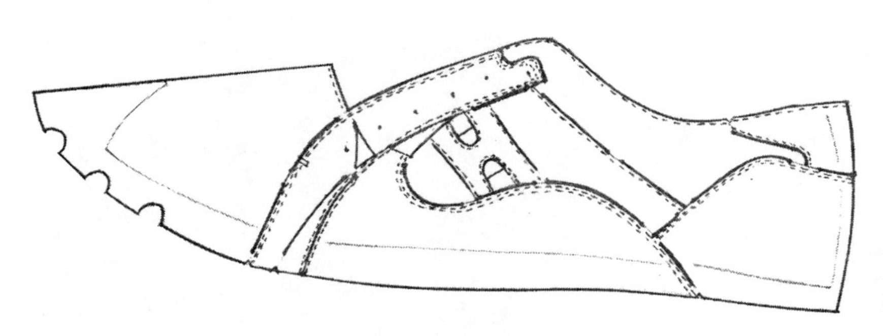

图6-10 外耳式网球鞋划线板

如图所示，在划线板上刻出了与鞋身直接相连的接帮标记。

2. 制取帮面样板

制取的顺序为：后帮的鞋眼片、后套、眉片、侧饰片、装饰片；前帮的鞋头、鞋舌、鞋舌饰片；制取鞋身样板。对于外耳式结构的鞋来说，鞋舌与鞋头不是分离型样板，鞋舌部件附属于前帮，鞋头与鞋舌构成了前鞋身样板。

如图6-11所示，在鞋眼片样板上要刻出车装饰线的划线槽、止口线标记，扎出鞋眼孔标记；装饰片上刻出接帮位置标记；侧饰片上刻出接帮的划线槽，安置装饰片的标记；后套上刻出接帮的划线槽和中心位置标记；眉片上刻出接帮划线槽和中心位置标记；鞋后身部件上刻出与其直接相连部件的加工标记。在鞋头样板上刻出接帮的压茬标记、大素头类型底口的缺口跷以及中心位置；鞋舌上刻出接舌部位标记、中心位置标记、连接装饰片的位置标记；鞋舌装饰片上刻出中心位置标记。

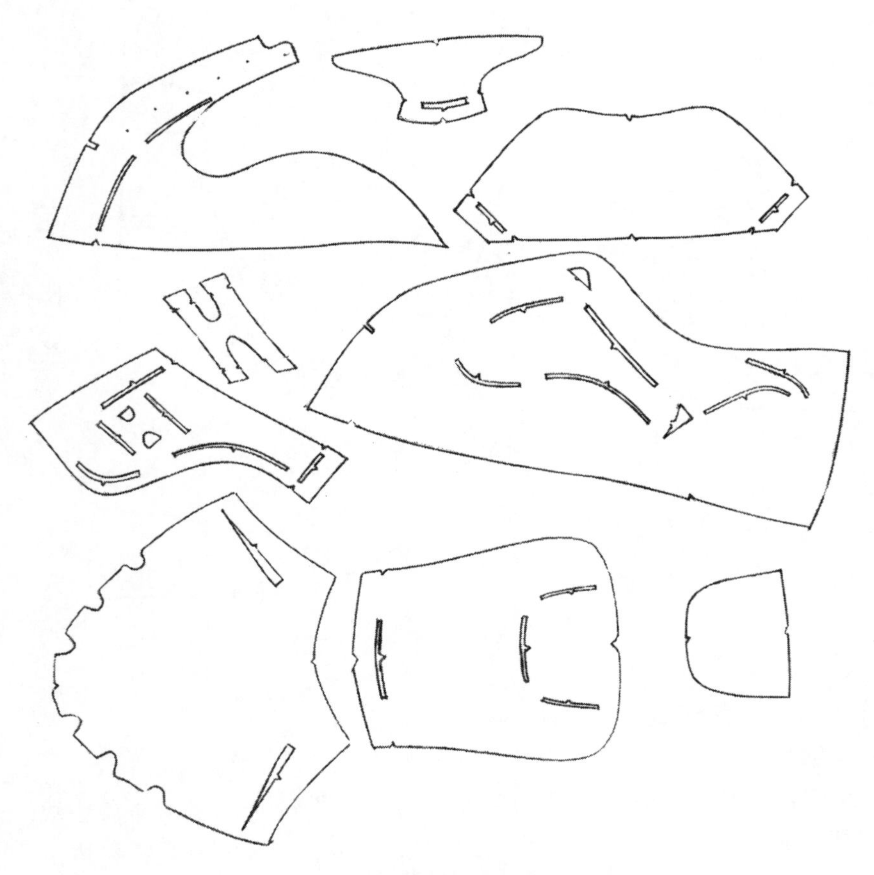

图 6-11 外耳式网球鞋帮面样板

3. 制取鞋里样板

鞋里样板包括：前帮里、鞋舌里、后帮里、领口泡棉、鞋舌泡棉。参见图 6-12。

制备鞋里样板不像制备帮面样板那样直接从划线板上取出来，而是需要重新设计。设计鞋头里时，以鞋头面板的轮廓为基准，接舌部位加放 5mm，底口收进 6 ~ 7mm，侧边加放 2mm。鞋头里的前端可以取前开衩的形式，这样更有利于绷帮操作。设计鞋舌里时，以鞋舌面板轮廓为基准，周边缩减一些加工量，这样可以使缝制后的鞋舌呈弧状，伏脚性好。采用调整中线的方法就能实现周边缩减

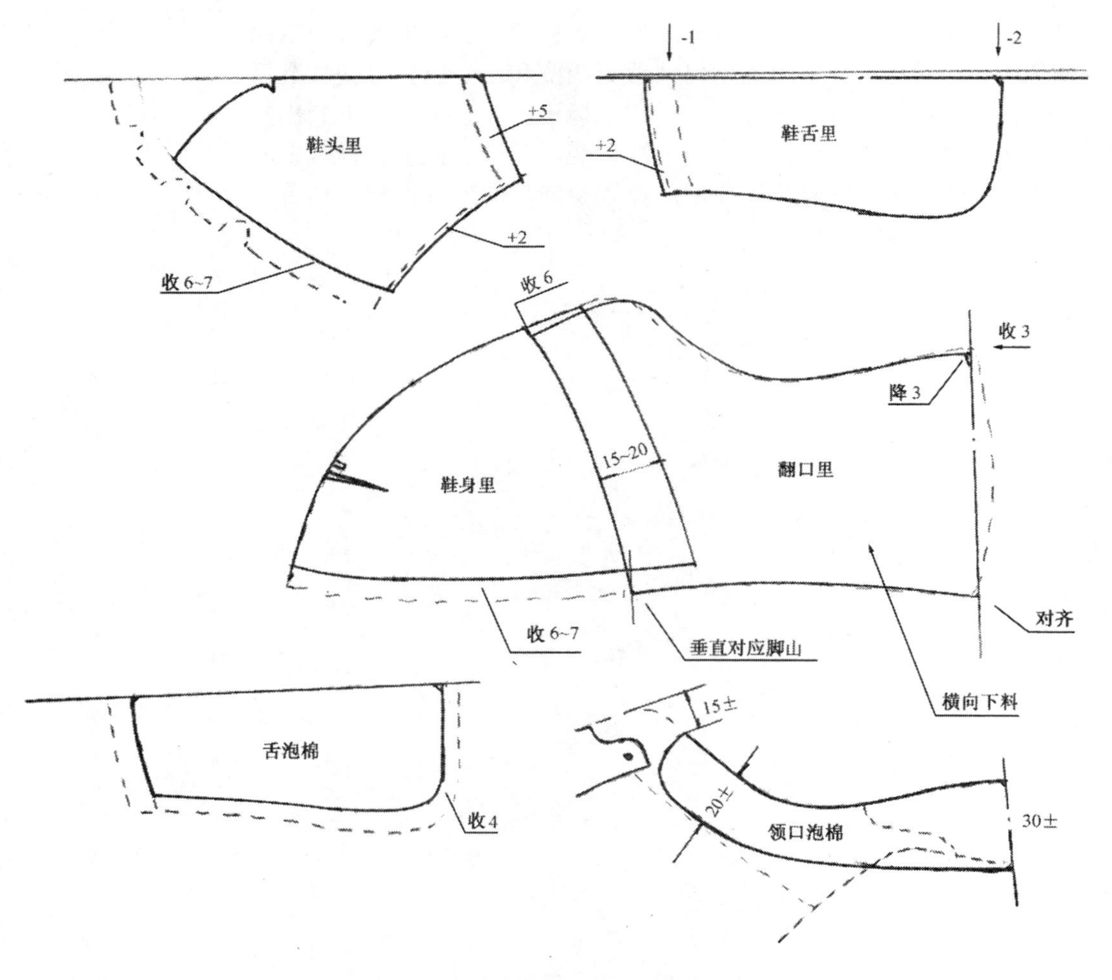

图 6-12　外耳式网球鞋里部件样板

的目的，在鞋舌中线后端下降 2mm，前端下降 1mm，重新连接中线，保持两侧轮廓线不变。鞋头侧边加放 2mm，是为了错开断茬边沿，使鞋身平整些。

设计鞋身里时以后身面板为基准，分成前、后两部分，后段鞋里为翻口里。设计翻口里时后弧上端点要下降 3mm、收进 3mm，然后再与底端点相连成中线。翻口里的前上端取在第二个鞋眼的位置，顶端下降 6mm，然后再与鞋口轮廓线顺次相连。翻口里前下端取在与脚山垂直对应的位置，以弧线相连成翻口里前轮廓线。底口以帮脚轮廓线为准，不用收缩 6 ~ 7mm，因为在领口处有 3mm 的缝合量以及泡棉的厚度量，成帮后底口会自然收缩。鞋身里的前段与后身里相叠加 15 ~ 20mm，底口收进 6 ~ 7mm，做出鞋里接帮时的剪口标记。前后帮鞋面与鞋里的相接，采用插接式比较好，穿鞋时正好是顺茬，不会造成鞋里卷曲硌脚，但需要在后帮鞋里上做出剪口位置标记；目前许多鞋里也采用前压后的关系，缝帮操作简单，但鞋里容易造成卷曲磨脚。

设计鞋舌的泡棉时，以鞋舌面板为基准，可以采用周边收进4mm缝合量的方法，前端控制在缝合线位置，此种方法制作的鞋舌比较平整。设计领口泡棉时，以划线板领口轮廓线为基准，泡棉后宽在30mm左右，侧宽在20mm左右，长度取在距脚山15mm左右的位置。

许多硫化工艺的外耳式帆布面运动鞋，只有一层面料，没有鞋里，设计也容易，成本也很低，鞋的档次也就低。考虑到网球鞋功能要求，虽然同属于外耳式结构，也必须有鞋里的设计。以上的图示为鞋里的设计图，取出样板后，还应当做加工标记。

4. 制取补强部件

补强部件包括：前港宝、后港宝，参见图6-13。

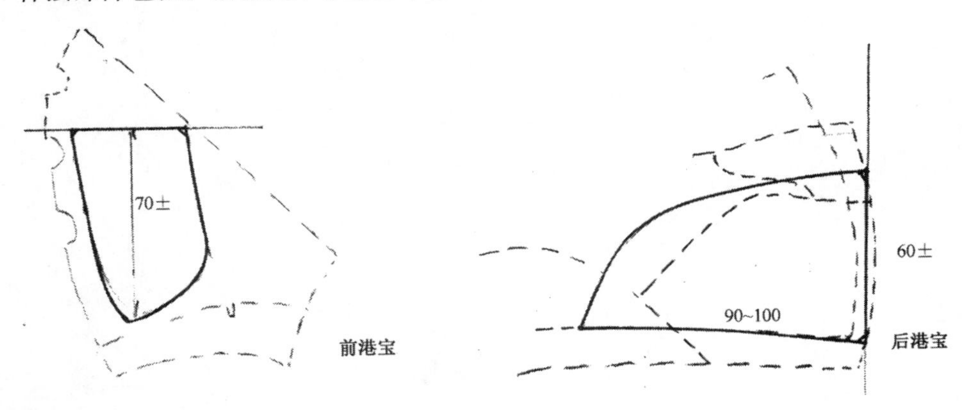

图6-13 外耳式网球鞋补强样板

设计前港宝是以划线板为基准的，利用楦头的弧线做折中的背中线，底口收进8mm，高度取在J点附近，单侧长度控制在70mm左右顺连成圆弧形。设计后港宝时也以划线板为基准，高度取在60mm左右，在后弧上作中线，底口长度取在90～100mm，连接成大弧线。在有鞋里部件时，后港宝使用在鞋里与鞋身之间，因此它的形状不受后套的限制，可以采用通用的后港宝部件。如果没有鞋里，后港宝只能用在后套与鞋身之间，设计后港宝时就要依照后套的外形来设计。图示中表示的是设计图，取出样板后要做加工标记。

三、其它外耳式运动鞋

外耳式运动鞋的变化与鞋耳有关，鞋耳可长可短，短耳式结构常用于休闲鞋的设计，类似皮鞋；长耳式运动鞋类似于开中缝鞋的结构，也经常遇到；一般的鞋耳长度，控制在鞋前脸的½处，这是为了穿脱方便，有利于运动。有时还在鞋的前帮设计出围盖的结构，无论是鞋耳压鞋围子，还是鞋围子压鞋耳，都不会改变外耳式的结构。外耳式结构的特点是鞋耳压前帮，前后帮之间以压茬关系相连接。这样就造成鞋身样板和鞋里样板必须取两截式结构，车帮的加工比较复杂。

制备外耳式鞋的样板是有规律可循的，包括划线板和部件样板两类；部件样板包括鞋面及鞋舌样板、鞋里及舌里样板、补强样板三种。制备样板后要检查部件的多少与准确性，可以采用下面办法处理：先把前帮的鞋身样板、鞋舌样板与划线板复合，进行准确性核对；再把后帮鞋身样板与划线板复合进行核对，考察接帮的关系是否准确；核对完成后要把部件样板按照接帮的顺序，一件一件地

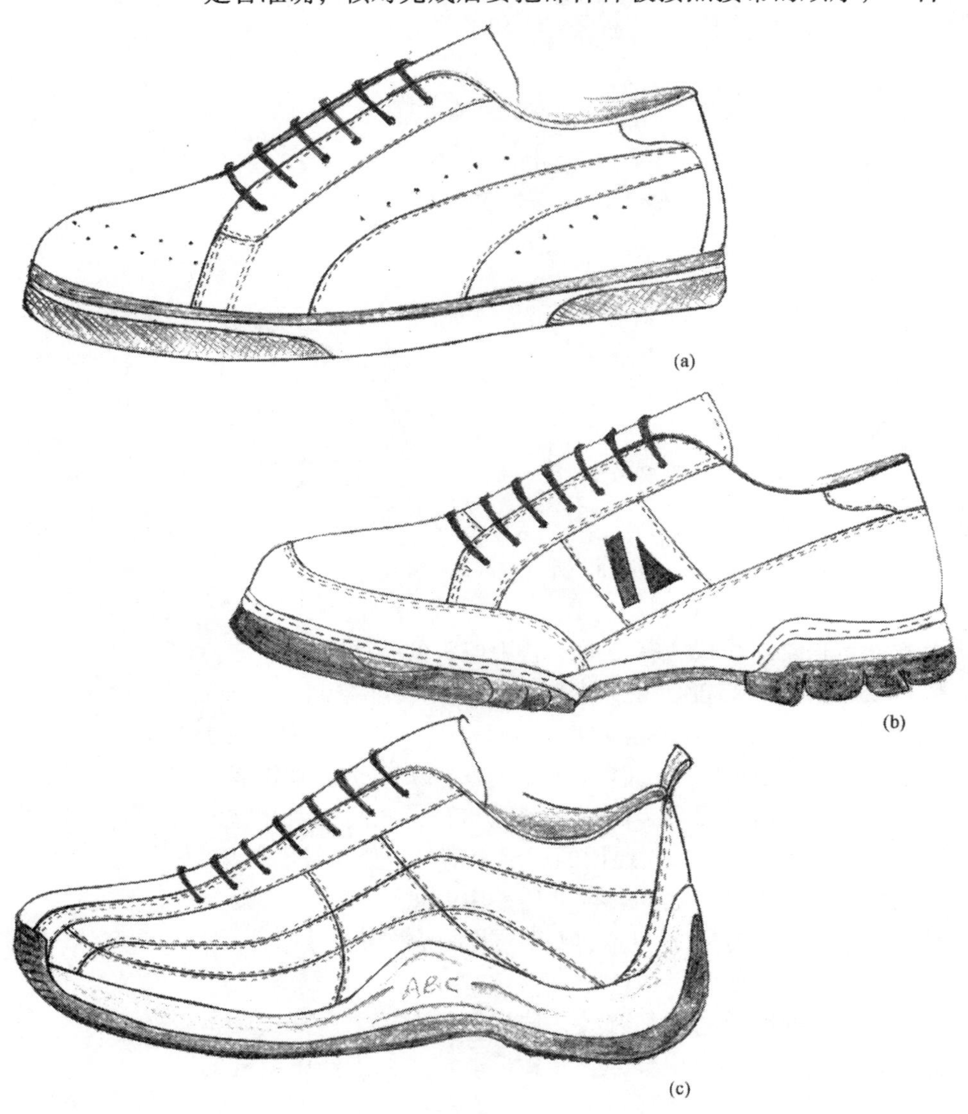

图6-14　外耳式运动鞋举例

复合在鞋身上进行核对，直至准确无误。确认鞋里样板与补强样板，同样采用上述方法核对。如果部件的轮廓与划线板的轮廓不同，肯定是取板有问题；如果部件相接的位置不能固定，肯定是刻线标记有问题；如果部件不齐全，就不可能拼接成完整的鞋帮。

按照上面的打板规律，可参考下面的举例进行练习，参见图6-14。

如图所示，（a）为典型的外耳式鞋，（b）为带围盖的外耳式鞋，（c）为类似于开中缝的长外耳式鞋。

作业与练习

1. 按照设计举例画出外耳式运动鞋的成品图、设计图，并制取划线板以及各种样板。
2. 画出不同的3款运动项目的外耳式运动鞋成品图、设计图，并制取各种样板。

第四节 前开口式运动鞋的打板练习

前开口式运动鞋现在非常普遍，鞋的品种也非常多，前开口式结构与外耳式运动鞋相比较，更有利于脚的弯曲运动，使帮面外观变得简洁，加工也更方便。前开口式运动鞋的许多变化，都表现在前开口式结构上，最明显的变化就是整眼盖和断眼盖两大类型。在取板的过程中，要注意整眼盖部件是否需要做跷度处理，整片式鞋身或鞋里是否需要断帮。下面以T形前套慢跑鞋为例进行打板说明。

一、T形前套慢跑鞋的图形练习

1. 成品图

图6-15 T形前套慢跑鞋成品图

如图6-15所示，本款慢跑鞋属于前开口式结构，鞋眼盖属于封闭式类型，是目前运动鞋常采用的一种结构，鞋眼盖能否顺利开料，是设计中必须考虑的问题。由于采用T形前套，所以鞋身可以采用两片式结构，利用前套来掩盖断帮线。使用网布材料做鞋身，简洁的鞋帮配上简洁的十佳鞋底，可以使成鞋轻巧柔软。注意在前套与后套下面做省料处理，慢跑鞋不同于网球鞋，对侧帮的强度要求不太高，本例中不用省料片补充。采用绷帮工艺加工时，帮脚底口要留出绷帮量。材料留厚量4mm，领口泡棉留厚4mm。在设计参数中，后踵高取 83mm，足踝高取 62mm，脚山高取 95mm，口门抬高量2mm。

2. 设计图

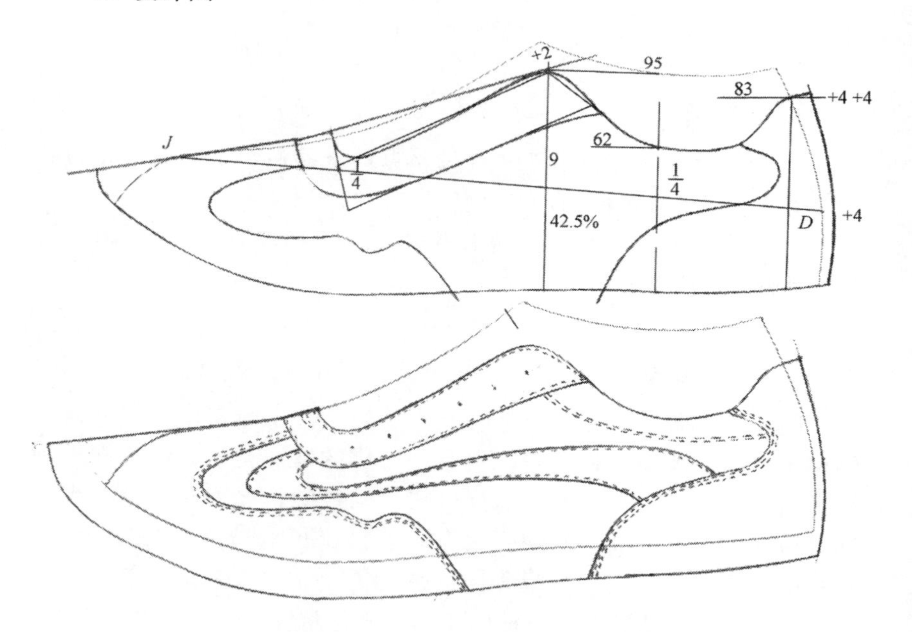

图6-16　T形前套慢跑鞋设计图

参见图6-16，采用基线设计法，分别找出口门、脚山、足踝的位置，再按照设计参数确定它们的高度和宽度，先画出鞋形的大轮廓，然后再按照成品图画出各个部件的准确位置。绘制设计图很关键，因为所制备的每一件样板，都是按照设计图复制的，所以绘画的线条一定要圆滑流畅，部件的外形轮廓一定要与原成品图风格一致，特别是在一些细节的处理上，只能是比原图更好。将来的成品鞋能否受到顾客的欢迎喜爱，不是看效果图画得如何，而是要看设计图的绘制水平。

二、T形前套慢跑鞋的打板练习

1. 划线板

制备划线板的规律是相同的，把设计图改换成划线板，可以保留最大的信息量，为制备各种样板打下基础。其中利用半面板前头弧轮廓线，进行前套的工艺跷处理。参见图6-17。

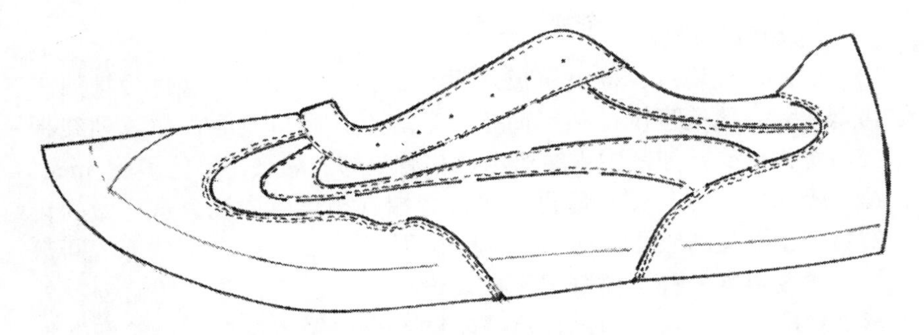

图 6-17　T 形前套慢跑鞋划线板

2. 制取帮面样板

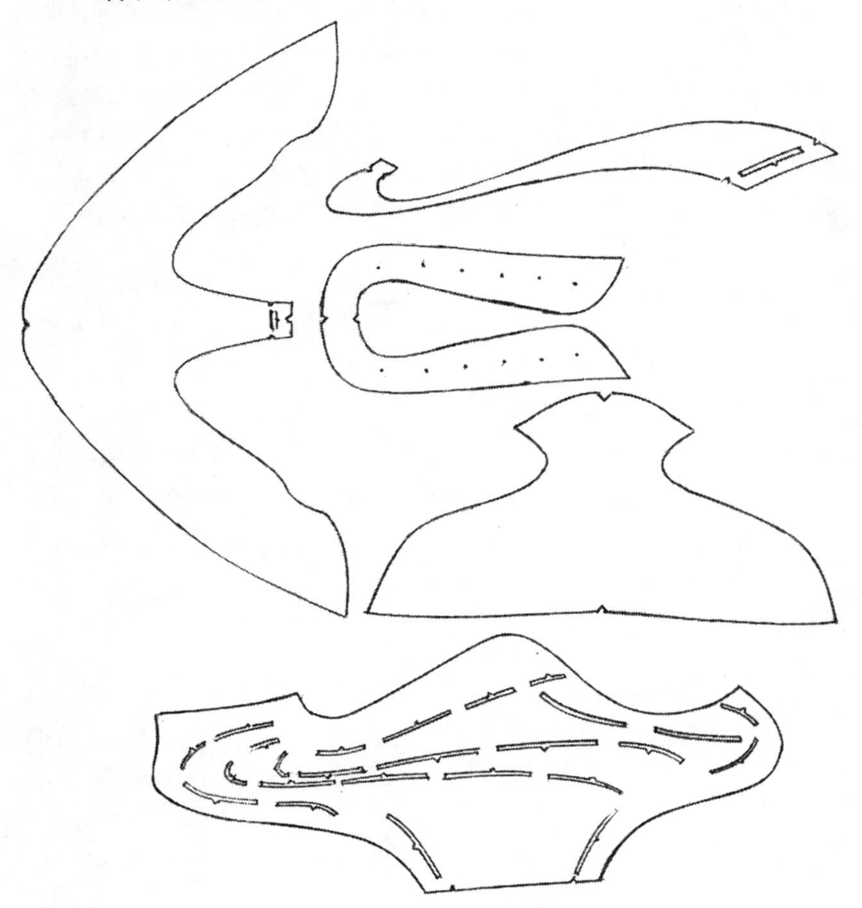

图 6-18　T 形前套慢跑鞋帮面样板

帮面样板包括：T 形前套、鞋眼盖、装饰片、后套、两片式鞋身。如图 6-18 所示，由于四种帮面样板都要直接缝在鞋身上，所以鞋身样板上的划线槽就显得特别多。在鞋身上已经刻出了接帮和装饰线的划线槽，鞋身也做了省料处理，考虑到成鞋的轻巧，不用加省料片。其中前套和后套样板需要做工艺跷处理。

3. 制取里样板

前面已经说过，鞋里样板几乎都需要重新设计，这种设计属于仿型设计，比造型设计相对简单一些。设计翻口里时，是以划线板的后身为依据，如图中虚线所示。在后踵的上端点，要往里收3mm，往下降3mm，确定顶点后再与底口后端点相连成中线，这样做的目的是减少鞋里的皱褶。在第二个眼位下降6mm，是为了鞋里的断帮线位置绷得紧一些，使鞋里平整。设计泡棉样板，是仿照后领口外形处理的，不过这里的设计有些特殊：泡棉轮廓要在领口轮廓上加放6mm，然后再取基本宽度20mm左右，向后成水平线顺连到后跟弧。在后跟弧处收进4mm，再与顶点连成中线。泡棉样板为什么要加放6mm呢？加放与不加放会有两种不同的处理效果。不加放多余的量，鞋口翻成后是平展的；如果多加一些量，多余的量会在鞋口翻折回去，使鞋口变厚，显得非常丰满、有弹性。对于慢跑鞋来说，丰满柔软的鞋口护脚功能好，所以，目前的一些运动鞋都喜欢采用加放量的办法处理。注意翻口里和泡棉的样板，由于底边沿不用与其它部件对齐中点，所以不用做切口标记。鞋里样板见图6-19。

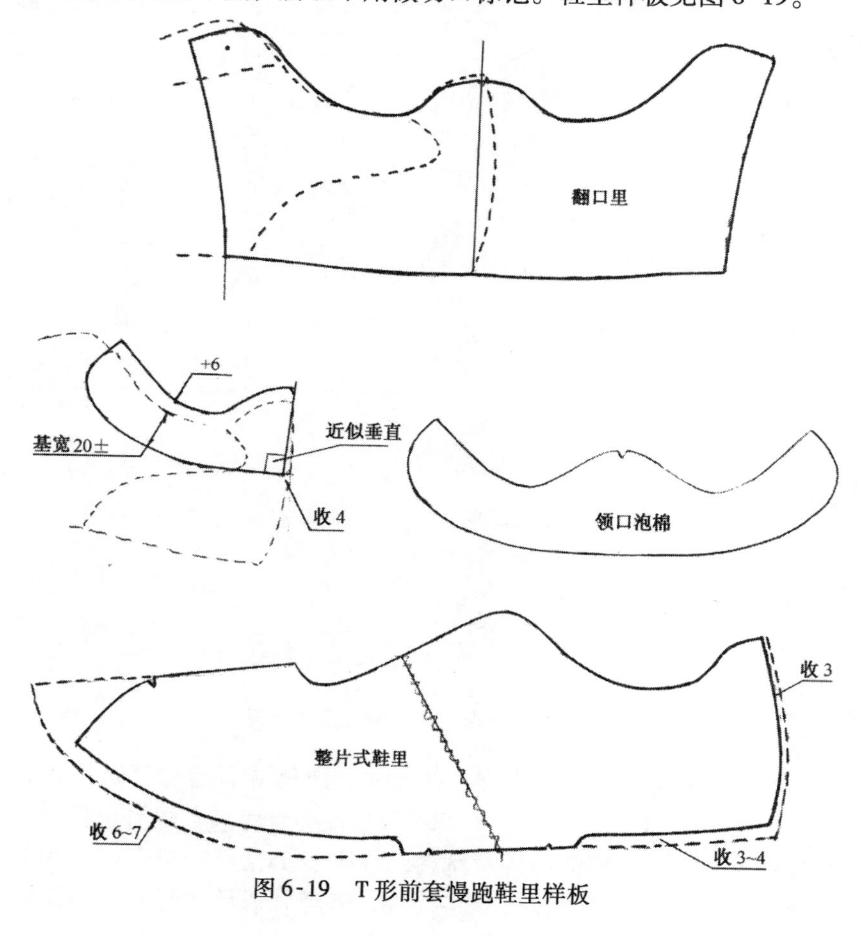

图6-19　T形前套慢跑鞋里样板

采用拼缝工艺时，在拼缝部件的下面要衬上布条，这样可以保证缝合的强度。鞋身的背中线采用拼缝后，鞋里就不要也采用拼缝，这样会使背中线变得不平整。鞋里要采用整片式结构，由于背中线位置不断开，不能直接开料，所以从中腰部位断帮后再拼接。由于鞋身覆在鞋里的外层，所以断帮线不外露，设计的位置也不受限制。考虑到绷帮的需要，鞋里与帮面重复的位置，一般要收进6～7mm，以增加粘合的强度。在本例中，中腰处没有收量，是为了保证前套和后套在缝合接帮时有所依托。

4. 制取鞋舌样板

前开口式的鞋舌与外耳式的鞋舌有所不同，这是一种分离式结构，也就是说鞋舌可以单独进行设计。设计鞋舌的依据是前开口的轮廓，从口门到脚山，先确定出鞋舌的基准长度，在基准长度的前端，加放15～20mm的压茬量，在基准长度的后端，加放护口量20～30mm，一般取在25mm左右。然后再取鞋舌基准长度的一半为定位点，量一量楦背到眼位线的距离，在这个距离的基础上加放25mm就是鞋舌的基准宽度。为什么加这么多宽度放量？一般的鞋舌超过眼位线10mm就能满足护脚基本要求，但是运动鞋的鞋舌中间要充满厚厚的泡棉，膨胀后就会变窄。另外穿运动鞋总是要活动，稍宽的鞋舌不易左右移动。鞋舌的前端要考虑的是加工的需要，在鞋口宽的基础上加放12mm宽度量即可，与前端点顺连成圆弧状；鞋舌的后端要考虑的是不同造型的需要，可以在基础宽度上多加或少加。在鞋舌的基准宽度位置，正是两种缝合工艺的转折点，前段采用合缝工艺处理，后段采用翻缝工艺处理，因此在这里要让出一个转折量，采用前段收进3mm的办法处理。鞋舌样板见图6-20。

鞋舌虽然使用在鞋耳下面，不易被看到，但是粗糙的加工还是显而易见。较好的鞋舌设计，舌面、舌里、舌泡棉需要三种样板，当然要打三件刀模。如果为了降低成本，只用一件刀模，加工后舌泡棉都露在外面，实在有伤大雅。设计舌里时，是以舌面为基准，周边瘦一些较好，缝合后鞋舌呈弧形，与脚背相适应，看着穿着都舒服。要想周边减瘦，可以采用中线调整技法，在压茬部位收进1mm，在舌的顶端收进2mm，重新连接中线即可。设计鞋舌泡棉时，这里也采用加放的办法，在长度位置加出5mm放量，使鞋舌顶部变得丰满，与领口外观相一致。泡棉的长度到接帮线止，用舌面板描画出来。

5. 制取补强样板

前港宝与后港宝样板一般也必须通过仿型设计的方法来制备，特别是前港宝，受前套造型的影响比较大，必须随型而变。设计T形前套的港宝，要以经过取跷处理后的前套外形为依据，底口收进10mm，使港宝的底口在绷帮时能够折回搭接在中底上2～3mm。前

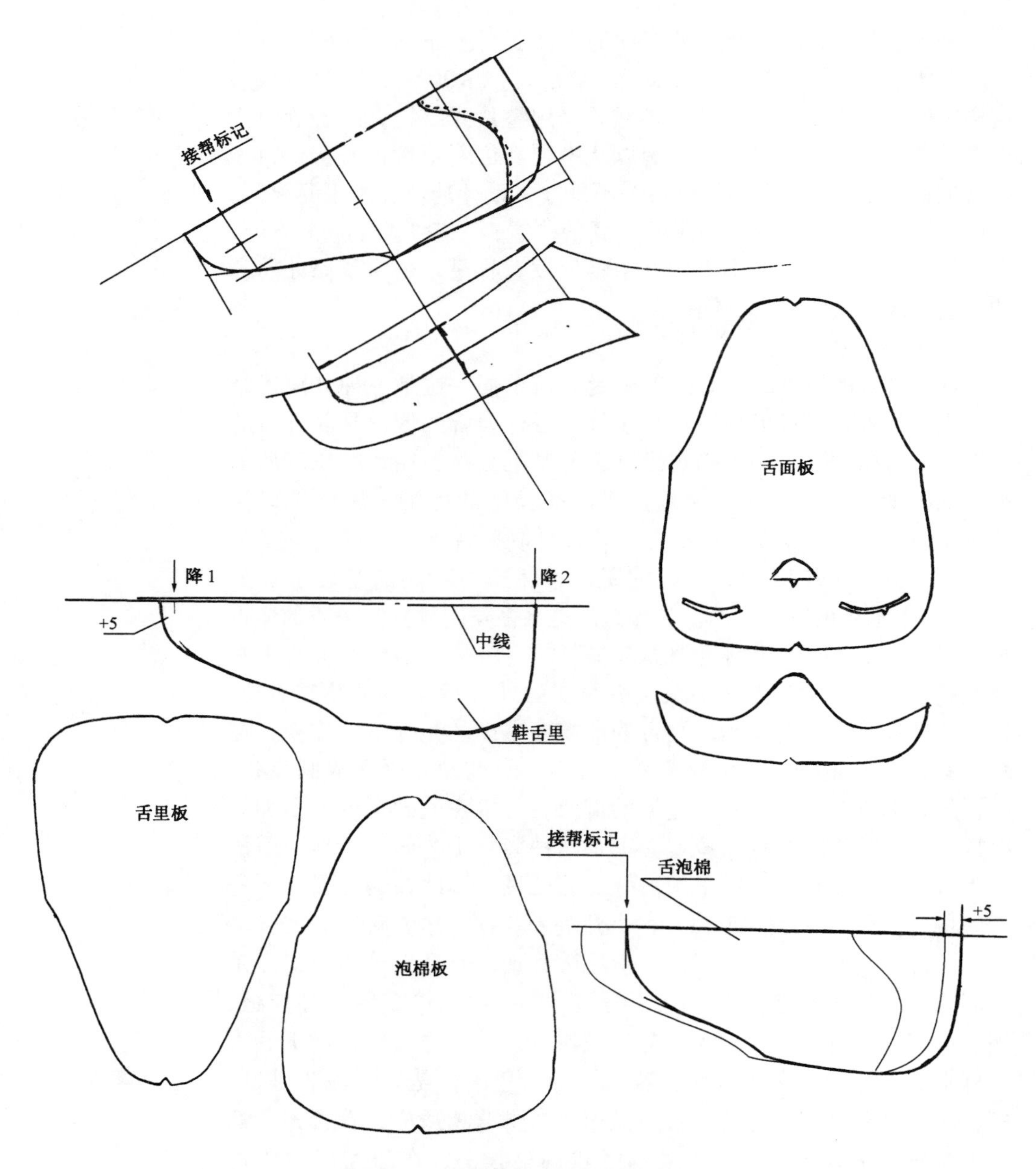

图 6-20　T 形前套慢跑鞋舌样板

港宝的垂直长度取在 75mm 左右，不要过长，因为前脚掌在弯曲时，会有两个弯曲部位，一个是跖趾关节，一个是大拇指到小趾端一线，前港宝长度超过小趾端，会影响脚趾的弯曲运动，所以对长度有控制要求。在宽度上，因为前港宝一般使用在前套的下面，所以在上口一般要离开前套轮廓线 7mm 左右，避免与压茬量重叠。在 T 形前套下的港宝中心位置，可以适当增加一些宽度。补强样板见图 6-21。

设计后港宝时，除了依据划线板的后身以外，还要用到脚型规

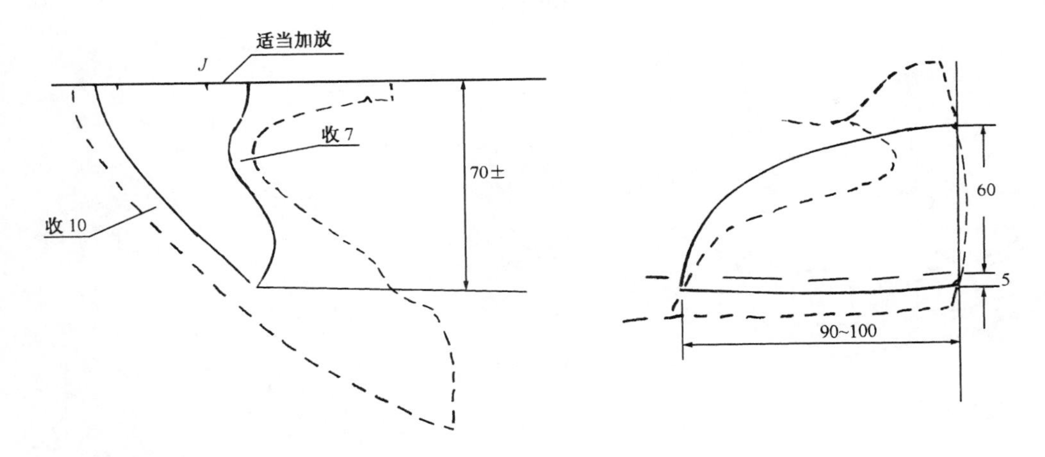

图 6-21　T 形前套慢跑鞋补强样板

律。后港宝的基本高度取在 60mm，因为后港宝的作用主要是保护脚的后跟骨，太高会妨碍脚腕的运动，太低会降低防护作用。脚的后跟骨高度占脚长的 21.66%，41 号鞋的适穿脚长 255mm，后跟骨高度约 55mm，考虑到鞋垫的厚度 4 ~ 5mm，后港宝基本高度可以取到 60mm。再加上底口的折回量，总高度在 65mm 左右。后港宝的底口长度取在后跟骨位置即可，后跟骨部位占脚长 33% 左右，41 号脚的后跟骨部位长度为 84mm，考虑到楦体的后弧弯度，一般后港宝底口设计长度取在 90 ~ 100mm。港宝的上端用弧线连接。

三、其它前开口式运动鞋

前开口式运动鞋是最常见的一种鞋，品种也非常多，但是从结构设计的角度看，不外乎有画成品图、设计图和打板三项工作。无论是何种款式的鞋，都应该学会用成品图表示出来，然后再画出结构设计图，至于打样板，虽然有一些技巧，但只是一种熟练的工作。为了巩固已学到的打板技巧，通过下面的 3 个例子自己进行练习，检查自己已经掌握到何种程度。如图 6-22 所示，三种款式都属于慢跑鞋，其中有整眼盖，也有断眼盖；在（a）和（c）中，还有高频装饰部件，这部分内容在后面才能讲到，打板时可以暂时不管；在（a）中，使用的是暗织带做鞋眼，在（c）中使用的是明织带做鞋眼，两者加工的方法略有不同，可参考下一节的内容；在（a）中的五条装饰线采用的是印刷技术，在样板上必须做出印刷位置标记，印刷的位置就是画线的位置，但要用文字进行说明：“印刷线宽度 2mm”，为制网版的人员提供设计依据。要注意印刷的线条在样板上是一条光滑的曲线，在成品图上由于楦墙的影响，看上去有些弯折。

图 6-22　前开口式运动鞋举例

在每次打板完成后，都必须进行检验，一是要检验部件少不少，二是要检验部件准不准，这要养成一种良好的习惯。

作业与练习

1. 按照设计举例画出前开口式运动鞋的成品图、设计图，并制取划线板及各种样板。

2. 画出 3 款有不同前套的前开口式运动鞋成品图、设计图，并制取各种样板。

第五节　高帮运动鞋的打板练习

高帮运动鞋的设计不同于矮帮鞋，由于鞋后帮的升高，已经脱离了楦型的半面板，在控制统口高度和宽度上就显得比较麻烦，因为楦的后跟高度对鞋后帮高度尺寸产生了直接的影响，最好的办法就是用坐标来控制。另外，高帮运动鞋的背中线设计与皮靴的背中线有所不同，对于皮靴的背中线，要求自上而下要形成一条光滑流畅的曲线，而对于高帮运动鞋来说，背中线在舟上弯点的位置有一个拐点，分成前段背中线和后段背中线。这是出于运动的需要，便于脚腕的自由活动。下面以高帮登山运动鞋为例进行打板说明。

一、高帮登山运动鞋的绘图练习

1. 成品图

高帮运动鞋（见图6-23）的后帮高度控制在脚腕附近，男女鞋的平均值在125mm左右；男女的脚腕宽度在98～108mm，设计尺寸一般取在110～120mm。设计高帮鞋时要选用高帮楦，有利于控制鞋的造型；鞋帮面部件除了鞋身外，还有前套、后套、护口片和前眼盖、后眼盖，在前后眼盖的分界处有个缺口，这是为了便于脚腕的运动，其分界处取在基线 *JD* 的45%位置。鞋眼采用金属环和金属钩，可以从强度、方便、外观三个方面得到改善。其中的鞋舌，为了弯折的需要做了工艺跷处理。本款鞋采用牛油皮做鞋面，丽新布做鞋里，鞋帮的预留厚度为8mm，泡棉加厚5mm。后帮高度125mm，统口前端抬高20～30mm，口门位置取 *JD* 线的前25%，足踝位置取 *JD* 线的后25%，眼盖的分界点取 *JD* 线的45%，脚山位置取 *JD* 线的40%，口门抬高2mm，口门宽度15mm左右。

图6-23　高帮登山运动鞋成品图

2. 设计图

设计高帮鞋时，为了便于确定半面板的方位，需要架设直角坐标。方法如下：在坐标的竖轴上，先确定出楦跟的高度，例如本楦的跟高为15mm，用B'点来表示。然后再将经过验证修整的半面板覆在坐标上，控制D点在竖轴上，前掌最凸位置在横轴上，半面板的底口线在B'点上，利用三点共面的原理固定下半面板的方位，然后描出半面板的轮廓线，就可以连接控制线，画设计图。参见图6-24。

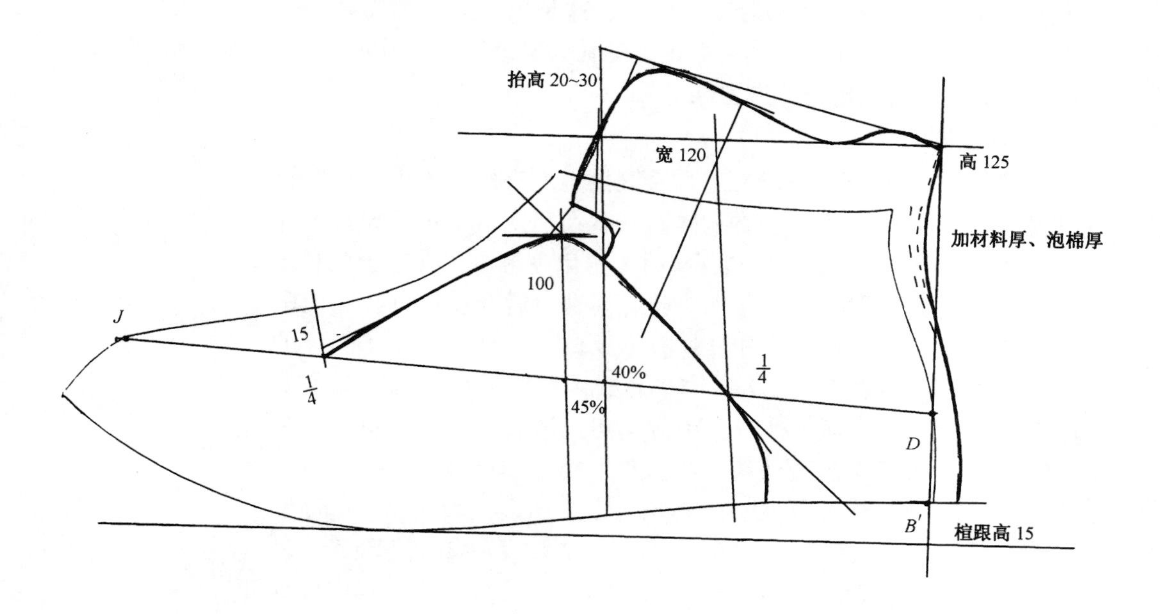

图 6-24　高帮登山运动鞋框架图

连接基线JD，分别取出口门、拐点、脚山、足踝位置点。在后弧上加放8mm预留量，5mm泡棉量，确定出后踵高度点125mm；做脚山位置高度线，确定出高度点125 + 30 = 155（mm）；确定口门宽度15mm；作分界点位置的高度线，确定高度点100mm。为何取100mm？这个数据是设计矮帮鞋类脚山高度的上限值，高帮鞋的脚山高度比矮帮鞋要高，作为过渡点，取上限值较好。按照所提供的数据，先画出高帮鞋的大轮廓线，量一量统口的宽度，大约在120mm。这个120mm是设计的结果，并不是按照120mm来仿型设计。如果对统口有或大或小的尺寸要求，可以在大轮廓的基础上直接修改统口的外形。

有了框架图，就可以直接绘制设计图，设计的方法同前。参见图6-25。

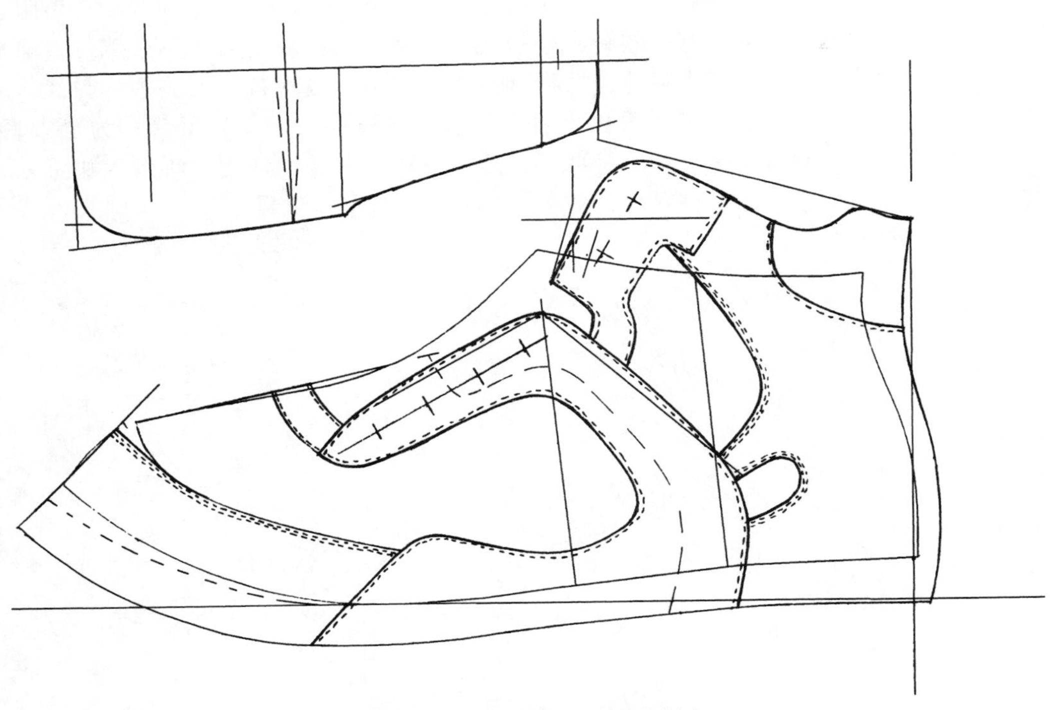

图 6-25　高帮登山运动鞋设计图

注意在鞋的前眼盖下面有一条虚线，这是前后鞋身的分界线。

二、高帮登山运动鞋的打板练习

1. 划线板

按照制取划线板的规律制取划线板，参见图 6-26。

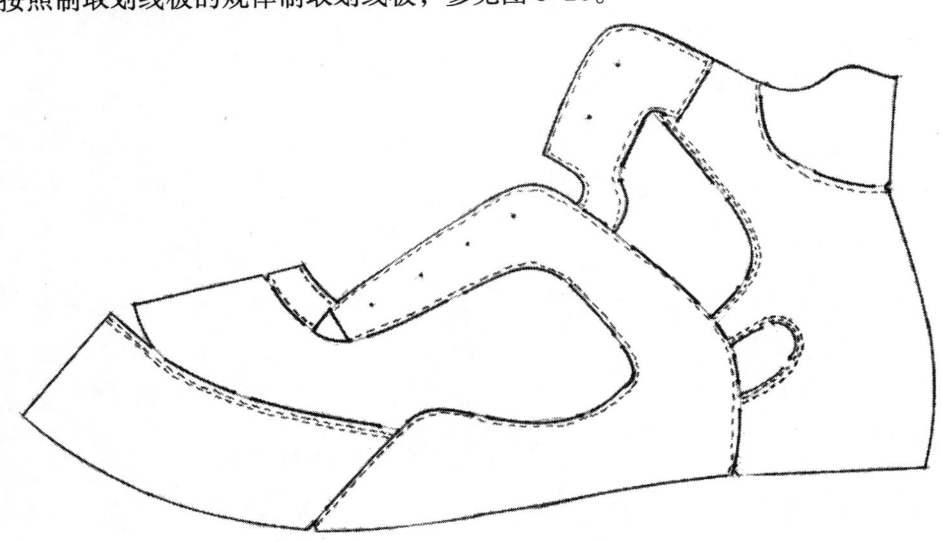

图 6-26　高帮登山运动鞋划线板

2. 制取帮面样板

如图6-27所示，帮面样板包括前套、护口条、前眼盖、后眼盖和后套。其中的鞋身样板包括前帮、后帮块、眉片三个部件，前帮鞋身附有省料片，后帮鞋身为了省料，也附有一大块的省料片。从成品图上可以看出，后身样板应该取很大的一块部件，为了省料，只取了两小块后身部件，为了不降低鞋身的强度，所以附加了一块省料片。省料片大多用不织布（无纺布）材料。

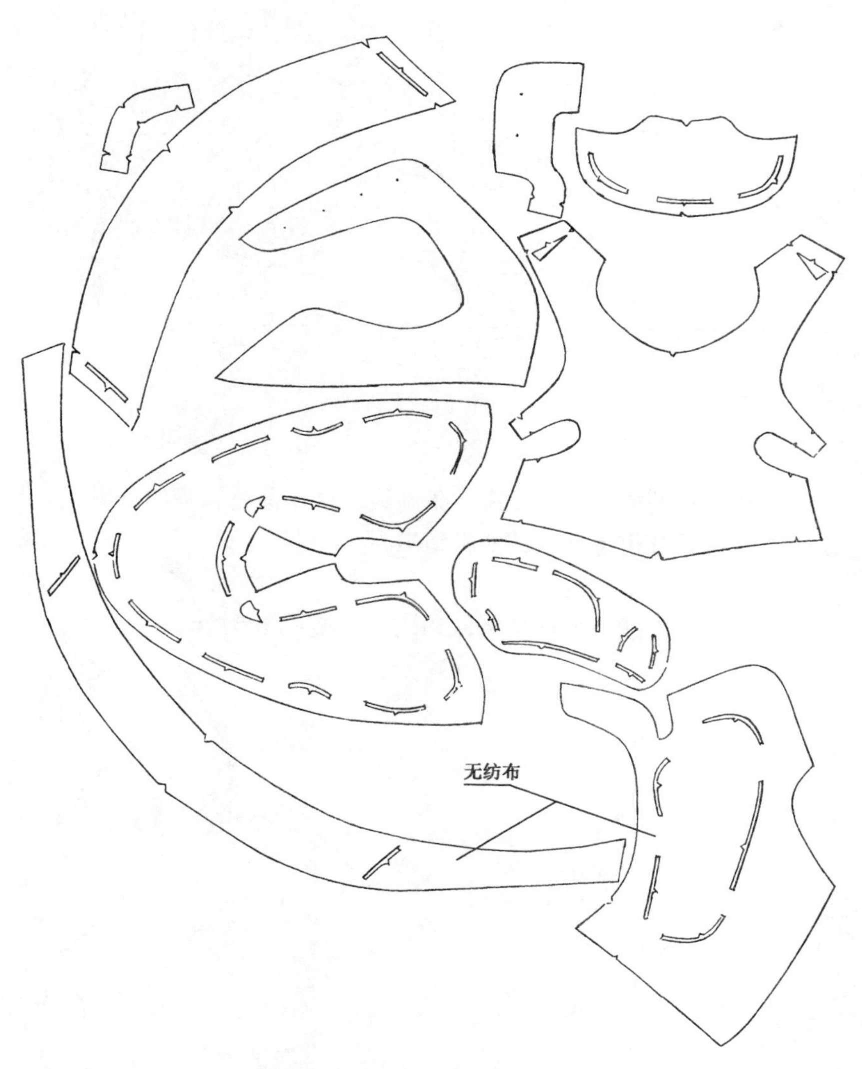

图6-27 高帮登山运动鞋帮面样板

3. 制取鞋里样板

前身里与后身里的重叠量在20mm左右，先确定出后身里的准确位置，然后再设计前身里。在设计翻口里时，除了注意前面讲到的退 3mm、降 3mm、降 6mm 等数据外，在描画脚山轮廓线时也可以采用另一种方法：将与下端点连成中线，然后将划线板依照原轮廓向后平行移动 5mm 左右，此时就可以看到脚山曲线自然变化的位置，描出外轮廓线即可，然后再与退 3mm、降 3mm 后的顶点顺连。鞋里样板见图 6-28。

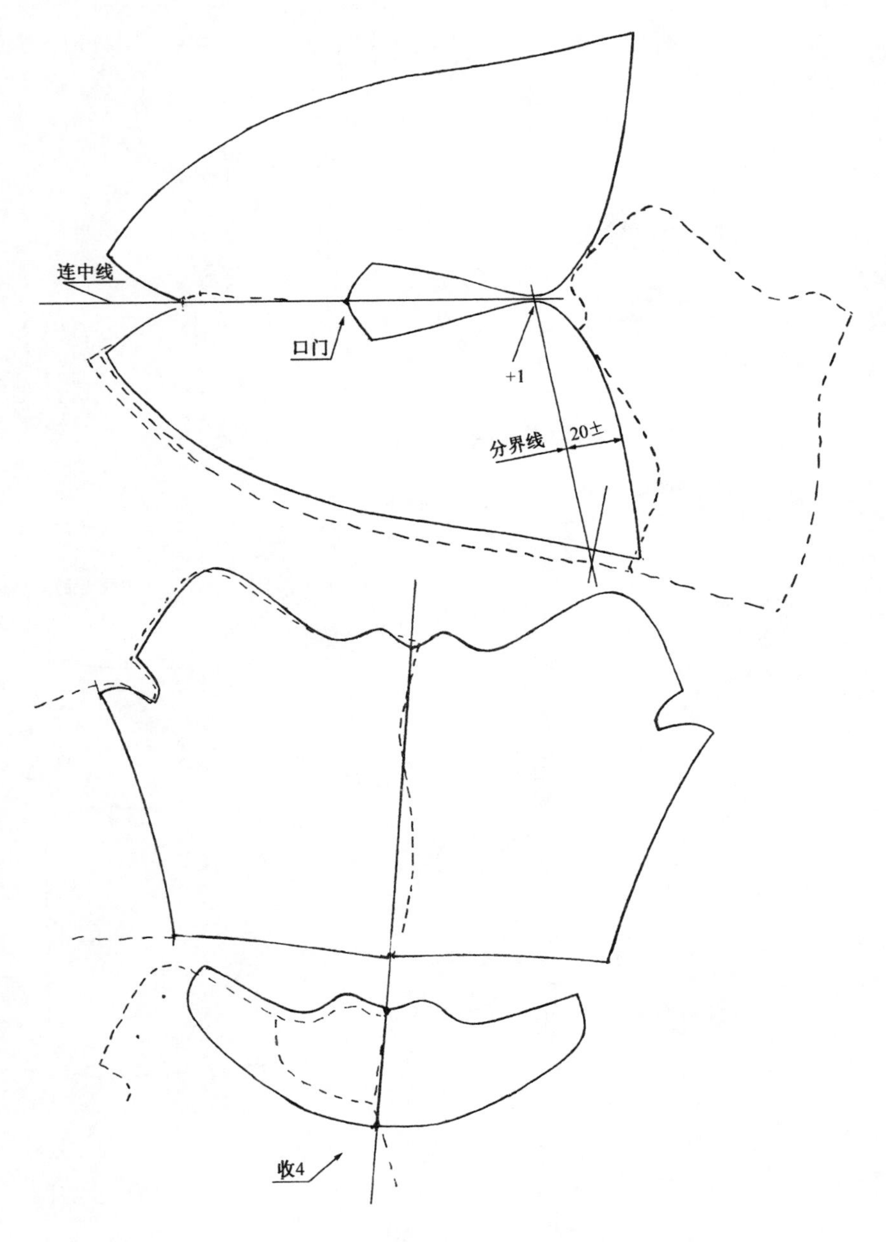

图 6-28　高帮登山运动鞋里样板

制取泡棉样板的方法不变，后眼盖上所车的明线是封口线，是为了压住翻口里的，不影响泡棉的长度设计。

4. 制取鞋舌样板

如图6-29所示，鞋舌的基准长度和基准宽度仍以口门到脚山的位置来计算，要顺着弯曲线来测量长度。为了使鞋舌能够自然弯曲，要在舌面板拐点的位置上取一个7mm的工艺跷，由于舌里与泡棉比较软，不用做跷度处理。取跷的位置可以断开舌面样板，采用合缝工艺，也可以只做出标记，从舌面的背面合缝。其它样板的设计方法不变。

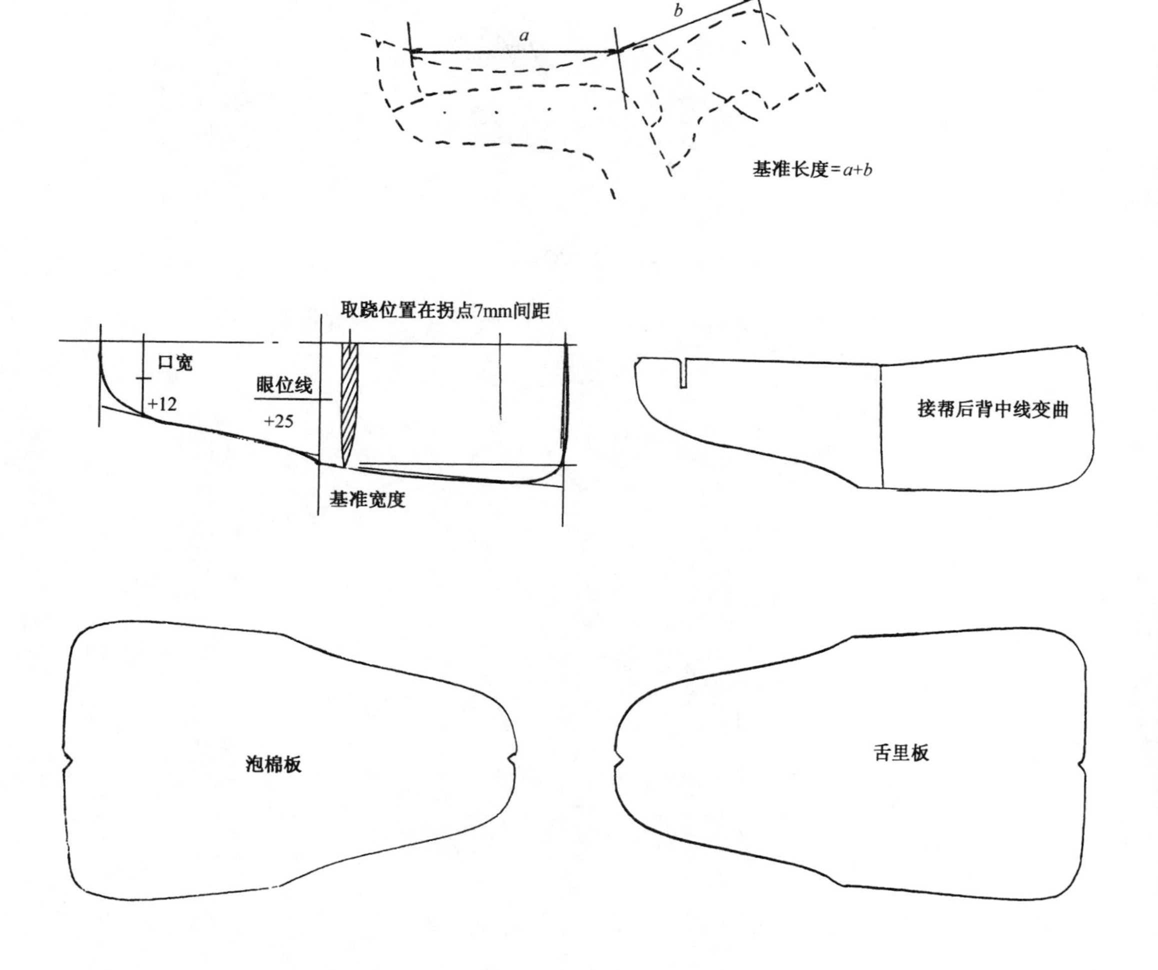

图6-29　高帮登山运动鞋舌样板

5. 制取补强样板

如图6-30所示，前港宝的样板变化不大，后港宝有一些变化。正规的后港宝后弧线是一条直线，绷帮后的加固作用和防护作用都比较强。目前有些运动鞋的后港宝后弧线的下端采用弧线，样板摊平后成开衩的形状，这种后港宝的稳定性和防护性大大降低，可以用在日常生活鞋中，但不要用于运动鞋上。

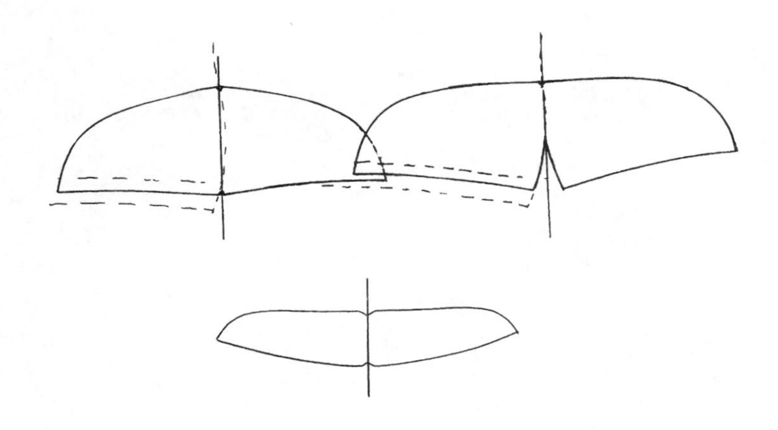

图6-30　高帮登山运动鞋补强样板

三、其它高帮运动鞋

高帮运动鞋的特点是鞋帮比较高，画结构设计图时需要架设直角坐标，利用三点共面的原理来确定半面板的方位，这样有利于设计统口的高度和宽度。另外在鞋的背中线位置，有一个前后帮的分界点，一般取在基线 *JD* 的45%位置，这是为了穿高帮鞋时脚腕也能灵活运动。在前后眼盖之间设计一个小缺口，是为了克服部件又厚又硬的缺陷，有利于弯折。其它高帮运动鞋的打板过程与高帮登山鞋大体相似，可通过下面的举例进行练习。

如图6-31所示，（a）为外耳式高帮鞋，有两处用明织带做鞋眼；（b）为一种特殊的前开口式结构，既类似于内耳式鞋，又类似于断眼盖结构鞋，但是其鞋里的设计与前开口式鞋相同，故归为一类。注意眼盖位置用网布或织布代替的部分，由于没有封口线，应该用双层材料，部件边沿为折回线；（c）的靴筒稍高一些，有四处用的是软质材料，都与脚腕的活动有关。

图 6-31　高帮运动鞋图示

作业与练习

1. 按照举例画出高帮运动鞋的成品图、设计图，并制取划线板以及各种样板。

2. 画出3款高帮运动鞋的成品图、设计图，并制取各种样板。

第六节　中帮运动鞋的打板练习

中帮运动鞋是介于矮帮和高帮之间的一种鞋类，由于脚山位置比较高，类似于高帮鞋，背中线上的拐点位置就必须考虑；然而后踵的高度不是特别高，比矮帮鞋略高些，可以像设计矮帮鞋那样控制后帮的高度；在统口位置，一般是前高后低，差值在15~25mm；对此，采用直角坐标进行设计会更方便些。典型的篮球鞋就属于中帮运动鞋，下面以篮球鞋为例进行打板说明。

一、中帮篮球运动鞋的绘图练习

1. 成品图

图6-32　中帮篮球运动鞋成品图

如图6-32所示，中帮鞋不像高帮鞋那样高大强壮，也不像矮帮鞋那样灵巧轻便，中帮鞋自有中帮鞋的大气与风韵，设计不足会造成简陋，设计过火就显得臃肿。本款鞋采用PU材料做鞋面革，丽新布材料做鞋里，预留厚度8mm，泡棉加厚5mm，后踵高度98mm，脚山高度120mm，口门宽度13mm。其中，统口前后差在15~25mm，拐点位置在*JD*线的45%点，脚山位置在*JD*线的40%点。在本例中前套、侧帮、后帮上有高频工艺压出的花纹图案，在后眼盖上有滴塑的装饰工艺，鞋眼采用编织带代替。采用编织带代替鞋眼，有明织带和暗织带的区别，两者加工的操作有所不同。

2. 设计图

为了设计的方便，先架设直角坐标线，定出楦跟高度12mm的

B′点。再将D落在竖轴上，前掌凸度落在横轴上，使半面板的底口通过B′点，利用三点共面确定半面板方位。连接JD线，分别找出口门位置、拐点位置、脚山位置、足踝位置的控制点，然后分别截取后踵高度98mm、脚山高度120mm，拐点高度100mm，口门宽度13mm，口门抬高2mm。连控制线，设计大轮廓线。参见图6-33。

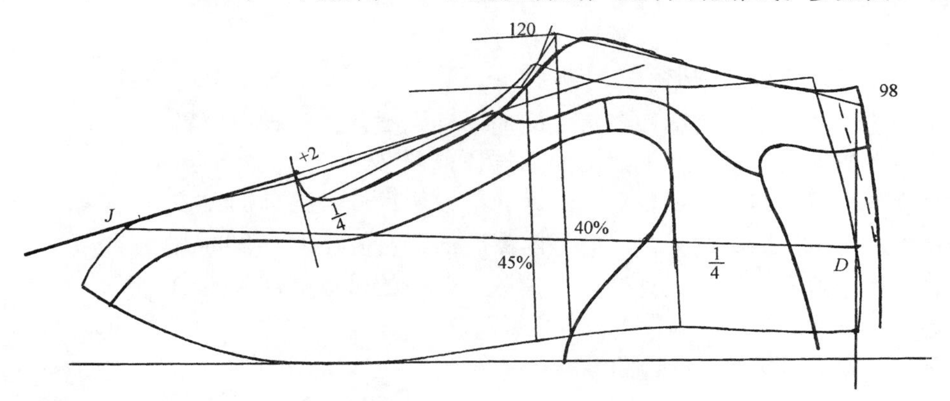

图6-33　中帮篮球运动鞋框架图

在框架图的基础上，就可以精心设计鞋帮的结构图。高频压花的位置和形状要画在结构图上，滴塑片的位置和形状也要画在结构图上，把安排织带的位置确定下来，选用宽度10mm的编织带。需要注意的是帮脚处理，由于该款鞋外底的后部底墙较高，帮面上的帮脚可以做省料处理，只取绷帮量5～7mm，前帮底口绷帮量取15mm，分界位置依照外底的造型而定。参见图6-34。

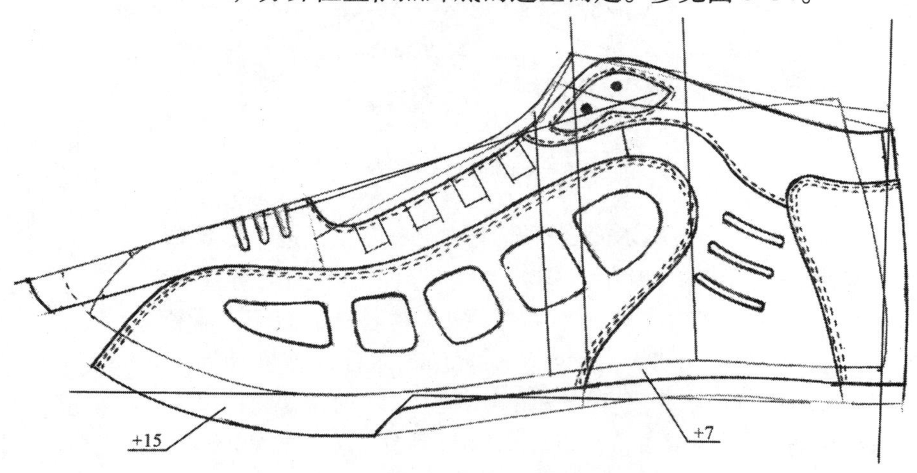

图6-34　中帮篮球运动鞋设计图

二、中帮篮球运动鞋的打板练习

1. 制取划线板

中帮篮球鞋划线板见图6-35。

图 6-35　中帮篮球运动鞋划线板

2. 制取帮面样板

帮面样板上有高频压花存在时，制取样板时要制取两件，一件是用于打刀模的开料样板，它包含着最大加工量；另一件是核对用的基本样板，它是标准样板，要包括加工的划线槽，还要包括高频压花的图案形状、加工位置以及文字说明。为了不至于引起误会，常用打“√”来确认高频部位，并标明花纹凸起的高度。本例中花纹凸起的高度为 1.5mm，采用单模模具加工，在花纹下面要衬低发泡材料。制备开料样板要在基本样板周边加放加工量，视花纹多少而定，一般 3 ~5mm。制备衬料样板要超出花纹周边 8 ~10mm。参见图 6-36。

制取其它帮样板的方法不变，参见图 6-37。

注意在眼盖样板上留有装配滴塑片的位置。一般情况下，先选择合适的滴塑片外形，然后再进行设计；如果按照自己想象的造型去生产滴塑片，将会加大制造成本。

3. 制取鞋里样板

如图 6-38 所示，设计鞋里样板的方法不变，要注意前帮鞋里不能直接开料，要从里怀一侧断开，断开的位置如图所示，要错开装配织带的位置。在距离开口边距 15mm 的位置，刻出四个插入织带的位置，织带宽度 10mm，切口宽度也是 10mm。

设计领口泡棉时要注意，由于滴塑片占据一定的位置，泡棉的长度要适当减少。

4. 制取鞋舌样板

按照制备鞋舌样板的规律制取鞋舌样板，参见图 6-39。

5. 制取补强样板

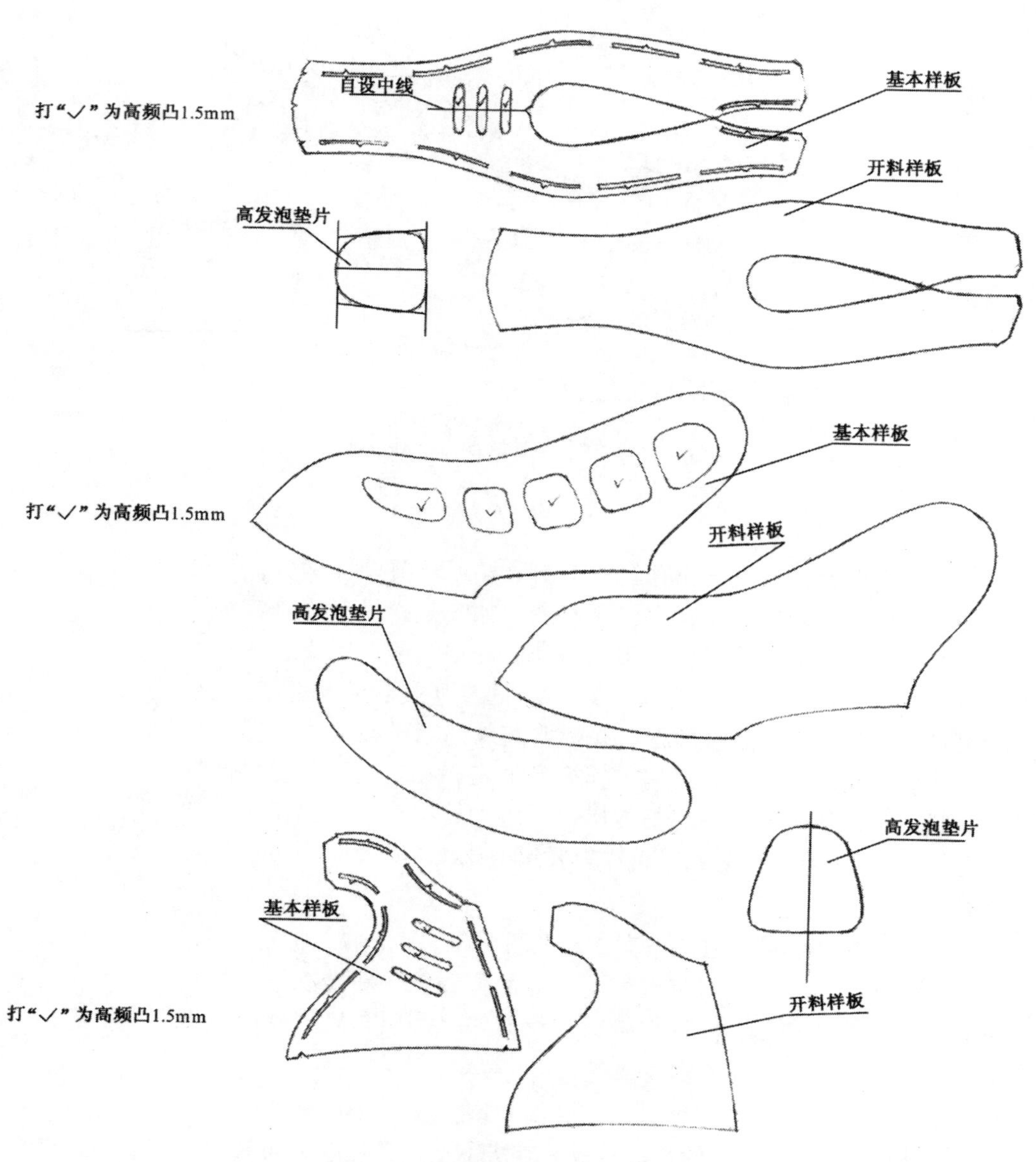

图6-36　中帮篮球运动鞋高频样板

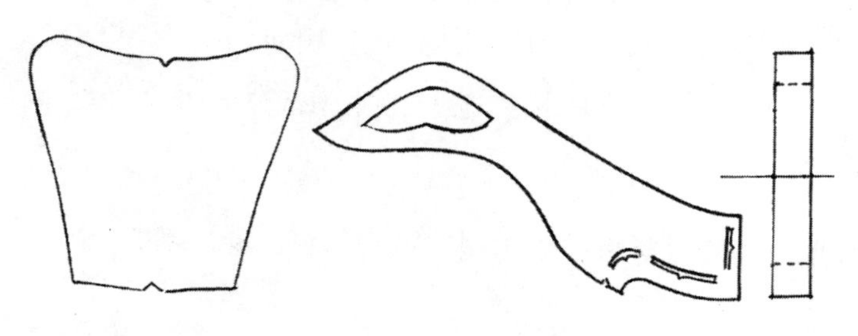

图6-37　中帮篮球运动鞋其它帮样板

按照制备港宝的规律制取前、后港宝，参见图6-40。

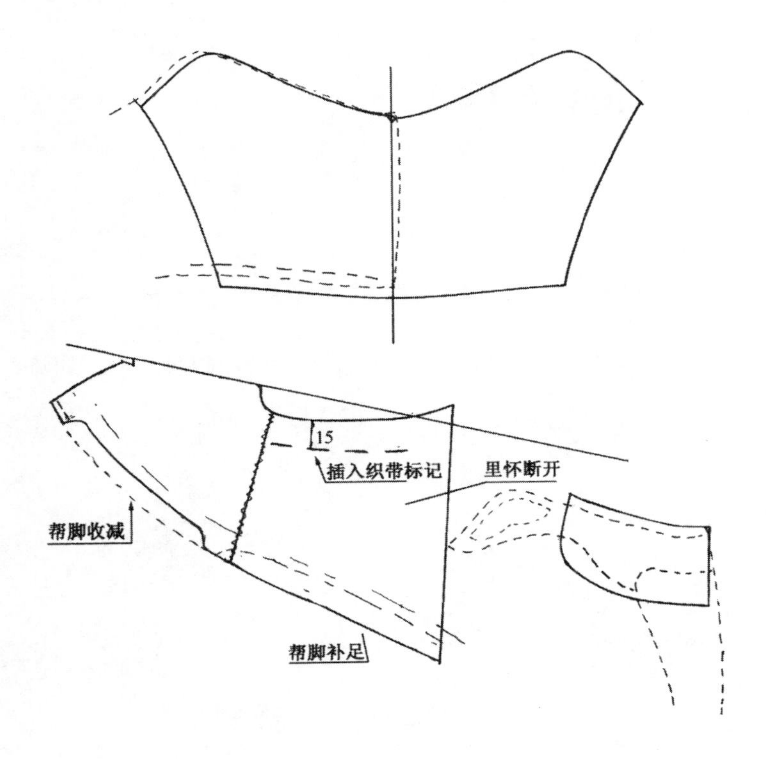

图6-38 中帮篮球运动鞋里样板

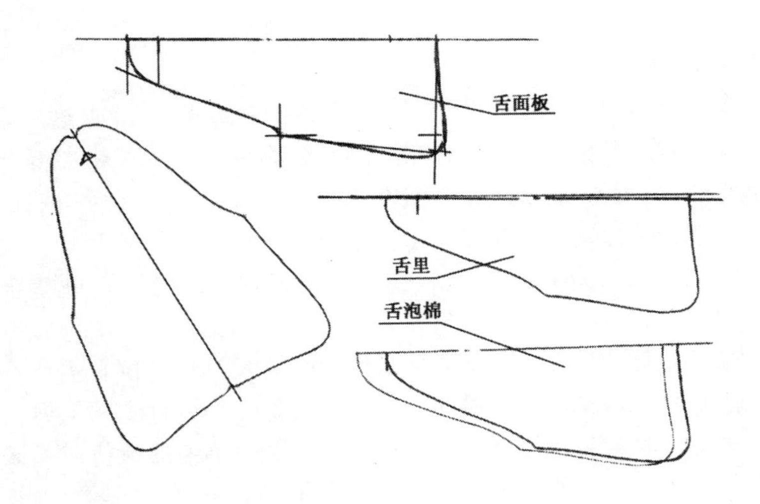

图6-39 中帮篮球运动鞋舌样板

按照制备港宝的规律制取前、后港宝，参见图6-40。

在装配织带的部位，强度显然不够，需要设计一块开口补强件，

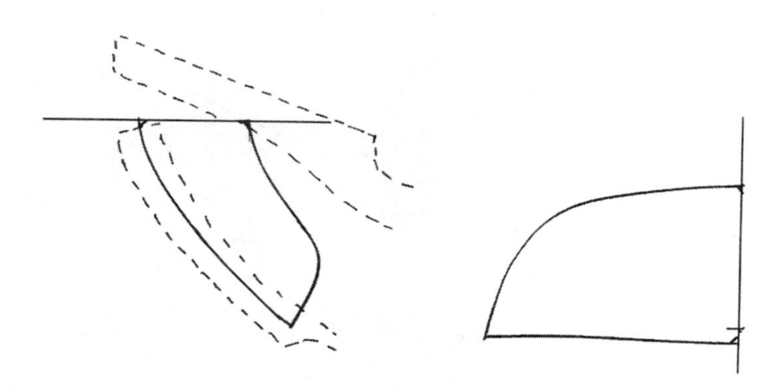

图6-40　中帮篮球运动鞋前后港宝样板

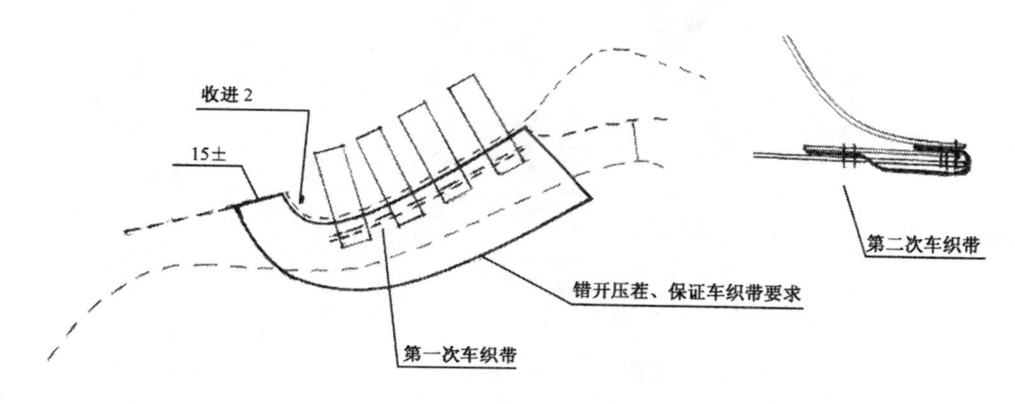

图6-41　中帮篮球运动鞋补强件

参见图6-41。

设计开口补强件，依照划线板进行。在开口边沿收进1.5～2mm，前端宽度取15mm，两侧宽度取在25mm，因为织带要缝合在鞋里与补强件上。加工时，补强件先贴合在鞋里上，然后按照标记复合织带，进行缝合；等帮面与帮里缝合之后，将织带翻转，插入鞋里的刀口里，进行第二次缝合，把补强件、织带、鞋里缝合在一起。

对于补强样板来说，究竟什么样的鞋需要？什么位置需要？这要由鞋的运动方式和运动强度来决定，这是一个设计上的问题，如果只学会打板，这个问题还是解决不了，因为单纯的模仿或照搬回答不了“为什么”的问题，在本书的下篇，要解决的就是设计问题。

三、其它中帮运动鞋

中帮运动鞋大部分是篮球鞋，因为篮球鞋比较特殊。篮球鞋对于功能要求比较高，比如弹性、防护性等，特别是两侧帮脚踝部位，一定要有较强的支撑作用，帮面的强度达不到，那一定要用鞋身或鞋里来补强。在下面的3款鞋中，脚踝部位的设计都很有特色。

如图 6-42 所示，（a）中可以用附加的条纹部件做补强；（b）中用附加的注塑片做补强；（c）中用的是突出的鞋耳做补强。3 款鞋虽然外观不同，但内里的结构是相似的，只要掌握了设计的原理，就可以举一反三，再经过不断地练习，就能够一通百通。

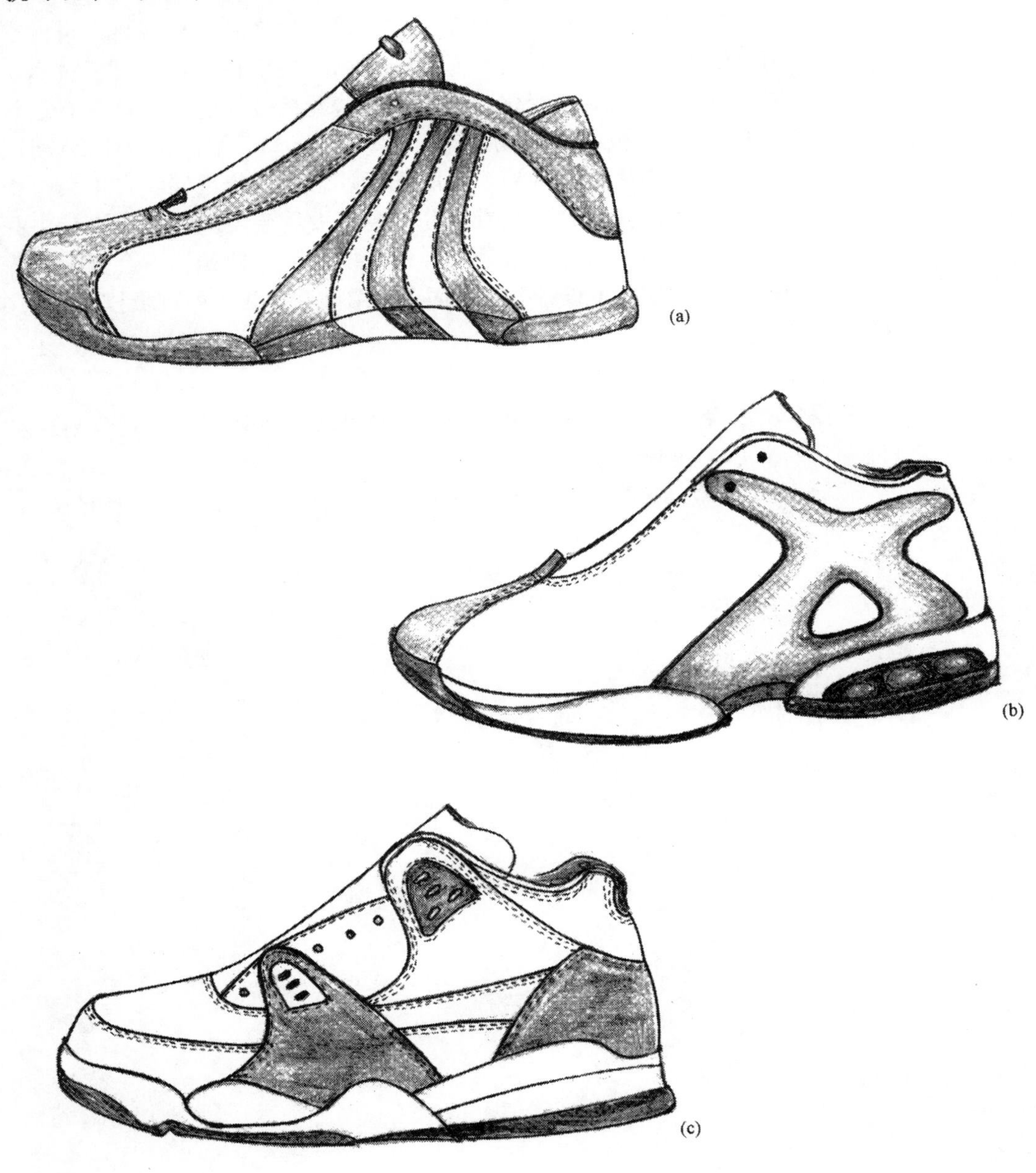

图 6-42　中帮运动鞋举例

本章节讲述了一些基本的打板技术，其中最具有代表性的例子就是前开口式矮帮鞋，应该加强练习。外耳式鞋、高帮鞋、中帮鞋都属于典型例子的特殊的变化，掌握了典型的例子，只要稍加改变，就能解决这些特殊的变化。虽然列举了几个实例，学习了一些打板的技巧和技法，但仍然不解渴，这是因为技术要求会随着不同品种、结构、款式、材料、工艺的变化而发生变化。变是绝对的，不变是相对的，有些现在看起来很先进的东西，将来可能会被更先进的东西所代替，这是因为时代在变化，市场的要求在变化，打板技术也应该与时俱进，不断变化。面对这种情况，最好的办法是具有设计思想和掌握打板的基本功，有了设计思想，就会清楚为什么设计、怎样设计；掌握了基本功，就能把设计思想变成现实。在不会打板时，会把打板位置看得很重；等学会打板后会发现，它在设计中只占据一小部分，因为打板是鞋类设计中的一个瓶颈，不会打板就入不了门，就谈不上设计。在后面还会继续介绍相关的打板技术。

作业与练习

1. 按照举例画出中帮运动鞋的成品图、设计图，并制取划线板以及各种样板。

2. 画出3款中帮运动鞋的成品图、设计图，并制取各种样板。

第七章　套楦鞋的设计

套楦鞋也叫做加州鞋，套楦鞋的设计普遍认为比较难，其实不是难在设计上，而是难在工艺上。有了打板的基本知识和技术，再懂得套楦鞋的加工工艺，套楦鞋的设计就能够较好地完成了。在帮面的设计上，套楦鞋与非套楦鞋无大差别，但在加工时，套楦鞋需要把鞋帮与软中底预先缝成一个鞋套，再采用套楦工艺达到成型的目的，而不是常见的绷帮成型法。这样一来，如何使鞋帮与软中底巧妙地结合就成了设计的关键。

套楦工艺并不是新的发明创造，早期的硫化鞋，为了提高生产效率，大都采用套楦法使鞋帮成型，那时，帮脚与内底的缝合使用的是普通的车帮缝纫机，在帮脚和内底的周边，要留出合缝量。现在使用的设备比较先进，一般用万能车来缝合，再配合缩头机的应用，使套楦鞋的加工变得很容易。

典型的套楦鞋是鞋帮脚与内底完全缝合，被称为全套楦鞋；有一种简化的套楦鞋，只在后帮进行缝合套楦，而前帮仍然采用绷帮工艺，被称为半套楦鞋，或叫做假套楦鞋；还有一种可以减少刀模用量的套楦鞋，叫做底帮套楦鞋，属于套楦鞋的一种变形。

第一节　全套楦鞋的设计

设计套楦鞋的关键是帮底如何结合，常用的方法是选择 6 个接帮点来控制帮脚与中底的结合。

一、设计套楦鞋的准备

设计套楦鞋需要同时制备鞋楦的里外怀原始板和楦底样板，并把接帮的 6 个加工位置标出来。这 6 个控制点是楦体前端点 A、后端点 B、楦后身外怀控制点 G_1、里怀控制点 G_2 以及前掌外怀控制点 H_1 和里怀控制点 H_2。

1. 贴楦

贴楦的方法如前所述，先贴外怀一侧的美纹纸胶带，贴完后不要揭下来，继续贴里怀一侧的胶带纸，贴完后修整底口，接着再贴好楦底面的胶带纸。贴完三个面板后标出 6 个控制点，这 6 个点既是底板上的点，也是面板上的点，所以要同时标出。

2. 做标记

先在面板上标出楦头突度 J 点和楦后跟突度 D 点，为设计帮结构做准备。然后在楦底面上找到楦体的前端点 A 和后端点 B，这两个点是楦体背中线、底中线、楦底棱线的三线交点。接下来找出外怀后身控制点 G_1，量取外怀一侧楦底棱 AB 的长度，取 AB 长的¼定点 G_1，中号楦大约在 80mm。找 G_2 点时利用 $BG_1 = BG_2$ 的方法确定出 G_2 点来。找前掌外怀控制点 H_1 时，量取楦底棱线 $A\ G_1$ 长度的½定 H_1 点，同样量取里怀 $A\ G_1$ 长度的½定 H_2 点。把 6 个控制点标在楦底板和楦面板上，参见图 7-1。

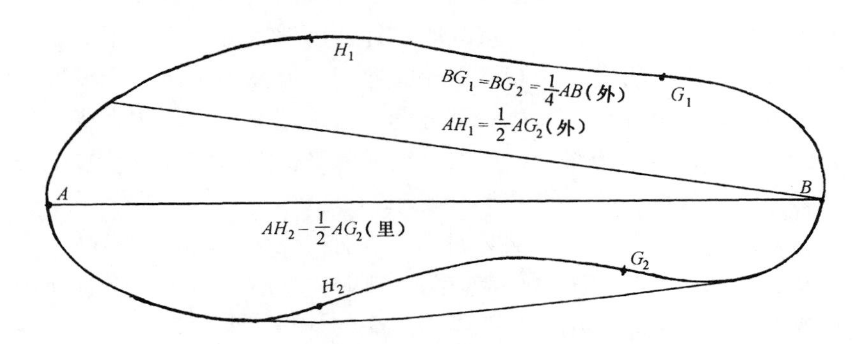

图 7-1　标出三个贴楦板上的 6 个控制点

标注控制点的方法有多种，采用一次性标出比较简单。标控制点是为了接帮时楦体端正，并不是说没有皱褶出现，而是要利用控制点把里外怀的皱褶分开，把前后帮的皱褶分开，在每个局部各自消除自己的皱褶，使接帮变得顺利。

3. 中底板

先取下楦底的贴楦纸，展平后制备中底样板。中底板要不要处理，这要看缝合帮面材料的厚度来决定。在材料相对比较薄时，例如设计底帮套楦鞋时，只有鞋里与中底缝合，那么在中底板的前尖部位要收近 2mm 左右，利用中底的亏损量来拉平帮面；如果材料较厚，例如设计全套楦鞋时，需要缝合帮面、港宝、鞋里等部件，一般要在后身部位加出 1.5 ~ 2mm。参见图 7-2。

中底板的处理不是死规定，要灵活掌握。由于面板要加放材料的预留厚度，帮脚的长度会大于楦底棱线的长度，所以接帮时会肯定有皱褶存在。前帮的皱褶是为了容纳楦头的厚度，后跟的皱褶是为了容纳后跟突出的肉体，所以这部分多出的量是正常的，千万不要修剪掉。制备折中样板后，里外怀面板帮脚是等长的，但是楦底棱线的外怀一般比里怀长，采用 6 个控制点同时标出的办法，可以把多出的量分摊到前掌和中腰部位，省去修正的麻烦。有一种歪头楦，使得里外怀楦底棱线的长度差明显变大，遇到这种特殊情况时，可以将前端点 A 适当往外怀移动 2 ~ 3mm 进行调节。

4. 制取楦面原始板

如图 7-3 所示，量出楦面里外怀的全长和斜长，作为修正面板

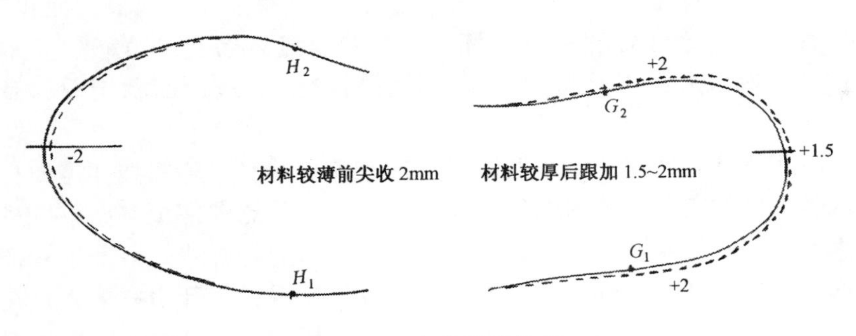

图 7-2　中底板的处理

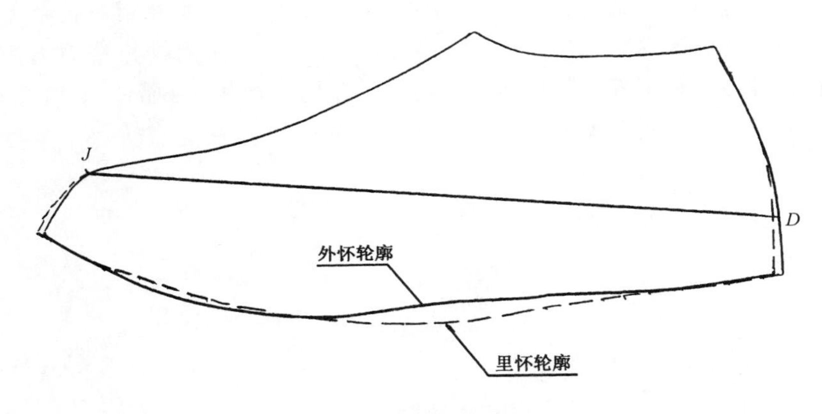

图 7-3　制取楦面原始板

长度的依据，然后依次取下楦底样板、里怀楦面板、外怀楦面板，进行长度修正。在楦面展平时，外怀楦面板采用 J 点降 3mm 的办法处理，里怀楦面板主要用来比较面积大小，J 点可以不用降，前尖与后跟的底口同样做工艺跷处理。检查一下，楦底板上有 6 个控制点，两个面板分别有 4 个控制点。

5. 制备帮面折中板

在帮结构设计时，要采用折中板，虽然叫做折中样板，但并非要折中量。制备折中板时以外怀半面板为基准，在卡纸上描出外怀面板的轮廓，并连接 JD 线，然后将里怀面板覆在外怀面板上，以 J 点为基准，将背中线比齐，然后描出里怀前帮底口的轮廓线；接着再将后帮背中线比齐，描出里怀中帮底口轮廓线，最后将里怀的 J 点与外怀重合，比齐 JD 线，描出前后端的长度。里外怀半面板的区别主要表现在长度、宽度和跷度上，由于跷度不同，使得里外怀半面板的背中线不能重合，但是里外怀的楦面是共用一条背中线的，不存在折中问题，只能分段比齐背中线，分段描出底口线。长度区别以 JD 线为基准，代表的是楦面的全长，一般情况下，长度上要取折中量。在宽度上可以有“分怀处理”和“取最大面积”两种办法。分怀处理是指里怀、外怀各自制取各自的样板，要取两片；取最大面积是指按照里、外怀总合后的最大面积制取一片样板。

如果分怀处理，就是里外怀各自取各自的底口轮廓线，需要打两件刀模，在套楦鞋的设计中经常采用，但是比较麻烦。如果取最大面积，就是以里外怀底口圈出的最大面积为轮廓线，由于里外怀底口相同，可以只打一件刀模，在一般的绷帮工艺鞋中常采用，在前面的设计中，采用的就是这种办法。两相比较，设计套楦鞋时若打两件刀模，成本就高一些，若打一件刀模，虽然可以降低成本费用，但底口怎么处理？有没有两全其美的方法？下面介绍一种补差法，就能解决这方面的矛盾。所谓补差法，就是帮面样板按最大面积处理后，把里外怀底口多出的面积，在楦底板相应的部位上除去，多退少补，利用补差的办法找平衡。显然这种办法更有优势。参见图 7-4。

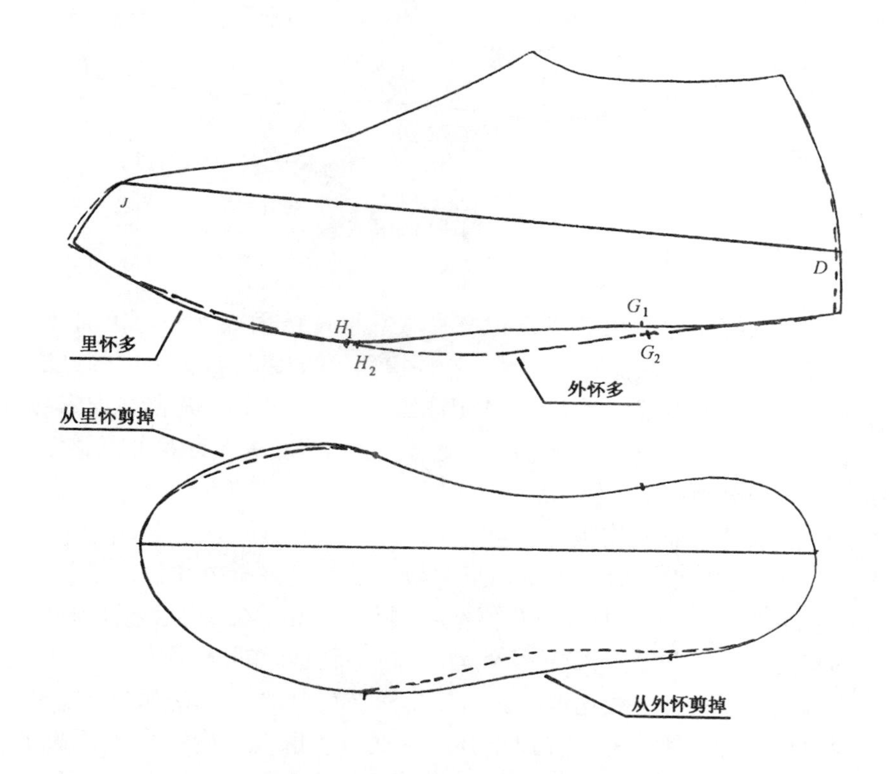

图 7-4　利用补差法制备折中样板

二、设计举例

有了设计前的准备，再设计套楦鞋就比较容易了。因为设计套楦鞋时，在绘制成品图、结构图上，与前面所讲的设计过程相同，在制取样板上，只需要多取出一件中底板，并进行补差处理，在制取划线板、帮面板、鞋里板、鞋舌板、补强板上，也与前面讲述的制取原理、方法、过程都相同。下面以全套楦网球鞋为例进行说明。

1. 成品图

图 7-5　全套楦网球鞋成品图

如图 7-5 所示，从外观上看，无法区别出是否是全套楦鞋。但是取出鞋垫，从鞋的内腔看，会发现全套楦鞋的帮脚与软中底是密密地缝合在一起的。本款鞋的鞋眼位的一半用明织带代替。

2. 设计参数

口门位置占前 25% *JD*，脚山位置占 42.5% *JD*，足踝位置占后 25% *JD*；材料厚度预留量 7mm，泡棉厚 4mm，后踵高 85mm，足踝高 70mm，脚山高 100mm，口门宽 15mm，口门抬高量 2mm，双峰差 6mm。

3. 制备原始板

如图 7-6 所示，在帮面板上，里外怀共用一件折中板，也叫做设计板，包括了里外怀总合后的最大面积，里外怀的接帮点也相同。在楦底板上，经过了补差法处理，里怀前掌边沿去掉面板上里怀多出的量，外怀腰窝边沿去掉面板外怀多出的量。把接帮的标记点刻出。

4. 绘制结构设计图

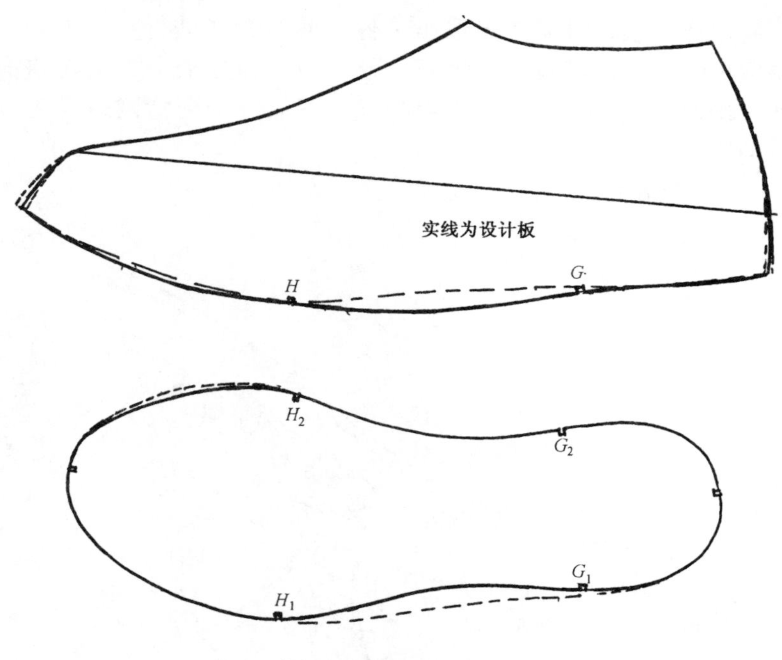

图 7-6　制备原始板

按照前面所讲的内容，绘制出全套楦网球鞋的帮结构设计图，见图 7-7，该图与前面所练习的结构图有一点点区别，就是在帮脚上不用加放绷帮量，因为缝帮时的帮脚与软中底是直接缝合在一起的。图中前尖的虚线，是前套取跷后底口补充的量；背中线上的虚线是上眼盖采用调整中线法取跷留下的辅助线；中腰上的虚线是前后鞋身的分界线。画好设计图后，把设计图改成划线板。因为设计图与划线板是同一幅图，故在此只保留了设计图，省略了划线板图。

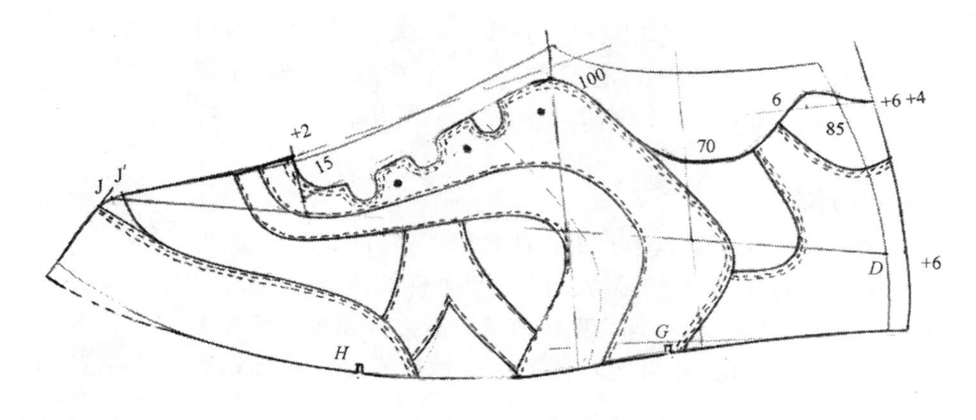

图 7-7　全套楦网球鞋结构设计图

三、制取样板

1. 制取鞋身样板

鞋身样板包括前鞋身、后鞋身以及前鞋身的省料片，标出加工标记，见图7-8。

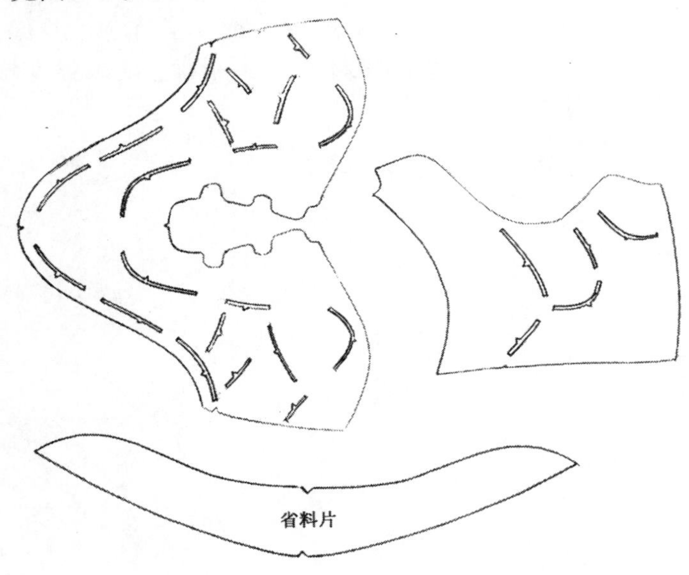

图7-8 制取鞋身样板

2. 制取帮面样板

帮面样板包括上眼盖、下眼盖、侧饰片、前套与后套。刻出中点位置、压茬位置、鞋眼位与中底的接帮点等加工标记。见图7-9。

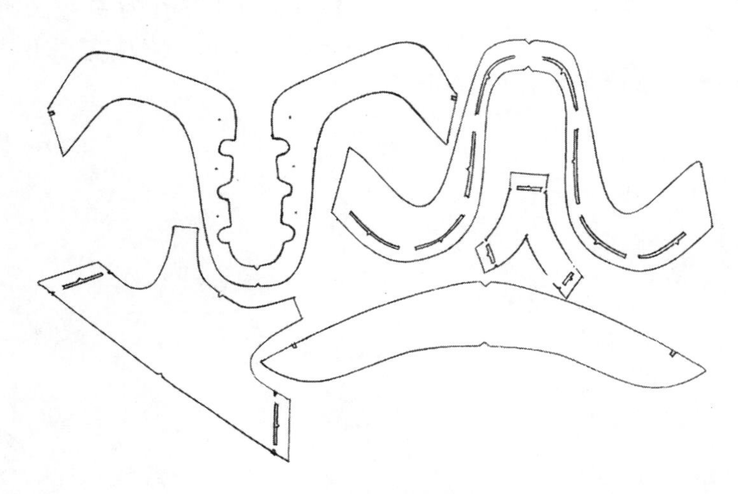

图7-9 制取帮面样板

3. 制取鞋里样板

鞋里样板包括前帮里、翻口里、领口泡棉，见图7-10。其中的翻口里部件，底口要加放8mm修整量，用来弥补领口泡棉厚度所需要的加工量。装配明织带时，先把织带的一段按规定位置与鞋里车好，然后按照应留的长度在把织带反折回去，再车第二道线，织带与鞋里固定后再与帮面合缝，就不会受到干扰。要求强度较高时，车织带的缝合线不少于三道。

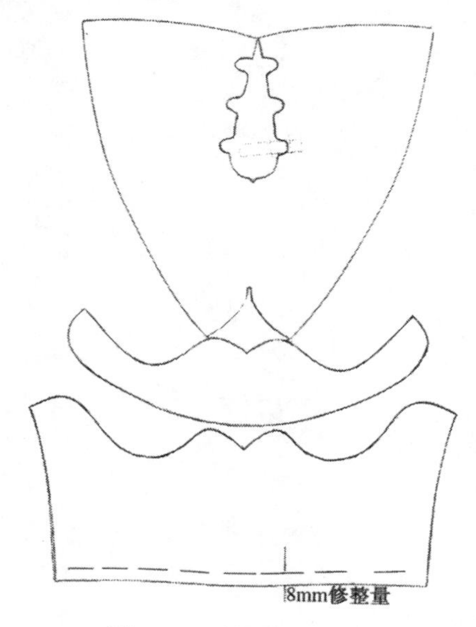

图7-10 制取鞋里样板

4. 制取鞋舌样板

鞋舌样板包括舌面、舌里、舌泡棉、装饰片以及织带见图7-11。帮面板上有加工标记。注意织带在鞋舌上面有一个穿鞋带的拱起，拱起量在4mm左右，控制加工标记长16mm，该位置的织带长20mm。织带宽度选用12mm规格。

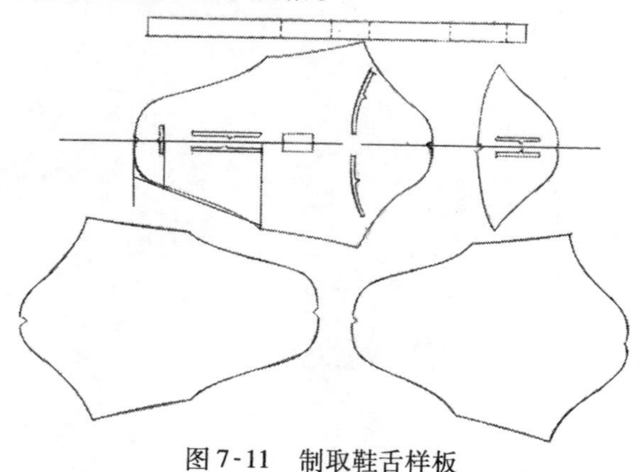

图7-11 制取鞋舌样板

5. 制取补强样板

网球鞋的侧身已经有了帮部件、鞋身、鞋里三层，强度基本能够满足，再需要制备的补强件有前、后港宝。前、后港宝的底边沿与划线板的底边沿相同，其中后港宝采用开衩的形式，便于缝合的加工。见图 7-12。

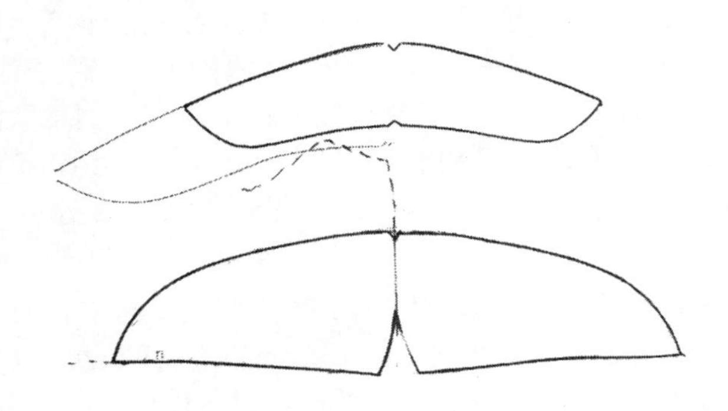

图 7-12 制取补强样板

套楦运动鞋的设计与普通运动鞋的设计有何区别？区别是在加工的工艺上，而在设计上没有大的区别。通过全套楦网球鞋的设计，我们可以感觉到在绘制成品图、结构图上，并无大的区别，唯一的区别是套楦鞋不需要绷帮量；在制取帮面、鞋里、鞋舌、补强等部件样板时也是大同小异，最大的区别是需要制备楦底样板。在加工时，由于套楦鞋与绷楦鞋有很大的区别，套楦鞋需要把鞋帮部件的底口与软中底直接缝合，那么如何结合、如何控制结合点、结合的效果如何，就成了设计的重点。设计套楦鞋有一个前提，就是一定要把一般运动鞋的设计与打板学会，在掌握了一般运动鞋的设计原理、设计方法之后，只要稍加改变，就能掌握套楦鞋的设计，对于其它的各种变形设计，也是一蹴而就的事。本节中介绍的补差法和选取 6 个控制点的方法，是在诸多的方法中筛选出来的，比较简单和实用。

作业与练习

1. 按照设计举例画出成品图、结构设计图，制取各种样板，并粘成套样来检验。

2. 将前面做过的一款练习改成套楦鞋，并粘成套样来检验。

3. 练习画出一款套楦鞋的成品图，并画出结构设计图和制取样板。

第二节　半套楦鞋的设计

半套楦鞋是指鞋的后半身采用套楦工艺加工的鞋。其实生产半套楦鞋并不比全套楦鞋省事，因为既要有套楦工艺，又要有绷帮工艺，绷帮时还要留出帮脚，显然也不省料。半套楦鞋的出现是为了仿制全套楦鞋，在初期阶段，由于选取6个控制点混乱，仿制的效果并不好，尤其是在鞋头，会出现不易消除的皱褶，因此突发奇想，把前身改为绷帮工艺，半套楦鞋也就出现了。如果掌握了全套楦鞋的设计还会多此一举吗？现在生产套楦鞋，常配有万能车缝合，用缩头机对帮脚的前头收皱，因此帮脚与中底缝合就比较顺利了。

设计半套楦鞋的方法与设计全套楦鞋的方法基本相同，只是在绘制的设计图上，前尖要留出大约120mm长的绷帮量。以上一节中的全套楦鞋为例，改为半套楦鞋时的结构设计图要有一部分绷帮量，制取样板的方法、部件的多少与形状，大致相同。因为划线板是由设计图改制的，帮部件是由划线板来制取的，所以通过比较划线板就可以知道半套楦鞋的概貌。如图7-13所示。

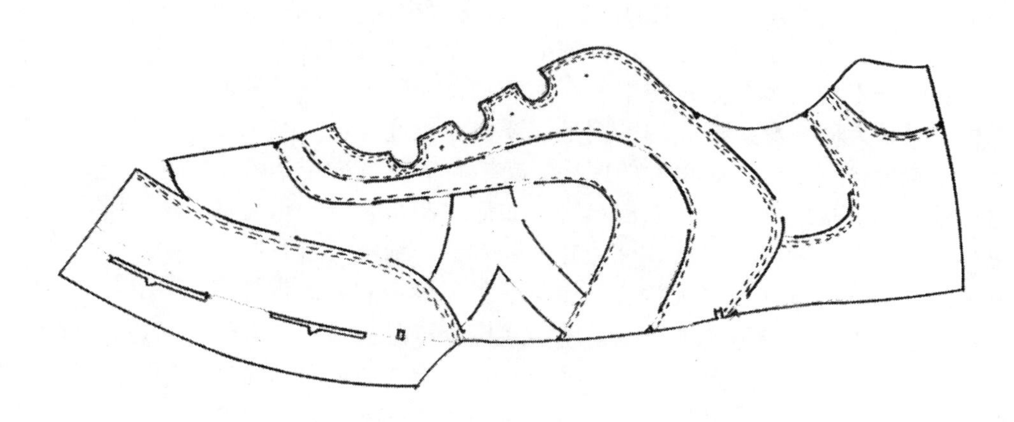

图7-13　半套楦鞋的划线板

下面通过一款半套楦慢跑鞋的设计来了解具体的设计过程。

一、成品图

如图7-14所示，通过表面是看不出是不是半套楦鞋的，拿出鞋垫观察鞋内腔，在后跟部位会看到鞋帮脚与软中底密密缝合在一起，缝合到前掌部位，就改为绷帮工艺了，这就是半套楦鞋的特点。本款鞋采用了大量的网布，使鞋体变得轻巧，在中腰的侧饰片上，有高频工艺。

图 7-14 半套楦慢跑鞋成品图

二、设计图

设计半套楦鞋同样需要制备折中样板。图 7-15 是原始的底样板在后跟加放加工量以后的外形，并标出了 6 个控制点。

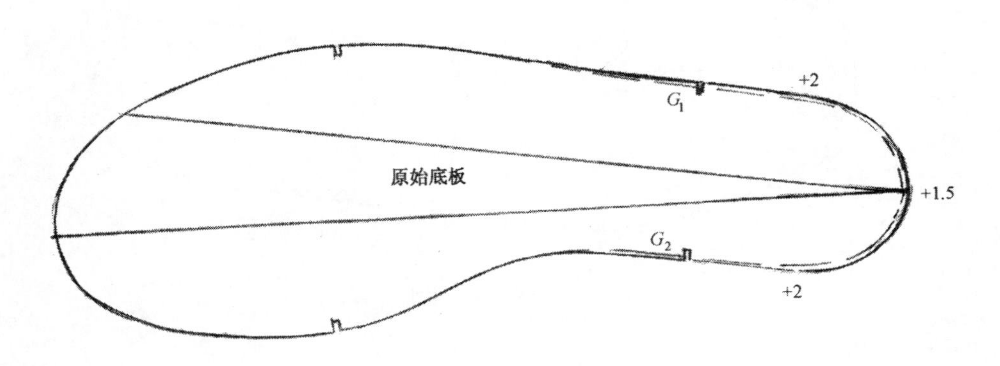

图 7-15 半套楦慢跑鞋中底板

同样将半面板的里外怀进行比较，长度上取折中量，宽度上取最大面积，制备折中帮面板；采用补差法修整中底样板，也制出折中板。参见图 7-16，图中的阴影部分为去掉的量。

利用折中半面板画出结构设计图，参见图 7-17。

三、制取样板

1. 制取帮部件样板

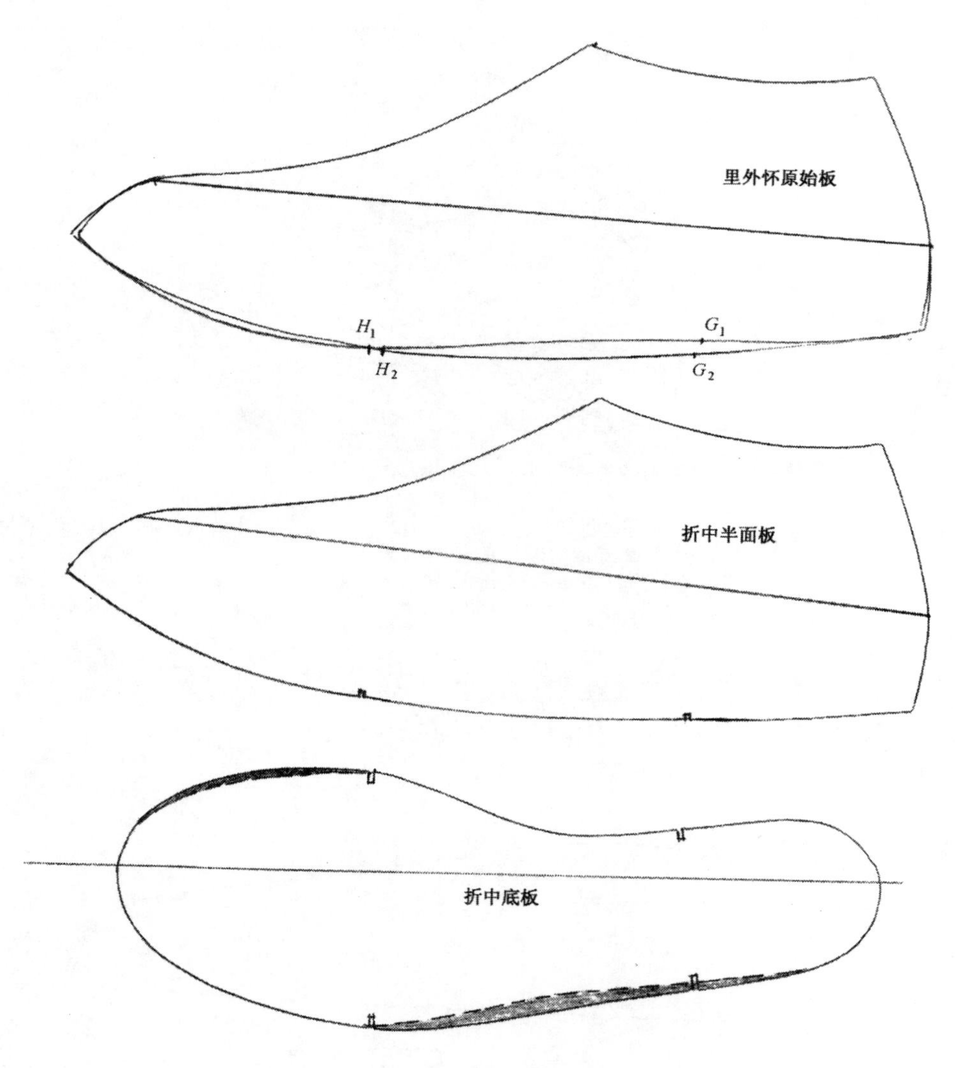

图 7-16　半套楦慢跑鞋的折中样板

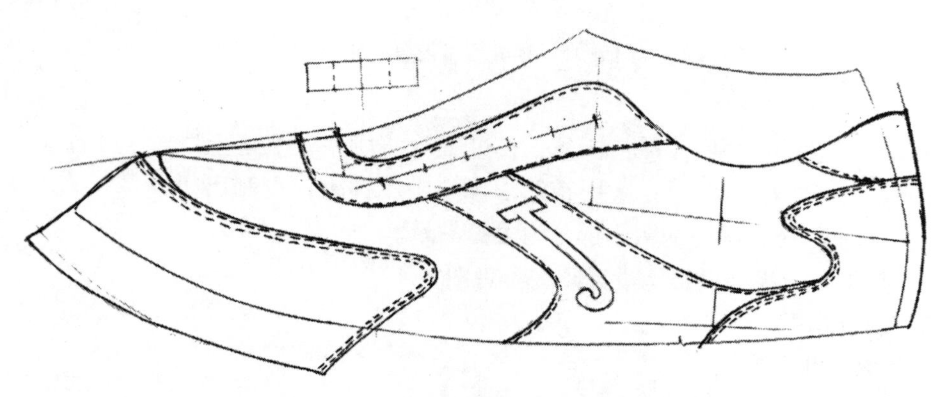

图 7-17　半套楦慢跑鞋结构设计图

在帮部件的侧饰片上，有高频工艺，需要制作出开料板、基本样板以及高频花纹下面的垫衬样板，参见图 7-18。

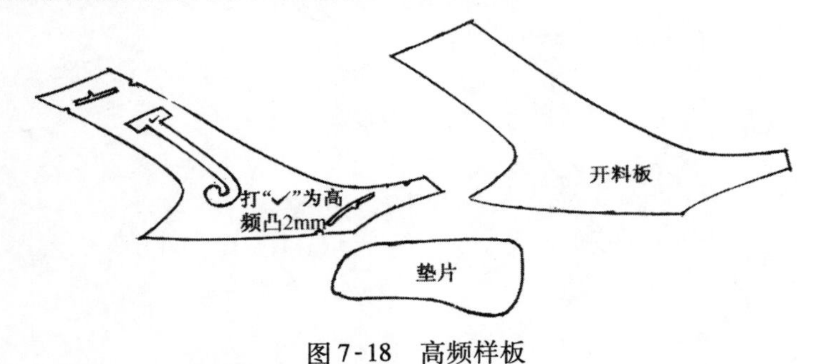

图 7-18　高频样板

然后制取其它的样板，参见图 7-19。

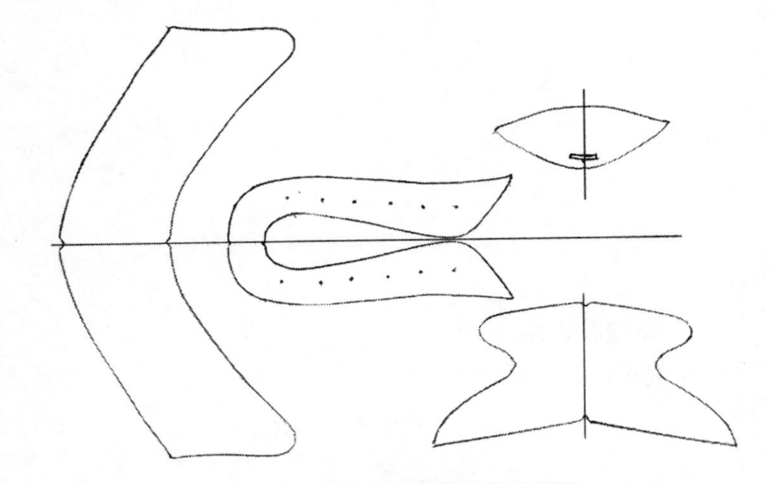

图 7-19　半套楦慢跑鞋帮部件样板

2. 制取鞋身样板

鞋身样板包括前身与后身，在前身样板上做了省料处理，参见图 7-20。

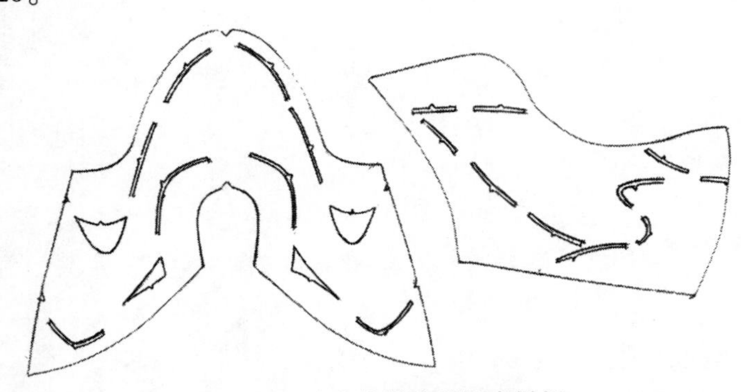

图 7-20　半套楦慢跑鞋鞋身样板

3. 制取鞋里样板

半套楦慢跑鞋里样板见图 7-21。

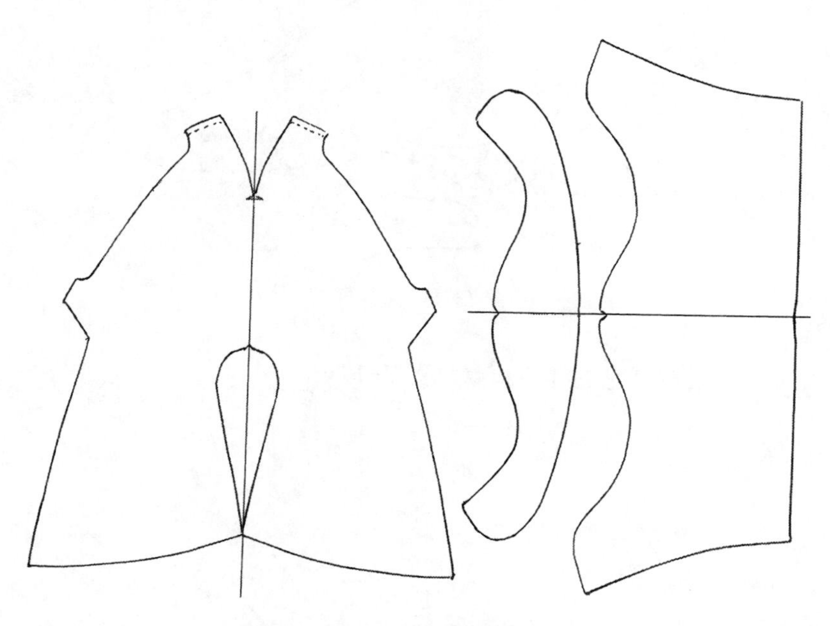

图 7-21　半套楦慢跑鞋里样板

4. 制取鞋舌样板

半套楦慢跑鞋舌样板见图 7-22。

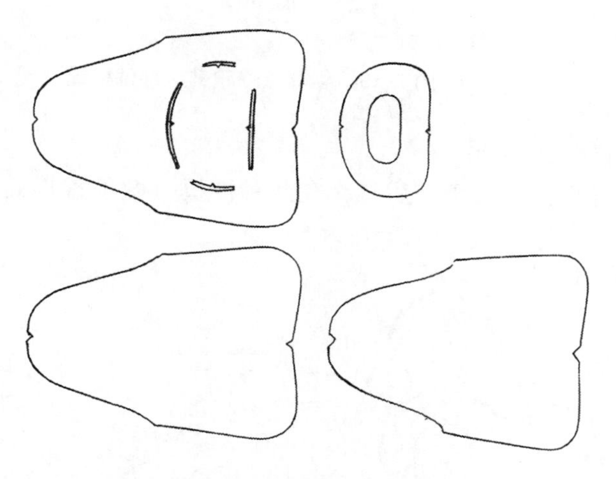

图 7-22　半套楦慢跑鞋舌样板

5. 制取补强样板：

半套楦慢跑鞋补强样板见图 7-23。

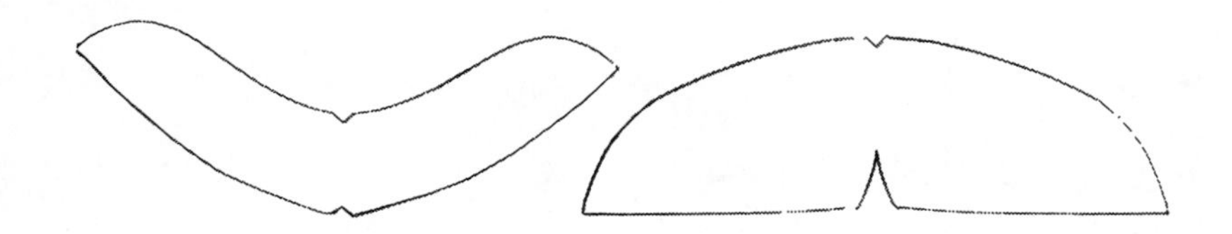

图 7-23　半套楦慢跑鞋补强样板

作业与练习

1. 按照设计举例画出成品图、结构设计图，并制取样板。

2. 把前面的一款全套楦鞋改成半套楦鞋，比较两者有何种区别?

3. 练习画出一款半套楦鞋的成品图，并画出结构设计图和制取各种样板。

第三节　底帮套楦鞋的设计

前面说过，底帮套楦鞋是全套楦鞋的一种变形，变化在何处?从鞋的内腔可以看出，帮脚与中底在前尖与后跟处是密密缝合的，而在中腰部位，中底与帮脚却连成了一个整体，并在中底的位置上，有一条明显的拼缝线。原来在设计底帮套楦鞋的时候，需要把中底与帮脚结合起来。所以底帮套楦鞋省去了打制中底板的刀模，帮脚与软中底的缝合加工比全套楦鞋还方便。这种鞋穿着起来非常舒适，很受顾客的欢迎，但是开板有一定的难度。不过有了设计全套楦鞋的经验，只要找到两者的区别并能够解决，设计底帮套楦鞋困难也就迎刃而解了。分析起来，全套楦与底帮套楦的区别在中底与帮脚的结合上，一个问题是中底板的里、外怀如何分开，另一个问题是分开后的中底板如何与面板结合。至于画成品图与结构图、制取各种样板，都是大同小异。下面通过一款慢跑鞋来解决底帮套楦鞋的设计问题。

一、成品图

如图 7-24 所示，该款鞋是以网布为主的运动鞋，鞋帮的部件应该有表层的帮面部件，承载帮部件的鞋身为第二层，下面一层是鞋里部件。那么，在底帮套楦鞋中形成帮套的是哪一层呢? 显然是鞋里这一层。所以在设计帮面和制取帮面样板时，与全套楦鞋无二，而在设计和制取鞋里样板时会大不相同。在鞋帮的腰身上，有一“m”字母作为装饰，采用热切工艺。

图 7-24　底帮套楦慢跑鞋成品图

二、中底板的处理

首先按照全套楦鞋的设计要点制备里外怀的原始半面板和中底板，先处理中底板。由于底帮套楦鞋在帮脚与中底的缝合时，材料的厚度比较薄，所以处理中底板时要在前尖位置去掉 2mm，然后再将中底板进行分割。常用的分割方法有“三七开”分割法和“对半开”分割法。参见图 7-25。

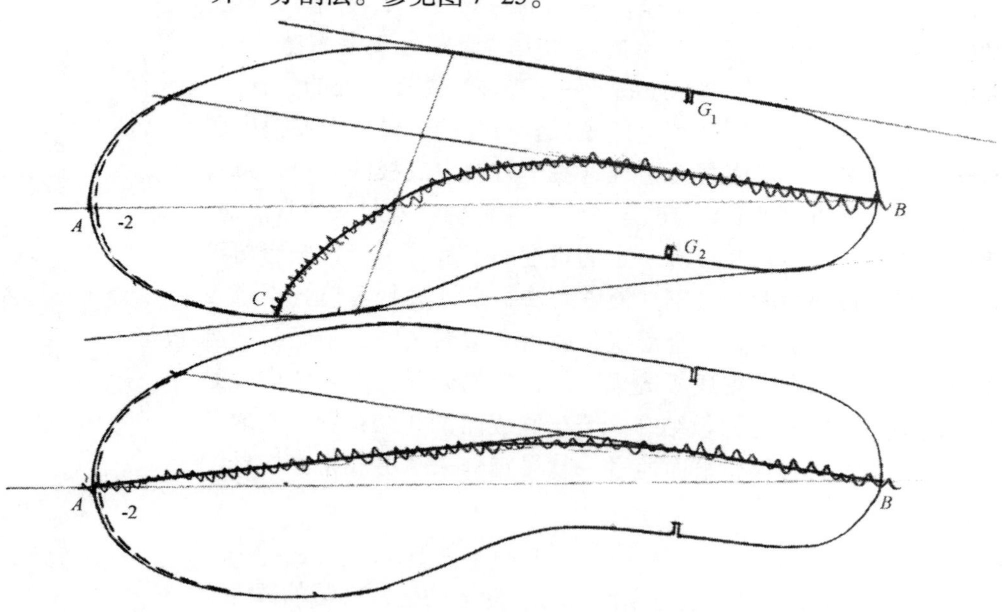

图 7-25　三七开与对半开分割法

所谓三七开，是指中底里怀一侧分得的面积小一些，外怀多一些。分割线一端在 B 点，另一端在 C 点，取 C 点时要超过第一跖趾关节 25mm 左右，防止磨脚。设计分割线时，借助于分踵线，顺势弯曲成一条丰满的弧线。其中，要标出接帮的 G_1、G_2 点。

所谓对半开，是指沿着中底板前后身面积的½线，顺连出一条分割线，A、B 为前、后端点，也要标出接帮点。前面的两个接帮点用不上，可以不用考虑。

三、中底板与半面板的结合

中底板与半面板如何形成一体，是设计底帮套楦鞋的难点，为了清楚地看到结合构成，先不用设计帮部件，只用里外怀的两个样板来操作。下面以三七开中底板来演示。

1. 外怀一侧的结合

外怀一侧的帮底样板弯曲度小，比较容易结合。先画出外怀一侧的帮面板，标出接帮 G_1 点，然后将外怀中底板的接帮点与面板的接帮点对齐，接帮点之后的两条线不要重叠，尽量靠齐，然后描出中底后跟的轮廓线，如图 7-26 中的实线所示。

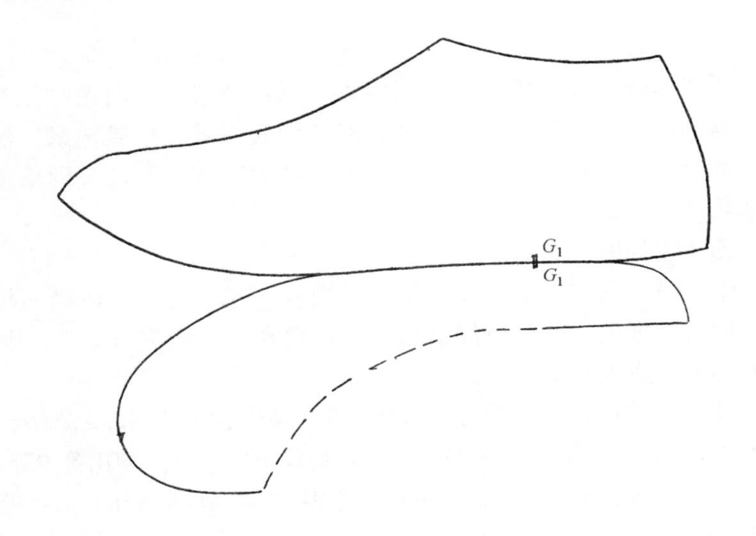

图 7-26　外怀一侧中底板与面板的结合

接下来描中腰段轮廓，由于中底板与面板间有空隙，要采用旋转法来处理。先以接帮点为中心，将中底板沿面板轮廓线向前旋转一小段比齐，顺势描出中底的一小段轮廓线；按照此种旋转的办法，将中底板上边线逐段比齐，把下边线逐段描出，直到中底板与面板最突出的位置相切为止。图中的虚线就是用旋转法描出的下边线。在中底板与面板相切后，再描出中底前身的轮廓线。描完轮廓线以后，要核准一下中底的接帮线，不要误差太大。

2. 里怀一侧的结合

仿照外怀一侧的旋转法，把里怀的中底与里怀的半面板结合起来，参见图 7-27。

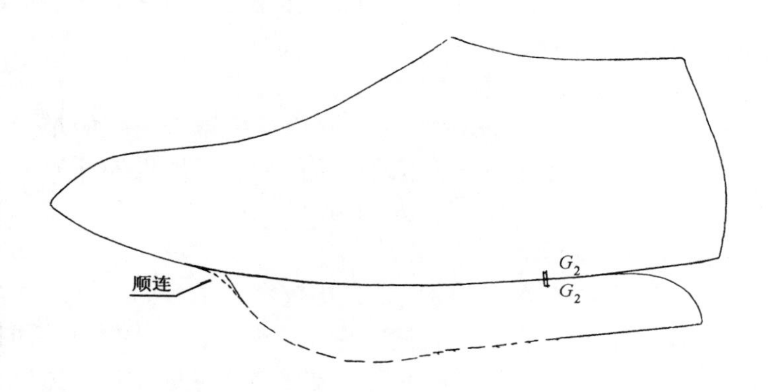

图 7-27　里怀一侧中底板与面板的结合

由于里怀样板中腰位置的间距大，不容易结合，画图时先对齐接帮点画出后跟部位轮廓，再经过旋转中底板画出中腰轮廓，经过与帮面板最突的位置，接下来从最突点继续向前旋转，直到描出完整的轮廓。把最后的结合点取顺。

四、设计图

绘制设计图的方法与前面所讲的内容一样，选用外怀半面板设计，同时要把里怀的底口线描画出来。要在设计图完成以后，再把里外怀的中底板分别描画出来。

设计参数：口门位置在前 25% *JD*，脚山位置在 42.5% *JD*，足踝位置在后 25% *JD*，后踵高 85mm，足踝高 65mm，脚山高 95mm，口门宽 15mm，口门抬高 2mm。材料厚度留量 5mm，泡棉留厚 4mm。

图中有四处虚线：一处为补充样板前尖底口；一处为里怀中底板；第三处为绷帮量，因为套楦的部件是鞋里，鞋身样板、帮部件样板还要取绷帮量；第四处为鞋里的补料片，如果取大身鞋里时，鞋眼位处有重叠，不能直接开料，如果从里怀一侧补充一块眼盖部位的补料片，就可以解决开料的问题。如果采用断帮形式的整片结构鞋里也可以。设计图见图 7-28。

五、制取样板

把设计图改成划线板，制备各种样板。

1. 制取鞋身样板

注意鞋身样板的底口保留 15mm 量，在图中刻出加工标记、注明热切工艺，参见图 7-29。

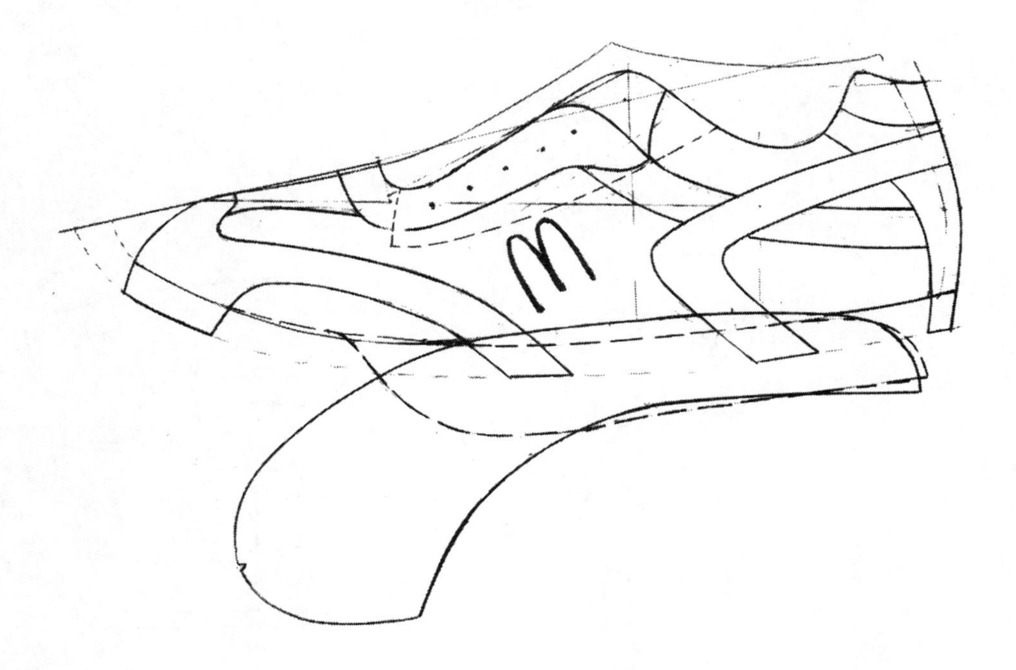

图7-28 底帮套楦慢跑鞋设计图

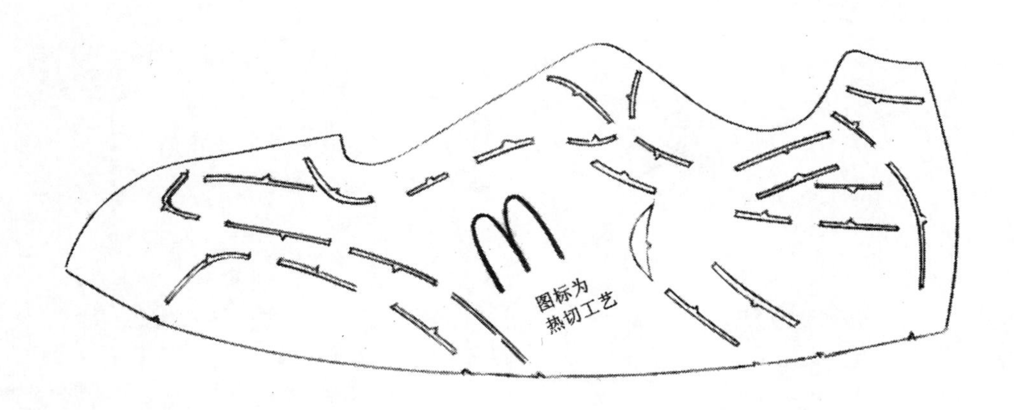

图7-29 底帮套楦慢跑鞋鞋身样板

2. 制取帮面样板

帮面样板包括前套、前饰条、前眼盖、后眼盖、侧饰条、后饰条、后套7种部件，参见图7-30。

3. 制取鞋舌样板

制取鞋舌样板的方法不变，参见图7-31。

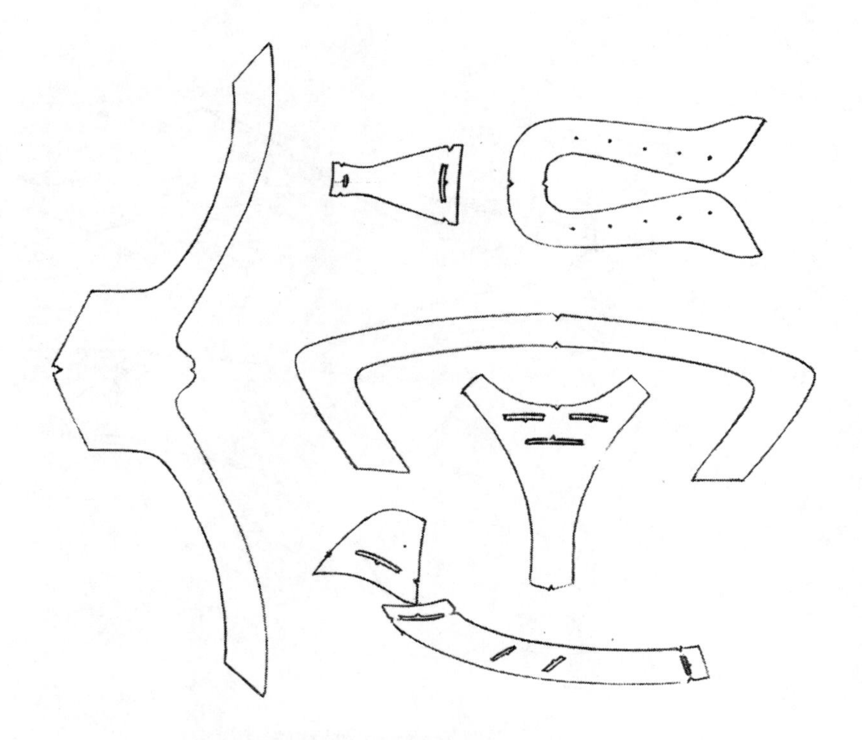

图 7-30　底帮套楦慢跑鞋帮面样板

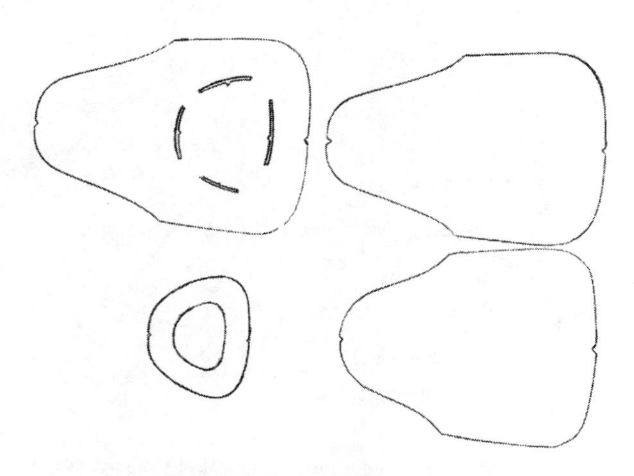

图 7-31　底帮套楦慢跑鞋舌样板

4. 制取鞋里样板

鞋里样板要把里外怀同时取出，注意在鞋里样板的里怀一侧，把眼盖位置断开，便可以顺利开料。然后补充一块眼盖里部件。翻口里、泡棉样板的取法不变。参见图 7-32。

5. 制取补强样板

底帮套楦慢跑鞋补强样板见图 7-33。

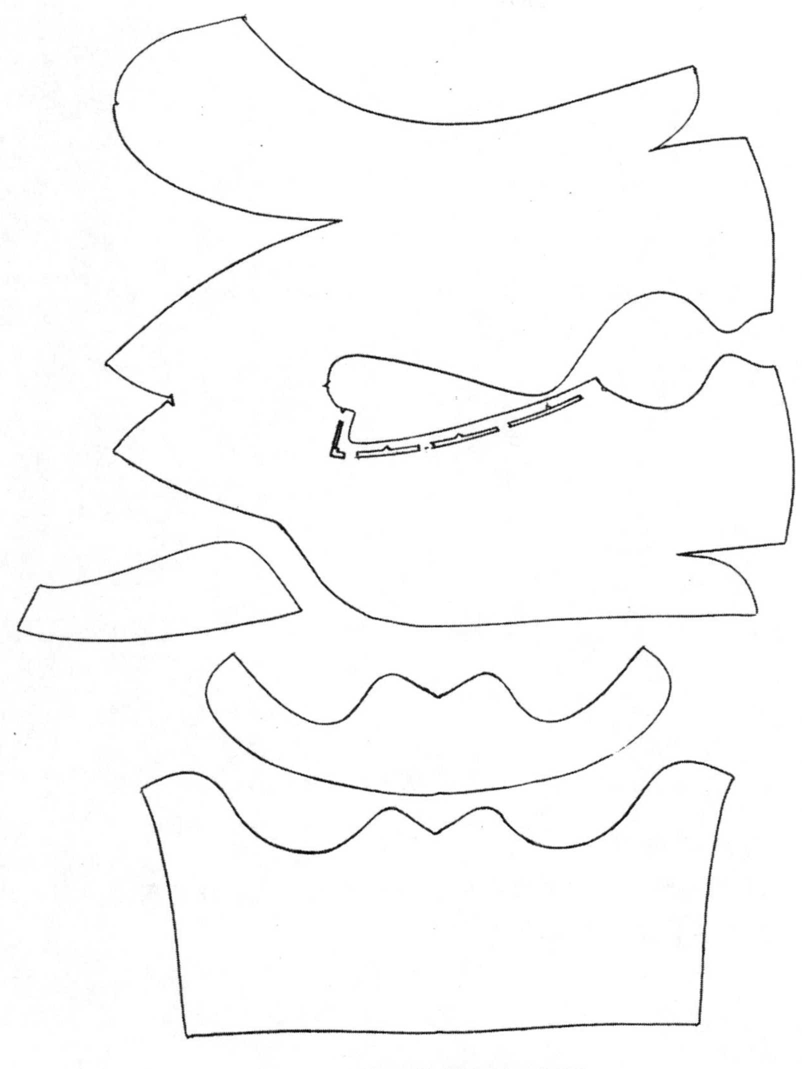

图 7-32　底帮套楦慢跑鞋里样板

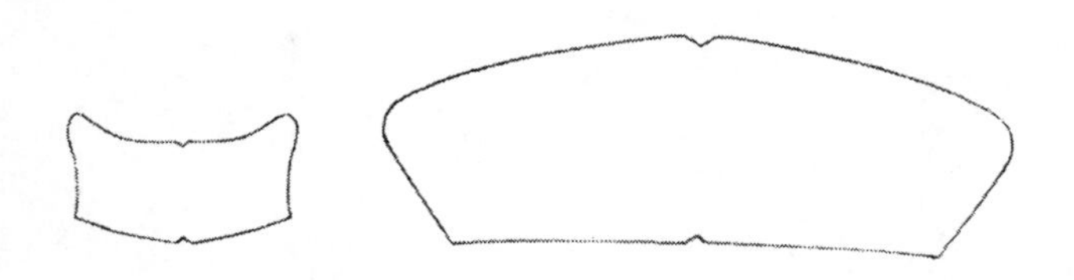

图 7-33　底帮套楦慢跑鞋补强样板

通过三种不同类型套楦鞋的设计，我们可以清楚看到，套楦改变的是加工工艺，会对打板技术提出一定的特殊要求，但从设计过程来看，与普通运动鞋的设计没有大的区别。目前比较流行的采用对半开分割中底样板的底帮套楦鞋，也就是一种工艺上的变化。只要掌握了分割中底板的方法和与帮面板结合的方法，设计这类鞋也不是很难的。参见图 7-34。

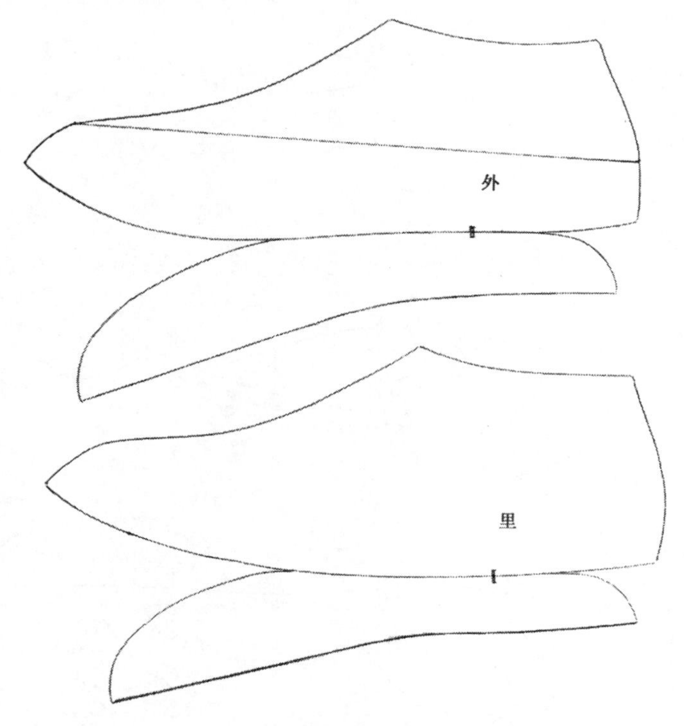

图 7-34　对半开中底板与帮面板的结合

作业与练习

1. 按照设计举例画出底帮套楦鞋的成品图和设计图，并制取各种样板，做套样检验。

2. 练习一款有对半开中底板式样的套楦鞋，画出成品图、设计图，制取各种样板。

3. 整理出套楦鞋的打板特点。

第八章　运动鞋的加工工艺与常用材料

工艺、材料、设计，这三者之间有着密不可分的关系，要掌握运动鞋的设计，必须对工艺和材料有一定的了解，知道用什么去做，怎样去做，否则设计的意图就无法实现，设计的产品也无法落实。因为是对工艺和材料的了解，本章节不可能像操作工的培训教材那样面面俱到，只能把与设计相关的内容分析一下，引起设计者的注意。

第一节　运动鞋的加工工艺

运动鞋的加工工艺与其它的鞋类加工模式基本相似，大致分为裁断、车帮、成型三大工序，为了便于生产，还需要配备辅助车间，专门进行底部件的加工。运动鞋发展到目前阶段，机械化的水平已相当高，除了采用真皮原料生产时还需要一定的手工操作外，大部分工作都能通过机械设备来完成。工厂规模的大小，往往以能开出几条流水线来评定。

一、裁断工艺

运动鞋生产的第一道工序是裁断，也叫做开料、断料、下料、下裁等。经过接受生产通知单、领料、配料、调整机器后就可进行裁断。运动鞋的部件比较多，部件的边沿大都是剪齐边，所以目前裁断大都使用裁断机开料，这样不仅生产效率高，而且部件的外观质量好。

在裁断真皮材料时的要求比较复杂，概括起来有：注意皮革的主纤维方向，协调部位间的质量差异，合理利用伤残，同双鞋同部位外观质量一致。在裁断人工革时，由于人工革的质地均匀、外观一致、没有伤残，所以裁断时只需注意材料的横纵方向与成双配对，此外还可以多层套裁，以提高工作效率。材料的横纵方向与成鞋的质量有关系，在纵向上，也就是成卷材料的长度方向上，材料的延伸性较小，抗张强度较大，使得鞋帮结构比较稳定，在横向上材料的性能恰恰相反，延伸性大、强度较低。一般把帮部件的主要受力方向安排纵向下料，也就是直刀裁断。在有特殊要求时才采用横刀下料，例如翻口里部件要采用横刀下料，车帮时容易到位、穿鞋时不易变形。在裁断帮面部件时，一般是两层配双套裁，每 10 双一捆扎；裁断中等厚度的补强衬布、套楦鞋的软中底等部件时，一般是 4 层配双套裁，每 10 双一捆扎；裁断更薄一些的内层部件时，还可以

8层配双套裁，也是每10双一捆扎。套裁的层数过多，可能会出现大小不一的现象，以多少层套裁为最佳，要以实验结果为准。

使用机器裁断，就必然用到刀模，部件多刀模也就多，所以裁断时要注意部件刀模种类、使用材料的规格颜色以及特殊加工要求等关系。下面以成品图7-14为例来进行说明。

1. 使用的材料

所用材料的种类、颜色、加工要求，应统一进行安排。在工厂里一般都有使用材料的工艺单，要根据设计款式的具体要求逐部件填写，参见表8-1。

表8-1　　运动鞋材料工艺单

样品单号		成品图（参见图7-14）：半套楦慢跑鞋
号码	38～45	
鞋楦	S0507楦	
鞋底	MD-815	
贸易商		

鞋用材料

编号	部位	材料	加工要求	颜色	配色	备注
1	鞋前身	珠纹网布	4mmKF32g.28T/C	蓝色		三合一
2	鞋后身	珠纹网布	4mmKF32g.28T/C	蓝色		三合一
3	前套	二层绒皮1.4mm		深蓝色		
4	鞋眼盖	二层绒皮1.4mm		深蓝色		
5	后套	二层绒皮1.4mm		深蓝色		
6	侧饰片	磨砂PU 1.5mm	高频印刷 黑边框	中黄色		凸2mm
7	后眉片	磨砂PU 1.5mm		中黄色		
8	鞋舌	珠纹网布	4mmKF32g.28T/C	蓝色		三合一
9	鞋舌饰片	磨砂PU 1.2m		黄色		
10	口门眼位	织带10mm		彩色		同色系
11	鞋身内里	丽新布0.8mm		黑色		
12	翻口里	单面绒		浅黄色		
13	领口泡棉	KF32g 8mm				
14	鞋舌泡棉	KF32g 8mm				
15	鞋舌里	单面绒		浅黄色		
16	后港宝	2mm				化学片
17	前港宝	0.8mm				化学片
18	高频垫片	EVA片3mm	低发泡			
19	中底	帆布+不织布+帆布	复合1.5mm	白色		
20	鞋垫	单面绒+5mmEVA	印刷商标	白色		
21	鞋带	扁形编织带	止滑	蓝色		
22	外底	MD-815		白色	黑黄	
23						
24						

表8-1是利用某厂的材料工艺单填写的，类似的表格还有制帮工艺单、成型工艺单等，不同的企业会有自己制订的不同工艺单，在设计环节要通过试制的方法，把各种工艺单中的内容确定下来，以便于车间安排生产。

工艺单中的每个部件，对于裁断来说就是每件刀模，裁断前要认真核对刀模的品种和数量。在刀模上会有齿形的标记，例如中心齿、号码齿、接帮标记齿以及装饰孔等。需要时还有里怀标记齿。在打板时，为了刻标记方便，齿形标记都刻成缺角形，在刀模上一般要打成有1mm高度的凸尖角形，车帮时才不会有漏针的现象；在不影响加工质量的情况下，有些内层的部件，例如泡棉、港宝、补强件、鞋里等部件的号码齿就可以打成缺角形。

2. 裁断要求

先核准刀模，参见图8-1。鞋号标记用一个大齿和一个小齿表示为41号。部件裁断参见表8-2。

图8-1　部分刀模刃口外形

二、车帮工艺

车帮工艺是继裁断之后的一个重要工序，帮部件要按照一定的要求组装成鞋帮，为了使生产顺利进行，车帮前还要做一些准备工作，包括片料、印刷、贴合等工序。

表 8-2 裁断要求

部件	标记	材料	配双作业	裁断刀向	捆扎
前套	中心齿、号码齿	二层绒皮 1.4~1.6mm	2 片	直刀	10 双
眼盖	中心齿、号码齿	二层绒皮 1.4~1.6mm	2 片	直刀	10 双
后套	中心齿、号码齿	二层绒皮 1.4~1.6mm	2 片	直刀	10 双
侧饰片	号码齿	PU 革 1.5mm	2 片		10 双
后眉片	中心齿、号码齿	PU 革 1.5mm	2 片		10 双
舌饰片	中心齿	PU 革 1.5mm	2 片		10 双
前鞋身	中心齿、号码齿、接帮记号	三合一网布	4 片	直刀	10 双
后鞋身里怀	号码齿、接帮记号	三合一网布	4 片	直刀	10 双
后鞋身外怀	号码齿、接帮记号	三合一网布	4 片	直刀	10 双
鞋舌面	中心齿、号码齿	三合一网布	4 片	直刀	10 双
前帮里	中心齿、号码齿	丽新布 0.8mm	8 片	直刀	10 双
翻口里	中心齿、号码齿	单面绒	4 片	横刀	10 双
鞋舌里	中心齿、号码齿	单面绒	4 片	直刀	10 双
领口泡棉	中心齿、号码齿	KF32g 8mm	4 片	裁正	10 双
鞋舌泡棉	中心齿、号码齿	KF32g 8mm	4 片	裁正	10 双
织带		10mm		切割	10 双
垫片		EVA 片 2mm	4 片		10 双
前港宝	中心齿、号码齿	化学片 1mm	4 片	直刀	10 双
后港宝	中心齿、号码齿	化学片 2mm	4 片	直刀	10 双
中底布	号码齿、接帮记号	三层复合 1.5mm	4 片	直刀	10 双

1. 片料

片料也叫做削皮，起到修整部件均匀的作用。在加工真皮材料时，由于皮革的部位质量差异较大，要用到通片和片边两大工序，对于人工革来说，材料的质地已经很均匀了，但是材料的厚度不一定合乎要求，所以也要进行片料。片料的位置一般在两部件间的接帮处，片上压件，片宽 8mm，出尾厚度 0.7~1.0mm。帮部件经过片料处理后，车帮后不会露出大白茬，显得很精致。不经过片料处理的鞋帮一看便知，厚厚的边沿向外翻着，显得很粗糙。目前也有很少数量的鞋要求折边，这就需要片折边。片边时常用圆刀片料机和带刀片料机，折边时也有折边机可供选择。

2. 印刷

在部件需要装饰时可以采用印刷工艺，同样在画出部件加工标记时，也可以用到印刷。用手工画出部件加工标记，是一种传统的操作，在开板时刻出划线槽，其目的就是为了在部件上画出加工标记，现在大多采用“银笔”画线，如果是在白色材料或网布上画线，需要用水解笔，便于擦除而不会造成污染。采用印刷画加工标记时，需要制备网版，成本会增加，但效率会提高，在生产量较大时应用印刷工艺比较合适。

3. 贴合

有些材料属于复合材料，可以直接购买，像“三明治”网布，而另一些材料必须在部件裁断之后进行贴合，用到最多的就是贴补强衬。在开板时补强衬样板距部件边沿有 2mm 的距离，在贴补强衬时也要留有 2mm 距离，不要外露。补强衬的作用是弥补部件强度之不足，贴衬后两个部件要达到合二为一的效果。有时像织带等部件，在车缝前也需要事先贴合。

4. 修整高频部件

高频的开料样板与基本样板是不同的，经过高频压花的部件要用基本样板进行修正。也叫做第二次开料。

5. 车帮

车帮是生产的重头戏，要根据鞋帮的结构安排好车帮的顺序，紧凑而不忙乱，这才能提高生产效率。目前车帮大多采用高台针车，非常方便。车天然皮料时，要选用扁头的尖尾针，因为皮纤维的紧密度大，针尖在皮料上扎出孔洞后再送线，缝线才不会被拉断。车人工革时，要选用圆头针，因为人工革的纤维较疏松，强度比较低，不能让机针切断纤维，否则会被裁切影响强度，利用圆头针的扩张作用挤压材料，形成孔洞后再送线。一般选用 11 ~ 18 号针，缝天然革机针细一些，缝人工革机针略粗些。

车帮前首先要了解车线的边距与针距。一般的接帮位置，控制边距 1. 4 ~ 1. 7mm，控制针距每英寸 8 ~ 9 针，折合每针 3mm 左右。在车前套和后套时，一般采用双针车，边距、针距不变，控制两行线间距 1. 7 ~ 2. 0mm。在车领口和鞋舌的翻口里时，控制边距 2. 0 ~ 2. 5mm，控制针距每英寸 10 针，折合每针 2. 5mm，针码密一些，防止翻口时出意外。采用万能车拼缝部件时，控制针距每英寸 7 针，折合每针 3. 5mm，针码稀一些，在下面要垫 12mm 宽的衬布条。在车鞋舌翻口的压线时控制边距 2mm，控制针距每英寸 7 针，折合每针 3. 5mm。在用万能车缝合套楦鞋的中底时，控制针距每英寸 6 针，折合每针 4mm，针码更稀一些。车线时要注意，起始针和收尾针位置一般都要重复 3 ~ 4 针，防止缝线脱扣，车封闭式线条时，首尾针相遇后也要重复 3 ~ 4 针。参见表 8-3。

表 8-3　　车线的要求

车缝方法	边距/mm	针码/（针/in）	针距/mm	间距/mm	备注
压茬缝	1.4～1.7	8～9	3		用于一般接缝
双针缝	1.4～1.7	8～9	3	1.7～2.0	用于前后套
翻缝	2.0～2.5	10	2.5		用于翻里
拼缝		7	3.5		使用万能车
缝压线	2	7	3.5		用于领口、底口
中底锁缝		6	4		用于套楦鞋

注意：起始与收尾要重复 3～4 针。

使用针车要学会加油保养和安全操作，要会调节面线和底线的松紧，要掌握各种车帮的技巧。车缝运动鞋帮时，由于帮部件较多，一定要安排好加工的顺序。例如表 8-1 中鞋款的车帮先后如下所示。

鞋舌的加工工艺参见图 8-2。

车鞋舌饰片：盖住印刷线，针距 3mm，边距 1.5mm，起收重 3 针。

车鞋舌翻口里：自切口起收，针距 2.5mm，边距 2mm，车线要圆滑。

贴鞋舌泡棉：刷胶 30mm 宽，泡棉贴于舌面，超出 5mm 高，中心位置对齐。

翻泡棉：翻圆顶顺，舌里比舌面多 3mm。

车鞋舌封口线：边距 2mm，针距 3mm，起收倒 3 针。

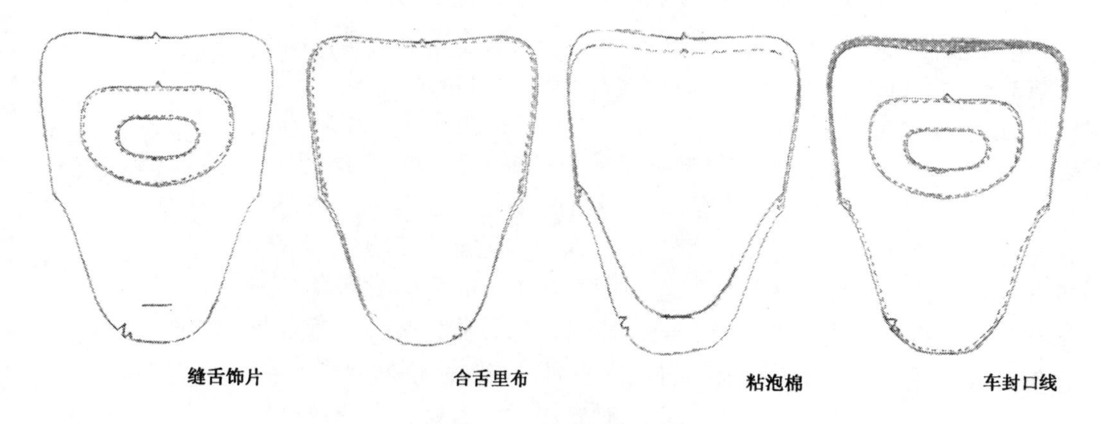

图 8-2　车鞋舌加工示意图

鞋帮的加工工艺见图 8-3。

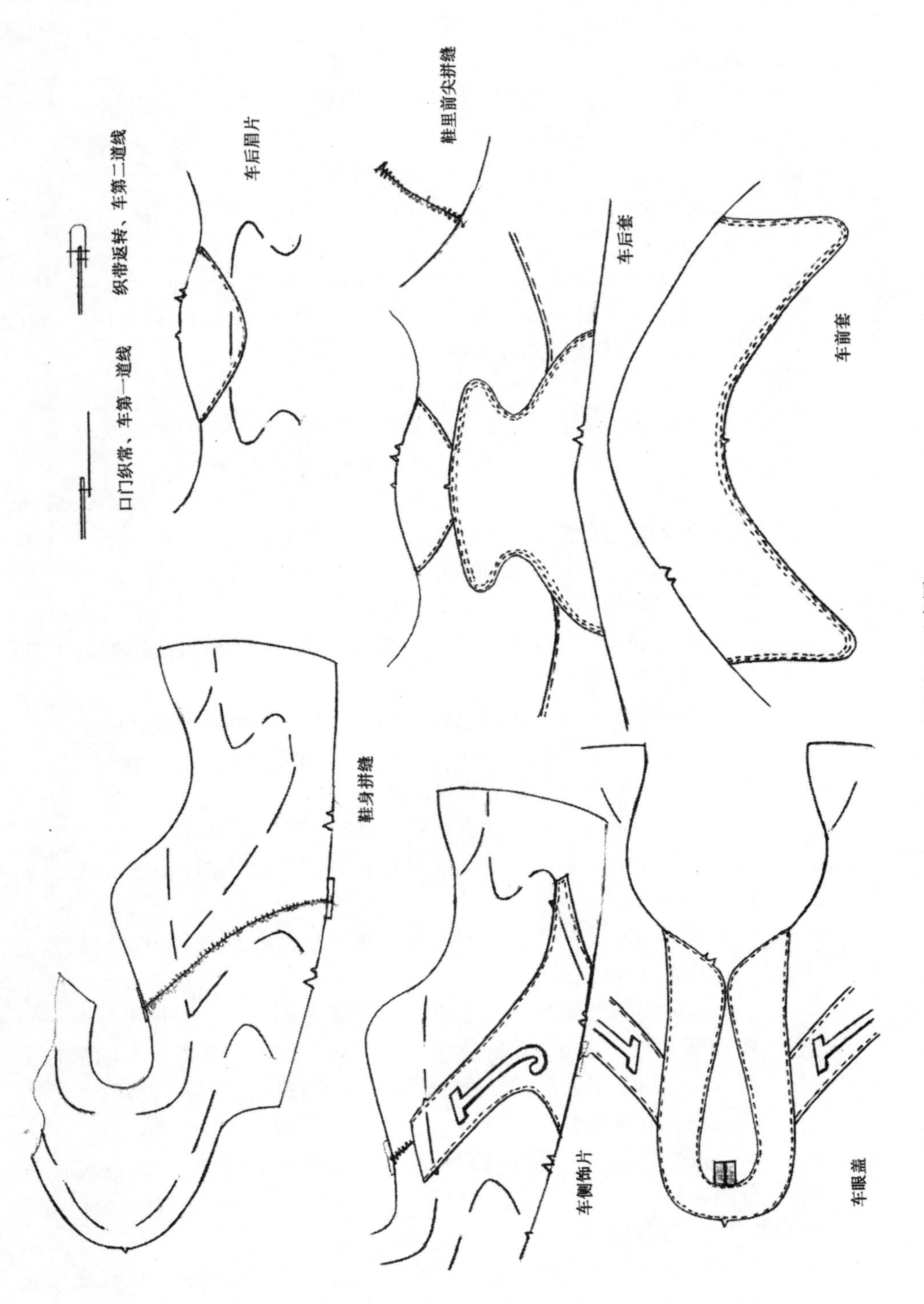

图 8-3　车帮加工示意图

鞋身网布拼缝：前身里与里外怀后身里用万能车拼缝，下衬12mm宽210D尼龙布，针距3.5mm，起收倒3针，用棉线，部件不可重叠。

车鞋口织带：按照标记车在鞋身口门中心位置的上鞋两端，先下后上分两次车缝。

贴鞋里：刷白胶，刷均匀，贴平顺。

车侧饰片：将修正过的侧饰片，按标记贴好后再车，针距3mm，边距1.5mm，起收倒3针。

车眼盖：对正贴平，车线边距2mm，针距2.5mm。

鞋身后中缝拼缝：用万能车拼缝，垫衬布，针距3.5mm，起收倒3针，用棉线，部件不可重叠。

车后眉片：对正贴平，车线边距1.5mm，针距3mm。

车后套：对正贴平，双针车线，边距1.5mm，针距3mm。

车领口压线：用平车，边距2mm，间距3.5mm。

车翻口里：按标记开始起收针，车线边距2mm，间距2.5mm，有弧度处注意缝线的松紧一致，边距一定要均匀。

贴领口泡棉：刷黄胶，中心对正，高于鞋面5mm贴合。

翻领口泡棉：上口圆顺，里比面多出3mm，下口与帮脚齐。

鞋里前开衩拼缝：用万能车拼缝，针距3.5mm，起收倒3针，用棉线，部件不可重叠。

车前套：对正贴平，双针车线，边距1.5mm，间距3mm。

冲鞋眼孔：用直径3mm冲刀按标记冲眼孔。

接鞋舌：按标记缝合，针距2.5mm。

装配后港宝：因为是套楦鞋，要提前装配后港宝。

压底口边线：将与中底缝合部位的帮脚缝压线，边距2mm，间距3.5mm。将多余量修整齐。

帮脚与中底缝合：用万能车，对准接帮标记进行缝合，松紧适度，针距4mm。

不同结构的鞋帮，加工流程会有很大的变化，安排工序时一定要理顺。为了保证产品的质量，在不同工序中，会提出不同的加工要求，以便于工人操作，因与设计的关系较远，故不再介绍。

三、成型工艺

成型工艺包括鞋帮的成型、帮底的结合和成品的整装三部分内容。

1. 鞋帮成型

鞋帮成型的方法主要由绷帮成型法、套楦成型法、拉线成型法等。绷帮也叫做绷楦、钳帮、结帮、网底、蒙鞋，地区不同叫法也不同，但都是指把鞋帮绷伏在鞋楦上，使鞋帮成为一种立体的造型。在胶粘工艺鞋中，大多采用绷帮成型法。套楦成型法用于套楦鞋的生产，使鞋帮的帮脚预先与软中底车缝，形成一个鞋套，然后再套在鞋楦上使其成型。注意套楦前鞋帮要经过加热蒸湿处理，温度80～100℃，后套一定要软化，然后再套楦。套楦后鞋带要绑紧，进烘箱内定型，温度80～100℃，时间1.5～2min。拉线成型法用于注塑鞋的生产，在鞋帮的帮脚上埋底线锁缝，注塑前鞋帮套在模具的铝楦上，然后拉紧底线，使鞋帮尽量与铝楦贴伏，达到鞋帮成型的目的，最后再进行注塑。

运动鞋的绷帮过程基本上是在流水线上用绷帮机来完成的，包括绷前帮机、绷中帮机、绷后帮机等，主要流程如下：鞋帮粘前套、后套→缝底口缝压线→后身拉帮定型→鞋楦钉中底→鞋帮与鞋楦配套→前帮热活化→前帮机绷前帮→中帮机绷腰窝→后帮机绷后跟→修整→半成品检验。

2. 帮底结合

帮底结合的方法不同，就形成了五大基础工艺，运动鞋中较高档的鞋类大都采用胶粘工艺生产，大路产品采用注射工艺或硫化工艺生产。在粘底之前，要画出刷胶线，防止刷胶过高和过低，现在有专门的画线机器，操作非常方便。粘合真皮材料，需要打磨粗化处理，粘合人工革材料，需要涂处理剂。处理剂对粘着性能影响很大，不同的材质要选用不同的处理剂，有的处理剂作用是清除表面的油脂，使粘合剂便于渗透；有的处理剂作用是使表面产生活化层；有的处理剂只起到清洁表面的作用，选择时不要搞错。接下来是刷胶、烘干、粘合，不同的粘合剂有不同的加工条件，刷胶的遍数、胶膜的厚度、烘干的温度与时间等，在购买粘合剂时都会明确告诉你，但是买什么样的粘合剂就需要你来选择，选择不当同样达不到粘合的目的。帮脚处理、粘合剂的选择与应用、贴底后的压合，被称为帮底粘合的三要素，在选择粘合剂时要注意，橡胶型粘合剂只适合于粘合橡胶类的底，例如氯丁胶；树脂型粘合剂只适合于粘树脂类的底，例如PVC胶、EVA胶；橡塑并用鞋底要选用接枝型（改性）氯丁胶或橡塑树脂胶，例如SBS胶、PU胶。使用含有橡胶成分的粘合剂，一般是刷两遍胶，控制温度45℃，胶膜达到收丝后立即进行粘合。使用树脂型粘合剂，一般是等胶膜干透后再进行瞬间活化，也立即进行粘合。在贴底后需要立即进行压合，控制压力2～2.5MPa，时间6～8s。如果粘合中出现问题，要从粘合剂的种类选择、粘合条件的控制、帮脚的处理、胶粘后压合等方面找原因，其中的一个条件达不到要求，都会造成开胶。

装配鞋底的主要流程如下：半成品画刷胶线→鞋帮刷处理液→烘干→鞋底刷处理液→烘干→鞋帮、鞋底刷胶→烘干→刷第二遍胶→烘干→帮底贴合→压合机压合→清子口胶→冷定型→出楦。

3. 成品整装

帮底结合后就已经完成了一双鞋的生产，但还需要进行成品的整装，使鞋的外观达到预定的要求。贴底压合后先进行清胶，使鞋的子口保持干净。然后要在冷却箱内冷却，以解除鞋帮的内应力，防止出楦后变形。如果不冷却，要经过长时间（一般要24h）的静置才能出楦。接下来是出楦，清洁鞋的表面，烘线尾，要求整只鞋干净，不得有任何污点。最后进行检验，合格后进行包装。

成品整装主要流程如下：清洁鞋面→烘线尾→装鞋垫→系鞋带→系标牌→成品检验→填纸、干燥剂→包装入库。

成型工艺在流水线上生产，可以把鞋帮成型、帮底结合、成品整装三个工序有机的连接起来，大大提高生产效率。

作业与练习

1. 写出运动鞋从裁断到成型的工艺流程。

2. 根据某款运动鞋的帮结构特点，写出帮面、帮里加工顺序。

第二节　运动鞋的常用材料

生产运动鞋使用的材料比较多，包括帮料、底料、里料以及一些辅料。

一、鞋帮常用材料

鞋帮常用的材料主要有天然革材料和人工革材料。

1. 天然革材料

天然革是将动物的皮经过一系列加工后制得的皮革材料，性能比较好，价格比较高，常用于高档的运动鞋。在猪、牛、羊三大类天然革中，以牛皮为最常用。

（1）天然革的性能：天然革的透气性、透水汽性、柔软性、适脚性、耐屈挠性、耐磨性、抗张强度都比较好，特别是耐屈挠性，可以达到100万次以上，是制鞋材料的佼佼者，但由于不耐水洗，价格较高，大众化的运动鞋几乎不用天然革生产。

（2）天然革的种类：主要有正面革、修面革、绒面革、二层革、移膜革等几大类，在每大类中又有许多品种。正面革保存了动物皮天然的粒面花纹，经过不同的工艺处理，可以制成光面革、苯胺革、油浸革、磨砂革、搓纹革等品种。修面革的表面经过了修饰，粒面层受到一定程度的破坏，经过涂饰整理，常被制成漆光革、压花革、重涂饰革等品种。绒面革的表面经过了磨毛处理，手感细腻，外观质朴，在运动鞋中很常见。二层革是经过剖层去掉粒面层后剩下的革，由于只有网状层，没有粒面层，所以强度、外观都低于正面革，经过磨毛处理，就可以加工成二层绒面革，外观上与绒面革无大区别，但强度低，当然价格也比较低。有一种贴膜革，是利用二层革做底基，复合上一层树脂膜，外观非常漂亮，制成的贴膜革可以大大提高二层革的身价。

（3）材料厚度要求：鞋材的厚度对鞋的强度有直接的影响。例如选用牛皮材料做运动鞋时，一般要求前套和后套的厚度1.4～1.6mm，其它位置1.2～1.4mm，像篮球鞋、室外鞋等磨损较大的鞋类，材料厚度也取1.4～1.6mm。使用牛反绒、猪正绒皮时，男鞋材料厚1.4～1.6mm，女鞋、童鞋材料厚1.2～1.4mm。如果材料厚度达不到要求，鞋的强度会下降，应该采用补强材料补强。

2. 人工革材料

人工革是采用人工合成的方法制成的仿革制品，在运动鞋中最常用。

（1）人工革的性能：在某些方面优于天然革，例如革面光滑，革身厚度均匀，色泽鲜艳，耐水洗，耐酸碱等；但在卫生性能上，抗张强度上，耐寒、耐热、耐老化性能上不如天然革。

（2）人工革的种类：人工革的商品名称非常多，但在种类上目前主要有人造革、合成革、超纤革（超细纤维革）三大类。人造革是从外观上仿制天然革，主要以PVC树脂为涂饰层、以织布或无纺布为底基制成的各种聚氯乙烯人造革，例如荔枝纹革、牛巴革、太空革、加蒙革等都属于人造革，人造革的特点是在纺织布、针织布或无纺布的上面涂饰树脂，所以革身透气性比较差。

合成革是从结构上仿制天然革，主要是以无纺布为底基，以PU树脂为浸涂液制成的产品，叫做PU合成革，或叫聚氨酯合成革。在PU革生产中要经过水浴法凝固，使表面涂层产生微孔，增加了革的透气性，这种透气的性能人造革达不到，所以合成革的性能比人造革要好些。造成这种差别的原因主要是在革的结构不同。如果同样用PU树脂为涂层、无纺布为底基，而采用人造革的工艺来生产，所制得的产品也不会有透气性，应叫做PU人造革，例如仿羊革、PU荔枝纹革。

超细纤维革是近几年的新产品，是从性能上仿天然革，由于超细纤维革的底基纤维非常细，从而产生了毛细现象，因此具有了透水汽性，在卫生性能上更接近天然革，这也是人造革和合成革所不能比拟的，目前许多高级运动鞋都采用超细纤维革。

材料的厚度要求：前套、后套以及对强度要求较高的部件厚度1.6～1.8mm，一般部件厚度1.4～1.5mm。材料厚度达不到要求时同样要补强。

3. 网布材料

目前在运动鞋中经常用到网布做帮面，网布是一种用合成纤维织成的具有较多较大网孔的材料，俗称网布，其中以尼龙网布为典型产品。网布的织造方法有多种，例如双层网、麻点网、黑底金条网、尼龙绣花网、尼龙伏丽网等，网孔的形状有三角形、正方形、菱形、蜂窝形等。网布的色彩鲜艳，花纹清晰，重量轻，耐水洗，透气性好，也有较好的耐屈挠性和强度，在跑鞋中经常使用。网布的外观比较亮丽，装饰作用强，经常贴合泡棉材料做鞋的帮面。所谓的“三明治”，就是用一层网布，贴合一层泡棉，再加一层叫做特布的衬布，制成的三层复合材料，做帮面时一般不需另加泡棉，非常方便。网布常用的规格有 K208、K209、K230 等等，K 后的数值越大，网眼的密度越大。

4. 其它面料

还有一些针纺织材料常用来做面料。例如耐吉隆材料，纹路呈波纹状正反纹路相同，几乎无弹性，贴泡棉后用于慢跑鞋，单位面积重量要求每平方米在 100 ~ 130g。例如精经彩条布，也称金丝条布，是一种针织品，颜色变化多，有白底黑条、黑底红条等，材料都相同但外观变化不同，稳定性好，无弹性，用于鞋的后领口。例如尼龙布，韧性强，防水性好，但弹性差，不易贴合泡棉（只能用防水胶贴合）。在鞋材中，尼龙布的规格是最多的，常用的有 70D、120D、210D、420D、600D、840D、1200D、1800D，D 前的数值越大，材料越厚。其中的 1200D 称为牛筋布，涂上一层油糊后可用来做登山鞋的帮面，210D 的材料复合泡棉后可做雪地靴的面料，泡棉起到保暖的作用。羽绸是一种用细棉纱织成的缎纹织物，可以染成红色、黑色等各种不同颜色，表面有光泽，类似绸缎，常用于鞋口包边。布面胶底运动鞋常用细帆布和漂染帆布材料做鞋面，帆布的布身坚实紧密，牢固耐磨，既经济又实用。此外，像牛仔布、四面弹布、佳绩布、富荣布等各种针纺织布等也常被使用。

二、鞋里常用的材料

鞋里材料主要用到纺织布、针织布、无纺布、泡棉等。

1. 丽新布

丽新布是一种无纺布，也叫做不织布。纱线经过机械物理的方法交织起来，形成具有一定强度和挺括性的材料，常用规格为 $180g/m^2$ 的丽新布做鞋身里。在丽新布的表面，有一层仿针车的线条，比一般的无纺布抗拉性能好。高档的丽新布材料有自粘性，有利于针车，底部衬有 PE 隔离纸。

2. 单面绒布

单面绒布是一种经过拉绒的纺织材料，也叫做拉毛布，表面有一层蓬松的绒毛，手感细腻、松软，背面的布基稳定，经向抗拉强度好，常用来做翻口里、鞋舌里、鞋垫衬里。单面绒是绒布的一种，也有许多规格，由于绒毛柔软温暖，常被叫做“天鹅绒”，其实天鹅绒是以桑蚕丝为原料织成的起绒织物，高贵华丽，若以真丝天鹅绒做鞋里，鞋面革就要以真皮相配，就会大大提高鞋的成本。

3. 特布

特布是特立可得布的简称，这是一种非常稀疏、轻薄、手感柔软、弹性很大的材料，用来贴在泡棉的后面，有稳定和保护泡棉的作用，在“三明治”的最下面，贴合的就是特布。常用的特布（T/C）规格有 20、22、24、26、28、30、32g/m^2 等区别，单位面积重量越高，挡数越高，织得越密。应用时要注意，特布不能用细布代替，细布织得密实，往往达不到特布的柔软性和舒适性要求。

4. 泡棉

泡棉是一种发泡材料，像棉花一样轻软，故称泡棉。泡棉材料可以用 PU 树脂制成，也可以用橡胶乳制成。鞋用泡棉是一种高发泡（KF）材料，用在运动鞋的领口、鞋舌、鞋身等位置，增加鞋的柔软性和护脚功能。领口泡棉厚度一般在 8 ~ 12mm，有特殊要求的鞋要厚一些，例如篮球鞋在 20mm 左右，滑板鞋在 25mm 左右。鞋舌泡棉的厚度一般在 4 ~ 8mm，而篮球鞋要在 10mm 左右，滑板鞋要在 25 ~ 30mm。有些鞋类的鞋身也要求泡棉，例如足球鞋，厚度在 5mm 左右，“三明治”材料的泡棉在 4mm 左右。对泡棉也有单位面积重量要求，常用的规格是 KF 32g。

5. 化学片

化学片是一种浸胶的无纺布材料，在运动鞋中用来制作港宝（KP），港宝有前港宝和后港宝的区别，也就是常用的内包头和主跟。由于港宝比较硬，可以增加鞋的挺度，对脚有保护作用。有些鞋类的前套要求有柔韧性，例如足球鞋，此时可以用热熔胶材料做前套。化学片的规格在 0.6 ~ 2.5mm，每 0.2mm 为一档。前港宝一般厚度在 0.6 ~ 1.2mm，后港宝厚度一般在 2.0 ~ 2.5mm。还有一种用做补强的材料，在鞋的眼盖、前套、后套、眉片以及鞋身等部位，在强度达不到要求时都需要补强，或叫做贴衬里布。贴衬补强常用不织布、尼龙布等材料，厚度在0.5 ~ 1.0mm。

6. 其它材料

制帮时还经常用到一些辅助材料，例如尼龙搭扣、织带、鞋带、松紧带等。尼龙搭扣也叫做魔术带，开关非常方便，用来代替鞋带，有圈的一面叫做毛面，另一面叫做勾面，离合次数可达到 5000 次以上，规格有 15、20、25、30、35、40、50mm 等宽度。鞋带是一种编织或针织的管状物，有圆带和扁带的区别，鞋带的长度应控制在穿满鞋眼孔后超出最后一个眼位 250 ~ 300mm。织带表面光滑鲜亮，常用来代替鞋眼孔、提手以及作为装饰带，常用的规格有 8、10、12、15、20mm 等。松紧带有厚、薄两种类型，薄的松紧带用来稳定鞋舌，常用的宽度规格有 20、25、30mm；厚的松紧带叫做松紧布，用来做帮部件材料，设计成封闭式结构时，增加鞋的开闭功能。常用的宽度规格有80、90、100、120mm等。

三、鞋底常用材料

鞋底部件主要包括外底、中底和鞋垫，虽然可以用来制底的材料有很多，但考虑到运动鞋的功能要求，真正实用的材料其实还不太多，有待于进一步去开发新的品种。

1. 外底材料

做外底的材料首先应当满足耐磨、防滑、减震、轻巧等基本要求，进一步再满足特殊的要求。橡胶材料以其高弹性、高耐磨性和良好的耐曲挠性成为制备运动鞋底不可缺少的材料，其中以顺丁橡胶（BR）用得最多。顺丁橡胶是一种浅黄色的弹性体，可以制作透明的或浅色的鞋底。在橡胶的生产过程中需要进行硫化，使得操作过程变得比较复杂，现在应用的热塑性橡胶（TPR）可以简化生产过程，热塑性橡胶在常温时显示出来的是橡胶的高弹性，在加热时又具有塑料的热塑性，而且低温性能好，耐湿滑性能好。橡胶底有一个共同的缺陷就是密度大、鞋底沉，而树脂类型的外底可以解决这个问题。

聚氨酯材料是一种综合性能较好的发泡材料，它的相对密度为0.4~0.5，质地很轻，还具有强度高、弹性好、抗撕裂性好、耐油、耐磨、耐臭氧等优异性能，但是聚氨酯材料的价格高，会加大鞋的成本，缺点是不耐水解。

另一种叫做乙烯醋酸-乙烯酯（EVA）的材料，以其较低的价格赢得了市场，发泡的EVA质地也很轻，但是不耐磨，因此，发泡EVA常做外中底材料，在EVA底的下面再贴合一层橡胶材料，即所谓的杂交底，也就是十佳底，这是一种质轻与耐磨的完美结合。近来又研发出来一种MD底，也叫做PHYLON底，这也是用EVA材料制作的，但是要经过两次硫化，第一次硫化使EVA材料发泡，打磨表层后再进行第二次硫化，使外层成为光滑的实心层，从而提高了鞋底的耐磨性。EVA材料有一股不好闻的味道，在做出口鞋时要注意，有些国家是不准进口的。

目前还正在流行着一种TPU材料，这是一种热塑性的聚氨酯，使聚氨酯的加工性能变好，很方便地生产出耐磨、耐屈挠、半透明状的实心材料，用在运动鞋底上，用在装饰部件上，增加了神秘感，显得格外高雅漂亮。

2. 中底材料

在皮鞋中使用的内底，在运动鞋中被叫做中底。生产绷帮鞋时，中底的材料大多是纸板，材料的厚度为1.7~2.3mm。纸板革的特点是质地硬，富有弹性，有较高的强度，不易变形，常配合TPR、打磨EVA外底使用。生产套楦鞋时，要用到中底布，这是由“帆布+不织布+帆布”复合成的，注意使用的外底内层要平整，常配合

PHYLON、PU外底使用。在绷帮工序完成后，需要填底腹，一般用2mm厚的EVA低发泡片材填充。

3. 鞋垫

鞋垫的材料可以EVA发泡材料或橡胶乳发泡材料，采用成型的鞋垫需要进行模压加工，前掌厚度5mm左右，后掌厚度6.5mm左右；采用直裁鞋垫的材料用5mm左右的EVA切片或橡胶乳发泡材料。在鞋垫的表层一般要复合一层织物，增加舒适感和卫生性能。

作业与练习

1. 常用的帮面材料和帮里材料有哪些?
2. 常用的外底材料有哪些?
3. 进行市场调查、观察，运动鞋选用材料有什么新变化。

下篇　运动鞋的设计

运动鞋的设计是鞋类设计的一部分，包括在工业产品设计的范畴之内。在学习运动鞋的设计之前，首先应该弄清关于设计的概念。设计一词应用的范围非常广，例如建筑设计、园林设计、工业设计、产品设计、服装设计、鞋类设计、广告设计、装饰设计、花纹设计等，都与设计有关。就是在鞋类的设计中，也会出现楦型设计、帮样设计、鞋底设计、模具设计、工艺设计、结构设计、造型设计、创意设计等关于设计的概念。

什么是设计？设计一词本身的含义很多，既可以做名词，也可以做动词，不同专业的学者们对其解释也不尽一致。一般情况下，很多人认为设计就是色彩、花纹、形状或装饰，而广义上，是指在某种目的的指导下，进行创造性的想象，把其设想具体表现出来这样一种活动。对于鞋类的设计来说，就是根据需要把创造性的想象以具体的鞋的形式表现出来的过程。这句话本身的意义并不难理解，核心内容是“创造性”，也就是创新。没有创造就没有发展，不去创新就势必会走入重复、仿制、抄袭的歧途。对于任何的设计来说，没有创造就没有生命；离开了创新，也就无所谓设计。创造性首先来源于想制造某种物体的要求，根据要求在头脑中产生一种不同于以往的想象，这就有了创意。如果创意只停留在想象这一步，产品是出不来的，还必须把这种想象付诸实践，也就是创意设计的实施，把想象具体地以样品、成品、商品的形式表现出来。在设计的不同阶段，具体表现的内容是不同的。

怎样去具体表现？方法之一就是用效果图去表现，是把关于鞋的概念具体到一张图上。效果图设计强调的是艺术设计，这只达到了把想象概括化、图形化、艺术化，距离得到产品还有很大的差距，特别是对于产品的结构、功能等带有技术性的设计，都无法用效果图表现，因此就有了具体表现的方法之二：通过结构设计来表现。结构设计图是结构设计的图形表示，帮样设计、鞋底设计、楦型设计、模具设计、工艺设计等都可以用图形来表示，结构设计图强调的是技术设计。目前在工厂里占有重要位置的打板或出格，只是结构设计中的一项具体的取板工作，通过图形制取样板、然后再试制。因此结构设计图在效果图与产品之间起着转化的作用，顾客购买产品所看到的造型，是结构设计的造型。如果把效果图设计称为原创设计，那么结构设计就是二度创作，没有这二度创作，图形不可能变成鞋子。在设计的循环过程中，结构设计处在“瓶颈”的位置，只有效果图还不能取板，如果有了结构设计图就可以直接取板，就可以开料、车缝、绷帮、配底、成型，直到试制出想象中的样品鞋。从样品鞋到成品鞋、再到商品鞋的各个阶段，都可以说是鞋类设计的具体表现过程，那么产品的生产和营销算不算在设计的概念里呢？

中国古代有个寓言故事叫做“瞎子摸象”，摸到耳朵的人说大象好像一把扇子；摸到肚子的人说大象好像一堵墙；摸到腿的人说大象好像是柱子；每个人只是按照自己的经验去描述，总也说不清大象到底长得如何。在计划经济时代，我们对鞋类设计的认识就好比是瞎子摸象，各执一词。举这个例子并不是想贬低谁，而是要说人的认识会受到生产的限制、社会环境的限制、理论认知程度的限制，从而无法看清鞋类设计的实质和全貌。因此，设计是一个大概念，从表现的方式上讲，包括技术设计和艺术设计两方面内容，造型设计、效果图设计、色彩设计、装饰设计等是以艺术设计为主的表现；楦型设计、帮样设计、鞋底设计、功能设计、工艺设计、模具设计等是以技术为主的表现。从运作过程上讲，应当包括前期的创意设计、中期的设计实施、后期生产营销三大环节。通过市场调研、确定设计目标和设计定位、进而进行创意设计、再通过艺术造型手段画出效果图，这些都属于设计的前期阶段；中期的设计实施阶段，包括结构设计和打板，以及开料、车帮、成型等试制操作，楦型设计、帮底设计、功能设计、模具设计等，都是结构设计的组成部分。中期阶段的主要任务是试制出合格的样品鞋。在样品鞋进行确认之后，就可以正式生产，得到的产品叫成品鞋；再经过营销的策划，抓住时机、推向市场，把成品鞋转化成商品鞋，这就是设计的最后的一个生产营销阶段。通过商品的流通销售，再进行信息反馈，不断地改进现有的商品，就进入第二个大设计的循环。

后期销售为何也包含在大设计的范畴里面？早在1920～1930年期间，美国工业曾以惊人的速度在发展，相应地就出现了生产过剩而逐渐显露出销售困难，从而导致工业产品激烈竞争。如何才能设计出价格便宜、坚固耐用、使用方便而又美观的产品，这是对当时工业设计向前发展的一种挑战：因为当产品价格降到一定限度之后，就只有靠设计的优劣来左右销路了。这个事实使人们对设计的认识起了新的变化，即设计不仅关系到产品的功能、结构、材料、形态以及制作技术，还关系到产品的销售。产品竞争的实质是设计的竞争，经过美国经济竞争的洗礼，工业设计的观念得到了新的发展，不仅确定了其在经济社会的地位，而且也开始了设计与商业的结合。设计与商业结合的问题，说白了就是“卖给谁”，就是设计的对象。找不到买主的鞋堆积在仓库里就造成积压，是人们购买力低吗？不是，是买不到合适的鞋。

目前我国的鞋类市场使用的还是价格战，靠降价解决消化流通问题，因为还没有认识到设计在营销中的作用。把大设计概括成三个环节，是想表明：由于设计观念的落后，使得我国的鞋类设计水平远远地落后于发达国家。目前许多工厂都是在设计的第二个环节努力打拼，没有第一个环节的设计目标和定位，这就成了无源之水、无本之木，只能在同一档次上重复，能不落后吗？没有设计的第三个环节形成流通，自然是消化不良、肠梗阻，能不生病吗？作为一名鞋类设计师，必须理顺设计的观念，必须具备艺术设计与技术设计两方面的才能，必须具有大设计的眼光和胸怀，这样才能使我们的鞋类设计走出一条具有本民族特色的自强之路。

第九章　运动鞋的造型设计

造型设计是艺术设计的基础。所谓造型，用通俗的话说就是塑造物体的形态，下一个完整的定义，就是"创作者透过视觉语言所表达的一切可视或可能的成形活动"。运动鞋的造型设计就是塑造运动鞋的形体，包含的内容很广泛，既有平面造型，又有立体造型，既包括静态造型，也包括动态造型，既考虑具象造型，还要考虑抽象造型。作为一名设计师，除了技术能力外，还要具有一定的美学修养和构想能力，才能根据社会的需要，把运动鞋的技术设计与艺术设计完善地结合起来。造型是有规律可循的，掌握造型的规律，在鞋类的设计中就可以打开想象的闸门，创造出更好、更美、更实用、更受欢迎的产品。

第一节　造型设计基本要素

人们常把形态要素、机能要素、审美要素称为造型的三要素，三要素是把造型设计具体化。形态要素解决的是存在于形态中的"任何有形的现象"，例如外形、颜色、质地；机能要素解决的是蕴含于形态中的"机构组织所应赋予的功能功用"，例如要满足生理上对舒适、安全的要求，满足心理上对形象、身份、地位的认知要求，满足物理性能上的耐穿、耐磨、防滑、减震等功能的要求；审美要素解决的是"综合各种要素，以达到完美的造型"。把握造型的三要素，有助于掌握运动鞋的造型规律。

一、形态要素

形态与形状的含义不同，一款鞋从不同的角度去看，会有不用的外形，仅用形状去描述，不能确定鞋的立体造型，因此鞋的立体造型应该用"形态"来表示。构成形态的必要条件是"形"、"色"、"质"，也就是构成形态的三要素。

1. 形

这里的形是指具体的外形、轮廓以及结构形式等。例如拖鞋的外形、凉鞋的外形、女浅口鞋的外形、满帮鞋的外形、靴鞋的外形、运动鞋的外形，都会有不同的轮廓，都会有各自的结构特点。

鞋类的立体造型与其它产品的造型有一个最大的区别，就是离不开鞋楦。因此鞋的立体形态，比如鞋头的宽窄、厚薄、长短，以及圆头、方头、尖头、偏头等头式的变化，都依仗着鞋楦的造型，否则无法达到定型的要求。鞋跟的高低不能乱配，也必须由鞋楦决定。鞋的美感体现在哪里？首先体现在鞋楦的美感上，鞋帮只是贴伏在楦面上的一层美丽的外衣。此外，鞋子穿着是否舒适、合脚，主要也取决于鞋楦。因此，鞋楦的造型在鞋类的造型中起着至关重要的作用，没有好看的楦型，不可能生产出好看的鞋子。从鞋立体的大形上看，与其说是鞋子的造型，还不如说是鞋楦的造型更恰当。鞋楦是不可以乱用的，生产不同结构的鞋子，要选用不同种类的鞋楦。早期的运动鞋楦都比较肥，设计出来的鞋也总是肥肥的，想瘦也瘦不了。现在的鞋楦，开始向时装化转变，许多生活中穿用的运动鞋也变得清秀起来，这同样也是楦型在起作用。

鞋类产品的造型，除去楦型之外，就要看鞋帮与鞋底的结构了，是鞋帮与鞋底的组合支撑了鞋子的形态。在鞋楦确定之后，才能开始帮底部件的结构设计。

鞋帮是由一块块帮部件组成的，帮部件的大小不同、多少不同、形状不同、组合方式不同，就形成了鞋帮的不同结构造型，再加上材质的变化、色彩的变化，就形成了形形色色的鞋子。帮样设计，主要是帮部件的轮廓外形的设计，这只是鞋子外表上的变化，帮结构设计，除了帮样的轮廓外形，更强调的是部件之间的结构关系，不同结构的鞋具有不同的风格，抓住了鞋子的结构，就抓住了造型的内在实质，就容易演变出生动的造型变化。例如同是一双慢跑鞋，通过前套的变化、后套的变化、眼盖的变化、眉片的变化、装饰的变化等，可以变幻出千姿百态的同类型产品，这就是外在表现的变化；如果做一些减震设计、防臭设计、轻量化设计等，在外观上往往看不出来，但在结构上就起了很大的变化；如果再把慢跑鞋与篮球鞋相比较，或与足球鞋相比较，立刻就能看出它们之间在大形上的区别，因为运动项目不同，功能结构要求也不同，不仅表现在外观上有区别，在结构上也必定会有区别。所以主题设计也好、概念设计也好，不同花色品种的变化设计也好，最后总要落实到具体的产品上，鞋子的结构就为各种的变化打好了坚实的基础。

鞋底与鞋帮比较起来，结构相对简单一些，但鞋底的作用也不能忽视，俗话说“好花还需绿叶扶”，在外观上，鞋底就起着绿叶的作用；在功能上，鞋底比鞋帮的作用会更胜一筹。所以鞋底要与鞋帮的结构款式相搭配，要在简与繁、艳与素、轻与重、深与浅、明与暗、胖与瘦之间找平衡。参见彩图-1，简洁的慢跑鞋帮面配十佳鞋底，已成为一种搭配的经典；参见彩图-2，全明星的高帮帆布面篮球鞋配厚厚的硫化鞋底，受到几代人的欢迎，鞋底边沿设计的那条“吃水线”，令人经久难忘；参见彩图-3，速跑鞋底配有帮助抓地防滑的鞋钉，成就了许多运动明星。帮与底的搭配，往往在设计构思时通过效果图就已经完成，在生产中，一款鞋底可以与多种帮样相搭配，鞋帮与鞋底搭配得和谐，才能使成品鞋产生和谐美。

为了增加鞋子的美观，在鞋帮上会经常用到一些装饰设计。装饰部件在造型中往往起到画龙点睛的作用，特别是一些品牌鞋的商标设计，在色彩、造型、安排的位置上，都别具匠心，既醒目又突出，与鞋的整体和谐相处，浑然一体，没有丝毫杂乱繁琐的感觉，参见彩图-4，可以看到耐克的“勾勾”、阿迪达斯的“杠杠”、彪马的“美洲豹”，无不赏心悦目。装饰设计不是要把许多好的东西都拼凑进来，这样会显得很累赘，而是要精挑细选，把最合适的造型安排进来，要恰到好处，形成吸引人的亮点，以整体烘托装饰，以装饰提升整体，最后达到局部与整体的协调美。从形的角度看，设计出好看的造型要把握好鞋楦、鞋帮、鞋底、鞋装饰四个环节。

2. 色

这里的色是指鞋子的颜色、色彩。运动鞋的色彩变化十分丰富，与皮鞋相比较，配色显得非常开放和大胆。许多高纯度、强对比的色彩，在运动鞋中都经常见到，究其原因，都与运动有关。高纯度的色彩鲜艳华丽，对感官刺激性强，使人感觉到很愉快，在运动中容易引起兴奋，所以在运动鞋上引用高纯度的色彩会受到运动员的喜爱，同样的原因，强对比色具有华丽、生动、活泼的感情色彩，容易使人兴奋、激动，用于运动鞋的色彩搭配是再好不过的。其实，看一看运动服装的绚丽色彩，就会明白鞋子为什么有丰富的配色，鞋与服装相互搭配、相得益彰，是着装美的基本原则。

色彩在人们的生活中是一种不可缺少的视觉感受，“远看颜色近看花”，一款好的运动鞋首先引人注目的就是色彩，这就叫先声夺人。尽管世界上的色彩千差万别，但任何一种色彩都具有色相、明度和纯度三方面的性质，俗称为色彩的“三要素”。在为运动鞋配色时，要考虑色相的变化、明度的变化、纯度的变化、色调的变化、色块的变化，还要考虑色彩的对比、色彩的调和、色彩的心理作用、色彩的构图法则，更重要的是要把这些一系列的变化与鞋的结构和功能结合起来，要搭配好运动鞋的色彩并不那么简单。

目前在工厂里大都是采用电脑配色，先把素描线条手稿输入电脑，然后再搭配色彩。几千万种色彩在电脑的拾色器中都可以找到，敲敲键盘，把色彩填充在鞋形上，想配什么颜色就配什么颜色，看起来挺容易的，其实不然。运动鞋的配色不是简单的电脑操作就能解决的，配色的目的是搭配出与鞋的款式结构相协调的颜色，把好看的色彩展示给顾客，这里有许多色彩的理论需要学习。电脑操作者首先必须明白什么是“好看的颜色”，只有弄清了配色原理，才能搭配出理想的色彩。电脑配色者必须懂得鞋的结构和所用的材料，必须清楚色彩的构成，必须了解色彩所引起的心理变化，才能搭配出好看的颜色。

颜色好看与否，不是看颜色本身，而是要看颜色的相互搭配，也就是色彩的对比与协调。任何一块颜色都不是孤立存在的，它要和周围的颜色在面积、形状、位置以及色相、明度、纯度等方面互相影响，形成对比的变化关系，没有对比的色彩再鲜艳也平淡无奇。反过来，如果色彩的对比过于强烈，搅乱了秩序规律，违背了人们的审美习惯，就会杂乱无章，也没有美感，就色彩本身而言，和谐的配置就是美。

3. 质

这里的质是指质地和肌理。质地是由材料的自然属性所表现出的表面效果，是以视觉、触觉来直接感受的，质地的美是静态的、深邃的、朴素的、实用的。肌理是由人为的操作行为导致出的表面效果，在触觉和视觉中加入了某些想象的心理感受，肌理的美是动态的、意匠的、实用的、智慧的。例如天然皮革具有天然的毛孔所形成的自然的花纹，表现出自然的、质朴的、高贵的美感；人工革是仿制天然皮革，表面的花纹是人工制造出来的，形成的是表面肌理，表现出一种整齐规范的、质地均匀的意境美。

制鞋所用的材料有很多，不同的材料会有不同的质地或肌理，还会有不同的物理性能、化学性能、力学性能等，因此如何选材就成了造型的关键之一。如果造型中只有好的形态而缺少质感，其表现往往是僵硬和乏味，没有吸引力。运动鞋中使用的人工革材料比较多，材料的表面处理不同会形成不同的肌理，例如仿羊革有羊皮的瓦楞形花纹，肌理细腻，感觉很亲切；漆面革光亮照人，肌理平滑如镜面，感觉很滑爽；荔枝纹革有很强的浮雕感，肌理醇厚，感觉很雅致；仿绒革有一层细细的绒毛，肌理清晰，感觉很温暖；银色的太空革有金属光泽，肌理平滑，感觉很神秘。选材就是要把不同的材质、不同的肌理、不同的性能、不同的感觉用在不同的鞋款造型上，从而表现出不同的设计风格。

每款鞋子的形态，都离不开形、色、质这三个要素，皮鞋如此，运动鞋也如此，所有的造型都如此。

二、机能要素

每设计一款鞋子，都会有一定的目的性，使鞋子达到某种功能要求或具有某种用途，为此，选择鞋子的材料、设计鞋子的结构、安排鞋子的装配工艺等，都必须满足一定的生产要求，由此就引出了机能要素："达到此目的所要求的条件，以及满足这些条件所需要的形态结构。"比如设计跑鞋，为了达到"跑得快"的要求，必须使鞋体轻一些，鞋底防滑性好一些，耐屈挠性，减震功能、透气性能好一些，为了满足这些条件应该选用一定的材料、一定的工艺、一定的鞋底结构、一定的鞋帮造型等。

机能要素可以从物理机能要素、生理机能要素、心理机能要素三方面去分析。

1. 物理机能要素

主要表现出材质优良、结构稳定、性能安全可靠。特别是要适应运动中的冲击力、弯折力、压力、摩擦力、扭转力等动态的变化。比如运动鞋的橡胶底，如果使用的再生胶过多，鞋底的耐磨性、强度就会明显下降，不耐穿，这是由于材料质量低劣而造成的物理力学性能下降；比如胶粘鞋使用的胶粘剂，在帮底结合的过程中有着举足轻重的作用，如果胶粘剂使用不当，在运动中就会造成运动鞋开胶，鞋头张着嘴、露着脚趾，这是由于工艺操作不当而造成的结构稳定性受到破坏；再比如，越野跑要穿过泥泞的湿地，鞋底的花纹就要粗深一些；短跑的速度极快，鞋底的抓地功能就要强，所以采用鞋钉来加大摩擦力；公路跑的地面比较平坦，有一定的硬度，底纹粗细适当，要有一定的弹性。同样是跑步，同样是鞋底，为何有这么大的区别？这就是透过物理机能要素来分析鞋的功能，使不同品种的鞋在不同的穿用环境中都具有较好的保护性和安全性。

2. 生理机能要素

主要表现在舒适、实用、方便。鞋子的舒适性能如何，关键是能否符合脚的生理结构，有句名言说“鞋子舒服不舒服，只有脚知道”，凡是造成磨脚踝、挤脚趾、啃脚跟、压脚背、不跟脚的鞋子，大多是不符合脚型结构。鞋子不是用来看的，一定要有实用价值，起码的要求是舒适合脚、结实耐穿，对于运动鞋尤其要注意各种运动的特点，在不同运动项目中脚的活动状态也不同，用于跑的、用于跳的、用于扭动的、用于束缚的各种鞋类，都应符合脚的生理机能。在运动中往往会有一些意外的伤害，鞋子作为运动的装备，就应当有安全保护作用，例如打篮球时脚踝容易受伤，鞋帮高度要盖过脚踝骨，鞋帮要硬一些、支撑防护作用强一些；打网球时横向运动多，鞋帮两侧就要补强，对脚产生较好的束缚作用；踢足球时要用脚内怀传球，所以脚山的位置要设计得高一些，加大防护范围；跑步时为了减少对大脑的震动，就研发了充气垫，有较好的减震作用。穿鞋除了安全还要方便，前开口式运动鞋采用浅口门结构，是为了脚掌活动的方便；采用尼龙搭扣，是为了系带的方便；采用四面弹做鞋口，是为了穿脱的方便；采用人工革制作，是为了清洗保养的方便。采用人性化设计，就是要符合人脚的生理机能，就是与人方便。设计的目的是强调鞋为人脚服务，而不是让脚去适应鞋。

3. 心理机能要素

鞋子虽小，但对人的心理影响并不小，除了形、色、质直接刺激人的感官外，还有对文化与经济方面的精神影响，也就是常说的鞋文化。心理机能要素主要包括：形态给予视觉的感受要有和谐性；形态在文化层次上要有包容性；形态在生存环境中要有价值性；形态在生产成本上要有经济性。鞋子作为一个人造的形态，首先应具有审美性，在形状、色彩、材质上应当具有和谐的美，不仅仅是外观让顾客看着很舒服，而且穿着起来还能显示出独特的身份、地位和气质。许多人大呼买不到鞋子，并不是货源不足，而是买不到中意的鞋款。鞋子上还承载着文化的内涵，不同时代的鞋子，都具有那个时代的特点，所以在鞋类的设计中，一方面要吸取不同时期的文化营养，另一方面还要与时俱进，设计具有时代感的精品。鞋子作为生存环境中不可或缺的产品，必定对环保产生影响，劣质产品的制造，就是在生产垃圾，就是在浪费自然资源，毫无价值可言，所以要设计和生产与文明环境相宜的产品，要设计和生产对社会有价值的产品。有生产就要有投资，就要有成本，就关系到经济性。如果成本高，价格就高，购买力就会降低；如果能降低成本，价格适于消费群体，购买力就会提高。顾客对于价格有个心理承受的问题，不同的消费层有不同的价格满意指数，价格虚高，无人问津；价格过低，失去信任感，因此要掌握好经济杠杆的作用，才能够持续发展。鞋的价值、鞋的文化、鞋的品牌，都时时装在顾客的心里。

三、审美要素

爱美之心人皆有之，但审美意识却不是生而有之，这就需要学习。一件好的设计作品为什么好？一件失败的设计作品为什么会失败？如何在造型中创造美感？如何提高审美的意识？这里面有一定的审美规律可循，就是美的形式构成法则。例如统一、平衡、比例、律动、强调等。这些法则是前人通过长期的生产劳动、生活实践以及艺术创作活动，对事物形式美构成规律的总结，我们研究这些法则，就是要用于创造，把那些离散的、变幻的、杂乱的素材，借着形式法则给予合理的组织、安排，构成具有美感的造型。

评判同一件造型事物的美感，为什么有时会意见不一致，甚至会相反呢？即使是在鞋类设计大奖赛的入围作品中，有些式样也得不到业内人士的认同。应该承认，人的审美观存在着个体差异，不同地区、不同国家、不同文化层次、不同的价值观，对审美的要求也是各不相同的，所以评判的结果不一定相同。另一方面，在对美的欣赏层次上也有不同的定位，初步是对外在表现美的欣赏，例如悦目的颜色、优美的造型、鲜明的质感，都会引起生理的快感；如果进一步就发现，完美体现内容的形式结构会更具有吸引力，造型所体现出的趣味、情调符合自己心意，从而产生一种心理上的美感；如果再进深一步，通过欣赏作品的深刻内涵，优美格调，能够提高自己的审美水平，并促进自己的审美感受得到升华，这就产生一种理性的审美意识。从生理快感，到心理美感，再到审美意识，这是三个不同的审美层次，如果站在不同的层次上去评判同一作品，其结果必然会有差异。

在美学规律上，或是美的形式法则上，美与不美之间是有一定的准则的，因此在审美的心理上应当清楚，任何有条件的造型活动，其审美观点都应该建立在客观的标准上。审美要素是要综合各要素的内容以达到完美的造型，所以在外在形式上，要符合视觉美的条件；在内在机能上，要符合价值美的条件；也就是形式与机能的统一、艺术与技术的统一。

了解了造型的形态要素、机能要素、审美要素之后再来看造型，造型的目的就变得十分明确：就是塑造美的形体。对于鞋类产品的造型来说，它不是纯艺术的造型，而是一种实用的艺术造型，也就是说设计的鞋子不仅要好看，而且要好穿。因此掌握鞋类的造型设计要从两方面入手，一方面是艺术设计，另一方面是技术设计。掌握造型的三要素，是从艺术的角度去把握鞋子的美感，就市场的需求而言，没有美感的鞋子就不会有销路，设计人员如果没有美学知识，缺少审美意识，或审美的层次不高，那么设计的鞋子也不会有美感。鞋子的造型是一种立体的构成活动，如果把造型只停留在画效果图上，即使款式再新颖，色彩再漂亮，立体感再强，它仍然是一件二维的作品，达不到造型的基本要求，因此还必须通过技术设计手段，把二维转化成三维，把平面转化为立体，把效果图转化为漂亮的鞋子。

作业与练习

1. 什么是形态的三要素？以运动鞋为例进行分析。
2. 机能三要素指的是什么？以运动鞋为例进行分析。
3. 审美要素在造型设计中有什么作用？

第二节　构成形态的基本形

形是构成形态的三要素之一，它不仅是指物体的外形轮廓、形体相貌等，还包括了物体的结构形式。宇宙间有形的物质是不计其数的，有形物质的形态也是千变万化的，从造型的角度看，如此多变繁杂的形体，都可归结为“点、线、面、体”这 4 种基本形，也就是通过点、线、面、体可以构成任何物体的造型。

点、线、面、体这些基本的形，在造型学上和在几何学上的解释是不同的。在几何学上，点、线、面、体是一种从视觉上引申出来的结构观念，而在造型学上，点、线、面、体是一种视觉上引起的心理意识。例如，几何学上的三棱锥体，就是一种结构概念，你可以准确地把结构图形画出，还可以用石膏模型表现出来，但是这种标准结构的实物在世界上是找不到的。如果你看到端午节吃的粽子，就会想到这就是一种近似的三棱锥体，这就是在视觉上引起的心理意识，把粽子的造型往三棱锥体上靠拢。下面对点、线、面、体逐一加以认识。

一、点

点在几何学上和在造型学上的最根本作用是确定位置。点在几何学上的定义是“只有位置，而不具有大小和面积，是零次元的最小单位”。但在造型学上，点是一种具有空间位置的视觉单位，点有一定的大小、面积、形状、位置，只是在与其它造型要素相比较时显得非常小才称为点。汪洋中的一条船、夜空中的一颗星、树上的一只鸟，都可称为造型上的点；船上的一盏灯、星球上的一座山、鸟头上的一只眼，也同样可称为点，因为点的大小是相对的。

点的特征是具有凝聚性，可以引起视觉集中，通过视觉引力而导致心理紧张。雪白的墙壁上落着一只苍蝇，苍蝇很小，但是显得很醒目，甚至无意之间撇上一眼也会看到它，这就是点的凝聚性。点越小，点的感觉就越强；点越大，就越趋向面的感觉。鞋帮上的商标，往往就具有点的特性，看鞋款时，眼睛会不由自主地被吸引在商标上面。点所处的的位置很重要，如果点的位置在几何中心，会感觉到结构稳定；如果点的位置靠下，就有下坠感；如果点的位置靠上，就有升腾感。当点的位置在脱离中心后就会产生不同的动感，所以安排商标的位置就会变得很重要。

如果有两个性质相同的点同时存在于视野中，视线便会往返于两点之间，无形之中就产生了一段心理上的连线；如果有三个点存在视野中，视线便会将它们连接成一个虚构的三角形；如果有无数个点存在，视线便会有复杂的连接，形成一种虚面的感觉。也就是说有两个或更多的点存在时，点与点之间会产生心理连线。在鞋帮的装饰中经常会遇到打装饰孔，一排孔形成一条虚线，几排孔就形成一块虚面。车帮时的每一个线迹，也是一个点，连续的线迹就形成了线，把线迹车缝在部件的边沿，强调了部件的轮廓线造型，有一种秩序井然的规整美感。

点虽然是造型上最小的视觉单位，但由于其位置性关系到整体造型的效果，所以点与造型的关系有着重要的意义。

二、线

线在几何学上的定义是：“点移动的轨迹，只具有位置和长度，而不具有宽度和厚度”。在造型学上认为，线是具有长度和方向的“一次元空间”，还有粗细、宽窄之分。线的粗细不同感觉不同，粗线强壮有力、细线纤细锐利、粗线细线的巧妙排列还会产生远近的关系。线的类型十分复杂，总括来说有直线和曲线两种基本线形。造型中尤其引起关注的是不同的线形具有各自明确的感情色彩：垂直线有端庄、挺拔、坚定、上升的感觉，水平线有稳定、平静、安详、开阔的感觉，斜直线有运动感、发射感、速度感、不稳定感；

由圆、椭圆、抛物线、漩涡线等构成的几何曲线，有一种规整美，而自由曲线的抒情性强、个性强、充满着优雅的美感。

线条的表现力很丰富，运动鞋的设计离不开线条的表现，评价设计水平的高低，其中有一点就是看线条的表现力如何，不仅仅是要求表面上线条光滑、圆顺、到位，而且在深度上还要有情感色彩，用线条表现出心理的感觉。比如说跑鞋的速度感、足球鞋的迅猛感、篮球鞋的跳跃感、网球鞋的强力感，都需要用线条来说话，用线条的造型来表现。运动鞋的结构设计，就是通过部件的轮廓造型，部件间的有机组合，以及帮底间的搭配关系等，来表现运动鞋的美感。

在设计的过程中，几何意义的线和造型意义的线会同时存在，并发挥着不同的作用。造型意义的线表现为直观的线，例如部件的轮廓线、分割线、接帮线、装饰线等，都明确存在于造型体的表面，可以感触到。几何意义的线是一种非直观的线，例如楦体的背中线、后跟弧中线、凸起曲面的反光线等，它们是立体型的拐弯部位形成的可视而不可触的线。为什么楦面的背中线不容易画直画正？因为这是一条非直观的线，而楦底棱线为什么容易描画出来？因为这是一条直观线。

线的构成方法有很多，或连接或断开，或重叠或交叉，依据线的粗细、方向、角度、间隔、距离等不同的排列组合，可以构成千变万化的线形。掌握了线条的构成变化，就可以设计出丰富多彩的鞋款来。

三、面

把点连接起来就形成了线，把线集合起来就形成了面。在几何学上，面是“线的移动轨迹”，具有长度、宽度、大小之分，但是无厚度。在造型学上，面是一种“形”，也是由长度和宽度构成的“二次元空间”，但是面具有厚度感。如果厚度或高度与面积相比较，显不出强烈实体时，仍然属于面的范围。当两块帮部件采用压茬缝合时，上压部件常常要进行片边，消减缝合后的高度差，把两块部件当成同一块面积对待。如果想通过压茬缝来达到立体的效果，上压件材料可以厚些，或是包边或是折边，就会明显地突出于下压件之上。

面有积极的面与消极的面的区别，积极的面，是由线的密集移动、点的继续扩大、线的宽度增加或体的分割界面所形成的，也叫做具体的面；消极的面，是由点的集合、线的集合或体的交叉所形成的，也叫做虚有的面。打板时所分割出的每一块样板，都是一块具体的面，但是由装饰孔所形成的面、由电脑绣所形成的面、由印刷所形成的面等，都是虚有的面。称虚有的面为消极的面，并非是这种面作用不大，也不是真实感不强，这是一种意念上的面，在造型设计中，利用虚有的面作装饰，往往能发挥更大的作用。

在平面造型中，正方形、三角形、圆形被称为是三个基本形态，就如同色彩的三原色一样。正方形表现的是垂直与水平，三角形表现的是倾斜与角度，圆形表现的是循环与曲面。在样板设计中，部件的外形，都是由这三个基本形演变出来的。面的种类虽然有很多，但决定其面貌的主要因素就是“外轮廓线。”运动鞋的外观轮廓，这是一种虚有的面，但它能直接表现出了鞋款的主要特征，例如篮球鞋的高大、网球鞋的稳重、滑板鞋的肥胖、足球鞋的清瘦以及慢跑鞋的动感等等，都是在运动鞋大轮廓线的设计时，就打下了基础。

在造型中还经常会遇到“几何形”、“偶然形”、“有机形”、“不规则形”等概念名称。如果是利用数学法则构成的直线形或曲线形就叫做几何形，例如前面提到的正方形、三角形、圆、椭圆等都属于几何形，几何形给人以明确、理智的感觉，但过于单纯的几何形难免产生单调的弊病。如果是非人力所能完全控制其恒定现象的形就叫做偶然形，例如由水滴溅出来的湿痕、由火焰烧出来的残迹、把油滴入水中的漂浮状态等都属于偶然形，偶然形富有特殊的抒情效果，但难逢其成，而且易流于轻率。如果有一种顺乎自然、并且具有秩序性美感的形就叫做有机形，例如大海的波浪、起伏的群山、茂密的竹林等，都是自然形成的，都能给人以舒畅、和谐、生机勃勃之美感，但引用这种造型时，必须考虑形本身与外在力的相互关系才能合理地存在。如果遇到一种非秩序性、且故意寻求表现某些情感特征的形就叫做不规则形，例如卡通画中的米老鼠和唐老鸭，已不是常见的老鼠和鸭子，而是拟人化了，这种利用夸张的手法打破正常秩序，表现出活泼、可爱、生动、幽默效果的造型就属于不规则形，应用这种方法如果处理不当，也会造成混乱。

在利用面构成的形进行设计时，除了形状、大小、色彩、肌理影响设计效果外，还会受到形的方向、位置、空间和重心的制约。如果两个形状相连，会出现并列、相遇、重叠、重合等多种变化情况，运用得好，会使设计效果更加异彩纷呈。

四、体

体在几何学上被解释为“面的移动轨迹”，在造型学上被理解为：由长度、宽度、高度或深度、厚度所共同构成的“三次元空间”。体因为占有实质的空间，所以从任何角度都可以通过视觉和触觉感知它的存在。以构成的形态区分，体可以分为半立体、点立体、线立体、面立体和块立体等主要类型。运动鞋是立体的造型，但是属于哪一种体态类型呢？

半立体是以平面造型为基础，将其部分空间立体化的，即所谓的2.5维，例如十佳底跑鞋的橡胶外底，厚度较薄，就如同平面的造型，贴合完成后，前底舌微微翘起，就构成了半立体造型。半立体造型的特性在于平面上有凹凸的层次感和起伏变化的光影效果，采用高频装饰工艺设计的花纹图案，都属于半立体范围。

点立体是以点的形态在空间所产生的视觉凝聚的形体，例如用滴塑制成的装饰件、小金属饰件等，远看像个点，近看是个小型体。点立体富有玲珑、活泼的独特效果，面积不要太大，否则会减弱视觉的吸引力。

线立体是以线的形态在空间中构成所产生的形体，例如利用重复线条的近大远小、近粗远细排列，表现出深度感等等。再如跑鞋的动感，一方面是由楦型、鞋体的大形来体现；另一方面就要靠线条来表现，其中由线立体形成的浮雕效果，可以使动感越出水面。参见电脑设计彩图-5。

面立体乃是以平面形态在空间中构成所产生的形体，观察一下鞋帮套，这就是一个面立体。面立体与半立体不同，半立体的感觉是在平面之中有部分立体化，面立体从整体看是个立体造型，但形成的是一种“壳”状。面立体有分割空间、或虚或实、或开或关的局限效果。例如有了鞋帮套，就有了鞋腔，就分出了鞋里与鞋面，这是分割了空间；鞋口是由后帮部件围成的，没有后帮部件的实，也就没有鞋口的虚，虚实相关；紧固鞋带就是系、就是关，松开鞋眼盖就是解、就是开，这些变化只有在面立体当中才能表现出来。

所谓块立体，是以三次元的形态在空间构成的完全封闭的立体，在制鞋上所用的鞋楦与鞋跟，就是块立体。块立体是实实在在的立体，从各个方向上都能触摸到它的存在，给人以厚实和浑重的感觉。

从整体看，鞋的造型属于面立体构成，鞋楦与鞋跟的造型属于块立体构成。在运动鞋的造型中，要选用不同的材质、搭配不同的颜色、形成不同的结构，以满足生理上、心理上、物理性能上的机能要求，符合审美的标准等。在塑造形体中，势必要利用点、线、面、体这些基本形的变化，设计出各种不同的鞋款造型。鞋类造型的变化是丰富多彩的，随着社会的发展，总会有新的鞋款出现，所以要把艺术设计与技术设计结合起来，创造出更新、更美、更受欢迎的好产品。

作业与练习

1. 造型时应用的点、线、面各有什么特点?
2. 举例说明，以构成的形态区分实体的类型有哪些?
3. 运动鞋属于哪种立体造型?

第三节 造型设计的形式法则

造型是塑造美的形体，那么如何表现才能体现美？如果抛开造型的内容和目的，只谈抽象的美的形式标准，那么美与丑的区分就可以通过“美的形式原理”来判断，这是一种关于美的标准的形式构成法则。人类造型文化的发展，现在已经从过去那种经验的尝试阶段一跃而进入理性的领悟时代，任何人都可以透过科学的手段，利用从科学中掌握的信息、理论、方法，来处理人类理想的造型目标。鞋类的造型设计也是如此，从经验设计跃入平面设计，这已经不是单纯的设计方法的改变，而是渗透着科学的原理和新的思维的方法，使鞋类的造型设计变得更容易操作和把握，因此，掌握造型设计的形式法则就显得至关紧要。

造型设计的形式法则是决定一切事物形状和结构的根本原理和规则，把那些分散的、凌乱的、变幻的、不成形的素材或材料，通过利用形式法则给以合理的安排、组织，最后才能达到成型的目的。比如园林的造型设计、楼房的造型设计、服装的造型设计、鞋类的造型设计等，需要通过组织安排，才能完成造型。至于造型美与不美，都离不开美的形式法则。造型的形式法则主要包括统一、平衡、比例、韵律、强调等方面的内容。

一、统一的形式法则

统一的形式法则，其功能是将造型的诸要素加以统整化，使得整体的造型要素彼此产生关联而富有秩序、单纯而保持和谐的美感效果。在造型时首先要理解整体造型的构架，理解部分与部分之间、部分与整体之间的实质关系，使同质与异质各要素在造型运作之间得以统一，而不至于产生松弛、零乱的感觉。一款造型较好的运动鞋，鞋帮与鞋底的搭配是和谐统一的，帮面与帮里的搭配也是和谐统一的，帮面上的各种部件之间的搭配也是和谐统一的，这种和谐统一完整性就会产生一种美感。在统一的形式法则中又包括单纯、秩序、反复、调和等内容。

1. 单纯

所谓的单纯是指有意将形态的特质发挥，使其余不重要的部分服从于特质，使造型更简洁、明确和有力。也就是说，要把握形的最主要特质，将其它琐碎细节部分消除，达到以最精简的要素表达最有力的形态效果。篮球鞋的造型设计就具有简洁、明确和有力的特征，其中的大面积、大色块、大反差，形成了篮球鞋的特色，这种“三大”，给感官以强烈的刺激，给人以强悍有力的感觉，有了这种感觉，就有了冲动、就有了自信，这就是形态对心理产生的效果。参见彩图-6。

造型艺术的表现，不管是形式上的形、色、质，还是内容上的各种机能，都应该避免暧昧不明的情形发生，以期达到单纯有力的统一效果。单纯也绝非单调，并不抹煞特质的发挥，只是要舍轻就重、舍细节重本质，果真如此，就能强而有力地表达设计人员的内涵与情感，也能在形式上获得强而有力的视觉效果。单纯的对立面是繁杂，一款设计得既琐碎又复杂的运动鞋让人欣赏，就会使人觉得很累。

2. 秩序

秩序可以理解为理性的组织规律在形式结构上所产生的视觉效果，也就是具有规律性的循环反复、层层渐进、节奏韵律。例如检阅时的仪仗队、流水线上的转车、鞋帮上的假线等，都具有秩序感。参见彩图-7。缺少秩序就无法形成整体，就不能达成统一的局面，也就失去了美感。秩序的对立面是零乱，如果车帮时线迹零乱，不但失去了美感，而且还会产生了废品。

3. 反复

反复是指某一单元有规律重复出现所形成的一种富有秩序性节奏感的统一效果。相似的楼层构成了高楼大厦，接连不断的城垛构筑了万里长城，鞋帮上一排排的装饰孔、鞋眼上一串串系好的鞋带，都是反复的典型应用。阿迪达斯跑鞋上的三条纹造型，就是让一个条纹反复出现了三次，形成了既简单又生动活泼的装饰效果。参见彩图-8。反复是一种表现的手段，反复的效果是否生动则取决于单元与单元的相互关系及反复所依循的规律。如果把跑鞋上的三条纹改成七条纹，就失去了生动效果，显得机械、呆板；如果把三个条纹的倾斜方向分别改变，就会破坏了秩序，显得凌乱没有统一感。

4. 调和

所谓调和是指造型要素在组织或结合时，各要素在部分与部分之间、部分与整体之间都能相互协调而达到统一和谐的美感。调和包括两种基本形态，一种是类似调和，另一种是对比调和。

在类似调和中，可以是形的类似调和、色的类似调和、质的类似调和以及机能的类似调和，由于造型的各种要素或在形态上、或在颜色上、或在质地上、或在机能上有着相类似的特征，容易协调一致，协调的效果比较柔和、融洽、富有抒情味道。参见彩图-9。在对比调和中，造型的各种要素是不同的，或是对立的，需要通过对照的安排，使其因互相衬托的作用而形成统一和谐的形式，其效果会产生强烈、明快的感觉，具有说理的意念。参见彩图-10。

关于对比的要素，从视觉与触觉的感受来说，可以分为成“质”与“量”两种不同性质的对比。大小、轻重、高低、粗细、凹凸等属于量的对比；软硬、强弱、老嫩、冷暖、进退等则属于质的对比，甚至是质与量的同时对比。对于量的对比，可以通过加多加少直接调节；如果涉及质的对比，或质与量的同时对比，则需再给予调节，即加入具有转化作用或过渡作用的因素，以化解彼此间的矛盾，才能使极端的对比形式产生调和的效果。对比的调和包括色的对比调和、形的对比调和和质的对比调和等内容。对于任何一款运动鞋来说，都存在着类似调和与对比调和的应用，部件的外形与大小、颜色的深浅与变化、鞋帮与鞋底不同材质的应用等，都会产生矛盾，都需要去调解，都在有意无意地进行着调和，掌握了调和的规律，可以做得更好；不了解调和，就会受制，左右为难。

二、平衡的形式法则

平衡的形式法则是指如何处理各个造型要素，使它们在相互调解之下形成一种安定、静止的状态。换句话说，就是造型要素的形、色、质及其相关的位置、空间、量感、重度、动力、引力、方向、甚至错觉等因素的运作，在整体构成的形式上，给人以不偏不倚的安定感觉，既能产生一种平衡的美感。平衡的原理体现在物理的重力平衡和心理的视觉平衡上，比如，足球鞋，依靠几颗鞋钉支撑着鞋体，可以平平静静地放在桌面上，也可以安安稳稳地穿在脚上，这就是物理的重心平衡；鞋钉的数量少，鞋底比较薄，与简约的鞋身相搭配，使得整体款鞋上下量感很协调，这就是心理的视觉平衡。同样道理，篮球鞋厚厚的鞋底配上丰满的鞋帮，也能达到心理的视觉平衡。如果把足球鞋底与篮球鞋底换一换会怎么样？一个显得臃肿笨拙，一个显得弱不可支，先不用说达不到应有的功能要求，就是在视觉上也没有协调的美感，满足不了心理上对平衡的需要。

平衡的形式有对称平衡和非对称平衡两种类型。所谓对称平衡，是指造型空间的中心点两边或四周形态相同的安定现象。在对称平衡中，包含有左右对称平衡和辐射对称平衡两种形式。设计鞋帮部件时，常常以背中线为对称轴，使里、外怀部件成对称性安排，鞋的眼盖、前套、后套等部件，都按照一条中线来设计，这就是左右对称平衡的应用。参见彩图-11。如果以某一点为中心，四周的形态依照一定的角度做放射状回转排列，就形成了辐射对称平衡，例如光芒四射的太阳光线、五角星的造型等就是典型的辐射对称平衡。以对称的方式所形成的平衡感，给人以庄重、严谨、堂皇的感觉，庙宇宅第、五官四肢，是在生活很常见的对称平衡方式，所以在鞋类的设计中最经常用到的是对称平衡。

所谓非对称平衡，是指一个形式中的两个相对应部分不同但因为量的感觉相似而形成的一种平衡现象。古代所穿的偏襟衣服，就是一种非对称平衡。在鞋类的设计中的不对称结构，利用的也是非对称平衡。由于不对称的两部分在空间位置上、形态的张力上、视觉的重度上有着密切的制约关系，把握得好，就能得到生动而富有变化的平衡效果。参见彩图-12。在足球鞋款中，有一种外怀侧开口结构的鞋，里外怀在形态上明显不同，里怀的面积大、量感强，但是在外怀安排了眼盖、眼位和鞋舌，增加了视觉重度，使得里外怀达到相对的平衡。

三、比例的形式法则

比例的形式法则是指在整体的形式中，如何处理部分与部分之间、部分与整体之间产生的一种量度上的美感。具体地说，在整体形式中一切有关数量的条件，例如长短、大小、粗细、厚薄、浓淡、强弱、抑扬、高低等，在搭配恰当的原则下，就能产生优美的比例效果。在运动鞋的设计中离不开比例，例如前脸的长短、脚山的高低、领口的大小、开口的宽窄等，都必须有一定的比例控制，才能保证鞋子既好穿又好看，比例协调就会产生美感。

构成美的比例有很多，例如黄金分割比、等差数列比、等比数列比、调和数列比等，其中以黄金分割比为最常见和最常用。所谓黄金分割比，是指将一条直线分割成长、短两段，当短线段与长线段之比等于长线段与总长度之比时，这种分割称为黄金分割，把这种比例称为黄金分割比，把长、短线段的分割点称为黄金分割点。既然以“黄金”来命名比例，可见这种比例非常珍贵，从古希腊时代起这种比例就被认为是最美的比例。原因何在？看一看我们的人体比例，在被公认为身条姣好的体形中，肚脐的位置正处于黄金分割点上，使得人体上下身协调匀称；尽管世界各地不同种族人群的身高相差很大，但躯干部位的平均宽与平均长度之比，也大致相当于黄金比。再看一看人的脸型，眼睛的位置一般是处于脸长的黄金分割点上，这种脸型看上去很端正，如果眼睛的位置偏上或者偏下，就会有脸长或脸短的感觉。人们长年累月地欣赏自己，对这种比例看得最多，最为熟悉，也最为习惯和喜爱，故称为黄金分割比。黄金比有个很通俗的名字，叫做“0.618”，是指长线段的比例占整体的0.618份。

黄金比广泛应用在房屋建筑、机器制造、产品设计等领域，在鞋类的设计中，也比比皆是。比如，第五跖趾关节位置近似在运动鞋长度的黄金分割点上；脚山的位置也近似在运动鞋长度的黄金分割点上；口门的位置处在鞋脸长度的黄金分割点上；足踝高度与脚山高度之比、后踵高度所处的位置，都与黄金分割有关，处理得完善，造型就格外好看。在上篇的结构设计中，以基线 *JD* 为基准所作的位置百分比分配，既考虑了脚的生理需要，也考虑了黄金分割比。比例的运用是微妙且复杂的，其中含有浓厚的数理意念，必须经过严密的计划与度量，才能找出适当的比例搭配，以达成恰到好处的完美意象。

四、律动的形式法则

律动可以解释为在一种静态或动态的形式中，给人以视觉上富有规律的节奏效果。这与音乐中各种单音的长短、高低、强弱所形成的旋律道理相通。律动的形式法则就是运用富有规律的节奏效果，在造型中产生或柔和轻快、或激昂顿挫、或平静缓慢、或生动有力的感觉。在运动鞋底花纹的设计当中，无论是细碎平缓的纹路，还是凹凸起伏的大波纹，都充满着律动的美感。在律动形式法则中包括反复、渐层、动力三个原则。

1. 反复

关于反复前面已经有过说明，它不仅是秩序与平衡的必要基础，也是和谐与律动的主要因素。将设计好的视觉单位，做有规律的连续出现，由于反复的结果，就会产生一种律动的感受。参见彩图-13。鞋身被设计成环形花纹，每个花环都是一个视觉单位，几个花环的连续的出现，就形成了一种律动方式，给人以起伏变化的动感。

2. 渐层

渐层是一种渐次变化的反复形式。例如由大而小、由强而弱、由明而暗等质与量的循序变化，在视觉上都能引发一种自然扩大或自然收缩的感觉。参见彩图-14。在运动鞋的装饰工艺中，有一种叫做“分化”的工艺，不管是直接喷涂或是进行转印，颜色会形成一种由浅入深的、或是由一种色彩慢慢演变成另一种色彩的逐渐变化过程。由于变化的过程是逐渐的，就会产生柔和的、优美的律动效果。

3. 动力

动力可以解释为在静止的形式中，通过物理本身的张力和心理所形成的引力，综合构成的一股循序变化的力量。动力是经由运动、延伸、收缩或行动的暗示而形成的。敦煌壁画中的飞天，我们看不到翅膀，但是可以体会到她是在空中飞动，那是因为飞天身后舞动的彩带给人以暗示。在跑鞋的设计中非常强调动感，怎样才能动起来？弯曲的河流在动、起伏的山脉在动、摇曳的树枝在动、飞驰的响箭也在动，把这些带有动感的设计元素通过暗示的方法有效而循序地转移到鞋帮上，就能产生动感，这是一种心理作用的结果。例如把流水的波浪纹理设计在鞋底或鞋帮上，就有了动感，不是波纹在动，是看波纹的眼睛在动，上上下下的起伏摆动，从而产生了动的感觉，这是一种心理上的作用。有了动感还不够，还需要有力度，动力从何而来？要依靠造型的表现力，特别是线条的张力表现。观察一下：微风吹动柳枝，柳枝微微荡漾；轻风吹动柳枝，柳枝轻轻飘扬；强风吹动柳枝，柳枝高高飞起。力度不同、动的感受就不同，调节好物理张力的表现和视觉心理的感应力表现，就能把握律动的形式美感。参见彩图-15，这是一款跑鞋，流畅的线条增加了动感。

五、强调的形式法则

强调指的是有意加强某一部分的视觉效果，使其在整体形式中成为重要的焦点，这个被强调的部分即成为形式上的“主体”。为了加强主体的强调意味，必须设法减弱其它要素的重度，使它们处在“宾体”的地位。在鞋类的设计中，往往最需要突出的就是商标，所以要从商标的位置、大小、颜色、材质、工艺等方面下功夫，产生设计的亮点，这个亮点就是被强调的部位。然而，强调也并非完全凭借质地或量感的优势，而应该以实际所产生的视觉诱导引力作为决定的因素。强调有五个原则，分别是：分节、孤立、指引、对比、夸张。

1. 分节

分节是在一种秩序化的结构里，分离出不同结构而形成视觉焦点。这些被分节出的形式显得特别突出，构成了视觉重度。节外生枝的东西总会令人特别关注，比如运动鞋的一排鞋眼，前面都采用直接打孔的工艺处理，唯独最后一个孔位采用缝滴塑片工艺，这个眼孔就属于节外生枝的产物，显得特别突出，这就是分节的应用，达到被强调的目的。参见彩图-16，这是一款滑板鞋，最后一个眼孔造型被分离出来，显得很突出。

2. 孤立

孤立是让主体独立存在，或放置于被环绕的位置，使得视觉上得以集中探索而形成一个焦点。在设计鞋的商标时，常把商标安排在面积相对较大的部件上，利用周边的空旷把商标的形体孤立起来，使商标的形象变得很突出。同样，也可以把商标放置在某一特殊的色块上，利用商标与环境的色彩反差来达到突出和强调的效果。这些手法都是因为孤立而显得突出。参见彩图-17，白色的商标置于黑色的背景上，非常夺目。

3. 指引

指引是一种有意的安排，借着指示的力量，诱导至重要的焦点上，形成强调的效果。有一款鞋叫做“蜘蛛侠”，如果把一个侠客的造型放到鞋帮上，别人无法知道这就是蜘蛛侠，但是如果把层层的蜘蛛网设计出来，让侠客在蜘蛛网上爬，凡是看过《蜘蛛侠》电影的人都会知道这就是蜘蛛侠，为什么？蜘蛛网起到了指引的作用，这是一种有意的安排，参见彩图-18。

4. 对比

对比就是利用差异进行比较。对比本来就有互相加强的效果，是强调法则中应用最广泛、最普遍的方法。例如借着帮部件造型的差异、色彩的差异、质地肌理的差异、甚至是机能上的差异，都可以做到质与质的对比、量与量的对比、质与量的同时对比，从而产生形式上的主体来，达到强调的效果和突出的作用。例如采用电脑绣工艺制作的商标，借用丝线的光泽、柔和的色彩、细腻的肌理和立体的效果，与周围产生了强烈的反差，显得非常突出，达到了强调的目的。参见彩图-19，利用前后色彩的等量对比，产生一种强大的对抗力。

5. 夸张

夸张是刻意强调其特征的意思，使得被夸张的部位重度增加，而形成形式上的主体。彪马鞋的美洲豹商标是众所共知的，豹尾的强劲有力形态更让人过目不忘。在彪马鞋中，会经常看到一块按照豹尾的形态设计出来的帮部件，一头粗、一头细，横贯在鞋的两侧，同样显得强劲有力。这就是豹尾的夸张表现手法，透过这块大部件，就联想到豹尾、就联想到彪马鞋，久而久之，这条夸张的豹尾就成了品牌的象征。参见彩图-20。类似的夸张运用还有许多，看到潇洒的勾勾，就联想到耐克鞋；看到硕大的字母“N”，就联想到纽巴伦鞋；看到优美的松鼠尾巴，就想到李宁鞋等。

创作者透过视觉语言所表达的一切可视或可行的成型活动都称之为造型，人类由于生存的需要和生活的欲望，不断地进行着造型的活动，从赤身裸体到穿上兽皮裙，从光脚追逐野兽到穿着兽皮鞋打猎，是造型的活动改善了人类的生活。从兽皮鞋到草鞋，从葛屦到丝履，从绣花鞋到西洋鞋，从皮、胶、布、塑鞋到运动鞋，鞋类的造型已超出了单纯的审美和技术活动，成为一种包含了有关人文、自然、社会及造型科技的综合活动，学习鞋类设计，要更新设计观念，要考虑产品—人—环境的关系，关注人文精神，如果不从旧的思维模式下解脱出来，就不可能有创新和发展。

作业与练习

1. 举例说明在运动鞋的造型中应用统一的形式法则有什么用途。
2. 分析一款运动鞋，指出是如何应用平衡的形式法则和比例的形式法则的。
3. 在设计运动鞋时，如何把“商标”强调出来？

第十章　运动鞋的仿型设计

仿型设计是从仿制引申出来的概念。确切地说，仿制不是设计，把别人已经完成的作品仿制出来怎么能算设计呢？但是目前在厂里很流行仿板，为什么？因为没有设计开发能力。有些板师在刚开始入门时，师傅所传授的观念和手法，都是出自仿制，独立工作后想不仿也很难，只有经过长期的实践、再学习，才能走出这个误区。仿制对于设计的创新来说是没有发展前途的，但作为学习设计的第一步，都是从仿制入手，正像家长教孩子学说话、学走路一样。这里把仿型设计作为一门功课，并不是单纯地去追求模仿，而是通过仿制的过程来培养观察问题、分析问题和解决问题的能力，通过训练来掌握前人总结出的经验和方法，不断充实自己、完善自己、提高自己。

第一节　仿型设计的要点

一、仿型设计

仿型设计是指把现有的鞋款经过结构设计和开板，重新制作出于原鞋一样的产品。从大设计环节看，缺少的恰恰是关键的第一步，不经过市场调研、不经过产品定位论证，就已经有了设计的目标。因为是仿型设计，姑且试之。

设计目标可以是一款样品鞋，也可以是一张图片、照片或手稿等类的效果图。对于前者，比较容易仿制，因为实物就在样前，可以直接复制，可以直接测量，仿得不像还可以重来。但对于后者来说就比较难，因为从效果图到实物之间的差距太大了，这就要看你的眼力、判断力和表现力如何，需要推测出来的东西往往比直接看到的还要多。不过从操作过程看，关键的一步是画出结构设计图，有了结构设计图，下面的打板、开料、制作，就顺理成章了。要想画好结构设计图，那么成品图能够助你一臂之力，在上篇运动鞋打板的学习过程中，你能体会到成品图的重要性。成品图与效果图略有区别，成品图注重工艺的可操作性，效果图注重外观的审美性，如果让不懂工艺、不懂设计的人画效果图，看起来很美，但是无法实施，如果能够画出既有工艺性、又有审美性的成品图，那是最好不过的了。

仿型设计大致分为以下几步：确定仿制的对象，分析产品的特点，画出成品图与结构设计图，按照要求开板、开料、试制，修改后达到仿制的要求。

作为运动鞋的仿制品，主要是仿制帮面的结构与外形，要想达到与原型产品一模一样，必须首先满足三个必备的条件，一个是相同型号的楦型、一个是相同颜色和质地的鞋帮材料和外底，一个是相同的制作工艺。如果楦型不同，鞋体造型就不同，正好比把同一款式的服装分别穿在胖人和瘦人的身上一样，视觉效果不会相同；如果材质不同或颜色不同，人的直觉就会告诉你这是假冒的；如果工艺加工的手段不同，就会出现纰漏，精品与仿制品的区别往往在加工细节上暴露无遗。要想堵住纰漏，就要加大投资把细节也做好。老板喜欢仿制，是因为投资少赚钱多，往往不肯再投资而功亏一篑。要想仿制得惟妙惟肖的话，一是靠技术、二是靠资金，如果技术、资金两者都有了，那又何必去仿冒呢？不如安下心来开发自己的新产品。

作为仿型设计课程的练习，可以不用顾及得太多，多从技术的角度考虑：仿制帮样结构和外形要达到形似与神似。

二、仿型设计的要求

仿型设计的要求可以从观察分析和数据测量两方面说明。

1. 观察和分析原型产品

观察分析原型产品，要从楦头、外底、材料、结构、工艺等方面入手。

（1）楦头：在运动鞋楦的造型中，同类楦型的后身大体相似，变化集中表现在楦头上。或方或圆、或宽或窄、或厚或薄，都会有细微的差别。鞋头的造型，往往给人留下的是第一印象，第一印象又常常会有“先入为主”的效果，鞋头造型不像，仿制的印象分就会大打折扣。当然，支撑鞋头造型的基础就是鞋楦的头型，选楦时尤其要注意观察楦头的造型。

（2）工艺：通过对帮底结合的分析，要能准确地判断出采用的工艺类型，是胶粘工艺，还是硫化工艺，或是注塑工艺，这与鞋底的制作材料与加工方法有直接的关系。不仅如此，还要通过观察鞋里的子口线来判断出鞋帮采用的是绷帮成型，还是套楦成型，或是拉线成型，成型的方法不同，帮脚的加放量也不同。

（3）鞋帮材料：要注意帮面材料的质地、颜色、光泽、厚度、软硬；要注意鞋里材料的种类、品种和规格；以及其它材料有没有特殊要求。材料的延伸性对鞋的变形量会有大小不同的影响；材料的厚度对设计加放量会有直接的影响。

（4）鞋帮结构：通过分析鞋帮的结构，可以确定鞋帮部件的种类、外形以及相互间的搭配关系。不同结构的运动鞋，会有各自的设计要点，高帮鞋、中帮鞋、矮帮鞋的结构不同要求也不同，前开口式、外耳式、封闭式的鞋款不同，设计规律也不同。分析结构的目的，是要找出相应的处理方法。对于鞋帮的装饰工艺，要采用相应的手段解决。

（5）鞋帮缝合：鞋帮缝合的方法不同，车帮时加放的工艺缝合量也不同。注意针码的大小、留边距的多少、机针的规格、缝纫线的粗细。

通过观察是来解决对产品的感官印象，通过这种感觉印象往往能品出产品的档次高低、加工的精细程度，特别是对一些细节的观察，比如一个针码、一件装饰等，无不体现着产品的风格。

2. 测量部件的相关数据

通过观察是解决对外观造型的感觉，还要通过测量，解决具体的尺寸问题。

（1）测量后踵高度：后踵高度要从鞋内腔的中底上开始向上测量，测量的数据为实测的长度，也就是成品鞋的长度。由于绷楦时有紧绷的作用，在出楦后，泡棉会自然膨胀变厚，使得高度降低。一般的变形量在2～4mm，随泡棉的厚度来调节。后眉片的高度要在后踵高度上截取，这样可以忽略变形量。同时也要测量出后眉片的长度。如果属于双峰眉片，还要测量出峰差值来。由于后眉片的变形属于单一部件的弯曲变形，变形量可以忽略不计。

（2）测量足踝高度：测量足踝高度的方法与测量后踵高的方法相同，也是从鞋腔内中底上开始向上测量，要注意里外怀鞋帮的足踝高度都要测量，设计比较考究的鞋是有里外怀区别的，相差一般在2～3mm。测量的位置一般取在鞋全长的后1/4处。足踝的高度也会有变形，变形量为2～4mm。

（3）测量脚山高度：从鞋的内腔中底上开始向上测量脚山高度，由于绷帮的拉伸作用，脚山会有3～5mm的变形量。

（4）确定前套位置：前套位置是指前套中心点在背中线上的位置，参照点就是楦头凸起的拐点 J 点。一般情况下，前套中心点落在 J 点上，或在 J 点之后1～2mm位置上，仔细量出前套中心点距 J 点的长度。在绷帮拉伸的作用下，前套中心点位置会变形3～5mm，所以前套的设计点是 J' 点，$JJ'=3\sim5$mm。

（5）确定口门位置：通过测量前套中心点距口门的长度来确定口门位置。这一段的长度也叫做头面长或鞋盖长，该部位变形量较小，为1～2mm。确定口门宽度时，先测量口门的全宽，然后再取其½数据用来设计。运动鞋前开口的宽度变形量比较大，但在口门位置附近，变形相对较小，大约1mm。如果没有前套部件时，可直接从底口来确定口门位置，变形量取3～5mm。

（6）确定脚山位置：由于脚山的造型关系到全局，所以脚山位置要通过测量后领口长和鞋眼盖长来确定，两次测量的结果比一次测量更稳妥些。

通过一系列的测量,可以在测量的结果上进行修正,从而初算出一组设计尺寸数据,利用这组数据就可以描画出鞋形的大轮廓。考虑到在鞋帮成型时,由于拉伸力的作用,整个帮面会往前移动 3~5mm,所以在画大轮廓时要有一个向后的错位移动。JJ'=3~5mm,是变形量的总差值,是后领口、前开口、头面三段变形的总和,可以拆分成 1+1+1,或者是 2+2+1。移动量的应用要依据材料的变形难易来确定。

3. 确定部件的相对位置

在鞋身上还有许多帮部件,这些部件的长度,也会受到变形的影响。在已经考虑大轮廓变形的条件下,部件之间的相对位置基本上不变化,所以确定部件的位置要利用部件间的相对关系。

首先利用外底与楦型的关系画出外底墙高度的结合线。一般的外底都有底墙,底墙的高低对帮部件的安排有直接的影响。要分别测量出底墙的前、中、后、跖趾、踝骨五个部位的鞋墙高度,勾画在大轮廓线的底部。考虑到外底使用在帮材料厚度以外,所以材料的预留量会对结合线位置产生影响。如果以楦体为基准确定鞋底墙轮廓线时,要有 3~5mm 的后移;如果以添加预留量的半面板为基准,就不用再位移了。

然后确定鞋眼盖部件的位置。该部件的大小基本不变,部件的长度、宽度也容易测量。

接着再确定前套的位置。前套的中心点位置是通过测量得到的,前套底口两侧的长度要参照底墙轮廓线位置。

接下来确定后套和眉片的位置。后套底口两侧的长度,也参照底墙轮廓线的位置。

在眼盖、前套、后套这三个主要部件确定之后,帮部件的大体位置就有了基本的安排,其它的各种部件要采用部件间的相互搭配关系来确定。按照自上而下、自两头向中间过渡的办法安排部件,可以减少相对误差。

4. 完善部件的外形轮廓

有了部件的准确位置,就可以画出帮结构设计图。考虑到部件的外形轮廓必须准确,又快又省事的方法就是进行复制,利用透明胶带纸,利用拓印纸,或用铅笔白纸,在鞋帮部件的轮廓线上涂抹拓印,都可以达到复制效果。在部件复制完成后,进行最后的检查,把仿型与原型相比较,要逐块部件、逐段线条地比较,直至确认无误。在仿制装饰工艺时,要确定出装饰的位置、图形、加工手段,并表示在设计图上。

在所有的部件、轮廓、线条等都画好之后再观察设计图,会发现图形缺少一点精神气,这是因为所有的线条都是拼接的、离散的,缺少统一的和谐感,无法体现内在结构的统整性。此时先不要急于修改,要反过头来重新观察原型产品,反复咀嚼品味。通过美的形式法则，你会知道，不同的造型、不同的线条会传达出不同的感情。因为是仿制，所以要抓住原型产品给你的感觉，这个感觉往往就是设计主题，要跟着感觉走，按照这种感觉印象再对设计图进行统一的完善，才能突出原型的风格来，突出神态来。有了设计的主题，也就有了设计的神态，从学习仿制的意义来说，神似比形似更重要。

剩下的环节是开板、试制，即使是千小心万小心，试制的结果也不一定完全合乎要求，可以根据效果的差异再进行细致的修改，直至最后的成功。

作业与练习

1. 仿型设计的要点是什么？

2. 如何理解“神似比形似更重要”。

第二节　仿型设计举例

下面通过设计举例来说明仿型设计的操作过程。

[**例一**] 慢跑鞋的仿型设计

图 10-1　慢跑鞋成品效果图

如图 10-1 所示，这是根据一款慢跑鞋实物画出来的成品效果图，它既有成品图的工艺性和可操作性，又有效果图的艺术性和可欣赏性，是仿型设计的目标。图中使用了大量的流线型线条，增加了慢跑鞋的动感；图中还通过明暗调子的变化，突出了高频压花的立体效果。细密的网布、不同的鞋眼、几组有透气作用的装饰孔，都清晰地表达出来了；利用针车的线迹，明确地表示出了部件间的搭接关系。在工厂的开发技术部，常用的是成品图；在广告企划部常用的是效果图。夸张的效果图由于与实际生产有差距，无法直接用于开发，有了成品效果图，就可以把技术与艺术完美地结合起来。

在仿制之前，先根据实物把所有的部件、部件间的关系、部件的造型、部件的特殊加工要求等，通过成品图的方式统统理顺，做到心中有数，可以有事半功倍的效果。此外需要做好以下几项工作。

（1）选择合适的楦型：男式41号慢跑鞋楦，圆形楦头，楦墙较直立，测得楦底样长267mm，楦跖围243mm。贴出鞋楦的半面板，经过长度校正。

（2）分析鞋帮的结构：此款运动鞋属于前开口式的矮帮鞋、双峰眉片结构。鞋身由网布构成，鞋帮部件由前套、后套、后眼盖、侧饰片、鞋头围子和后饰片组成。前开口的每侧各有6个鞋眼位，网布上的3个眼位使用气眼，网布上3个眼位是用三件成型塑料条围成。前套与侧饰片上有高频压花的纹饰，前套、后眼盖、侧饰片上都分别有打孔装饰，在后装饰片上还印有字母商标。在口门位置和后踵位置使用了彩色织带。

鞋舌由同质地的网布、PU革和织带构成，PU革部件上有装饰孔。鞋里采用丽新布，反口里和鞋舌里使用单面绒布，鞋舌、领口加泡棉。补强件有前、后港宝，眉片和鞋眼位还需另加补强件。

鞋帮采用把绷帮工艺成型；中底使用纸板革，鞋底采用EVA与RB贴和底。

（3）配备使用的材料：要选用与原款鞋相同的材料，帮面用PU革和三合一网布；织带宽度选用12mm规格；配齐塑料饰条、气眼；准备其它的丽新布、单面绒布、泡棉、化学片、无纺布等。

（4）测量相关的数据：参见表10-1。

表10-1　测量相关数据　　单位：mm

<table>
<tr><th>测量部位</th><th>测量数值</th><th>使用参数</th><th>备　注</th></tr>
<tr><td>后踵高度</td><td>77</td><td>80</td><td rowspan="3">高度的变形是收缩，要有适当的补偿量
后眉片峰差8mm</td></tr>
<tr><td>足踝高度</td><td>62</td><td>65</td></tr>
<tr><td>脚山高度</td><td>92</td><td>96</td></tr>
<tr><td>口门全宽</td><td>25</td><td>24</td><td>变形较小</td></tr>
<tr><td>领口长度</td><td>120</td><td>118</td><td rowspan="3">长度的变形是延长，要有适当的缩减量
其中120+101+59+25=305
118+99+58+30=305</td></tr>
<tr><td>开口长度</td><td>101</td><td>99</td></tr>
<tr><td>头面长度</td><td>59</td><td>58</td></tr>
<tr><td>楦头厚度</td><td>25</td><td>30</td><td>取 $JJ'=5=2+2+1$</td></tr>
</table>

（5）画出慢跑鞋大轮廓图形：按照设计参数，画出慢跑鞋的大轮廓线。

如图 10-2 所示，后领口长度和前开口长度采用直线测量。图中的虚线为半面板轮廓和设计鞋盖的轮廓。

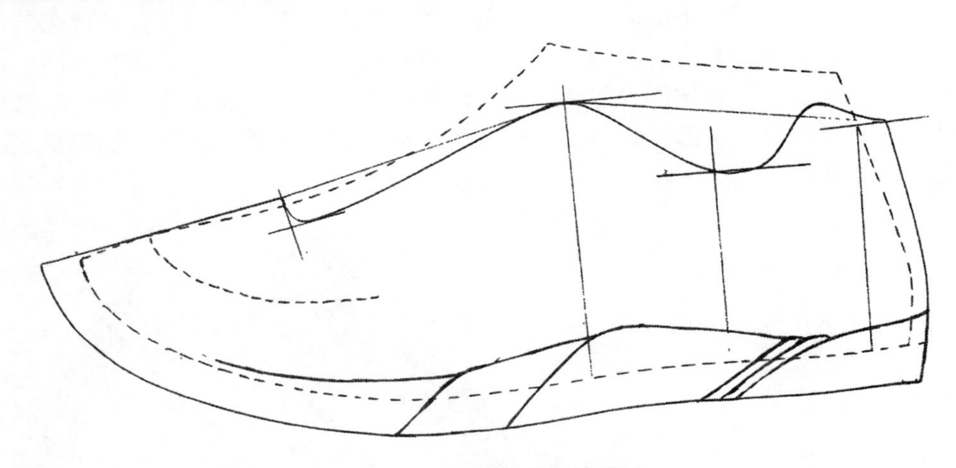

图 10-2 慢跑鞋的大轮廓图

（6）画出结构设计图：按照上篇讲述的内容，画出帮结构设计图。

如图 10-3 所示，按照成品图，安排好所有的部件。图中的虚线有前尖的取跷角、底口补长量、底墙轮廓线以及翻口里车缝线。在画高频线条时不容易控制，因为效果图上的高频线条是一条“非直观的线”，由于光线照射的角度不同，这条线会变动。在画结构设计图时，不要被这种动感所迷惑，它就是一条实实在在的线，这是一条开模具时必须具备的轮廓线。

图 10-3 慢跑鞋帮结构设计示意图

（7）打板、开料、试制：按照上篇讲述的要求，制备各种样板，然后开料进行试制。仿制不是一次就能成功的，经过多次改进，直到达到要求为止。

［例二］篮球鞋的仿型设计

下面一款篮球鞋的成品图是根据图片资料画出的。在后帮条部件上有高频压花工艺，如果不用明暗表示，在平面上就是四条排列的线条，即使有车帮线，也无法分清部件间的搭接关系。同样，后套部件上的后衬片，一条一条的横线，也是出自高频的效果。由于从资料上看不到实物，所以对实物的推测全都体现在成品图上，鞋的长宽比例、部件位置、轮廓线条等都要在成品图上表现出来，大到一块部件，小到一个饰孔，都要精益求精，切不可等闲视之。参见图 10-4。

图 10-4　篮球鞋成品效果图

1. 分析成品图

通过分析成品图可以知道如下信息。

（1）结构：此款篮球鞋属于前开口式中帮结构。有 Y 形前套和组合式后套。七组鞋眼位由三种方式构成：第 1 个眼位由前套的延伸构成；后 5 个眼位由织带构成；最后的一个眼位由滴塑片构成。

（2）帮部件：前帮包括两部分，分别是 Y 形前套和前帮部件；后帮包括五部分，依次是后眼盖、后帮条、后套、后套衬片和后织带。后眉片包含在后眼片之内，单峰。

（3）装饰工艺：在前帮部件和后套部件上有装饰孔；在后眼盖部加上有滴塑片；在后眼片、后帮条、后套衬片部件上有高频压花；在后套上有印刷的字母商标；在前帮和后眼盖部件的边沿，还采用了包边装饰工艺。

（4）鞋舌：外观上由网布、织带、舌饰片三部分构成，织带压在鞋舌中线位置，后端形成环套；舌饰片压在织带上，上面印有商标标识。

（5）翻口里：翻口里的前端位置取在断帮处，不是传统的第二个眼位。

（6）外底：由耐磨性较好的橡胶（RB）成型底片和质地较轻的

发泡 EVA 成型底贴合而成。

（7）鞋楦：楦头较厚，后弧线前倾。使用 41 号高帮楦型。

2. 常规推断

有些信息单凭通过图片是看不到的，这就需要根据以往的经验进行常规推断。所谓常规，是指经常采用的设计规律。

（1）内层结构：鞋里部件应该取整片式全长里，篮球鞋的侧帮要求有一定的硬度，加大防护作用，不要取半截里。前、后港宝用化学片。泡棉取得厚一些，鞋舌泡棉用 8mm 厚，领口泡棉用 12mm 厚。鞋帮采用绷帮工艺成型。

（2）设计参数：参见表 10-2。

表 10-2　设计参数　单位：mm

测量部位	推断数值	使用参数	备　　注
后踵高度	100	103	考虑高度变形
足踝高度	80	83	
脚山高度	115	120	
口门全宽	30	30	变形较小
领口长度	110	109	考虑长度变形
开口长度	105	104	
头面长度	93 − 28 = 65		
楦头厚度	28	28	用于鞋里开叉

3. 画出篮球鞋的大轮廓图

有了设计参数和半面板，可以画出篮球鞋的大轮廓。如图 10-5 所示，第一个眼位与前套连在一起。

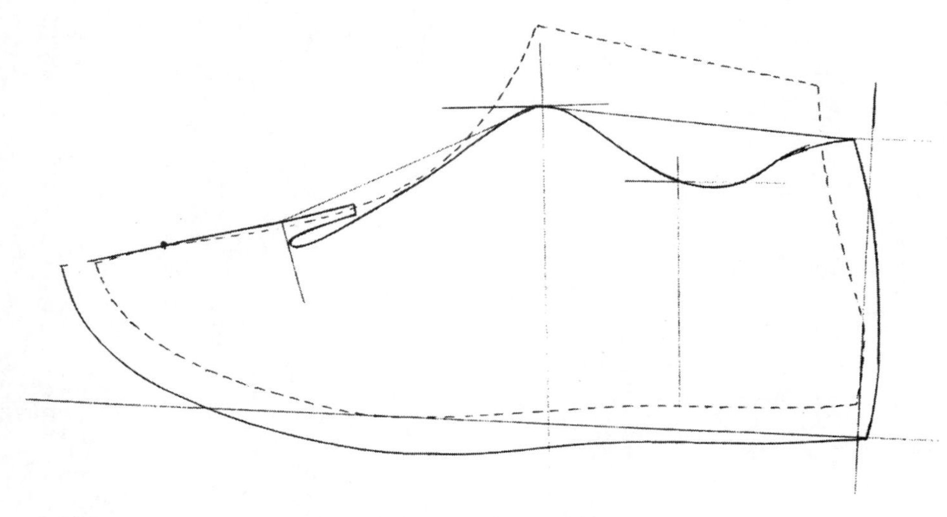

图 10-5　篮球鞋的大轮廓图

4. 画出篮球鞋的帮结构设计图依照成品图，把帮部件依次安排在大轮廓之中。参见图10-6。

图10-6 篮球鞋帮结构设计示意图

后面的任务就是完整设计图，制备划线板，制取各种样板，开料、试制，直至达到符合视觉要求。

仿制的工作很繁琐，一眼照顾不到就会出错。许多板师都说仿板很累，这个“累”不仅是指体力上要多付出，更主要的是精神压力大，像与不像可能就在毫厘之间，为了这一丝一毫你要绞尽脑汁。尽管仿得很像，尽管付出了很大的代价，能得到什么回报？从技术角度讲收获是大大的，从设计角度讲却一无所获，因为你只不过是重复一下别人的作品。所以这个累更体现在付出得没有价值。

作业与练习

1. 按照图10-1仿制出成品图，并画出设计图，制取各种样板。
2. 按照图10-4仿制出成品图，并画出设计图，制取各种样板。

第十一章 运动鞋的改样设计

改样设计是从修改样板引申出来的概念。修改样板是要修改那些不合理的内容，如何才能使被改动的内容趋于合理，这就需要动脑筋，认真分析思考，需要把造型设计的要素和形式美的法则应用到具体的鞋款中去，从而使原型产品中的不完美的部分得到改进。如果结构不合理就从结构改，如果外观不满意就从外观改，如果线条不合适就从线条改，如果装饰有问题就从装饰改，造型设计就是为改样设计做后盾的，总之要使改进后的样品比原样强，这样就形成了改样设计这门功课。改样设计就是以一款原样鞋为标准进行改进性设计，改进的内容、范围、方法和手段会随设计观念的不同而有变化，但改样的效果一定要优于原产品。改样设计不同于仿型设计，仿型设计只是被动地去适应原型产品，利用技术手段达到仿真的目的；而在改样设计中，要求调动主观的积极作用，去发现问题、解决问题。通过改样设计的练习，可以培养应变和创新的能力。

第一节 改样设计的要点

一、改样设计

改样设计大致分成以下几步：选定一款原型产品，画出原型产品的成品图，分析出需要改进的部位，画出改进后的成品图。再后面就是进行结构设计和打板，进行开料和试制，最后达到改样设计的要求。

被改进的原型产品，可能是一款具体的鞋子，可能是一张照片，也可能是一件设计的手稿，这些东西都与结构设计相距甚远，无法在上面直接改动，所以要把原型产品改画成一幅成品图，然后针对成品图进行分析和改进。

分析的内容可以从艺术设计和技术设计两方面入手，找出问题所在。如何去发现问题？生产中常需要改动的内容往往是不能适应市场变化需要的东西，不符合流行趋势的产品，这就需要把学过的造型与结构、线条与部件、鞋帮与鞋底、材质与颜色、工艺与楦型等方面知识进行综合的灵活运用。找出不和谐的部位、圈出不尽如人意的地方，然后逐一改正。

如何找问题？例如鞋眼位：一般安排 6 个眼孔，有时安排 5 个或者 7 个会更好一些。到底安排几个眼孔合适，要看鞋的款式，要看前开口的长度，要看具体的要求，还要动手试一试看设计的效果。

同样是鞋眼位，是直接打孔好还是装配气眼好？是采用织带好还是采用滴塑片好？是利用金属环好还是利用金属钩好？这同样要具体问题具体分析。因为是改样设计，所以不需要动大手术，要在原来的风格和特色上进行“改”动。这可能是小部件的配置不合理，可能是某部件的造型看着不舒服，可能是某部的线条表现力不强，可能是断帮位置与鞋底花纹不衔接；也可能是不能开料或浪费材料，或者是车帮顺序不流畅；还可能是要求翻制同类的样品，要求进行某些结构上的变化等。问题总是会有的，其实是看你有没有发现问题的眼力。提高眼力有个审美意识的学习过程，如果用低档产品要求自己，你会觉得自己已经不错了，但改用名牌产品来要求，你就会发现问题多多。

找到问题的同时，还要找出解决问题的办法，将改进的内容一一列出，然后再画一幅改进后的成品图。改进后的产品外观应保留原型产品的特征，应当优于原产品，或与原型产品组成一个系列，否则就失去了改样的意义。改动过大，就会脱离原型，变成了重新设计而不是改样设计。改进后的样品可以有自己的风格，青出于蓝而胜于蓝，形成独特的亮点，但同时还要考虑改动的成本，否则无法变成现实。

二、改样设计的要求

为了便于找出问题，可以把要分析的内容和需要改进的措施列出表来对照。参照表11-1。

表11-1　改样方案措施表

序　号	原型产品分析项目	问题所在	改动内容	改动方案措施
1	楦　型			
2	外　底			
3	帮结构			
4	大轮廓			
5	部件位置			
6	部件组合与分解			
7	部件外形			
8	制鞋主料			
9	辅助材料			
10	主色调			
11	搭配色调			
12	装饰部件			
13	装饰位置			
14	装饰工艺			
15	辅助部件			

作业与练习

1. 改样设计的特点是什么？
2. 改样设计与仿型设计的主要区别是什么？

第二节 改样设计举例

下面通过设计举例来说明改样设计的操作过程。

[例一] 慢跑鞋原型产品的改样设计

如图 11-1 所示，该产品是一款成熟的产品，它的楦型、外底、帮结构、大轮廓不需要改动。但是发现，在前套下面的前帮条部件太长，尽管在中线位置有断帮，但是仍不理想，需要改进。另外在组合后套的上部件，也有同样的毛病。在用料、配色、装饰等方面暂不用改动。将上面发现的问题列入表中，参见表 11-2。

图 11-1 原型慢跑鞋成品效果图

表 11-2 慢跑鞋改样方案措施表（A）

序号	原型产品分析项目	问题所在	改动内容	改动方案措施
1	部件组合与分解	前帮条过长	适当位置断开	形成双前套 侧面断开与侧帮连接
2	部件组合与分解	上后套过长	里、外怀分开	原下后套升高 原上后套断开
3	织带装饰	织带变化单调	外形有变化	织带并用

表 11-2 中的内容，是通过分析、简单的勾画、找出的问题和改动方案措施。然后根据改动的内容，再画出改样后的成品图。

如图 11-2 所示，经过改样后，克服了原型产品中的问题，从整体的风格上看，没有什么大变化，忠实了原型产品的设计。改样设计并不是很难，关键是能够发现问题所在，问题找得准确，改进也就顺手；如果问题找得不恰当，可能会造成“改来改去还不如不改”的局面。

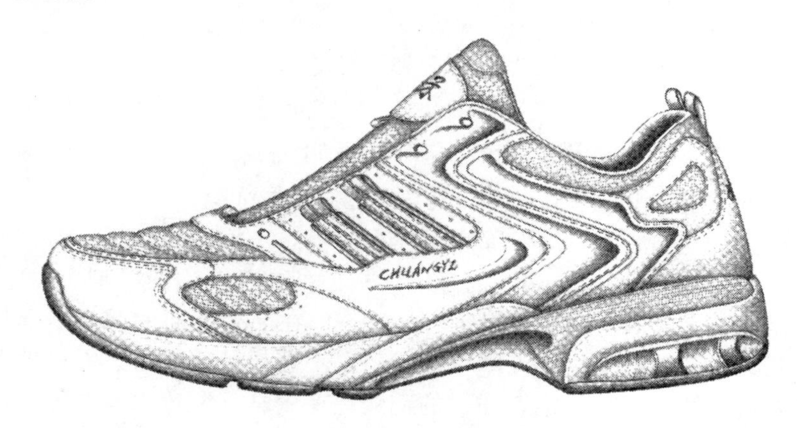

图 11-2　慢跑鞋改样后的成品图（A）

下面再看一幅按照慢跑鞋原型改动后的成品图，参见图 11-3。图（B）是以图（A）为原型进行改样的，比较一下图（A）和图（B）就会发现这是一个系列产品，并不是有意找图（A）的毛病，而是想再变出一款同类的样品。两种产品在风格和主要的部件上都相同，再加上材料、颜色、外底也都相同，猛然一看，还以为是同一双鞋，仔细看时才能在前套、后套和织带中看出区别。这种由一种变形演变出另一种变形的方法，叫做“同形异构法”，是造型设计中的一种规律，在改样设计中经常利用同形异构法设计出一整套的系列产品。

图 11-3　慢跑鞋改样后的成品图（B）

图（A）鞋款的双前套改为图（B）鞋款的前饰条，鞋身网布可以取两片式结构；图（A）中凸起的后套改为图（B）中后套的衬片，而原来的后饰片改成现在的后套，使加工变得比较容易；其中的后帮条与后眼盖两部件合二而一，变得很简洁。再看看织带，由明织带改为“插入式”织带，是不是显得很精神？眼位下面原有高频工艺，织带的装饰与高频的装饰重叠出现，显得太繁琐，去掉高频装饰，可以简化工艺。在美的形式法则中关于单纯的论述，就是要保持特质、去掉繁琐。把改动后的内容也记录在案，参见表11-3。

表11-3　慢跑鞋改样方案措施表（B）

序　号	原型产品分析项目	问题所在	改动内容	改动方案措施
1	部件外形	增加花色变化	去掉双前套	增加前饰条
2	部件组合与分解	改变后套造型	后饰片合并	原后饰片变成后套 原后套变成后衬片
3	装饰部件	织带外观简单	织带操作工艺	直接缝制改插接缝制
4	装饰位置	装饰过度	简化工艺	去掉眼位下的高频

请不要受改样方案措施表的约束，这个表可以事先策划，作为思考问题的提示，也可事后填写，作为改样后的记录。当这些一点一滴的小创意累积起来之后，就可以集腋成裘，一蹴而就。

［例二］ 登山鞋原型产品的改样设计

如图11-4所示，这是一款矮帮登山鞋，厚重的鞋底，粗大的花纹，有一种很强的安全感。帮面用到了网布，在强健中增加了一点温柔，但是能够明显地看到最后一个眼位力度太弱，不仅在视觉上、而且在功能上都与“登山”的概念相距甚远，这就是找到的第一个问题。随之而来的问题是改动最后一个眼位会不会对后套产生影响？再看看前套部件，又遇到了一块长前帮，显然在用料上是不经济的，这是找到的第三个问题。再看侧帮上的三个装饰洞，椭圆的造型好像是猫眼，下衬的滴塑片似乎在熠熠闪动，应该是无可挑剔了，但是这种几何的图形与登山的理念关联大吗？要不要改呢？下面是改动后的效果图，参见图11-5。

图11-4　原型登山鞋成品效果图

图 11-5　改样后的登山鞋成品效果图

如图所示，前面分析的几个问题都得到了很好的解决。最后一个眼位，增加了后眼盖部件；后眼盖向下延伸，改变了后套的造型，变得简洁了；再看看后织带，也发生了变化，变成了双织带；前套部件由原来的类似 Y 形一分为三，变成侧帮、护口片和类似的 T 形前套，并去掉了前套下面的装饰条。侧帮上的三个装饰洞，已改为梯形，由小到大依次排列，你可以想象成这是三座平顶山或是三个里程碑，或者什么也不是。正所谓仁者见仁、智者见智。通过改样设计的举例，会明显感觉到改样设计与仿型设计有根本上的不同，在改样的过程中，可以发挥自己创造性的想象，只要表达出来了，不管是达到了哪一个层次，都会有成就感。最后不要忘了把改动的部分记录下来，参见表 11-4。

表 11-4　　**登山鞋改样方案措施表**

序　号	原型产品分析项目	问题所在	改动内容	改动方案措施
1	部件位置	眼位强度不够	增加部件	增加后眼盖
2	部件组合与分解	后套的搭接	原双后套合并	形成组合后套
3	部件组合与分解	前套开料浪费	分解原来前套	改成类似的 T 形前套、护口片、侧帮
4	装饰工艺与外形	外形不适宜	改变造型和工艺	外形改为梯形、工艺改成同身材质的高频
5	织带装饰	织带变化单调	外形有变化	织带并用

高帮登山鞋也很常见，能不能把矮帮登山鞋改成高帮登山鞋？作为改样来说当然是可行的，问题是怎么改。有了上篇结构设计的基础，什么后踵高、脚山高已不成问题，有了前面改样的经验，也就知道了如何下手操作。下面我们结合原型登山鞋成品效果图和改样后的效果图来进行高帮登山鞋的改样设计，参见图 11-6。

图 11-6　高帮登山鞋成品效果图

如图所示，第一步先把鞋后帮升高到 120mm 左右，如果原来后踵高在 80mm 左右，那就再增加一半的高度。注意后弧的 S 曲线。脚山也顺势上升，略高于后端，形成的统口宽度的比例在鞋长的 40% 左右，大约处在黄金分割的位置。接下来画出统口轮廓线，使鞋统口与原鞋的线条顺连起来。本款鞋采用软口，保留后织带，前开口处多增加一个眼位。鞋舌也跟着长高。完成后帮部件的轮廓线，包括后套、后眼盖等。第二步进行改样设计。本款鞋把鞋身的网布换成了普通皮革，网布只用在鞋舌、前帮、侧帮、统口等局部的位置。把前帮断开，去掉前帮下面的装饰条；侧帮的三个装饰孔洞，外形借鉴了由小到大的递增变化，仍采用椭圆形，与统口造型协调一致，并使用了环状的滴塑片，中心用网布做衬。后套的位置适当升高，外形也有了一些变化。后两个鞋眼用金属钩代替。鞋舌除了升高外，还加长了织带。参见表 11-5。

表 11-5　　登山鞋（低改高）改样方案措施表

序　号	原型产品分析	问题所在	改动内容	改动方案措施
1	帮 结 构	后帮高度	改成高帮	控制统口高度和宽度 完善后帮、后套及鞋舌的设计、增加 2 个金属钩、一处网布
2	制鞋主料	增加强度	用皮料换网布	后眼盖用皮料
3	部件组合与分解	前套开料浪费	分解原来前套	改成类似的 T 形前套、护口片、侧帮
4	装饰工艺与外形	搭配协调	改变造型和工艺	外形改为由小到大的椭圆、用滴塑环和网布做衬
5	织带装饰	固定鞋舌	舌织带加长	通长织带、留穿带孔

图 11-6 是矮帮改高帮的改样设计，同样也有高帮改矮帮的改样设计。矮改高时，在统口位置要加量；反过来，高改矮时，在统口位置要减量。一般情况下，是看中了某种鞋的款式，所以才有高改矮、矮改高的变化，除了统口之外，往往不需要改动其它部位。如果需要改动时，要分成两步走，第一步是完成统口的变化，第二步是改样的变化。

作业与练习

1. 画出改样后的两款慢跑鞋成品效果图，再以此为基础进行改样设计，画出一款新的成品效果图。
2. 画出改样后的矮帮登山鞋成品效果图，再以此为基础进行改样设计，画出一款新的成品效果图。
3. 画出改样后的高帮登山鞋成品效果图，再以此为基础进行改样设计，画出一款新的成品效果图。

第十二章　运动鞋的底配帮设计

鞋帮与鞋底是不可分割的两部分，并且要求搭配和谐统一，符合美的形式法则。在运动鞋的造型设计中，每设计一款鞋，都包括楦型设计、帮样设计和鞋底的设计。在这三种设计中，最经常变化的就是鞋帮的结构与款式，变化最少的就是楦体造型，鞋底的变化处于中间状态。一款鞋帮配一款鞋底，这应当是很正常的事，但是由于变换鞋底就要变换模具，而模具的造价费用太高，不可能像帮部件那样随时可变，由此便引出了一底配多帮的状况。所谓底配帮的设计，就是在现有鞋底的基础上搭配出不同款式的帮样变化。在改样设计中，如果出现帮底不搭配的现象，往往也是改动帮部件。在底配帮的设计中，每一种鞋底都需要用几种不同花色帮样进行搭配。例如，一双鞋底配两双鞋帮，就记做 1×2；配五双鞋帮，就记做 1×5。在底配帮的设计过程中，鞋底的结构、花纹、色彩已经定型，所以要分析鞋底的特点来搭配鞋帮。关于色彩的搭配知识，后面有专门的章节讲述，本节要解决的是形态的搭配。通过底配帮的练习，可以培养独立思考和综合分析的能力，有利于形成开发创造的思维模式。

第一节　底配帮设计的要点

底配帮设计大致分成以下几步：确定鞋底部件并画出鞋底的花纹结构，分析鞋底部件的特点并确定该鞋底适用品种的范围，揣摩鞋底的结构、花纹、色彩的变化并搭配出和谐统一的鞋帮造型。再往下的工作就是进行结构设计、打板、试制，直至样品鞋达到底配帮的设计要求。

一、底配帮设计

底配帮的设计，是在现有鞋底的基础上，变化帮部件的造型，因此有如下要求：

（1）整体统一性：底配帮的设计要求有和谐的整体美感，设计时一定要把鞋帮与鞋底看成是一个整体来考虑，整体的风格、花纹的线条、色彩的搭配等要有相关性，有呼有应，不离不弃，符合统一美的形式法则。

（2）相对独立性：由于鞋帮与鞋底在位置上、功能上、选用材料上的不同，所以要求鞋帮在统一的基础上，还要有自己相对的独立性，在对比之中找平衡，通过互相衬托达到协调美。

（3）突出亮点：设计时要抓住每种款式变化的特征进行发挥，强调出重点、形成亮点。不要面面俱到、顾此失彼。

二、外底的分析

我们都知道，不同的体育运动项目具有不同的运动特点，不同的运动特点需要穿不同种类的运动鞋，不同种类的运动鞋要求有与之相匹配的运动鞋底。所以通过分析外底，一方面是找出它的造型特点，另一方面还要确定出它使用的范围，这与上篇中讲到的“不同品种的鞋楦配不同类型的鞋帮”是一个道理。下面以几种常见的鞋底为例进行说明。

1. 足球鞋底

足球运动的特点是以脚来支配球，所以对鞋的“脚感”要求比较高。因此一般比赛用的足球鞋底，比较薄，比较硬，少有鞋墙，鞋底面上有鞋钉。这种特点显然与足球运动大型的场地有关，在铺满草坪的场地上，运动员要不停地追球、运球，带球往返奔跑，一旦足球的传动方向改变，球员就立马急停、转身折返往回跑。这急停的瞬间，双脚需要顶住身体巨大的冲力，此时真正起作用的就是鞋底的鞋钉。鞋钉插入草皮中，抵挡住惯性，返身后再给以折返跑的动力。抓住足球运动的这个特点，再认识足球鞋就很简单。

一般前掌鞋钉7～9个不等，后跟鞋钉常用4个，也有采用4-2的搭配。有些鞋钉带有螺丝扣，可以拆卸，称为活动鞋钉；有些则是与鞋底连成一体的，称为固定鞋钉。因为鞋钉要与鞋底紧密结合，所以鞋底就必须有一定的硬度，在不影响脚弯折运动的情况下，使鞋钉结合牢固。鞋底也无需过厚，过厚的鞋底会增加鞋的重量，不利于往返奔跑。脚踢球的部位是脚背、脚背的内外侧，或者脚尖、脚跟，用不到鞋底，所以鞋底是齐边，没有鞋墙。帆布面、橡胶底的足球鞋，很适合于泥土的运动场地，泥土场地比草皮场地要硬，利用橡胶的柔韧性，可以提高摩擦力帮助止滑，这种鞋也有连成一体的橡胶鞋钉，为了提高帮与底的粘合强度，鞋底的周边设计有围条。为了降低成本，有些作为练习用的足球鞋底设计的不是很专业，鞋底也有粗粒的花纹防滑，与普通休闲鞋底类似，目的是可以通用。参见彩图-21。

2. 篮球鞋底

篮球运动的特点是用手把球抛向高处的目标、进行投准的比赛，跳起投篮、争夺篮板球的动作非常具有代表性。因此一般的篮球鞋底比较厚，弹性好，鞋墙较高，鞋底花纹的粗糙度居中，这同样与运动的特点有关。先看一看运动的场地，室内的篮球场采用木地板或塑胶材料，硬度适中，室外的场地以水泥为主，相对较硬，但场地都很平整。因此鞋底的花纹不用像登山鞋那样粗大，也不用像滑板鞋那样细小。适中的花纹图案、适中的硬度，可以解决防滑问题。

篮球鞋的花纹以波浪纹、人字纹、鱼骨纹居多，这样可以预防前后左右的滑动，特别是吸盘的设计，在光滑的地板上还有很好的抓地效果。投篮的跳跃动作很优美，但是落地时所受到的冲击力却很大，可达到体重的2～3倍，出于安全的需要，鞋底的减震功能就必不可少。增加鞋底的弹性，就有减轻受冲击的作用；加大弹性材料的厚度，也能加强减震的效果，所以看到的篮球鞋底，就有厚厚的感觉。增加鞋墙高度，可以提高鞋帮与鞋底的粘合强度，在几个人同时跳起和下落时，如果鞋底之间产生摩擦，冲击力会很大，粘合强度不够高就会造成鞋底开胶。早期帆布面、橡胶底篮球鞋，它的鞋底也是厚厚的，很有弹性。随着科技的发展，在鞋底中也经常进行气室结构设计，蜂巢结构设计，或增加具有减震功能的气垫部件。参见彩图-22。

3. 滑板鞋底

滑板运动是目前在青少年中很流行的表演性运动，运动的特点是双脚踏在滑板上完成滑行和跳跃的高难动作。一般的滑板鞋底比较平，稳定性好，鞋墙较高，鞋底花纹细密。滑板运动虽然不是激烈的对抗赛，但是要做出连人带板一起飞跃的动作的确也不容易，脚下用力的强度也很大，具有很强的挑战性和刺激性。双脚要在小小的滑板上站稳，滑板表面又比较平滑，所以滑板鞋底的表面也比较平整，给人的感觉就是平稳的；鞋底上含有细密的花纹，这样可以增大鞋底与滑板间的接触面积，增大摩擦力，减少滑移失误。滑板鞋也非常讲究“脚感”，因为人体与滑板腾空的技巧是在一瞬间完成的，稍有不慎就会摔在地上，所以滑板鞋的鞋帮里有厚厚的泡棉，保护功能好，给人的印象是胖胖的；滑板鞋底不能太厚，这会降低脚感，为了与鞋帮肥厚的风格统一，就加高了鞋底墙，感觉上鞋底也变厚。参见彩图-23。

4. 登山鞋底

登山运动是指在特定的地理环境中，从低海拔的平缓地形向高海拔山峰进行攀登的一种体育活动。登山可分为旅游登山、竞技登山和探险登山。后两种登山运动需要有特殊的装备，目前市场上销量较大的登山鞋是指旅游登山鞋。早在我国古代的南朝时期，有个叫谢灵运的太守，官场不得志，好游山玩水，发明了一种登山鞋，就是在鞋底的前后掌安装了两个活动的横木齿，上山时去掉前齿，下山时去掉后齿，以此来调节平衡，俗称谢公屐，这算不算是最早的登山鞋？一般的旅游登山鞋底的风格比较粗犷，鞋底厚，耐磨性好，鞋底花纹粗深，这显然与崎岖不平的山路有关。山路凸凹不平，又容易被滑到，所以鞋底的花纹要又粗又深，当鞋底踩在不平的路面时，路面的凸起就会嵌入鞋底花纹的凹槽里，形成一种咬合的状态，正是这种啮合作用，提高了鞋底的防滑性。由于路面粗糙，摩擦因数大，鞋底会很快被磨损，所以要求制底材料的耐磨性要好，鞋底也要厚一些。鞋底的粗犷风格与登山运动本身有关，在大自然中，人们无拘无束、放飞心情，就需要这种粗线条的豪放风格。参见彩图-24。

前面提到的四种鞋底，是典型的四种类型。根据路面或场地的硬度与粗糙度，鞋底花纹的粗细可分为很粗糙的、粗糙的、中等粗度的、中粗偏细的、较细的几种类型。例如足球鞋、高尔夫球鞋、速跑鞋、棒球鞋等，或是由于场地较软、或是场地较硬而又必须加速，就需要很粗糙的鞋底结构才能解决防滑的作用，这就是鞋钉的应用。再如登山鞋、越野鞋、沙滩鞋等，需要鞋底有粗糙的花纹，增大鞋底有效表面积，或通过咬合作用，或通过减小压强作用，提高鞋底的防滑性。一般的水泥路、沥青路、清砖路等，都适用中等粗度的鞋底花纹，这种底花纹是最常用的纹路。使用细密花纹的鞋底是比较特殊的运动，接触面比较平滑、运动位移不是很大，滑板鞋就是典型的例子。有些室内运动是在木地板上进行，但是由于运动很激烈，活动范围大，就必须使用中粗偏细的花纹。

与防滑性关系密切的除了花纹粗度外还有花纹走向。横向的花纹可以防止前后打滑，纵向的花纹可以防止左右打滑，波浪型的花纹有各种走向，可以防止前后左右的打滑现象。在平滑的运动场地，为了加强鞋底对地面的抓着作用，还常设计有吸盘，地面越光滑，吸盘的作用就越大。其实，鞋底防滑就是作用力的比较问题，当大底与地面之间的摩擦力小于作用力时就会产生滑移，为了防滑，一定在移动方向上加大阻力。

5. 慢跑鞋底

慢跑鞋底应该有什么特点？让我们先看看跑步运动的特点。在田径比赛中，有短距离跑、中长距离跑、马拉松跑、越野跑、接力赛跑、跨栏跑、障碍跑，但是没有慢跑比赛。因为慢跑是属于一种保健体育运动，通过慢跑来增进全身健康，防治“运动不足”病，对延缓衰老、治疗某些慢性病都有好处，特别是慢跑运动简便易行，不需要特殊的条件，因此很受欢迎，因此参加运动的人就多，因此对慢跑鞋的需要量就大，因此就创造了发展的商机。

抛开这么多的因此不管，慢跑鞋的特点应该是什么？从慢跑的时间来看，晨跑、晚跑、课余跑、休息日跑，都有可能；从慢跑的人群来看，男士、女士、老人、学生、工人、干部等也都有可能；从跑步的地点来看，可以在街头、可以在公园、可以在运动场、可以在郊外，活动范围很广。分析这些条件，就是要找出规律：慢跑是一种非常普及的运动，慢跑鞋是一种大众化的鞋类，适用范围要广。因此慢跑鞋底要轻便，减轻跑步负担；鞋底花纹以横向为主，适应前后的滑移，花纹的粗度适中，有利于在不同的环境中运动；

鞋底的前端设计有底舌，防止由于磕碰而造成鞋底开胶。鞋底舌可以说是跑鞋类的典型代表，鞋底后身的鞋墙较高，往前逐渐变矮，到达鞋底舌时，就剩下一层橡胶片。鞋底舌增加了帮底的粘合强度，还有很好的防冲击、防磕碰的能力。有些鞋类外观看上去像是也有底舌，但实际上这是鞋底前尖的鞋墙，比底舌要厚。上面的这种分析思路，就是搞设计的思路，结论产生于分析之后。慢跑鞋底参见彩图-25。

6. 休闲鞋底

休闲鞋的生产量逐年增加，而且还会有扩大生产的空间，要弄清休闲鞋底，就要先弄清休闲鞋是怎么回事。什么是休闲鞋？从表面上说，休闲鞋是人们工作之余休闲放松时穿用的鞋。在“一颗汗珠摔八瓣”的辛劳时代，工作之余主要是做家务，谈不到休闲；在“一分钱掰成两半花”的艰苦年月，工作服都要往家里穿，没有多余的钱买休闲鞋；在每个人都争做“螺丝钉”期间，谁敢休闲？休闲不仅是个经济问题、时间问题，更是个精神意识问题。了解了休闲的深层意义，也就了解了休闲鞋。休闲鞋有运动鞋类休闲鞋和皮鞋类休闲鞋之分，在实质上两者没有大的区别，只是在外观上一种仿照运动鞋的做法，一种仿照皮鞋的做法。在经济上有了闲钱，时间上有了空闲，为了缓解心理上的压力，就开始了休闲。怎么休闲？久坐办公室的人想去公园呼吸新鲜空气，久在城里居住的人想去游山玩水，吃惯了燕窝鱼翅的人想品尝农家菜，大腹便便的人想去健身房减肥，想打球就打球、想爬山就爬山、想滑雪就滑雪。在追求人性化设计的今天，该花的钱花了，时间过得充实了，压力没有了，心里高兴了，就达到了休闲的目的。可见休闲的表现形式很多，活动范围很广，关系到的人口众多。知道了什么是休闲，就知道了为什么休闲鞋越来越火，这个市场太大了！那休闲鞋底的特点是什么？结论是多种多样，不拘于某一种模式。因为休闲鞋是鞋类家族的小弟弟，它完全可以模仿每位哥哥姐姐的模样，所以鞋底花纹可以是粗犷的，也可以是细腻的；鞋底颜色可以是五彩斑斓的，也可以是单一清色的；鞋底跟可以是高的，也可以是平的；鞋底工艺可以是一次成型的，也可以是组装的。只要能满足休闲的要求，就一定会有市场。参见彩图-26。

三、底配帮的着眼点

通过对外底的分析，了解了外底的特点，在底配帮时就要抓住着眼点，找到帮底连接的桥梁。参见表12-1。

表 12-1 底配帮设计着眼点

序号	着眼点		外底特征	帮样特点
1	色彩	主色调		
		搭配色		
2	花纹	造型特征		
		纹路走向		
		波动幅度		
3	特殊性	底墙高度		
		商标		
		其它		

底配帮的设计比较灵活,表12-1中的着眼点只是一种提示,仅供参考。

作业与练习

1. 底配帮设计时要注意些什么?
2. 到市场去观察不同运动鞋的鞋底特点。

第二节　底配帮设计举例

[例一] 慢跑鞋的底配帮设计

慢跑鞋是一种常见的运动鞋，下面用同一种外底，以 1×5 的方法进行底配帮的设计。

如图 12-1 所示，这是第一款底配帮的慢跑鞋。配帮之前先观察鞋底的造型：

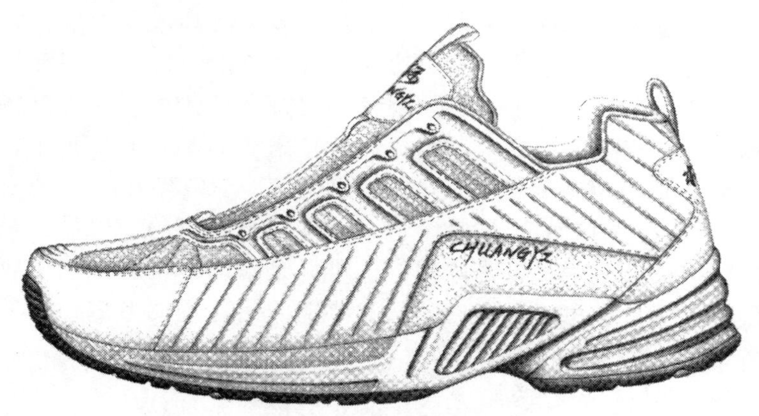

图 12-1　慢跑鞋底配帮成品效果图（A）

鞋底由上、下两层组合而成，上层是发泡的 EVA 材料，注射工艺生产，下层是 RB 片材，硫化工艺生产，两种材料经贴合后形成慢跑鞋底。鞋底前端的造型，是由橡胶片自然形成的底舌；鞋底的前掌造型比较平缓，构成一种稳定的状态，给人以安全感。顺着底前掌往后看，在腰窝部位有一个呈圆角形的微微凸起，这个凸起打破了前掌的平淡，产生了一种向上的动感。动感何来？当两只眼睛顺着平缓的前掌轮廓线向后看时，遇到腰窝的凸起就势必要抬动眼神，眼神的移动在心理上产生了刺激，每看到这里时都要动一下，动感由此产生。不是看到鞋底在动，是心理感觉到它在动，这就是造型的魅力所在。角形结构应该有较强的冲击力和明确的方向性，但是这里采用的是圆弧角过度，减弱了冲击力，产生的是跳动感，与慢跑时的一起一浮的跳动相协调；由于使用了圆弧角，方向性有些变模糊，就好比是慢跑不需要瞄准目标、争什么第一第二，只要跑动就好。鞋底的后跟近似楔形造型，后高前低，有一种能够为慢跑步补能量的推进作用，三条斜向的凹槽，突出了四条棱线的立体感，加强了推进的作用力，感觉到这种能量可以源源不断地得到补充。鞋底造型的整体感是前边静、后边动，动感产生活力，静感显得安全，动与静结合，在对比中取得和谐之美。

分析鞋底的造型是为了找到一种帮底平衡的感觉，跟着感觉去设计帮部件的造型，就容易搭配成功。第一款慢跑鞋中，利用了鞋底圆角形凸起的造型特征，进行了重复，设计了一块外形、走向、起伏程度相似的装饰造型，加强这种动感。如果动感太强，稳定性就降低，安全感就差，为此在侧帮特意设计了一块较长的侧饰片，并与头套相连接、与前掌造型相呼应。在侧饰片上采用高频工艺压出条形花纹，线形条纹不断重复，营造出一种韵律感；花纹分成两组，后组花纹的走向与侧装饰造型的搭配，就好像有人排队跑上山坡，翻过山坡之后就变成了前组花纹。两组花纹的走向不一样，借用了“上山弓着背、下山挺着腰”的那句老话。侧饰片为什么采用上压下的结构？如果采用下压上，感觉到“山近人远”，突出的是山，人被掩在山中；反过来采用上压下，“人近山远”，突出的是人，人站在山上，英姿飒爽。

主要的构思形成了，再考虑其它部件。鞋眼盖采用 Y 字形，有拉长的感觉，与侧帮的长线条相呼应。设计 5 个眼位显得简洁，眼位下面的四条装饰部件，增加鞋体上半部分的量感，使鞋帮上下均衡。后领口的中段采用平线条，形成方形领口，与下面凸起造型的线条风格取得一致。其它的内容就可以按常规设计。

第一款慢跑鞋采用了动与静的结合，通过重复与韵律的应用，想表现出慢跑的效果。有了第一款底配帮的经验，再看看第二款慢跑鞋是如何构思的。

如图 12-2 所示，第二款慢跑鞋在底配帮时也借用了鞋底的凸起造型，不过这是通过鞋眼盖的造型来表现的。大面积的鞋眼盖，几乎占据一半的面积，外形与鞋底的凸起造型相近，这叫做“同形异构”；面积过大，量感加重，使鞋帮显得比鞋底还重，头重脚轻看起来就不舒服，所以要把眼盖的内部挖空；被挖空的眼盖，留下了两个下角，就好比慢跑时凌空跳跃的一瞬间；后角下的装饰条，似乎是另一位跑者的脚，三条织带如同被跑者越过的小路。再看看后帮，自上而下的整体后套，隐喻着后面还有跑者；在底脚处形成一个圆弧，把前边的弧线、后边的弧线、鞋跟的弧线，巧妙地连成了一体，这叫做“借力发力”，鞋跟的弧线就有了上下的呼应，就不显得孤单，鞋跟的推动力就可以直接输送给跑者。

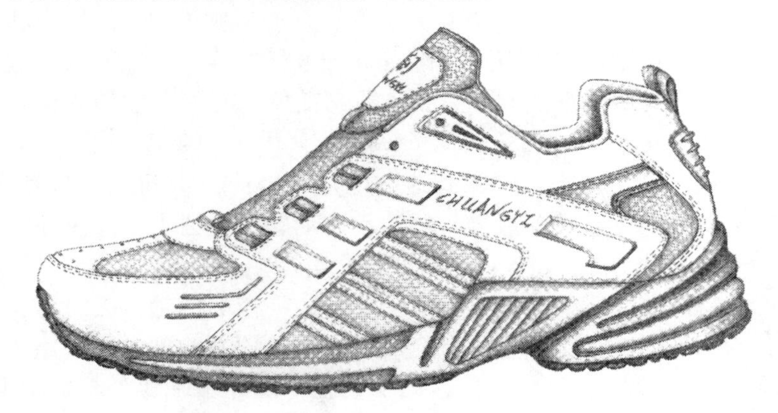

图 12-2　慢跑鞋底配帮成品效果图（B）

造型设计是把美的形态展示给别人看，感官刺激是表层的，心里刺激是深层的，底配帮的设计，就要通过帮样的变化，产生对视觉的表层刺激，从而引起心理上共鸣，要给顾客留有想象的余地。慢跑鞋上不一定非要出现几个小人在跑步，也没必要非画出跑动的双脚，要充分利用造型的手段来表现，利用造型的表现力表达出所要想表达的想法。前面所讲的造型设计，看起来很抽象，但是具体到每款鞋的设计，都离不开这些前人经验的总结。

第二款慢跑鞋设计的构思是加强动感，利用鞋底的凸起、利用鞋底跟的条纹，让跑活起来；削弱前掌稳定的效果，也是为了强调动感。第二款慢跑鞋显然比第一款慢跑鞋的动感强。

下面再看第三款慢跑鞋的构思。

如图 12-3 所示，第三款慢跑鞋的风格与前两款有明显的不同，这是为什么？原来第三款慢跑鞋底配帮时的着眼点转移到了鞋底后跟。利用鞋底跟的弧线，通过夸张的手法，设计了一组流动的弧线。前眼盖的后弧线、后眼盖的后弧线、网布上的高频压花线、后套轮廓线、后跟饰片轮廓线，它们的形态虽有不同，但风格相同。鞋底上的那块凸起造型，被后跟饰片的下角轻轻地掩盖住，没有了张扬的余地。前套的弧形、装饰洞的弧线，都是为了与后帮的一组弧线相配。方形领口的平线条与弧形线条本不和谐，但是利用后跟饰片的上端与领口平线条搭接，转移了视线，更关注的是弧线的走向。

图 12-3　慢跑鞋底配帮成品效果图（C）

第三款鞋的构思是利用自由曲线的舒展性、扭动性来强调出动感；由于慢跑的动作并不是很激烈，所以动感受到了一定的约束，只局限在后帮，曲线变化的幅度也不太大。

再看一看第四款慢跑鞋的构思。

如图 12-4 所示，这是一款强调高频压花装饰作用的慢跑鞋，高频的位置选在了黄金分割点上，既醒目又协调。高频的图案中，既含有角形凸起的设计元素，也含有前掌的平缓特征与鞋底跟的曲线造型。后身弯曲的变化，受鞋底跟的影响较大；前身的块状造型，受鞋底凸起造型的影响较深；所有的线条变换，好像是都离不开中心高频图案的控制，有一种整体的归属感。在鞋前套的后部，设计了一块"碳板"，这是一种用碳纤维制成的网补，又轻巧、又结实，还有透气性。它的表面肌理，与鞋底的条纹图案有着关联性。后领口采用很普通的圆形曲线，也是为了突出高频的造型。

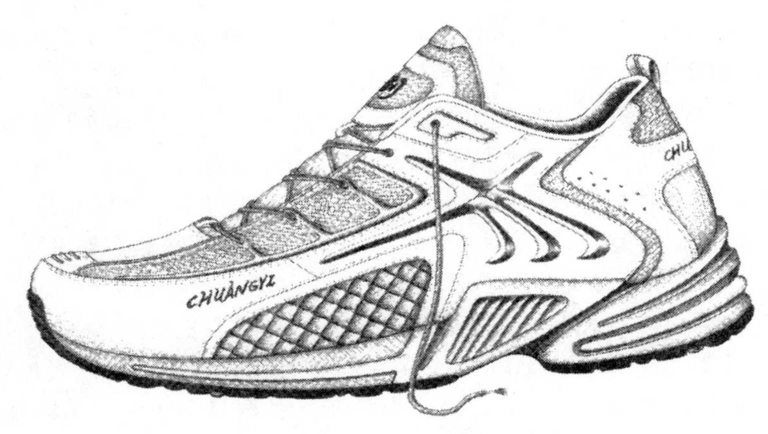

图 12-4　慢跑鞋底配帮成品效果图（D）

帮配底的造型的变化手段有多种多样，采用哪种方法好，要看对鞋底的感觉，感觉有了，造型的方法也就有了，当然有个前提，就是要掌握造型的原理。第四款慢跑鞋别出心裁，构思的重点在高频装饰上，以高频为中心，带动其它部件的造型，这种设计方法叫做“以点带面”。下面再看看第五款慢跑鞋，参见图12-5。

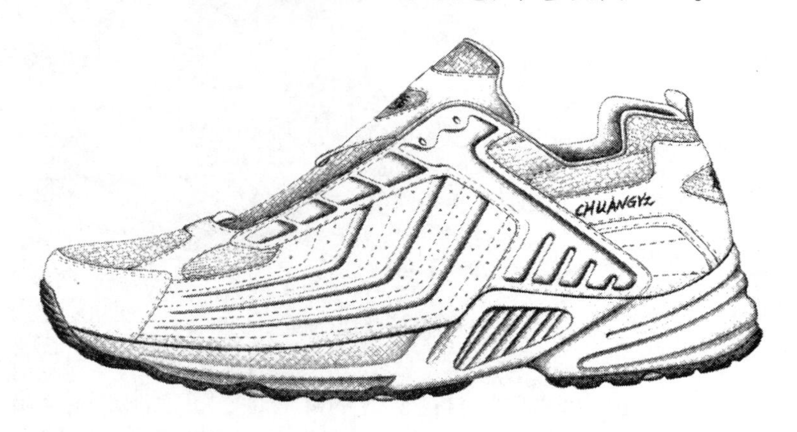

图12-5　慢跑鞋底配帮成品效果图（E）

如图所示，在成品效果图上，看到鞋帮与鞋底几乎融为一个整体，这是一种“结合共用”的方法。鞋底与鞋帮，分开是两种部件，合起来就变成一个整体，从造型上看也是你中有我、我中有你，亲密无间、密不可分。鞋眼盖上有高频工艺，高频的造型不再是以我为中心，而是配合鞋底凸起的造型来加以变化；鞋帮的侧饰片上也有高频工艺，这个高频的造型是针对鞋底跟的曲线而设计的，高频的尾端，还顾及到了前掌的平缓。交错的呼应、不同类型的线条相互结合到一起，为什么没有凌乱的感觉？这是利用了大与小、多与少、长与短、密与稀的对立统一规律进行了调配，在重复中产生韵律，在排列中产生节奏，营造出和谐统一的局面，达到静中有动、动中有静的效果。

通过对上面五种慢跑鞋一底多配的设计，基本上了解了什么是底配帮的设计。因为是为慢跑鞋配底，所以要抓住“跑”的共性，抓住“慢”的个性来做文章。这不同于改样设计，更不同于仿型设计。一方面需要有对鞋外底的充分了解，另一方面需要有扎实的造型基础。对底有了解，就能想到从何入手；造型功夫深，就能够进行表现。能想但不能做、能做但不会想，都无法完成底配帮的造型设计。

［例二］ 篮球鞋的底配帮设计

在运动鞋的家族中，篮球鞋就像一位帅哥，长得一表人才。高大的身躯，稳重的神态，简洁的着装，象征活力旺盛的强烈对比色，处处都闪烁着诱人的光彩。因此设计篮球鞋要显得大气，为篮球鞋底配帮，也要掌握这个要点。参见图12-6。

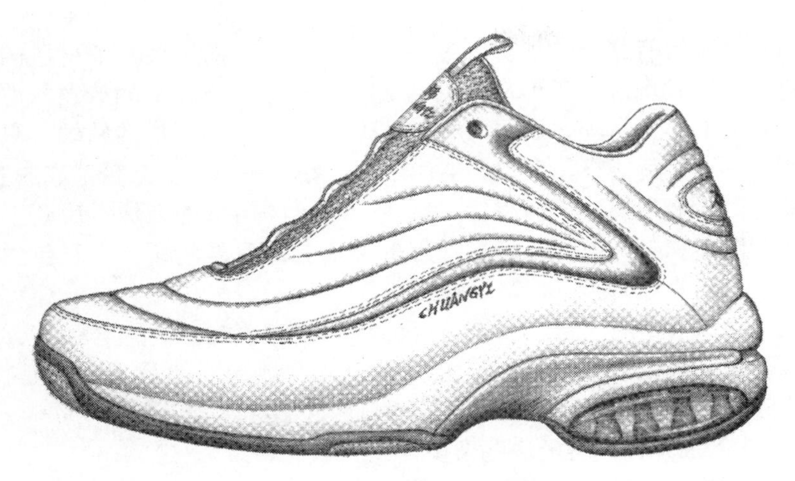

图 12-6　篮球鞋底配帮成品效果图

先分析篮球鞋底：篮球鞋底显得比较厚实，但没有“重”感，否则就会弹跳不起来。鞋底有防滑的纹路，以波浪纹、人字纹、鱼形纹居多，可以加强前后与左右的防滑效果；由于运动的场地比较好，不用粗大的花纹，室内比赛用鞋的花纹还可以比中等粗度纹路略细些；鞋底上还有吸盘，提高着地的稳定性，运动场地越平滑，吸盘的作用就越强；鞋底的弹性好，有利于起跳，鞋底还安装了气垫，有很好的减震作用。从造型角度看，鞋底的造型分成四部分：最底层、底身层、填充层、视窗层。最底层是黑色的橡胶层，颜色深、量感重；浅色的底身层占据大部分面积，颜色浅、量感轻；这两层底颜色的深与浅、量感的轻与重，有很强烈的对比反差，但是通过两者的厚度不同，得到了很好的协调。底身的上轮廓线，是一个大的波浪纹，极富有动感，这种动是一种“涌”动，看似风平浪静，其实激烈的拼杀还在后面，鞋底的大气，就是透过这条曲线来表现的。在底身的后跟部位，有一尖状物的造型，好像是软体动物的触角，虽然细小，但很有韧性，在拼命地向一个缝隙里挤钻，大有不达目的誓不罢休之感，这是一种方向感非常明确的造型。最后面还附有一个彩色视窗，起着调节气氛的作用。

有了对鞋底的感觉，搭配鞋帮就有了着眼点。先把前套和后套的造型设计成整体部件，用与鞋底的大波纹和软触角相似的线条勾画出前套与后套的轮廓线来。只因为不能直接开料的原因，才有一个暗接的断帮位置。再看鞋眼盖部件，采用暗鞋眼，可以使帮面简洁，只保留了一个明鞋眼。前眼盖部件的造型，是顺接着前后套造型来表现的，两大块部件有着共同的设计元素，被放大的两个软触角造型，也带有极明确的方向性，好像是急流涌动，在争抢着什么。鞋眼盖上由高频压花形成的纹理，加强了这种涌动，三路进发，穷追不舍。此时的后眼盖部件，被前后两大块部件挤压得只剩下一条线，几乎没有立锥之地。不过变换一下色彩，或变换一下材质的肌理，就会发现这个条形部件变活了，它就像一条出水的蛟龙，游戏于强大的对手之间，那只有神的眼睛体现了不屈不挠的精神，只需腾身一跃，就能投篮命中。半片鞋面，好像一幅画，把带球、脱身、跳起、投篮的场面演绎得活灵活现。争抢的结果怎么样？后套上的高频图案和装饰衬，暗示着最好的结局。最后再回顾一下彩色的视窗，如同张灯结彩庆祝最后的胜利。

一款造型好的鞋，应该有好的创意，应该能打动顾客的心，让顾客从心里喜欢你的设计。我们常说，设计强调的是人而不是物，不管是技术设计，还是艺术设计，都是这个道理。

[例三] 休闲鞋的底配帮设计

在前面介绍休闲鞋底时说过：休闲鞋底多种多样，不拘于某一种模式。因为休闲的方式是多种多样的，休闲时想去跑跑步，休闲鞋就会与跑鞋相似；休闲时想去爬爬山，休闲鞋就会与爬山鞋相近；休闲时想去打篮球，休闲鞋一定会与篮球鞋类同。是运动的特点决定了运动鞋的特点，但是由于“休闲”的加入，使得休闲运动与专项运动在运动的程度上不同，所以休闲鞋不会等同于跑鞋、爬山鞋、篮球鞋。因此才会有休闲类运动鞋产生。休闲鞋底配帮设计参见图12-7。

图 12-7　休闲鞋底配帮成品效果图

先分析鞋底的特征：鞋底花纹中等粗度，纹路简约，鞋底较厚。由此可知这款鞋底不适合跑步、不适合打篮球和踢足球，也不适合登山，因为它不具备适合这几项运动的功能设计。但是它适合于漫步类型的休闲运动，较厚的鞋底弹性增加，中粗的底纹对不太好走的道路也能适应，简洁的花纹给人一种平静、安详的感觉。

顺着平静、安详的感觉去把握鞋帮的设计：本款鞋使用了大量的网布，营造一种柔和、温馨的气氛；后领口凹进的造型，吸收了拖鞋的轻松感；一条后饰带把领口围住，增加了安全感；背中线上的一条拉链，为封闭的结构引入了开放，因此脚背也显得被拉长，紧接着跗面上的三条反车线迹，阻挡了拉长的一路下滑，并与鞋底横向条文相呼应，构成一个和谐的整体。一款简洁的散步鞋油然而生。

通过前面几节的学习，已经进入了设计的大门，掌握了仿型设计，对线条就有了认识，线条是一切视觉造型的表现基础；掌握了改样设计，对和谐就有了认识，统一和谐才能产生美感；如果再掌握了底配帮设计，对创意就有了认识，就可以把创造性的想象通过底配帮的形式表现出来。

作业与练习

1. 按照慢跑鞋底配帮的举例，画出3款慢跑鞋的成品效果图。
2. 按照篮球鞋底配帮举例画出成品效果图，并仿照举例设计一款底配帮成品效果图。
3. 按照休闲鞋底配帮举例画出成品效果图，并仿照举例设计一款底配帮成品效果图。

第十三章　运动鞋的创意设计

创意是什么？创意设计又是什么？我们在设计之前，都会进行一番构思、酝酿、运筹、策划等思维活动，这种思维活动都是创意设计的一种表现形式。创意是一种具有创造性的意念，是一种融形象思维与逻辑思维为一体的创造性的思维活动。创意设计，就是用创造性的意念去引导我们的设计全过程。千万不要把创意当成一种技术，也不要把创意分解成几个简单的步骤，不然就会陷入误区。因为创意是一种思维活动，所以具有丰富的内涵，是对功能、审美、科学、价值观念等方面的综合把握。

在创意的思维活动中，形象思维与逻辑思维是融为一体的，没有形象的思维是空洞的，没有逻辑的思维是紊乱的。意大利的 FILA 公司曾为法拉利车队设计过专业的赛车鞋，从鞋型、材质，到颜色、功能，都是按照赛车手的要求量身定做的：特制的麂皮使鞋身柔软，使脚部活动不受约束，并经过防火处理；具有弹性的、轻量的大底延伸到脚跟，克服因控制油门而造成的磨损，这种包覆性强的设计使鞋更具有安全性；美丽的“法拉利红色”散发着热情的活力，配上时尚的铁锈灰色，更透着沉稳刚毅；鞋型瘦长贴合脚掌，鞋身两侧有装饰性的暗色方格，象征着大红的旗海在欢呼沸腾。想一想这种设计，从造型到结构、从材质到功能、从色彩到精神象征，无不充满着创新意识。从法拉利跑车无人能敌的魅力、到领军的灵魂人物舒马赫、到每一个车手、到车手的每一双脚、直到专业赛车鞋，这一系列的过程，就是形象思维与逻辑思维融为一体的创意设计过程。

运动鞋作为必不可少的鞋类产品，既具有物质方面的实用性，又具有精神方面的审美性，因此运动鞋的设计也必然是精神与物质两方面综合性的创造活动，创意也就成了设计的灵魂。既然创意是一种思维活动，那它就必然存在于设计过程的始终，从市场调查到设计定位、从运动鞋的效果图到结构图、从打板到试制、从生产到营销，都会有创意存在，这样一来，创意的成果就会与设计者创意能力的大小和水平的高低有关，或者说与设计者的自身素质有关。这种素质或能力应当包括：敏锐的观察力、高度的记忆力、丰富的想象力、扎实灵活的表现力，以及对生理、心理、社会环境的综合把握能力。目前我国运动鞋市场上仿制的产品多、同质的产品多、低档的产品多，这都与设计者的素质有着直接的关系，没有好的设计师，就不会有好的产品，也不可能会出现品牌产品，还是那句老话：人的因素第一。

第一节　创意设计的过程

在本篇的开始，提出了一个大设计的概念，把设计的循环过程分为设计的前期、设计的中期、设计的后期三个阶段，参见图13-1。

从图中可以看到，设计的过程是往返循环生生不息的。如果设计上出了问题，就可以从图中找到问题的所在。在图中出现了两次鞋形的画图，一次是效果图，一次是成品图。效果图是采用造型设计的手法表现鞋款的立体效果，强调的是艺术效果。画效果图对学习艺术设计的人来说，是轻而易举的，但是由于这些人对生产工艺往往一知半解，画出的效果图只是好看、并不实用。在结构设计时，要把鞋款图形转化为设计图，必须有个成品图过渡，在效果图不实用时，只好重画成品图。能不能把两者结合起来呢？最好的办法就是画出在前面介绍过的成品效果图。

一、大设计的三个环节

第一个环节是设计的前期，属于创意设计的阶段，集中表现在创意的构思上，并用效果图的形式把创意表现出来。创意设计的内容从何而来？来源于市场调研，根据市场调查结果进行分析研究，找出目前存在的问题。因为有问题存在，所以需要改进，从中也就找到了设计的目标。如果设计目标找得准确，设计与市场连接就紧密，设计的产品就会受到顾客的欢迎，销路就不成问题。要从市场调研入手找问题，最终还是要达到产销两旺。

有了设计的目标后还要进行设计定位，包括产品类别定位、风格定位、档次定位，以及消费者的定位。用句通俗的话讲，就是卖什么？卖给谁？有了准确的定位，为谁设计、设计什么就变得具体化，然后再进行创意设计。前面讲到的改样设计、底配帮设计，都有创意的成分，当然，最重要的还是创新设计。创造性的想象毕竟是一种构想，还不是产品，所以要把创作的意图以效果图的形式表现出来。这种表现形式，主要是针对艺术造型设计而言，如果有结构或功能方面的内容而不易表现时，还必须加以文字说明。创意设计的构思能否开发试制，还要看对效果图进行可行性分析，一旦图样被选中，就转入设计的第二个环节。

第二个环节是设计的中期，属于设计实施阶段，集中表现在结构设计上，进行技术储备，最终要试制出符合要求的样品鞋。造型设计是解决运动鞋的外在形式美，结构设计是解决运动鞋的内在的构造、功能、帮底搭配以及楦体造型。能穿不能穿，舒适不舒适，合理不合理，这些技术性的问题要在设计实施阶段加以解决，艺术与技术结合的问题也在这个环节解决。还要通过打板、开料、车帮、

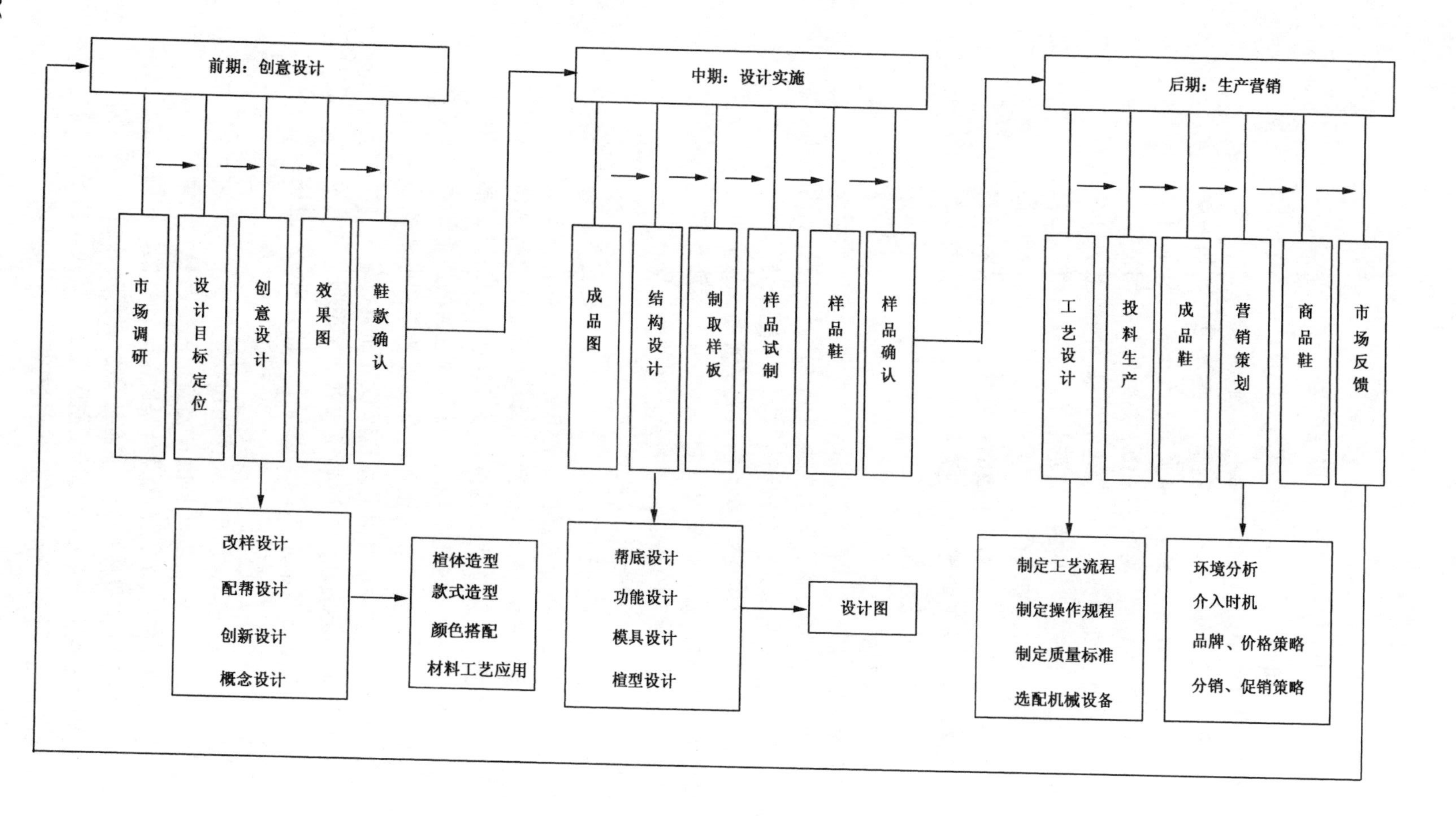

图 13-1　鞋类大设计循环图

成型、配底，直到试制出满足要求的样品鞋。因为是试制，就会有个反复的过程，要把后续生产过程可能出现的问题，在试制阶段加以解决。样品鞋经过确认后就可以准备投产，转入第三个设计环节。

第三个环节是设计的后期，属于生产与营销的策划阶段，集中在把成品鞋转化成商品鞋的策划上。生产与营销，重点工作是管理，所以叫策划，策划也是一种设计。在生产过程中，要用到关于工艺方面的设计，包括制定工艺流程、配备机械设备、执行操作规程和质量标准。营销也是一门科学，不是简单的推销，要分析市场环境，制定产品策略、价格策略、分销和促销策略，抓住时机推出产品，完成产品向商品的转化。成品鞋是产成品，如果积压在库房里，不会变成商品，只有经过营销策划，投放到市场上，成为顾客的购买物品时，才能成为商品。如果设计的产品正符合市场的需要，商品的流通就会加速，经济效益就会提高，这也是把产销归为设计范围的原因所在。在产品的销售过程中，继续做好市场的调研，把反馈来的信息进行整理，进入下一个大设计的循环。循环的过程是无止境的，一个好的品牌鞋，是靠在大设计的循环过程中，不断改进、不断完善、不断赢得消费者的信任，逐步形成的。品牌存在于顾客的心中。

大设计当然不是靠一个人单枪匹马去完成的，而是要靠群策群力；设计人员不能关在屋子里闭门造车，应当多看市场了解信息；大设计要在大生产中去实现，要想把企业做大做强，就要抓大设计，这是一种统筹兼顾的思维方法。有了大设计的概念，再回顾一下作为设计所缺的东西是什么：有了技术设计、有了艺术设计，缺少的是设计的理念和思维。下面先从市场调研和设计定位开始，整理一下设计的观念。

二、市场调研

解决设计的概念之后，对设计提出的第一个问题就是“设计什么”，也就是设计的内容。不假思索的回答当然是“运动鞋”，但是继续提问：设计什么样式的运动鞋？为哪些人群设计？设计哪类档次的产品？市场需求关系怎么样？要想得到准确的答案还得从市场中去找，通过市场调查研究去掌握销售与消费的动态，通过资料分析去准确地发现问题、提出问题，有了问题就有了设计的目标和内容，接下来就是有效地解决问题。

在调研销售情况时，调查范围尽量宽些，要对不同层次的销售点进行考察。例如专卖店、特许经营店、百货公司、商厦、超市、地摊等。店面不同、客流人群不同，消费层次也不同；销售环境不同、销售方法不同，销售效果也不会相同。信息量越多，调查结果就越接近实际。

在调研消费情况时，可以直接听取消费者的意见，了解顾客的需求与想法，对发现问题会有直接的帮助；也要听取推销员、导购员、销售经理等方面的意见，长期的工作经验积累，他们的见解往往会有独到之处；还要听取专家、学者的意见，在层次上可能更深刻些、透辟些。

在调查中还要关注与运动鞋相关的产品，例如运动服、运动袜、运动帽、运动防护用品、运动器械等等。运动鞋与这些产品之间是有关联的，从色彩搭配到产品造型都应该有和谐统一的情调，创意的灵感往往就在不经意间流露出来。此外，还要多收集一些相关的报刊、图片手稿、动态信息、文字资料等，配合市场的调研，进行参照比较分析。

市场调研分析主要包括：

（1）销售分析，哪些产品好卖，哪些不好卖，原因在哪里；

（2）穿用对象的分析，谁在买，谁在穿，需要哪种档次；

（3）顾客的需求是什么，销售员的忠告是什么，专家的建议是什么，如何用于产品的开发设计上；

（4）新产品的可行性分析，新在哪里，卖点是什么；

（5）市场竞争的焦点是什么，如何趋利避害，提高竞争力等。

市场调研的重要性在于发现问题，找设计题材。有一个关于耐克鞋开发设计的报道，说是如果不把各种科技研发工作计算在内，仅仅在产品造型设计方面，一双鞋就要经历许多不同的阶段和步骤，要有一个分工明确的团队互相协作才能够完成。首先由一些抽象派艺术家根据目前流行趋势和他们心中对艺术理念的感悟进行抽象的图案和造型概念设计。从表面上看，这些抽象的艺术可能与鞋子的款式与造型没有关系，但这是产品设计的根本基础。第二步，由专门的电脑设计人员对这些抽象的图案进行挑选，将一些难以实现的元素舍去，将那些可以进一步转化的图案利用电脑明晰化。第三步是由人体工程学家将图案在鞋面上进行分配，以求达到既可满足人们的视觉效果，又不影响穿着舒适的目的。最后才是由传统的鞋样设计人员，根据鞋楦来进行款式设计。每一款运动鞋，都是经历了众多设计师的设计创造，并且这些设计师的灵感来源不同，保障了耐克鞋能够满足大多数人的审美需求，如此系统而完善的设计步骤，保障了耐克品牌在国际上的领先地位。

大家都清楚我国是一个制鞋大国但不是强国，为什么不强？主要是设计能力低。设计能力低的一个主要表现是没有设计前期的准备工作，也就是缺少市场调研，不看市场，发现不了问题，设计也无从谈起。许多工厂的设计都是在进行仿制，拿来别人的画报，看看别人的样品，或抄抄别人的款式，以为设计就是这样搞定的，相当于只做了耐克鞋造型设计的第四步工作。你能抄，别人也能抄；你能仿，别人也能仿；所以生产出来的是同质同类的产品。我不会的你也不会，我不能搞的你也搞不了，所以又总在低层次竞争。走出这种困境的办法就是通过市场调研，明确设计的概念和方向。设计的出路在市场。

三、设计目标的定位

在搞清了市场及消费者的需求根源之后，就可以对设计所要表达的目标进行设想，也就是制定设计目标。制定设计目标，需要有一个市场定位。所谓定位，就是依据消费者对产品属性的重视程度，在消费者心中确定一个位置。穿鞋已成为生活中不可缺少的一件事情，穿皮鞋还是穿运动鞋？穿品牌鞋还是穿普通鞋？为什么要穿你们的鞋？如果要给穿鞋找一个理由的话，那就是该产品在消费者心中占有重要的位置。市场定位就好比是射箭要瞄准靶心，定位定不准、靶心瞄不准，后面的一切努力都会前功尽弃。

市场定位包括三个方面内容：其一，是消费者需求方面的定位；其二，是企业者产品设计的定位；其三，是产品的市场策略定位。在这三位一体的关系中，最重要和最具体的就是产品设计定位。近年来，有一种叫做“5W”的设计定位法，日益引起人们的重视，它集合理性、功利性、审美性于一体，形成一个比较完整的参照体系。具体内容有：Who（穿鞋的主体因素）、What（穿鞋的类型因素）、When（穿鞋的时间因素）、Where（穿鞋的环境因素）、Why（穿鞋的目的因素）。

1. Who

穿鞋的主体，解决谁来穿的问题。设计的第一步首先要明确为什么人设计，看市场，首先要看人，要看市场中的消费群体，设计的成功与否取决于使用者能否接受。要根据市场消费需求来划分使用对象，要选择最适合穿着对象提供最佳设计方案。不同的消费群体有着不同的供需关系，为此要掌握几种与穿鞋主体相关的定位，参见表13-1。

表13-1　穿鞋主体的相关定位

序号	定位范围	定位特征	说明
1	性别、年龄定位	男性更注重名牌，作为身份象征和质量保证	男女需求不同，对产品的选择评价与价值取向会随年龄变化
		女性更注重产品外观所代表的情感色彩	
		青年人注重流行款式和颜色，要求新、变化快	
		中年人重视款式的高雅与成熟感	
		老年人要考虑穿着庄重、产品的价格与质量	
2	职业、生活状态定位	体力劳动者讲究实惠，要求使用方便，看重价格	职业上的差异与生活状态的不同，制约着对穿鞋的审美需求
		蓝领人士讲究舒适、实用，看重与周围环境协调	
		白领丽人在乎别人的看法，讲究流行，不怕花钱	
		公务员等职业人士看重传统，不落俗套也不超前	
		中学生有好胜心，一有条件就追逐名牌	

续表

序号	定位范围	定位特征	说明
3	经济状态上的定位	年均收入1~2万美元的居民，消费呈多样化、个性化、追求休闲、娱乐和变化	消费者在购鞋上的花费，往往在可支配限度内考虑
		年均收入仅几百美元的消费者，对产品价格更敏感、更看重，消费有限	
		中等收入者的消费受环境影响较大，有取中倾向	
4	文化程度、习俗上的定位	文化程度、艺术修养较高，往往追求审美意识和品位，强调自我价值	文化与习俗渗透在人们的观念、行为、思维、审美情趣中，进而影响着消费倾向
		不同的民族、地区，有着不同的喜好和禁忌	
		宗教信仰、风土人情以及生活习俗对穿着也有一定的影响	
5	脚型规律的定位	男女脚型不同，鞋号的制定范围也不同	只有符合脚的生理机能与结构的鞋，穿着才会舒服
		北方脚型偏长，鞋号偏大	
		农村、山区的脚型围度偏大，鞋型偏肥	
		城市中的男女脚型为具有代表性的中间型号	

2. What

穿鞋的类型，解决穿什么的问题。穿鞋主体的层次不同，选择运动鞋的类型也不同。运动鞋的种类有很多，按照结构划分有利于掌握结构设计，按照款式划分有利于造型设计，如果按照消费群体的需求划分更有利于市场的定位。大致可分为以下几种类型，参见表13-2。

表13-2　按消费需求划分的运动鞋品种

序号	品种定位	种类特征	消费群体
1	普通运动鞋	用于旅游、锻炼、健身等户外活动	适用于广大消费群体
2	运动休闲鞋	多用于工作之后的各种休闲活动	看重穿着舒适的群体
3	室内健身鞋	用于室内健美、健身、休闲等运动	看重生活质量的群体
4	专项练习鞋	用于跑步、打球等带有专业特征的运动	一般的体育比赛活动
5	专业运动鞋	适用于各种专业的运动项目比赛	适用于职业运动员
6	特种功能鞋	具有防寒、防水、防扎、隔热等功能的工作鞋	适用于特殊工作环境
7	运动凉拖鞋	具有运动鞋风格的凉鞋、拖鞋	大众化的夏季用品

3. When

穿鞋的时间，解决季节性或时间变化的问题。服装的季节性很强，可以说是四季分明；皮鞋的季节性稍弱，分为冬鞋、夏鞋、春秋鞋三类；运动鞋的季节感较差，一年四季都有人在穿。在北方，冬季穿运动鞋的人会多一些，保暖性较好；夏季湿热，穿运动鞋的人较少，捂脚难受。在广东、福建等地区，即使是夏天很炎热，也有相当一部分人在穿运动鞋，尤其是在学生中间。是这些人不怕热吗？是习惯问题？是偏爱问题？是环境问题？总之是有“问题”。现在有一种“筐鞋”，使用满帮鞋的结构设计的运动凉鞋，这就是一种创意，为在天气炎热时也喜欢穿运动鞋的人解决了问题。创意其实就在你身边，例如现在流行的运动凉鞋、运动拖鞋都很有新意，凉鞋与拖鞋本与运动无关，但是借鉴了皮凉鞋、皮拖鞋的思路，利用了运动鞋的加工工艺，解决了相当多的人夏季穿运动鞋的问题，这里的“借鉴”和“利用”，表现出来的是一种方法，更深层的意义是通过市场看到了问题所在，找到了设计的目标，启迪了头脑中的创造性思维，开发了夏季运动鞋产品。由热想到了鞋，解决了热，设计了新产品，这就是创意思维的简明过程。

4. Where

穿鞋的场合，解决在何种空间环境下穿用。穿运动鞋的场合早先主要在各种体育运动比赛或体育活动中穿用。但随着人们对运动鞋的喜爱，以及运动鞋也开始向流行趋势发展，在日常生活中穿用也屡见不鲜。但是，这不能说在任何场合下穿运动鞋都是得体的，比如在社交场合下，大家都是西服革履系领带，唯独你在西服下面配运动鞋，让人一看就会显得不伦不类。穿鞋也要考虑到自然空间、社会空间以及心理空间。

在旅游时穿旅游鞋，鞋与自然空间融为一体，这是一种和谐的美；在运动场上穿运动鞋，不仅在功能上有利于运动，就是在与服装的搭配上，也能产生和谐的美；在早上的晨练，在傍晚的散步，以及休闲、逛街，都可以穿运动鞋。在自然空间、社会空间如何穿运动鞋容易把握，但穿运动鞋在心理空间如何把握就一定要格外注意。与运动鞋有关的词汇有：竞技、竞争、健身、健美、训练等，体现的是一种动感，不会有严肃、正统、身份、地位、体面、尊严等词汇出现，因为这是描述另一种不同的场合，这种场合强调的是一种心理空间。所以在社交、宴会、接见等需要显示身份、地位、权力、价值观等相关的场合下，就不要穿运动鞋，此时的你已不是个人的你，你代表着一个集团或一个群体的利益，着装不当，会因为强烈的心理反差而造成不必要的麻烦。所以在空间定位时，把创意用在能发挥作用的位置，好钢用在刀刃上。有一款鞋叫做“领奖鞋”，是专为奥运会得奖运动员领奖时准备的鞋。领奖的场面是一种庄重的、严肃的，是表示身份、地位和尊严的，这种场面强调的也是一种心理空间。但是，由于大的环境是体育竞技，运动员身穿运动服，所以领奖鞋被设计成运动鞋的样式是再好不过的，这就是一种创意，是一种灵活运用的“逆向思维法”。

5. Why

因何而穿，解决为什么需求的问题。从整体上看，人在社会上要扮演不同角色的形象，鞋、衣服等等为各种需求提供了形象的外壳，促成着装者按照角色职能把握自己，更好地履行个人职责。比如两个球队打比赛，一个队穿戴得整整齐齐，另一个队穿得杂七杂八，相比之下，穿得乱七八糟的球队首先在形象上就低人一头，同时在心理上也造成一种压力，以这种形象和心态参加比赛，比赛的职责就无法顺利执行，更何况运动鞋在功能上还有着其它鞋不能取代的作用。因何而穿，要从物质上、精神上两方面考虑，许多人在生活中也爱穿运动鞋，往往是钟情于运动情结，追逐那种青春、火辣、健康、力量的感觉，而并非要去跑跑跳跳。基于这种情节，就可以设计出生活化的运动鞋，可以不考虑打球赛跑的功能设计，只是从外观和形象上进行设计，这就形成了休闲运动鞋。

前面介绍的5W设计法，是为设计目标定位提供的方向性思维方法，是告诉你如何去想问题。在目标的定位过程中，就可以联想市场调研中所发现的问题，发挥自己的创造性想象，把创意设计深入下去。创意是一种想法，如何去想？这里有没有规律可言的。

从细节上看，有助于各种运动、有助于运动防护、有助于提高运动成绩的运动鞋会更受欢迎。例如从前的橡胶鞋底，弹性已经不错了，改为EVA楔形底后更受欢迎，因为不仅弹性好，而且还很轻。后来的鞋底又改进成MD底，除保留了质轻、高弹性外，还改善了EVA材料的耐磨性，改进了加工工艺。现在流行的TPU材料，除了有耐磨、高弹性、质轻、加工方便外，而且强度高、外观质量好，摸一摸质地细腻，看一看色彩鲜艳、光亮，无形之中提升了鞋底的档次。从粗黑笨重的橡胶底，发展到艳丽轻巧的TPU，不单纯是材料的变化、工艺的变化，更主要的是思维的变化，这种变化立足于市场，立足于消费群体的需求，在设计师手下就变成一种创意活动。创意难搞吗？如果把创意当成教条，钻进死胡同，一辈子也搞不成；如果把创意的思维转向市场需求，具有创造性的想法就会源源不断，付诸实践，就会设计出具有创造性的产品。不管具体是搞造型设计、色彩设计，或是搞功能设计、结构设计，其创意设计的原理都是相同的，关键是通过市场调研去发现问题、解决问题。设计定位，能帮助你瞄准靶心，把问题解决得更专业、更具有水平。

作业与练习

1. 如何理解大设计的概念？
2. 设计目标的定位有什么作用？
3. 如何理解5W定位法？

第二节　创意设计的思维方法

在了解创意设计的思维方法之前，先看一段报道：意大利的靴鞋设计在世界上是出名的，但他们制鞋设计培训的教育方法很特别，一位意大利的教师说，他们从不教给学生具体的设计方法，而教给学生的是一种“思想”，即创新意识的培养。从这段报道中我们起码可以知道：①思维方法比设计方法更重要；②创新意识需要学习和培养。在本节的开头曾经讲过，创意是一种具有创造性的意念，是一种融形象思维与逻辑思维为一体的创造性的思维活动。创意设计就是用创造性的意念去引导我们的设计全过程。我国制鞋的历史虽然很悠久，但是制鞋设计的教育起步晚，师傅带徒弟的教学模式不仅充斥在各种培训班，而且也被搬进了大学的讲堂，既然是师傅带徒弟，就必然是教授一些具体的设计方法，忽略的恰恰是创意的思想。如何重视创意的思想教育呢？应当先对创意设计的思维方法有所了解。

一、创意设计的思维方法

创意设计的思维方法是指从宏观的角度谈设计，也就是对待具体的设计问题，在宏观上应当如何去考虑。早在1919年，于德国魏玛成立了包豪斯国立综合造型学校培养了许多优秀的设计人才，其中的“艺术与技术的统一”、“强调设计的目的是人而不是产品”等思想，奠定了工业设计的基础。也就是要把产品的设计放到社会的大环境里去思考，不要只见物而不见人。

表面上看，运动鞋的设计是鞋类设计的一部分，是一种工业产品的设计。如果我们只是把眼光盯在“产品”上，那么所强调的必定是技术、产量、质量、销售等，这里的设计肯定是在围绕着“仿制打板”转。如果我们把眼光放远些，盯在穿用这些产品的“人”的身上，那么所强调的重点就势必转移到顾客需求上；顾客的层次不同、需求不同，就要求你必须针对顾客的需求进行设计，能够设计出顾客需求的产品，产销对路就赢得了市场，不用发愁产品卖不出去，设计可以使生产走上良性循环。在市场经济条件下，竞争是正常的现象，因为你有设计的力量，出现了竞争也不用怕，通过设计就可以做到“人无我有”、“人有我强”，还可以多做些技术储备，不断更新换代。我国著名的经济学家吴敬琏先生曾说过：“设计重于技术”，这就是在告诉你从计划经济走向市场经济时，必须要解决好对设计的认识问题。

从实质上看，设计离不开与人、自然和社会的关系。在产品与人的关系上，设计的运动鞋当然是为了满足人的穿着需要，起码要满足物质上的需要：穿着舒适；还要满足精神上的需要：有审美价值；作为运动鞋还要特别满足运动的需要：有利于运动、创造好成绩。当人们穿着设计的鞋类产品去工作、学习、社交、休闲、娱乐的时候，鞋文化就传达出了一定的社会意义，比如装饰上的优越感、关注感，礼仪上的尊重、礼节、风度、仪表的体现，标识上的地位、身份、职业、阶层的区分等，都可以通过鞋文化传达出来，在产品与社会的关系上，设计有着举足轻重的作用。设计和制作产品都离不开原料，原料取自于大自然，这就形成了产品与自然环境的关系。对待大自然不应该肆意掠夺，要有节约资源的意识；不应该破坏环境，造成环境污染，应当设计环保产品，与自然和睦相处。设计的产品与人、自然和社会有着融洽的关系，设计的产品才会有价值。

现在许多人都喜欢穿名牌鞋或品牌鞋，这两者有什么区别？牌是一种标记符号，名牌是指出名的牌子；品是指品质，品牌是品质优良的标记。名牌与品牌两者显然不同。现在想出名很容易，花钱在电视上做广告，一夜之间名扬天下，名牌是靠钱堆起来的。品牌却不同，它是一种无形资产，它可以产生附加值，是在大设计的循环过程中，一点一滴地磨砺出来的。都知道耐克鞋是一个世界级的品牌，一双鞋的价格为几千元人民币，而且还很抢手，国内鞋类的品种多，品牌少，价格低廉还不好卖。有一个国内名牌产品，花了几千万元做广告，一年之中人们对它开始感兴趣了，可是这时候在商店门口却贴出：“名牌产品、半价销售”的告示，真叫人哭笑不得。就这一个“半价销售”，使得顾客对产品的信任度也就大大地打了一个折扣，看似让利于民，实则用信誉做赌注。品牌的实质在于：卖者交付给买者的不仅是产品，而且包括在产品特色、利益和服务等方面的一贯承诺，就是讲诚信。

品牌鞋的价格高，因此假冒的品牌鞋也就蜂拥而至。做假品牌鞋，你可以赚碗吃饭的钱，但是做不成事业；买假品牌鞋，是在花钱买虚荣，“看上去”很风光，其实心里很龌龊。好的设计师可以让世界级的品牌本土化，在日本也流行一些“仿”耐克和阿迪达斯的运动鞋，而且仿的痕迹很明显，但是当生产商看到这些已经被本土消化后的鞋款，不但没有去起诉，反而要进行合作，一个是想借此巩固自己已有的名气，另一个是想借着别人的名气扩充自己的实力。本土化的设计虽然借用了别人的外壳，实际上还是自己的设计。

现在还流行一种“概念设计，”利用的就是创意设计的思维方法。所谓概念设计，就是先确定出销售的对象，再针对这些人的消费特征，预先设定一个消费群体感兴趣的主题，这就是概念的提出。然后借这个主题进行全方位的包装设计，从色彩到造型、从结构到产品、从广告宣传到形象大使，一个都不能少，最后再不失时机地推出自己的产品。“火焰鞋”就利用概念设计大赚了一笔。本土化设计也好，概念设计也好，这都是从创意设计思维中变化出来的一些方法，只要肯动脑筋，还会有更多的变化。

有了对大设计的循环认识，有了设计与人、自然和社会相互关系的理念，再回过头来看设计，因为你站的层次不同了，所以你对设计的理解也会不同以往。前面说过，鞋类的设计就是根据需要把创造性的想象以具体的鞋的形式表现出来的过程。这个需要是谁的需要？是老板的需要还是顾客的需要？这里的创造性是仿制？是改样？是配帮？还是创新？这个具体的鞋形表现是指效果图？结构图？还是样品鞋？成品鞋？或是商品鞋？现在再考虑这些问题时，你的立足点与以前不同，答案也会不同。当你站在市场的角度去思考问题、去想问题时，这就是在运用创意设计的思维方法。

二、创意构思中常用的思维方法

创意设计除了宏观上有大设计，产品与人、环境和社会的关系等思维方法以外，在具体的创新设计构思中，前人也总结出许多好的思维方法可供借鉴，现介绍如下。

1. 同形异构法

同形异构法的特点是外部大轮廓造型相同，但是内在结构有区别。给人的感觉是：猛然一看，好像相同；仔细一看，却又不同。利用这种思维变化，可以增加花色品种的变化。在改样设计时经常用到。参见彩图-27，这两款鞋看起来好像是相同的，但是仔细看一看，除了颜色以外，它们的前套、眼盖、领口、眉片、装饰都不相同。

2. 局部改进法

局部改进法的特点是在结构、大轮廓不变的情况下，只对局部进行改变。这种思维变化与同形异构法相反，给人的感觉是：看似不同，其实相同。也是改样设计时常用的思维方法。参见彩图-28，一款属于矮帮鞋，一款属于高帮鞋，只是在后帮高度上进行了改进，形成两款不同的鞋。

3. 以点带面法

以点带面法的特点是抓住某个特征点作为深入的契机，带动整体，向点靠拢，再向外发散。给人的感觉是：强调的特征点很突出。参见彩图-29，这两款鞋有一个共同点，就是“星箭”标记，以此为出发点，就可以不断地进行变换。

4. 反向思维法

反向思维法的特点是打破正常的思维模式而标新立异。比如领奖鞋，首先打破了在社交场合要穿礼仪鞋的正常思维模式，其次打破了穿运动鞋就是为了进行体育锻炼的传统思维模式，第三打破了运动会颁奖没有专用鞋的陈旧模式。这三个打破，使得领奖鞋走上了国际舞台。参见彩图-30。

5. 系列展开法

系列展开法的特点是以某一成熟的设计为基础，在原有的思路上不断延伸、扩展、补充，最后形成一个系列产品。这种变化的特点具有“一生二、二生三、三生万物”的辩证观。参见彩图-31，这一组鞋或通过同形异构，或通过局部改进，演变成系列产品。

6. 推陈出新法

推陈出新法的特点是把现代的流行素材进行提炼、嫁接到陈旧的产品上去，使其产生崭新的面貌。都知道运动鞋捂脚、不透气，尤其是夏天穿着不舒服。每到夏天，皮凉鞋、皮拖鞋就到处盛行。把流行的皮凉鞋结构、皮拖鞋结构嫁接到运动鞋上，就产生了现在的运动凉鞋和运动拖鞋，参见彩图-32。

7. 结合共用法

结合共用法的特点是把两种或更多的功能结合到一起，产生一种复合的功能。例如室内的健身运动，尽管也有走、跑、跳、旋转等运动方式的区别，但是同在室内运动，气候条件、场地条件、运动量的大小等方面有许多共同之处，所以研发了乒羽鞋、室内健身鞋等多功能运动鞋。

8. 题材发挥法

题材发挥法的特点先选定设计主题，然后把与主题相关的设计元素一一调动起来，再经过筛选、组合、演变，直至形成新的产品。参见彩图-33，这是一款以奥运为主题进行构思的运动鞋，利用五种不同的颜色，象征着奥运的五环。再例如我们常见到的小轿车，行驶速度飞快，于是突发奇想：设计汽车鞋。先从形体上把小轿车想象成一只巨大的鞋，美丽的流线型，飞快转动的轮子，以及车前后的挡板，都成了设计的元素。经过整理加工，画出轮廓，再用运动鞋设计的语言来规范，于是一款轿车形运动鞋就诞生了。参见图13-2。

9. 观察列记法

观察列记法的特点是通过观察分析别人的设计作品，列记出优点和不足，并想出吸收和改进的办法，变成自己的营养。每当走进商店，看到的绝大部分是别人的作品，如果能认真分析研究，记下优点，变成自己的创作素材，记下缺点，使自己不犯同样的错误，这是一个积累素材的过程，久而久之，就会发现自己创作的思路总是得心应手、灵活多变。

10. 极限推演法

极限推演法的特点是通过不断的试验，把造型的状态推到极限，从中找到可行性的方案。我们经常说：修改某一部件，达到满意为

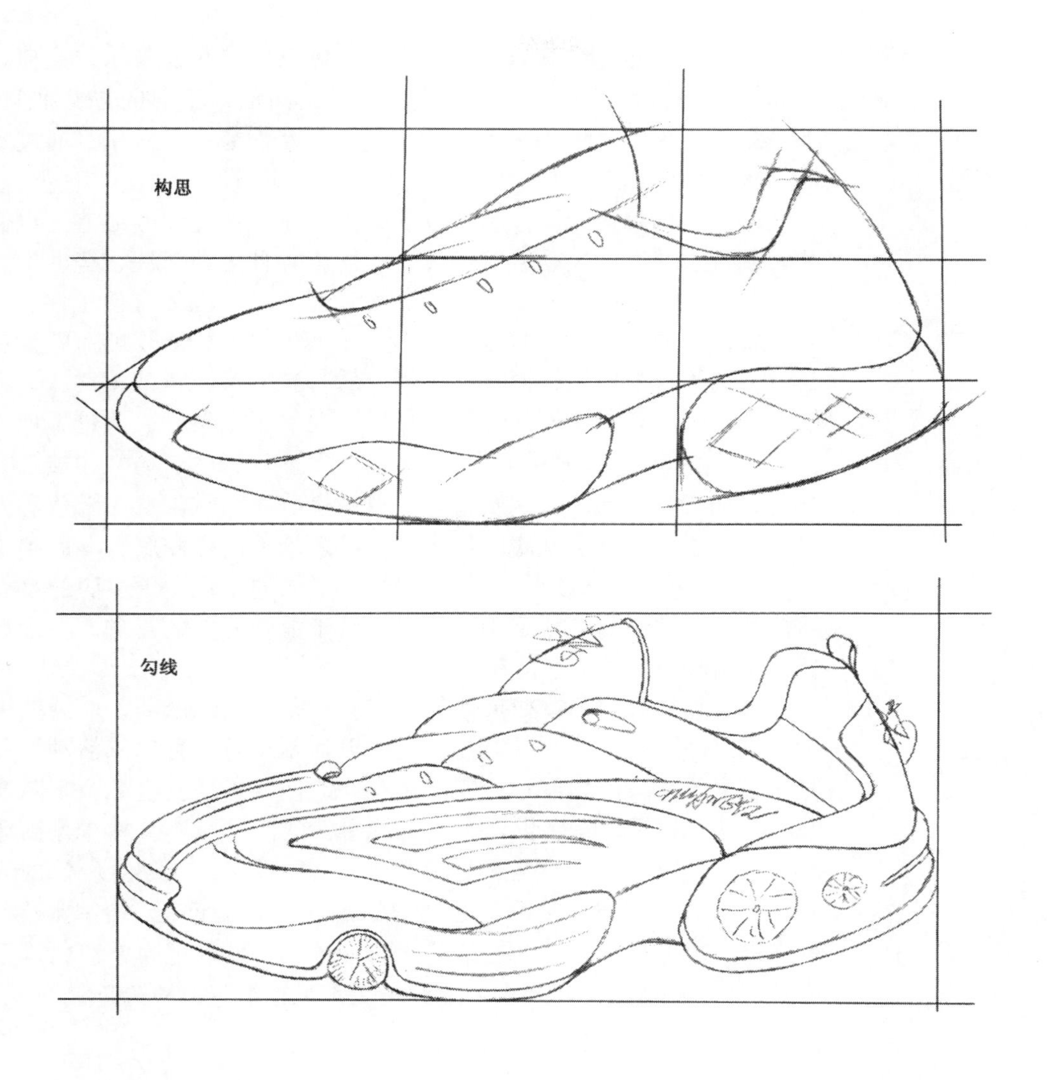

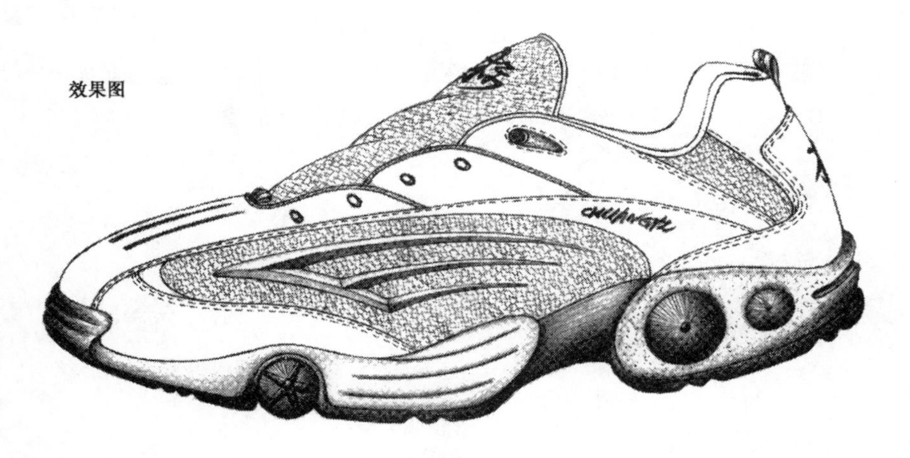

图 13-2 轿车形运动鞋构思过程

止。那如何才能达到满意？不能别人说满意了就是满意了，这应该去试验，把它形状的大小，位置的前后、高低，轮廓的方圆曲直，都要从一个极限试验到另一个极限，在不断的变化过程中，通过比较，才能找到那个“满意”的答案。

除了在构思上的设计思维有变化外，在一些设计的细节上也会有创新性。在设计运动鞋时，凡是有助于各种运动开展、有助于运动防护、有助于提高运动成绩的思维意识活动，也具有创意性。例如从前的橡胶鞋底，弹性已经不错了，改为 EVA 楔形底后更受欢迎，因为不仅弹性好，而且还很轻。后来鞋底又改进成 MD 底，除保留了质轻、高弹性外，还改善了 EVA 材料的耐磨性，改进了加工工艺。现在流行的 TPU 材料，除了有耐磨、高弹性、质轻、加工方便外，而且强度高、外观质量好，摸一摸质地细腻，看一看色彩光鲜，无形之中提升了鞋底的档次。从粗黑笨重的橡胶底，发展到艳丽轻巧的 TPU，不单纯是材料的变化、工艺的变化，更主要的是思维的变化，这种变化立足于市场，立足于消费群体的需求，在设计师手下就变成一种创意活动。

创意设计难搞吗？如果把创意当成教条，当成技巧，就会钻进死胡同，一辈子也搞不成；如果能认识到创意是一种思维活动，并把这种思维转向市场需求，那么具有创造性的想法就会源源不断涌现，付诸实践后，就会设计出具有创造性的产品。不管具体是搞造型设计、色彩设计，或是搞功能设计、结构设计，其创意设计的原理相同、源泉相通，关键是通过市场调研去发现问题、解决问题，确立设计目标和定位，这是帮助你瞄准靶心，可以把问题解决得更专业，更具有水平。搞好创意设计的关键是思维意识的转变。

作业与练习

1. 如何理解“设计的目的是人而不是产品”？
2. 利用构思设计的思维方法创作出 1～3 幅成品效果图。
3. 选一幅自己创作的效果图进行结构设计。

第十四章　运动鞋的色彩搭配

在商店里摆满了琳琅满目的鞋子，哪款鞋最吸引顾客？首先映入眼帘的第一印象就是色彩，缤纷的色彩对视觉可以产生强大的冲击，如果色彩吸引不住顾客，后面的交易就免谈。色彩的变化不仅仅是增加花色品种的手段，而且还可以赋予产品更丰富、更深厚的寓意和情结，以满足消费者的精神需求。作为一名设计者，必须熟悉色彩，了解色彩，把握色彩的脾气，使色彩规律融入我们的心灵，进而可以随心所欲地进行色彩设计。

在运动鞋的生产过程中，有一道由专人负责的工序叫做运动鞋的电脑配色。这里的配色并不是对色彩进行混合调配，而是为运动鞋部件进行材质和颜色的搭配。运动鞋的配色关键不是电脑操作，而是色彩的设计。电脑是一件高级的工具，电脑操作是个技术问题，只要学会了相关的电脑操作步骤，不会做鞋的人同样可以掌握配色。在 Photoshop 软件的拾色器里大约可得到 1677 万种颜色，足够显示我们眼睛所见到的色彩。电脑配色的操作也非常方便，把素描手稿输入电脑，点一点鼠标就可以调出想要的颜色，然后就可以为素描稿配色，想涂抹在哪里就涂抹在哪里，想涂抹什么颜色就涂抹什么颜色；不仅如此，通过电脑还可以随意改变图片的色调、层次、明暗，以及立体效果。如果想表现出网布、荔枝纹皮等材料的质感和肌理，可将此种材料的外观先输入电脑，然后再调出来使用。

在科技飞跃发展的今天，电脑可以为我们做许多工作，电脑配色的效果也肯定有人工所不及的地方，但电脑配色的效果与实际的产品颜色会有一定的差距，市场上能有 1677 万种不同颜色的材料供你选择吗？所以最后的协调工作还要由设计师去完成。因为电脑毕竟不是人脑，也决不能代替人脑，电脑只是一种工具，运动鞋配色的成功与否关键还是看设计师色彩知识的应用。在造型设计当中，形态的三要素之一就有色彩，特别是运动鞋的色彩变化又十分的丰富，如何用色彩去表现设计的意图，是设计中的重要环节，作为一名设计师必须要掌握有关运动鞋的色彩搭配理论，这也是艺术设计的内容之一。色彩是一门复杂的艺术设计课题，下面就常用的基本问题进行探讨。

第一节　色彩的基本知识

色彩是光线刺激眼睛后，再传到大脑的视觉中枢而产生的一种感觉，而光是一种电磁波。光的波长在380～780nm之间的电磁辐射可以被肉眼看到，被称为可见光。雨后天空中的彩虹，就是由白色的太阳光分解成的红、橙、黄、绿、青、蓝、紫七色光，参见图14-1。

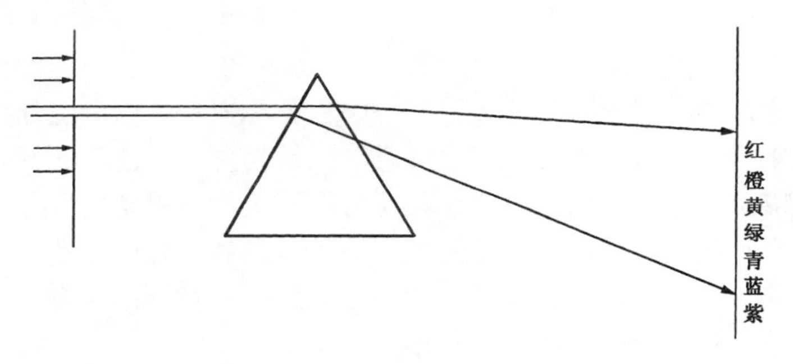

图14-1 太阳光的分解

不可见光的范围比可见光的范围大得多，波长在780nm以上的不可见光称为红外线、远红外线，虽然肉眼看不到，但生热的性能好，在胶粘鞋生产中用的烘箱，就有远红外线元件；波长在380nm以下的不可见光称为紫外线、X射线等，肉眼也看不到，这些电磁波由于波长短，所以震动的频率就高，也叫做高周波，鞋帮装饰工艺中的高频压花，利用的就是高周波。可见光波长范围参见表14-1。

表14-1　　可见光波长范围　　单位：nm

光　色	英文名称	代用符号	波长范围	典型波长
红	Red	R	780～630	700
橙	Orange	O	630～600	620
黄	Yellow	Y	600～570	580
绿	Green	G	570～500	550
青	Cyan	C	500～470	500
蓝	Blue	B	470～420	470
紫	Purple	P	420～380	420

注：1mm＝10000000nm。

一、物体的颜色

我们所看到的物体，会有各种颜色，而实际上物体本身不具备颜色，那是由于物体表面具有吸收和反射的能力，各种物体表面的分子结构不同，吸收的光和反射的光就不同，眼睛所看到的不同颜色，实际上是不同的反射光。

在白色的日光下，物体表面如果吸收红色以外的其它色光，而独将红色光反射出来，我们看到的物体就呈现出红色，例如红旗、红花、红灯笼等。假如看到的是一款白色网球鞋，那是球鞋表面把白色光全反射出来了；假如看到的是黑色足球鞋，那是球鞋表面把白色光全吸收了。在白色光源下感受物体的色彩最具有普遍性，给人的认识最稳定，被叫做物体的固有色。

如果光源的颜色发生了变化，同一物体在不同的色光下会显现不同的颜色。例如把固有色为红色的物体放置在黄色的光源下照射，我们看到的是橙红色；如果改换成绿色的光源，会看到物体呈现红灰色。在有色光下，所有物体呈现的颜色必定会含有光源色的成分；当色光与物体固有色成互补时，物体显现为黑灰色；无论物体固有色为何种颜色，在色光下也不会有白色显现。把物体在色光下呈现颜色变化的性能叫做物体的演色性。

俗话说“灯下不观色”，这是由于灯光的色谱与日光的色谱有区别，灯下观色会造成固有色彩的偏差，影响判断色彩的准确性。事情总是一分为二的，在产品展示中，常常借用有色光的照射，使产品的色彩具有梦幻般的神秘性。一个物体的色彩是由它的表面性质和光源色两方面原因决定的。

二、色彩的分类

在千变万化的色彩世界中，人的视觉感受到的色彩是非常丰富的，但划分起来，只有无彩色系和有彩色系两大类。

1. 无彩色系

黑色、白色以及黑白两色相混形成深浅不同的灰色系列，合称为无彩色系。从物理角度看，在光谱中不包含黑、白、灰，故不能称为色彩；从光色关系看，无彩色是各种波长被平均包含所形成的，而有彩色是各种波长分布不平均所形成的。所以从视觉心理和生理上看，黑、白、灰具有完整的色彩性，应该包括在色彩体系中。

黑白系列是用一条垂直轴表示的，上端是白，下端是黑，从白逐渐变到浅灰、中灰、深灰，直到黑色。这也是一条明度轴，分成11个等级，白色明度最高，定为第10级，黑色明度最低，定为0级，从9到1的排列为从亮到暗的灰色系列。参见彩图-34，这是一组明度色阶变化图，彩色与无彩色的明暗变化规律是相同的。无彩色系最突出的特点是只有明度变化，而不具有纯度和色相。黑、白两色由于没有色度差别，故称为极色。

2. 有彩色系

包括在可见光谱中的全部色彩都属于有彩色。由于彩色的各波长含量不平均，含量多的主波长显示出它的颜色，形成红、橙、黄、绿、青、蓝、紫等基本色。由基本色之间相混合所产生的千千万万个色彩，都属于有彩色系列。

有彩色系中的任一种色彩，都具有三个属性：色相、明度、纯度。换句话说，一种颜色只要具有三种属性，都属于有彩色。在我国古代，无彩色称为“色”，例如：墨分五色；有彩色称为“彩”，例如：五彩缤纷。

另外，色彩也有一些特殊色，例如：金色、银色等金属色以及荧光色等。由于这些颜色本身性质特别，既不能混合出其它彩色，也不能被其它彩色混合出来，故属于特殊色。特殊色相互之间的混合，以及和有彩色与无彩色之间的混合，可以调配出许多别致的色彩，在色彩作品中已屡见不鲜。参见彩图-9，这是金色的应用。

三、色彩的三属性

任何一种色彩，都具有明度、色相、纯度这三种基本属性。色彩三属性之间，既具有互相区别、各自独立的意义，又总是互相依存、互相制约的，可谓“三位一体”。在色彩三属性的三位一体的互生关系中，其中任何一种属性的改变，都将会影响色彩原面貌。明度、色相、纯度，也称为色彩的三要素，在应用中是不可分割的，为了深刻理解三属性的特征，下面对三属性做单独的解释。

1. 明度

明度是指色彩的明暗程度，也称为亮度、光度、深浅度。在同一光源下，不同色相之间的明度是不相同的。在有彩色中，由于视知觉度不同，黄色的明度最高，紫色的明度最暗。在同一色相的明度变化中，如果同一色相加上不同比例的黑、白、灰，也会有不同的明度，掺入白色时，明度提高；掺入黑色时，明度降低；掺入灰色时，即得出与灰度相对应的明度。参见彩图-34，在蓝色中加入白色，明度逐渐增加；在黄色中加入黑色，明度逐渐降低。即使是同一色相，如果光源的强弱不同，也会引起明度的不同变化，光源强，表面光反射也强，该表面明度就越高。提高色彩明度的方法可以是加入白色或进行稀释，稀释后的色彩没有改变原有的光波，不会造成色相和纯度的改变，但是改变了视知觉度，所以使明度发生了变化。

在无彩色系中，白色为明度的最高极限，黑色为明度的最低极限，黑白两色之间的灰度，越靠近白色，明度越高；越靠近黑色，明度越低。任何色彩都具有一定的明度，明度具有一定的独立性，它可以离开色相和纯度而单独存在，而色彩的色相和纯度总是伴随着明度一起出现，所以明度是色彩的骨架。以素描、黑白摄影等手法来表现彩色的世界，就是明度单独存在的表现，利用黑白两色的极端对立又互相依存的关系，演绎出不同的明度，带给人不同的精神感受，参见图14-2。

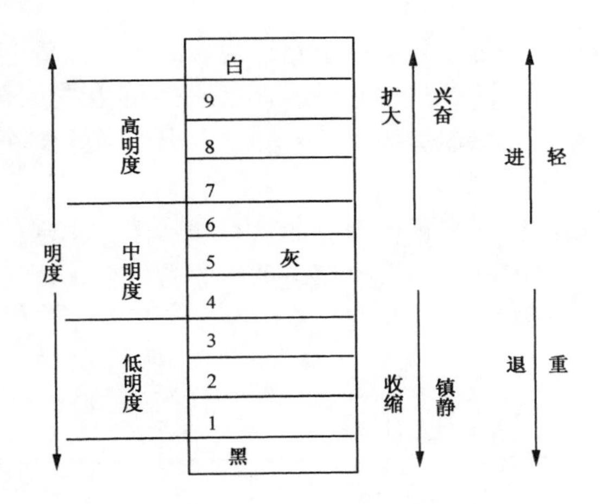

图 14-2　不同明度产生的效果

2. 色相

色相是指色彩的不同相貌。色相是区分色彩的主要依据，这是色彩的最大特征。色相的差别是由于光波的长短差异造成的，色彩的相貌以红、橙、黄、绿、蓝、紫的六种光谱色为基本色相。其中的红、黄、蓝为三原色，由三原色可以混合成间色橙、绿、紫。参见彩图-35。六种基本色相形成一定的排列秩序，这种秩序是以色相环的形式表现出来的，称为纯色的色环。在色环中，可以把纯色色相的距离分割均等，分别做出 6 色相环、12 色相环、20 色相环、24 色相环、40色相环等等。在12色相环中，不但12色相具有相等的

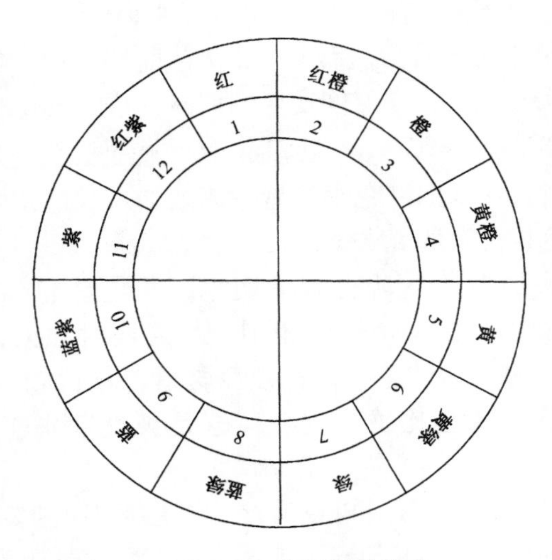

图 14-3　12 色相环的构成

间隔，同时6对补色也分别位于直径两端的对立位置上，呈180°直线关系。通过色相环还可以十分清楚地知道由三原色（红、黄、蓝）→混合出间色（橙、绿、紫）→混合出12色相环的过程，参见图14-3。

从所使用的颜料来说，现有的色相颜料十分丰富，还可以调配出更多的所想要的颜色，因此对于色相的微妙变化也需要了解和掌握。首先应对三原色的基本变化有一个了解。有关三原色的变化参见表14-2。

表14-2　几种色相的变化

红色类		黄色类		蓝色类	
朱红	红中偏黄	淡黄	黄中偏白	钴蓝	蓝中带粉
大红	红中偏橙	柠檬黄	黄中偏绿	湖蓝	蓝中带绿
玫瑰红	红中偏蓝	中黄	黄中偏橙	群青	蓝中带紫
曙红	红中偏紫	橘黄	黄中带橙	普蓝	蓝中带黑
深红	红中带黑	土黄	黄中带黑		

3. 纯度

纯度是指色彩的鲜浊程度。纯度又称为彩度、饱和度、鲜艳度、灰度等。凡有纯度的色彩，必有相应的色相感；色相感越明确、越纯净，其色彩的纯度就越纯；反之则灰。因此，纯度只属于有彩色范围内的关系。纯度取决于可见光波的单纯程度，当光波非常混杂时，就只能是无纯度的白光了。在色彩中，红、橙、黄、绿、蓝、紫等基本色相的纯度最高，黑、白、灰色的纯度等于零。当一个有彩色中掺入无彩色时，在明度变化的同时纯度也会降低，这是因为光波已变得不那么单纯了。参见彩图-36，这是红色向灰色转化时纯度的变化过程，原来的红色很鲜艳，逐渐加入灰色，红色的纯度降低，明度和色相也发生了改变。

一个色相加白色后所得到的明色，与加黑色后所得到的暗色，都称为清色；在一个纯色相中，如果同时加入白色与黑色，所得到的灰色称之为浊色。这种浊色与清色相比较，明度上可以相同，但纯度上浊色比清色要灰。这是纯度区别于明度的因素之一。

色彩的纯度发生变化，可以通过三原色互混产生，也可以用某一纯色直接单独或复合的加白、加黑、加灰，同时还可以通过补色相混产生。需要注意的是：色相的明度、纯度不能成正比，纯度高不等于明度高，而是呈现特定的明度，这是由有彩色视觉的生理条件所决定的。

在电脑的拾色器中有一竖向彩条，显示着各种色相的色彩；在它的左侧有一个方框，显示着被选定的颜色系列，在方框的右上角，是选定颜色的纯色，在顶端向左是以明度增加为主的变化方向，沿右侧向下是以明度降低为主的变化方向，斜向中间各种位置是纯度和明度综合的变化，沿左侧自上至下，是由白至黑的明度变化。参见图 14-4。

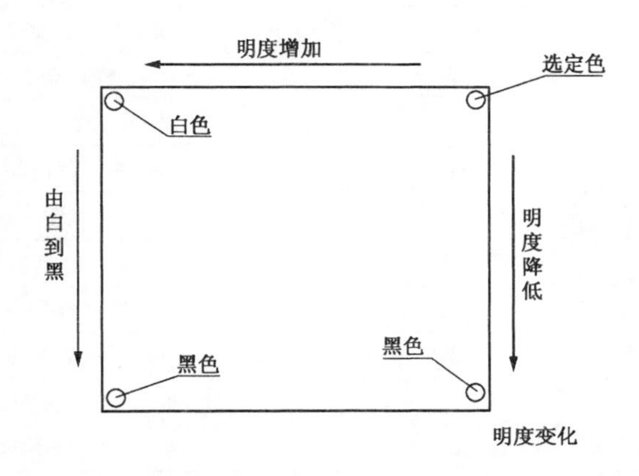

图 14-4 色彩纯度、明度变化示意

四、色调

调子的概念，首先被应用在音乐之中，是指支配乐曲的音调和主旋律的标准。在色彩的设计中，色调是指色彩运用上的主旋律、大面积的色彩倾向。色调在鞋类色彩的应用中，往往起着支配的作用，配色好看的鞋子能够引起共鸣是由于色调的关系，而不是色彩。在自然界中所看到的蓝天碧海、长河落日、红柳沙丘、森林草原等，都是一种色调的变化。色调是一种独特的色彩形式，它能迅速而直观地使人受到感染、产生联想，顾客情绪与注意力首先是被色调所控制。例如表现欢快的、喜悦的、兴奋的、激烈的等不同色调，都会给人以不同的感染和情绪意境，要掌握好色调是进行色彩设计的第一步。在色彩表现中，色调不统一就会产生用色混乱，调子定得准确与否将直接影响鞋子的色彩定位。

色调是由色彩的明度、色相、纯度三个要素综合作用的结果，其中的某种因素起着主导作用，就可以成为某种色调。色调的种类比较多，调子的分类也是相对而言，为了便于理解与掌握，将调子的构成与种类简介如下，参见表 14-3。

表 14-3　色彩调子的构成与种类

色调构成要素	色调形式	色调的视觉、心理效应
以色彩的明度倾向为主所构成的色调	高明色调	明朗、清新、轻柔
	中明色调	含蓄、稳重、明确
	低明色调	沉稳、凝重
以色彩的冷暖倾向为主所构成的色调	冷色调	文静、理智、透明
	暖色调	活泼、热烈、朦胧
	中性色调	介于冷、暖色调之间
以色彩的色相倾向为主所构成的色调	红色调	兴奋、华丽
	绿色调	柔顺、平静
	蓝色调	深邃、优雅
以色彩的纯度倾向为主所构成的色调	高纯色调	华丽、兴奋、活跃
	中纯色调	深厚、凝重
	低纯色调	稳重、朴素、含蓄
以色彩的对比度倾向为主所构成的色调	强对比调	明快、兴奋、动感强
	弱对比调	含蓄、优雅、动感弱

在色彩搭配时，以色彩的明度一致可组成明调或暗调，以色彩的纯度一致可组成鲜艳色调或含灰调，在明度发生变化时，纯度也会有改变；在纯度变化时，明度也会发生变化；其中的某种因素起主导作用，就可以称为某种色调。下面是一组由明度和纯度组成的常见的色调，参见表 14-4。

表 14-4　由明度、纯度变化形成的色调

序　号	色　调	色调的视觉、心理效应
1	淡色调	以明度很高的一组淡雅色彩组成柔和优雅的淡色调。色彩含白量较多，所以亮度较高，不论选择任何色相进行组合，都会达到柔和的效果
2	浅色调	其明度比淡色调略低，色相和鲜艳度则比淡色调略微清晰，有清新活泼的感觉
3	亮色调	明度比浅色调略低，因其白色的含量较少，所以鲜艳度更高，接近纯色，感觉华丽明亮
4	鲜艳色调	明度与亮色调接近，一般是中等明度，但其色彩没有白色或黑色的含量，是鲜艳度达到饱和点的纯度，所以色感很强，其效果浓艳、强烈
5	深色调	明度较低，其色彩中虽略含有黑成分，但仍保持一定的浓艳感，例如酱红、墨绿、品蓝、蟹青、咖啡等
6	中间色调	是由中等明度、中等纯度的色彩组成，有沉着、浑厚、稳重的感觉
7	浅浊色调	与前面的浅色调略有区别，浅色调色彩只含有白色成分，而浅浊色调既含有白色，还含有灰黑色的成分，通常称为浅淡的含灰色，有文雅之感

续表

序　号	色　调	色调的视觉、心理效应
8	浊色调	使明度低于浅浊色调的含灰色调，略带朴实而成熟的气质，如果大面积用浊调，小面积鲜艳作点缀，既显得沉着稳定，又可避免晦涩之感
9	暗色调	明度和鲜艳度都很低，色暗近黑，是男性化色彩。如在这种色调中适当搭配一点深沉的浓艳色，可得到沉着华贵的效果

色调组成的另一个关键，一般是由大面积的色彩来决定，而且必须用各个局部色彩及其属性关系，与大面积色彩构成一种有机联系的整体色调。在运动鞋的色彩设计中，色调的运用，既能体现设计者的感情、趣味、意境等心理意境，又能体现色彩造型能力的强弱。具有美好感受的艺术设计，它的色彩无不具有一种整体的协调感。有些运动鞋的配色让人看起来很杂乱，就是没有掌握好色调如何运用。

五、色彩的混合

我们通常所见的颜色，大多是多种色彩的混合色。用两种或两种以上的色彩互相混合而产生新色彩的方法，叫做色彩混合。色彩混合主要有三种类型：加色混合、减色混合、中性混合。

1. 加色混合

加色混合是色光的混合。彩色电视机可以显示出各种各样的颜色，其实它们都是由红、绿、蓝三种色光混合而成。朱红（R）、翠绿（G）、蓝紫（B）被称为光的三原色。原色是不能用其它颜色混合得到的，但是却可以混合出无穷无尽的其它颜色。加色混合的特点是：混合的色彩成分越增加，混出的色彩明度越高，如果把三原色相加，会得到明度最高的白光。

如果两种原色相加，就可以得到色光的第一次间色。加色混合的效果参见图 14-5。

朱红 + 翠绿 = 黄；翠绿 + 蓝紫 = 蓝绿；蓝紫 + 朱红 = 品红。

如果用色光的三原色与它相邻的三间色相加，可得到色光的第二次间色，如此类推，可得到近似光谱的色彩。加色混合的结果是色相、明度的改变，而纯度不变。

如果将色光的三原色按不同的比例混合，还可以得出更多的色光。例如：红光与蓝光按不同比例混合可得到品红、红紫、紫红等色光；蓝光与绿光按不同比例混合可得到绿蓝、青、青绿等色光。在电脑中的 RGB 颜色模式，具有与自然界中光线相同的基本特性，采用的是加色混合原理。电脑是通过对红、绿、蓝三种色光的各种数值变化组合来改变色彩，每一种色光都有一个从 0 ~ 256 的值范围，当把三个 256 的值进行组合，可得到大约 1677 万种颜色，足够使用的了。

2. 减色混合

减色混合是颜料或物体色的混合。减色混合的特点正好与加色混合的性质相反：混合的色彩成分越多，混出的色彩明度越低；三原色混合等于黑浊色。减色混合有两种形式：颜料、染料的混合和叠色混合。

各种颜料或染料的混合，都属于减色混合。物体颜色的显示，是因为物体表面对光有选择性的吸收和反射作用，吸收就是减去的作用。在光源不变的情况下，两种或两种以上的颜料混合后，相当于白光减去各种颜料的吸收光，而剩余的反射光就成了混合后的颜料颜色。混合后的颜料，增加了对色光的吸收能力，而反射能力降低，故混合后色彩的明度、纯度都降低，色相也发生了变化，参见图 14-6。

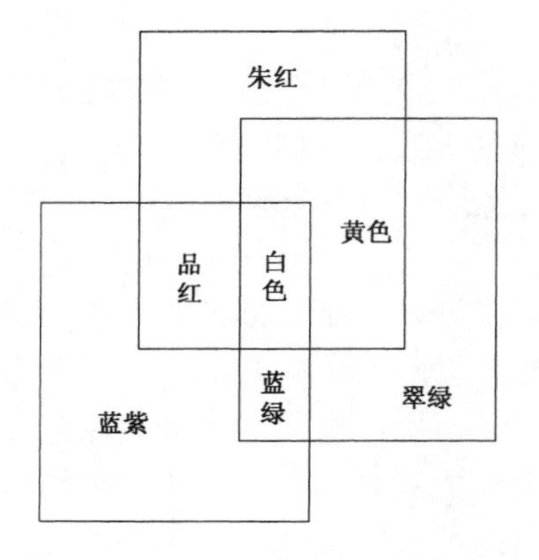

图14-5 加色混合示意图

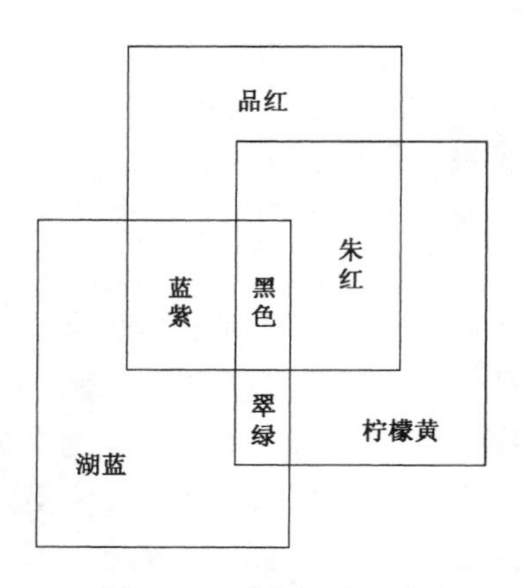

图14-6 减色混合示意图

颜料的三原色与光的三原色不同，它们是：品红、柠檬黄、湖蓝。颜料的三原色又称为第一次色。三原色中两种不同的颜料相混，可以调配出橙、绿、紫三种颜色，称为间色。间色的色相明确，纯度高，又称为第二次色。等量混合与不等量混合的结果，会使间色的色相也有区别，参见表 14-5。

表 14-5　等量与不等量混合后的间色

品红 + 柠檬黄		柠檬黄 + 湖蓝		品红 + 湖蓝	
红橙色	红多黄少	黄绿色	黄多蓝少	红紫色	红多蓝少
橙色	等量混合	绿色	等量混合	紫色	等量混合
黄橙色	黄多红少	蓝绿色	蓝多黄少	蓝紫色	蓝多红少

用三间色分别与其相邻的三原色相混，得到的是三种复色。在复色中含有三原色，故纯度较低、含灰成分多，看起来较朴实沉着。由于间色变化很多，再加上混合量的变化，所以复色的变化就更加微妙。三原色、三间色、三复色的关系参见表14-6。

表14-6　原色、间色、复色的关系

三原色	红	黄	蓝
三间色	红+黄	黄+蓝	蓝+红
	橙	绿	紫
三复色	橙+绿	绿+紫	紫+橙
	棕（黄灰）	橄榄绿（青灰）	咖啡色（红灰）

叠色是利用透视光给人以色感，当透明物相重叠时得出的新颜色称之为叠色。例如把彩色的玻璃纸重叠在画报上，就能得到减色混合效果。叠色的特点是透明物重叠一次，可透过的光亮就减少一次，透明度就会明显下降，得出新色的透明度必然变暗。

在重叠的过程中可以看到，两色相叠必须分出底与面，叠出新色的色相常偏于面色，而非两色的中间值，透明物体本身的透明度越差，这种倾向就越明显。应该注意的是，透明物体色的重叠色彩效果，与染料、印刷油墨色的重叠色彩效果有一定区别，透明物体色的重叠效果完全符合减色原理，而染料、印刷油墨色的重叠效果要根据颜料本身的化学性质、透明度、上下相叠关系等来界定。在运动鞋上使用透明的装饰材料时，要注意叠加后的颜色变化效果。参见彩图-37，这是一款用半透明的TPU材料作装饰的运动鞋，产生了叠色的效果。

3. 中性混合

中性混合包括色盘旋转混合与空间混合两种，由于混合后颜色的明度是原来色的平均明度，所以也被称为平均混色或中间混色。

（1）色盘旋转混合：将色彩等面积地涂到色盘上，用马达旋转后而混合成一个新的色彩效果，此法称为色盘旋转混合。由于色彩快速变化，眼睛来不及个别分辨，看成前后色重叠的混色效果。色盘旋转混合的效果，同几种颜色的相加混合接近，但在明度变化上却是被混合色的平均明度，既不偏亮，也不偏深，因此称之为中性混合，参见图14-7。

（2）空间混合：将两色或多色并列，在一定距离外观看时，眼睛会自动将它们混为一种新的颜色。这种依空间距离产生新色的方法称为空间混合法。由于色彩细小、密集、无法分辨，被看成是一

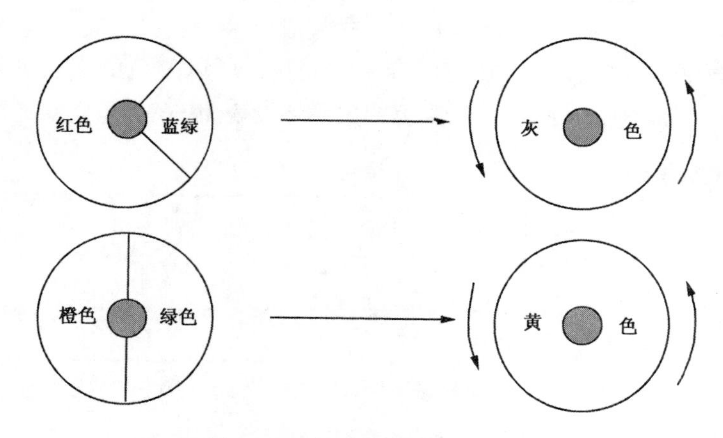

图 14-7　色盘旋转混合示意图

种新颜色。参见彩图-38，在侧帮的色彩上，4 种相近的色相直接相连，从远处看就连成一体，产生了空间混合的效果。空间混合与加色法混合的原理是一致的，但是颜料毕竟不是发光体，纯度和明度都很低。空间混合的混色效果，明度上是被混合色的平均明度，因此也属于中性混合。有些运动具有观赏性，所以在运动鞋的配色中要注意不同色彩之间的距离，如果距离太近，在运动时就会有中性混合的效果。比如韵律操、健美舞运动，可以利用这种中性混合的效果，在静与动中，呈现出不同的色彩。如果用在网球鞋、篮球鞋上，混合后的颜色必然变得混浊，不清新，看上去不舒服。

作业与练习

1. 无彩色系与有彩色系有什么不同?
2. 什么是色彩明度、色彩纯度、色相?
3. 举例说明运动鞋在配色时如何运用色彩的调子。
4. 在电脑中做出加色混合、减色混合、12 色相环示意图（利用 Photoshop 软件）。

第二节　色彩的对比与调和

在造型设计中提到了造型的形式法则，同样在色彩设计中，也有统一、平衡、比例、韵律、强调等色彩搭配美的形式法则，通过色彩的布局与经营，即进行色彩位置、空间、比例、节奏、呼应、层次、秩序等方面的协调，使它们之间的相互关系形成美的配色，构成统一和谐的色彩整体。其中，色彩形式法则中的对比与平衡，是美的色彩结构中的重要因素，也是最终决定色彩美的表现形式之一。对比与调和是一对矛盾，两者是辩证的统一体，好的色彩关系是调和中有对比、对比中有调和。

一、色彩的对比

色彩之间的差异可以形成不同的对比，这就是色彩的对比。差异越大，色彩对比越强；减弱这种差别，色彩对比就趋向缓和。

色彩对比的表现有两种类型：同时对比与继时对比。

同时对比是指在同一时间、同一地点进行的色彩比较，很容易觉察出色彩间的差异。要注意到，参与同时对比的色彩会产生同时效应，也就是放置在一起的两种色彩之间会向对方色彩的互补色（相反色）靠拢，形成更强烈的效果。例如红与绿对比，红者更红、绿者更绿。尤其是在交界线上表现更为突出，例如红蓝对比，在交界线上，红者带橙色调、蓝者带绿色调。在运动鞋与环境色搭配时，要注意同时效应的影响。

继时对比是指先后看到的两种或多种色彩进行的对比，由于参与对比颜色之间的细微差别无法直接对比，不容易被察觉。要注意到，继时对比会产生视觉残像，也就是看了一种色彩后再看另一种色彩时，另一种色彩会带有前一种色彩的补色。例如长久地看一块绿色,再转移视线看黄色,就会感到黄色有橙色调;长久地看一块红色,再闭上眼睛,似乎看到了红色的补色——绿色。在同一款运动鞋中,不要设计过多的颜色,否则视觉残像会让色彩变灰、变混浊。

色彩间的对比是综合性的对比，包括明度、色相、纯度、面积、形状、位置、肌理、冷暖等内容。

1. 明度对比

因为明度差别而形成的色彩对比叫做明度对比。明度在色彩中具有相对的独立性，可以离开色相、纯度单独存在，而色相与纯度必须依赖明度而存在。对色彩的认识度主要取决于色彩与周围色彩的明度关系，其次才是色相、冷暖、纯度等关系，因此在明度对比中，色彩所表现出的层次感、光感、体感、空间关系感等就显得非常重要。在无彩色系中，由黑、白、灰构成的对比是纯粹的明度对比，这种明度对比的规律和效应，对有彩色系的明度关系对比也适用，只不过在明度关系上被罩上了色彩的外衣。

色彩明度的基调：在色调中已介绍过“以色彩的明度倾向为主构成的色调”，其中的高明、中明、低明色调，就是色彩的明度基调。把从黑色到白色间的明度分成 9 个等差阶段，形成明度列，每个阶段为明度的一度，这个明度列就是明度标尺。比邻黑色的 1、2、3 阶段构成低明度色阶；处于中间的 4、5、6 阶段构成中明度色阶；接近于白色的 7、8、9 阶段构成高明度色阶。对于不同的色相来说，也可以用单色加黑、加白调出彩色的明度列。体现某种明度基调时，该明度色彩应占有绝大多数的面积；明度基调不同，特点也会不同。参见图 14-8。

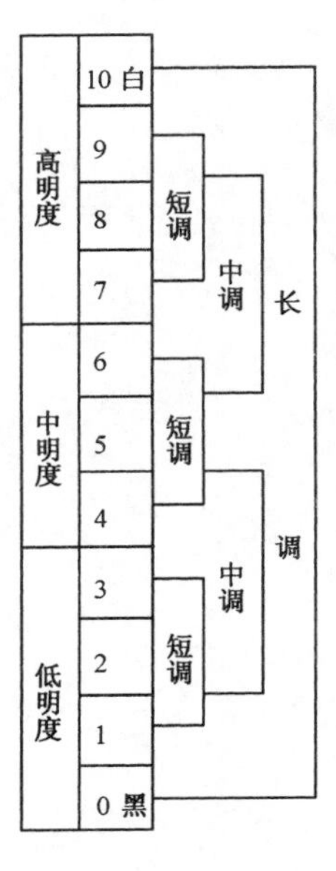

图 14-8 色彩的明度对比示意图

低明度基调的特点是厚重、沉着、古朴，并引发阴暗、神秘、忧郁、压抑的感觉，有时也带来阴险、悲哀的想象。足球鞋的帮面色彩常用黑色，显得厚重沉稳，不但能弥补鞋身瘦与鞋底薄带来的弱小感，还增加了强劲与勇猛气势。中明度基调的特点是朴素、平静，并引发稳重、朴实的感觉，有时也可带来中庸、平安的想象。滑板鞋的帮面色彩常用灰色、灰蓝色、灰红色等中明度色调，因双脚踏在滑板上需要有稳重、平衡的感觉，明度太高，显得轻浮，失去安全感；明度太低，显得笨重，好像腾跳不起来。高明度基调的特点是清爽、明亮、阳光感强，并可以引发欢快、轻松、健康的感觉，有时也可带来软弱、苍白的想象。网球鞋的帮面色彩常用白色，与白色的服饰相搭配，由于白色的明度最高，与绿色的球场相对比，使运动员显得健康、活泼、轻松、欢快，观众好像是在欣赏一幅动感的画卷。

色彩明度的基调是色彩的主色调，还需要辅助色来搭配形成明度的对比。对比的结果会有短调、中调、长调的区别。基调明度与主要配色的明度差在 3 级以内的组合，明度对比弱，称为短调；短调的特点是柔和、模糊、平稳、光感弱、体感差、节奏感弱，显得高雅。基调明度与主要配色的明度差在 5 级以内的组合，明度对比适中，称为中调；中调的特点是稳重、适中，也会显得平均、中庸。基调明度与主要配色明度差在 5 级以上的组合，明度对比强，称为长调；长调的特点是形象鲜明、清晰，并富有光感、体感、显示活力、力量，有时会显得生硬、空洞。参见彩图-39，这款鞋的配色给人的感觉是稳重、适中，主色调是蓝色，属于中明度，与装饰条的明度差属于短调，与黑色部件的明度差属于中调，总体看是一种“中中调”，所以才会有稳重适中的感觉。如果把明度的三种基调和明度的三种长短调配比结合起来，就可以得到明度九大调，参见表 14-7。

表 14-7　　明度九大调

基调类别	高明度基调	中明度基调	低明度基调
长调（强对比）	高长调	中长调	低长调
中调（中对比）	高中调	中中调	低中调
短调（弱对比）	高短调	中短调	低短调

明度九大调只是一种组合的关系，并不能涵盖所有色彩构成的明度关系，研究色调是为了根据设计的不同主题，选用不同的调式来进行表现，例如表现欢快轻松的气氛，可以采用高长调；表现强烈的空间感，可以采用高长调、中长调或低长调。明度关系是进行色彩设计必须要考虑的因素，有了准确的明度关系，然后才可能进

行更深入的色相、纯度等关系的探讨。

2. 色相对比

色相对比，是指色相之间产生的色彩差异。单纯的色相对比是不存在的，实际的色相对比中也包含了明度、纯度的对比，下面所分析的是以色相对比为主构成的对比。

我们可以通过色相环来比较色相间的关系。在 12 色相环中，红、橙、黄、绿、蓝、紫六个纯色以及它们的六个间色，平分了圆的360°角，每个色相占据30°。以色相环中任一色为例，与它距离越近的色相共性越多，与它距离越远的色相共性越少，最远的距离是180°，互称为补色，它们之间的共性最少，对比也最强烈。色相的对比可以分为：同一色相对比、邻近色相对比、类似色相对比、中差色相对比、对比色相对比、互补色相对比六种类型，参见图 14-9。

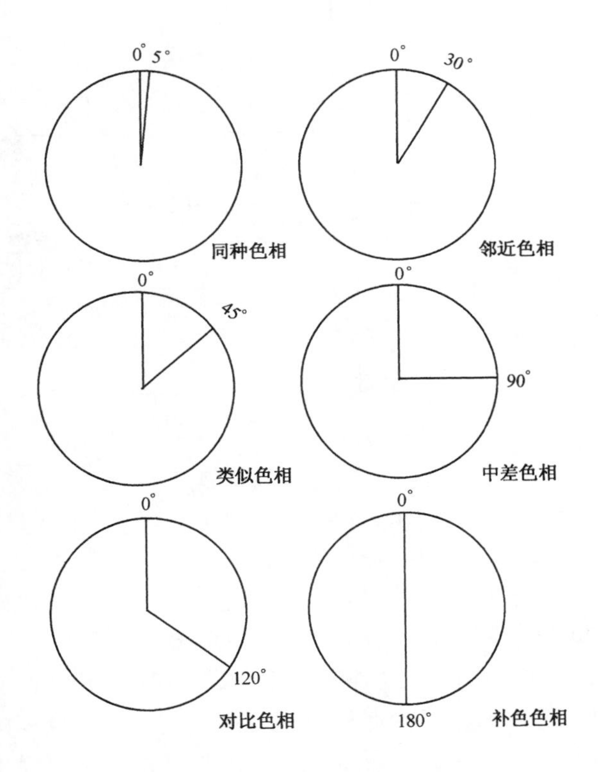

图 14-9　色彩的色相对比示意图

同一色相对比：在色相环上距离角度在5°以内为的色彩对比叫做同一色相对比，由于色相之间的差别很小，基本相同，只能通过明度与纯度构成的差别产生对比，是最弱的色相对比。例如红色与粉红色的对比，成为极雅致的搭配，具有统一感、温柔感、安定感，略显单调。

邻近色相对比：在色相环上距离角度在15°左右的色彩对比叫做邻近色相对比。例如红色与红橙色的对比。其特点是色相非常接近，只有通过明度、纯度方面的差别来营造细腻丰富的视觉效果，属于很弱的色相对比。常用来表示一种雅致、含蓄、单纯、统一的视觉效果，但应避免过于单调和简单。

类似色相对比：在色相环上距离角度在45°左右的色彩对比叫类似色相对比。例如红色与橙色的对比。其特点是色相差别小，虽然比同一色相对比强度大些，但是仍要通过明度、纯度方面的差别对比来产生丰富的视觉效果。属于色相的弱对比，色调统一、和谐。相关的小品练习参见图14-10。

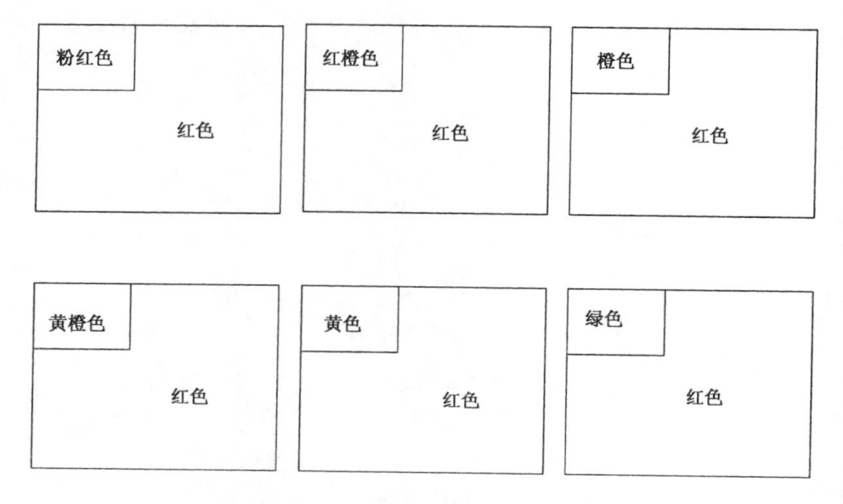

图14-10　色相对比的小品练习

中差色相对比：在色相环上距离角度在90°左右的色彩对比叫做中差色相对比。例如红色与黄橙色的对比。其特点是色相差别适中，属于色相的中对比。色彩差异的进一步加强，显得色彩丰富，由于色彩并不是非常对立，易于做到统一调和。

对比色相对比：在色相环上距离角度都在120°左右的色彩对比叫做对比色对比。其特点是色相差别强烈，属于色相的强对比。例如红色与黄色对比，色彩差异大，色彩丰富，对比强烈，各色相由于对比的作用，更突出各色相的色彩，可制造更丰富、更鲜明的视觉效果。互补色相对比：在色相环上距离角度在180°左右的色彩对比叫做互补色相对比。例如红色与绿色的对比。其特点是因为互为补色，所以色相差别最强烈，属于最强烈的色相对比。互补色将色相的对比推向极致，可满足视觉对红、黄、蓝全色相的要求，从而得到视觉生理上的平衡。可制造出对比最丰富、最强烈、最刺激的视觉冲击力。但需要合理的搭配方式，否则会造成不协调、不统一、视觉感不集中的反面效应。

我们的世界是五彩缤纷的，这有赖于色彩间具有不同的色相并互相比较而产生的视觉效果。色彩的明度关系是基础，而色相却是色彩关系的灵魂。色相是感知色彩的关键，带给我们很多直接的心情感受，没有色相间的差异对比，世界将是枯燥无味的。

3. 纯度对比

色彩纯度的变化，必然会引起明度或色相的改变，所以这里的纯度对比分析的是以纯度对比为主构成的色调。我们已经知道无彩色系没有纯度，有彩色可以通过逐渐加入无彩色而逐渐降低有彩色的纯度。纯度的对比形式与明度对比有些相似，也有三种纯度和三种对比度的变化。

纯度的三种基调包括高纯度基调（鲜）、中纯度基调（中）、低纯度基调（灰）。当高纯度色彩占有大部分面积时，形成高纯度基调，特点是色相感强、色彩鲜艳、形象清晰，具有强烈的视觉冲击力，带来热烈、刺激、外向、积极的氛围。在篮球鞋、网球鞋的设计中，经常采用高纯度基调处理，借用的就是强烈的视觉冲击力，对球员、观众，都能引起兴奋和刺激。

当中纯度色彩占有大部分面积时，形成中纯度基调，特点是在很多情况下这是一种理想的调式，既富有色彩，又不那么刺激，显得雅致、耐看，带有和平、自然、中庸的感觉。在设计运动休闲鞋时常采用中纯度基调，使休闲更加轻松、自由、舒畅，如果采用高纯度基调，显得太累，精神无法放松；如果采用低纯度基调，显得灰暗，又会破坏休闲的好心情。

当低纯度色彩占有大部分面积时，形成低纯度基调，特点是色相感差、色彩暗淡、形象模糊，会有朴素、朦胧、含蓄、消极、悲哀、黑暗、阴险等感受，把握得好才会使色彩有韵味，要注意灰、脏、粉等不良效应。在设计工作鞋、登山鞋时，常采用低纯度基调，表现出朴素、含蓄，此时穿鞋不是为了展示，而是要把注意力集中在工作上，出于安全的考虑，不要把鞋的色彩设计得太鲜艳。

纯度的三种对比：纯度的基调是主色调，还必须有少量的搭配色才能形成纯度的对比，依照纯度对比的强度，可分为强对比、中对比、弱对比。如果构成的主要色彩纯度差别大，就形成强对比，对比的结果是纯度高的色彩更显饱和，更显鲜亮，纯度低的色彩更显灰暗，通过强对比可以突出想要表现的重点。如果构成的主要色彩纯度有一定的差别，就形成中对比，可以是高纯度与中纯度的对比，或是中纯度与低纯度的对比，对比的结果产生相对稳定统一的效果。如果构成的主要色彩纯度比较接近，就形成弱对比，比较适宜表现凝重、稳定、平静的感觉。参见图 14-11。

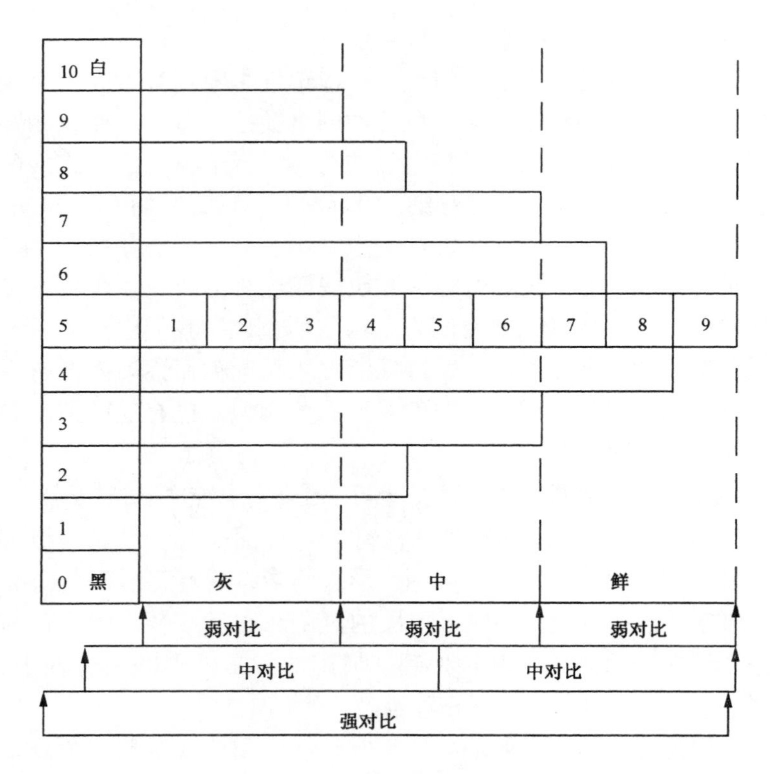

图 14-11　色彩纯度对比示意图

如果把纯度基调和纯度对比结合起来，再加上黑、白、灰极端的最强对比，可得到 10 种纯度对比的调式，参见表 14-8。

表 14-8　　10 种纯度对比的调式

强弱对比	高纯度基调	中纯度基调	低纯度基调
强对比	鲜强对比	中强对比	灰强对比
中对比	鲜中对比	中中对比	灰中对比
弱对比	鲜弱对比	中弱对比	灰弱对比
最强对比	纯色与黑、白、灰等无彩色的直接搭配		

在实际的色彩搭配中，不会像表中举例那样简单，因为每种色彩本身的纯度有所不同，就不能统一规定纯度基调的等级，而是每一色相分别划分低、中、高的纯度等级。例如红色的最高纯度值为 14，蓝绿色的最高纯度值为 6，如果把纯度值统一分为高、中、低三段再进行搭配，会造成形式相同而内容不同的对比。所以在表中列举的是一种搭配规律，不能盲目套用公式。而真正在色彩设计时，我们还要借助感觉进行直接的判断。再看一下彩图-39，蓝色调的纯度为中纯度基调，装饰条的灰度更大些，与装饰条的对比关系为中

弱对比；黑色部件纯度最低，与黑色部件的对比关系为中强对比，总体上看，偏于“中中对比”，所以有雅致、中庸、自然的感觉。

其它方面的对比：在色彩的对比中，除了明度、色相、纯度的对比外，还有一些其它方面的对比。

（1）色彩面积对比：色彩总是伴随着一定的面积出现并参与对比的，在色彩三要素不变的条件下，相互间面积的多少将直接影响到对比的强度。在色相与色相之间以相等的比例参与对比时，对比最强；随着对比一方面积逐渐扩大，另一方面积逐渐缩小，则对比逐渐减弱；面积减少的一方，因为同时效应的存在，会倾向于对方的补色。“万绿丛中一点红”，就是将对立的互补色通过面积的调解，使得万绿丛中的那一点红显得格外鲜艳夺目，又达到完美和谐的统一。运动鞋上的商标，与全鞋比较起来面积较小，处理得好，就会有万绿丛中一点红的效果。

色彩面积对比的特点：对同一色相而言，面积越大，明度感、纯度感就越强；面积越小，明度感、纯度感就越弱；面积大时，亮色显得更轻，暗色显得更重，色彩更鲜艳。

（2）形状对色彩对比的影响：色彩的表现总会伴随有一定的形状出现，形状的不同，也会引起不同强度的色彩对比。形状越集中简单，色彩间的冲突力就越大，对比效果越强；形状越分散复杂，色彩间的冲突力就越分散，对比效果越弱。有些跑鞋的部件分割得太多，色彩用得也多，本来想突出跑步的动感，结果却被杂乱的色块减弱。因此，设计色彩时，可根据不同的主题意义，在不改变其它色彩性质的基础上，通过改变色彩形状的方法，来改变色彩的对比强度。

（3）位置对色彩对比的影响：当两种或两种以上的色彩因为差异而产生对比时，它们之间的距离越远，则对比越弱；距离越近，则对比越强。当两色相接时对比较强；当两色互相切入时对比更强；当一色包围另一色时，将对比推向最强，参见图14-12。

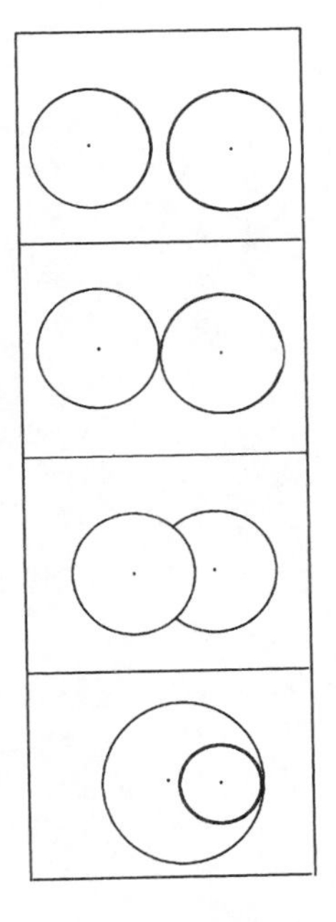

图14-12　位置对色彩对比影响的小品练习

（4）肌理对色彩对比的影响：物体表面肌理不同，吸收和反射光的能力也不同，表面越光滑的物体，反射率也就越高，而减弱了它自身的色彩，例如金属、玻璃、镜子等。质感粗糙的肌理，由于表面的凸凹不平，反射不平均，显得色彩的明度比原来的偏暗；另外粗糙的肌理对光的吸收能力差，更易显现它的本来面貌，会使人觉得它的色彩偏重。制鞋材料中的漆光革，表面光亮如镜，自身的色彩显得较弱；反绒革、磨砂革的表面粗糙，自身的色彩显得较重；人造革、合成革中，有些是亚光的产品，有些是高光的产品，相同的色彩在不同的肌理上，表现也会有所不同，运动鞋配色时要注意这些细节变化。

（5）冷暖对比：因色彩感觉的冷暖差别而形成的对比叫做冷暖

对比。也就是说色彩本身没有冷暖，但不同的色彩会给我们带来不同的冷暖的感受，这是人们在长期的生活实践中的观察所形成的一种心理反应。色彩三要素对冷暖的感觉是有影响的。

色相：不同色相的色彩，带给人不同的感受，是对冷暖影响的最大的因素。根据视觉经验，最暖的色彩是红橙色，它让人联想起火焰、太阳等；最冷的色彩是蓝绿色，它让人感受到海洋、寒冬的冰冷等。在色相环中，红橙色被称为暖极，距离红橙色越近，色感越暖；蓝绿色被称为冷极，距离蓝绿色越近，色感越冷。位于两极中间的紫色和绿色为中性色，将色相环分为暖色系和冷色系。

明度：明度最高的白色，由于反射率高，感觉比较冷；明度最低色黑色，由于吸收率高，感觉比较暖；它们之间位于明度列正中位置的灰色，为中性冷暖色。

纯度：高纯度的冷暖感最显著，高纯度的冷色显得更冷，高纯度的暖色显得更暖。随着纯度的降低，冷暖感也逐渐减弱。

色彩冷暖的对比有其独特的性质，造成它比其它的对比更响亮、更丰富、更具表现力。冷暖对比越强，对比双方冷暖差越大，双方冷暖的倾向越明确，刺激量越大；对比双方差别越小，双方倾向越不明确，但总体的色调冷暖感增强。

暖色调给人的感觉是阳光、温暖、刺激、不透明、厚重、密度高、直线、圆滑、近、干、热烈、热情、有力量、喜庆等。冷色调给人的感觉是阴影、寒冷、镇静、透明、稀薄、密度低、曲线、流动、远、湿、清爽、空气感、空间感。冷暖色调给人的感觉不同，在运动鞋的色调运用上，要分时、分地、分对象恰当地应用。

二、色彩的调和

色彩间的种种差异造就了不同的对比，当对比过强时，会使人感到刺激、不舒服、不协调，这就需要用一种调和手法去完善色彩间的关系，使它们协调相处。将两个或两个以上的色彩进行合理的搭配组织，营造协调的、和谐的、美的色彩关系，叫做色彩的协调。前面分析了许多色彩的对比，其目的是要找到协调的色彩关系，创造美的形象。在用电脑配色中，许多不了解对比与协调的人也在配色，那只是在盲目地乱配，达不到理想的配色效果；如果对色彩有了深入地了解，就可以自由地组织成符合要求的、美的色彩关系。色彩调和主要有同一调和、隔离调和、类似调和、秩序调和以及面积与调和的关系等。

1. 同一调和

当两个或两个以上的色彩因差别大而非常刺激排斥时，增加各色的同一因素，使强烈刺激的各色逐渐缓和；或选择同一性很强的色彩组合，寻求各色的统一，增加色彩之间的共性因素，以达到调和；这种调和的方法就是同一性调和。同一性调和可以是同色相调和、同明度调和、同纯度调和、同调性调和。

如果色相相同，明度和纯度不同，就是同色相调和，这种搭配具有简洁的美感，稳定、温馨、恬静、保守、传统。如果明度相同，色相和纯度不同，就是同明度调和，这种搭配可以营造出含蓄、雅致的美感。如果纯度相同，色相和明度不同，这种搭配除互补色外，都比较容易达到调和。如果把所有对比的色彩笼罩在同一的色彩倾向之下，就好比戴着有色眼镜看色彩一样，所有的色彩都罩上眼镜的颜色，显得非常调和统一，这种调和就是同一性的调和。对于无彩色系的黑、白、灰来说，无彩色系之间的搭配、无彩色系与有彩色系之间的搭配，都比较容易达到调和。同一性调和的特点是具有同一性，同一的因素越多，调和感越强。

2. 隔离调和

当相邻的色彩对比过于微弱、平淡，显得含混不清时，或对比过于强烈，显得对立冲突时，可以在色彩间用另一色进行隔离，使混沌的色彩关系明朗化，使刺激的色彩关系和谐化，这种调和色彩的方法就是隔离调和。

用来隔离的色彩是非常有讲究的，要能与被隔离的色彩都能调和，很多时候采用黑、白、灰这些无彩色，或金、银等特殊色，因为这些色彩与各个有彩色都可以相融。隔离色大都以色线出现，有时也可以用色面进行隔离，隔离线越粗或隔离面越大，则调和感越强。例如在强对比的色彩中，插入黑色，可使对比缓和；黑色面积扩大，使对比更沉着。

3. 类似调和

由两个或两个以上的近似色彩所组成的色调是类似调和。在色彩的明度、色相、纯度相差2～3阶段内都较相似，差异不大，都能得到调和感很强的类似调和。相距阶段越少，调和程度越高。明度对比中的高、中、低短调，色相对比中的类似色搭配，纯度对比中的灰弱、鲜灰、中弱对比等，均可构成类似调和。

4. 秩序调和

任何事物当它体现着一定秩序和组合规律时，会表现出特殊的美感，例如音乐、诗歌、舞蹈，色彩也如此。再重新看一看彩图-33，就会感到是秩序的调和把5种色彩组织起来，形成美丽的彩带。在色彩关系的处理中，把不同明度、色相、纯度的色彩组织起来，形成渐变的、或有节奏的、或有韵律的色彩效果，就是秩序调和。色彩之间若按一定的序列存在时，就能给人舒适的快感，引起快感的配色方式就是调和。秩序可以使原本对比过分强烈刺激的色彩关系柔和起来，使原本杂乱无章的色彩因此有条理、和谐统一起来。色彩间的关系和秩序，是构成和谐的基础。天空中的彩虹很美丽，因为色彩的排列有秩序；藏胞服饰上的氆氇也很美丽，因为它是围绕在身上的彩虹。

5. 面积对调和的影响

由于生理的需要，眼睛看到黑、白、灰等中性色搭配，或含全色相的色彩搭配时，才能得到视觉心理平衡，达到色彩平衡。不同色相的各个纯色在对比时，配色要达到平衡，必须注意它们之间的明度和面积关系。哥德为色量平衡所定的比例为：

黄：橙：红：紫：蓝：绿＝9：8：6：3：4：6

从比例中可以得到每对补色的明度与面积比。例如黄色的明度是紫色的3倍，黄色只要有紫色面积的⅓，就能取得和谐的色彩平衡，参见图14-13。

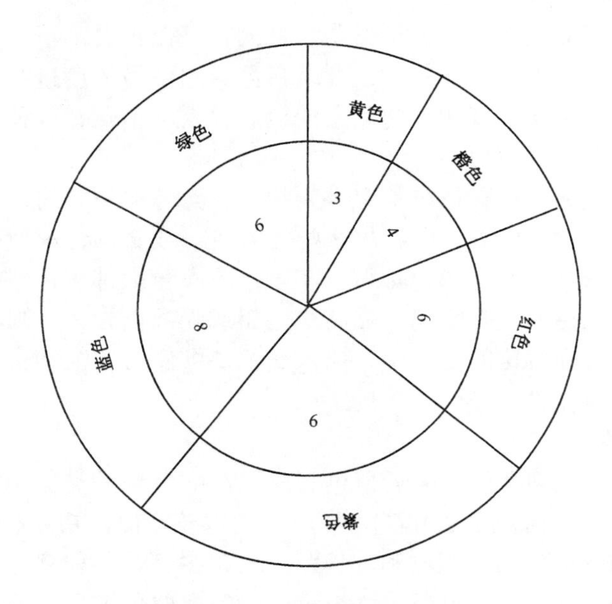

图14-13　和谐色域色环

表14-9　各纯色量均衡比（面积为占色相环的份数）

颜　色	红	橙	黄	绿	蓝	紫
明　度	6	8	9	6	4	3
面　积	6	4	3	6	8	9

各纯色量的均衡比参见表14-9。从表中可以看到，每对补色的面积均占色轮的⅓，这样旋转才可混出中性灰。如果纯色的饱和度下降，其平衡面积也会随之改变。面积营造了不同的色调，如高明度基调、中纯度基调、不同的色调等，这些都是因为面积而造成的

视觉感受。

通过分析色彩的对比与调和，可使我们知道：如果是单一的颜色无所谓对比，也无所谓协调，对比与协调必须是两种或几种颜色组合所产生的效果。对比与协调，一般是指颜色与颜色之间的关系，运动鞋的配色，就是要把握这种既对立又统一的关系。在实际应用中，鞋款的色彩搭配是与鞋的功能、结构、款式、材质、穿用对象、穿用环境、运动项目、运动特点等紧密相连的。了解了色彩的对比与平衡，掌握了搭配色彩美的规律，就可以应用在产品的色彩设计上。

作业与练习

1. 在电脑中分别做出色彩明度、纯度对比的9级色阶图。
2. 在电脑中做出几种色相对比的小品练习。
3. 色彩的调和主要有哪些内容？试用小品的形式在电脑中来表现。

第三节 色彩的情感表现

色彩具有情感因素，直接影响着人的精神。当色彩作用于视觉器官时，必然会出现视觉生理的刺激和感受，同时也必将迅速地引起人们的情绪、精神、行为等一系列的心理反应。色彩搭配得美与不美，这是一个相对的问题，关键在主客体之间的关系。作为主体的人，会有一定的审美标准，决定着对客体做出怎样的审美判断，这个标准还会因人而异。但是作为客体的产品，通过情感特征的表现也决定着主体对它做出的审美判断。如果客体的审美特征恰好符合了主体的审美尺度，或主体的审美尺度符合客体的审美特征，双方则会有亲和力，产生美与美感。双方如不亲和，就不会有美感产生；双方如果排斥，就会觉得很丑。所以掌握色彩的情感因素，就可以在配色的过程中，把主体与客体、主观与客观水乳交融地渗透为一体，达到心物共鸣。

一、色彩的情感表现

色彩非常奇妙，不仅可以丰富视觉，带来美感，而且每种色彩都有着不同的个性，每一种颜色都隐藏着特定的意义，在不同的环境中，这种意义唤起我们某种情感，影响着我们的感情。下面介绍几种基本色彩的情感特征。

1. 红色

在可见光谱中，红色光波最长，给视觉上一种迫近感与扩张感。红色的感情效果富有刺激性，给人活泼、生动、不安的感觉。红色的表现力强烈、外露，饱含着一种力量、热情、方向感和冲动。但这种性格只是保持在一种最大的饱和度的时候，一旦在表现中将它淡化或暗化，或向黄、蓝方向移动，或改变对比的条件，就会使红色的性格发生相应的变化。如红色趋向黄色，则色相近似朱红，热气较盛；如靠近紫色，色相显得冷静而明度不高，性格变得文雅、柔和，但使用不当就会有恐怖、悲哀、污浊的感觉；红色变暗，显得沉重而朴素；红色变成粉色，个性变得柔和，并具有健康、梦幻、幸福、羞涩的感觉。当改变对比的条件和环境时，红色的性格也会有相应变化，如在深红的底色上，红色起到平静和熄灭热度的作用；在蓝绿色底色上，红色就像炽热燃烧的火焰；在黄绿色底色上，红色像一个冒失鲁莽的闯入者，激烈而又不寻常；在橙色底色上，红色似乎被郁积着，好像枯焦了似的，暗淡而无生命；在黑色底色上，红色将迸发出它最大的、不可征服的、超人的热情来。参见彩图-40

2. 橙色

在可见光谱中，橙色波长仅次于红色，也具有长波导致的特性。视觉上橙色比红色明度高，性格活泼、让人兴奋，并具有富丽、辉煌、炽热的感情意味。在色彩表现中，由黄和红混合出的橙色最活泼，最富有光辉的色彩。一旦将它淡化，就会很快失去生动的特性，如白色一旦闯入时，会显得苍白无力；而黑色与它混合时，又会衰退成模糊的、干瘪的褐色，犹如鲜花凋谢后的色彩。使用橙色时，要重视与环境、气氛的和谐；在配色上，与同类的褐色、黑色、白色等搭配效果较好。参见彩图-41。橙色是有彩色中最温暖的色，它只有在发冷、深沉的蓝色中，才能充分发挥出它那具有太阳色的光辉。

3. 黄色

在可见光谱中，黄色的波长居中，从光亮度来看，它却是色彩中最亮的色，是最能高声叫喊的高明度色。它具有快乐、活泼、希望、光明等情感，但与橙色比较，则稍带点轻薄、冷淡的性格，这是因为明度高的缘故。从黄色的表现看，由于它的明度而造成一种尖锐感和扩张感，但缺乏深度感。它的这些特点，与暗紫色形成很强烈的对比，具有表现色彩空间效果的能力。从黄色本身的性能看，在所有色彩中是最娇气的一个颜色，只要与无彩色一接触，立刻就会失去自己的光度，尤其是黑色，只要有少量掺入，就能改变它的色性。黄色的表现效果同样被它的环境所左右，在白色底色上，黄色看上去黯淡无光；在浅粉红色底色上，黄色带有一种绿调，发光的力量消失了；在橙色底色上，黄色像光和亮的结合，就像在秋日成熟的稻田上又洒满了金色的阳光；在红紫色底色上，黄色就立刻失去了自己的特点，成为一种病态而带褐味的黄；在中间蓝色底色上，黄色是辉煌的，但从效果看有不和谐感；在红色底色上，黄色给人一种欣喜的、大声喧闹的色彩效果；在黑色底色上，黄色达到了最明亮、最强烈的状态。参见彩图-42。

4. 绿色

在可见光谱中，绿色的波长居中，人们的视觉最能适应绿光的刺激，对绿光的反应最平静，这与生活在绿色的大自然怀抱有关系。绿色象征着永远、和平、青春、新鲜。绿色的性格柔顺、温和，绿色及其一切调和色基本上是优美的、抒情的、积极的，但在明度稍低或特定条件下，也会有阴森、晦暗、沉重、悲哀的气氛。在表现效果方面，最大的特点是变化的可能性大，当绿色倾向黄色时，接近黄绿色范围，给人一种自然界的清新感，显示出青春的力量；当绿色倾向蓝色时，接近蓝绿色，这是冷色的极端色，具有一种冷峻的、端庄的效果；中绿有成熟的印象；墨绿显得老练；新绿、橄榄绿、苔绿都有细微复杂的表情变化。参见彩图-43。

5. 蓝色

在可见光谱中，蓝色光波较短，仅次于波长最短的紫色，蓝色是天边无际的长空色，又使人想到深不可测的海洋，表现出沉静、冷淡、理智、博爱、透明等特性。蓝色与红橙色的积极性形成鲜明的对照，它是一种消极性的、收缩性的、内在性的色彩；但是蓝色却为具有积极性格的色彩提供了一个更为深远的空间，而且蓝色明度越深，这种深远的空间感就越强。蓝色具有高度的稳定性，在色彩表现中总带有阴影感。在色彩对比效果中，蓝色也同样具有多变性：在黑色底色上，蓝色以纯度的力量在闪光；在淡紫色底色上，蓝色显得退缩、空虚和无能；在黄色底色上，蓝色仅以一种暗度来呈现；在红橙色底色上，蓝色维持着自身的暗度，同时由于对比色的作用又发出自身的光亮。如果暗蓝色配上黄色，给人以非常浓厚、幽深之感，在暗中看出光彩。深蓝色一般是应用范围最广的一种，因为它的明度接近黑色，容易与其它色颜色配合，而且像黑色一样有沉着的感觉。参见彩图-44。

6. 紫色

在可见光谱中，紫色的光波最短，在色相中是最暗的颜色，因此在视觉上，它的知觉度低，相对于黄色的知觉度，它被称为非知觉色彩。紫色是红与蓝的混合色，在温感上高于蓝色，在色性上也暖于蓝色。紫色是冷、暖两色抗争性的勉强配合，红色具有强烈的兴奋意义，蓝色却有着非常冷静、沉着的性格，因此使紫色具有双重的矛盾性格，造成了不稳定、不安宁、卑劣、凄怆的性格，偶有阴暗、悲哀、险恶等意味。紫色中含红色成分，使纯度高的紫色也具有积极意义，如紫禁城的紫，具有威严、神圣之意；北欧一些国家，通常还把紫色作为美丽、高贵、尊敬与友谊的象征。紫色的暗度造成它在表现效果中的神秘感，并显得最安静，表现出一种孤独、高贵、优美而神秘的感情。靠近红色的紫，大面积时有威胁感，一般的紫红显得温和而明亮，属于积极的色彩；较暗的紫色表示迷信和不幸，是消极的色彩；较淡的紫色有美的魅力，有优雅、惋惜的娇气，由于属于轻色，因而具备轻盈飘逸味道；青紫色象征着真诚的爱。参见彩图-45。

7. 黑色

从色光的角度来说，黑色即无光。但在现实中，只要光照弱，或物体反射光能力弱，就会呈现出相应的黑色来。黑色在视觉上是一种消极的色彩，它使人想到黑暗、黑夜、寂寞、神秘；它又是不吉利的象征，意味着悲哀、沉默、恐怖、罪恶、消亡；黑色还有严肃、含蓄、庄重、解脱的表情。黑色在表现的领域里，不同的对比效果会使这种消极性发生变化，使与之相配的色都会因它而赏心悦目。在设计表现中，黑色并非绝对的消极色，尤其是纯度高、有光泽的黑或绒质黑，是相当美的，表现出特有的稳重、深沉、庄严、内在的性格，使用得当会有特殊的效果。参见彩图-46。

8. 白色

在色光中，白色包含着色环上的全部色，故称为全光色，常常被认为不是色彩。在实际的应用中，白色是必不可少的色，它自身具有光明的性格，同时又是一种内在的性格。它的相貌让人感到快乐、纯洁而不外露。白色是与黑色相对的极色，属于明、阳、进、近、轻的极端。由于是各种色光的混合，所以在色性上并非是暖的极端，与黑色并置显出暖性，单独观察具有冷色的意味，这种情况决定了白色的感情意义具有两重性。白色的固有感情特征是既不刺激，也不沉默，与其它色彩相配时会变暖，也会变冷。白色象征着洁白、光明、纯真，同时又表示轻快、恬静、清洁、卫生的意思；白色最易使人想到雪，引人注目，但也显得单调、空虚；白色还有不易侵犯的个性，容不得它色沾染，因此也有不安定、索然无味和易被污染的担心。参见彩图-47。

9. 灰色

黑、白各半的中性灰，是黑与白两色的“折中调和”，因而自身显得毫无特点，在各方面的意义上也是“折中”的。其总的性格也是柔和的、倾向不明的，好像没有自己的个性，没有声音，没有运动，处在一种没有活力的状态，是一个彻底的被动色彩，像寄生物那样，完全依靠邻近的色彩去获得自己的生命。在色彩表现中，灰色显出既不抑制、也不强调的特点，它没有沉重感，也没有刺激性，总是显得轻盈、柔润，给视觉带来一种平稳感。在灰色与其它色对比中，能充分发挥自身的活力而具有积极意义，并能使任何一个其它色活动起来，或变得更为丰富，或者更加淡薄。当灰色闯入其它色彩领域时，很快就能减弱或消除其它色的光亮度。明度高的灰具有与白相近的性格，明度低的灰具有与黑相近的性格。参见彩图-48。

10. 金、银色

金、银色是一种辉煌性的光泽色，在表现中具有极醒目的作用和炫耀感，特别是在各种颜色配置不协调的情况下，使用金、银色会使他们立刻和谐起来，并展现出光明、华丽、辉煌的视觉效果。一般的色彩象征意义都具有积极和消极两重性，而在金、银色的世界范围内，几乎都具有积极性的作用，其中银色比金色温和，具有灰色的特性。

金色是最辉煌的光泽色，带红色调的金称为赤金，又叫红光金；带青色调的金称为青光金。金色近于黄金的固有色，有永恒、坚固、贵重、富有的意义。黄金不但具有经济价值，而且具有色彩上的美感，但色彩中的金色，光泽的辉煌美又胜于黄金，因而具有光明、华彩、富丽、辉煌等含义。金色对于人的心理作用几乎全部是积极的，成为许多美好事物的象征。所以有金碧辉煌、金玉良缘、金佛、金身、金阙、金婚等美好词汇。参见彩图-49。

银色也是一种辉煌性的光泽色，它与白银的色泽相近，白银与黄金一样兼有经济价值和色彩美感，银色显示内涵上的珍贵和表现上的柔美，具有静穆、洁净、寒冷的意义。关于银色也有银装素裹、银色月光、火树银花、披金戴银等美妙描述。参见彩图-50。

通过对以上几种色彩的情感分析可以看出，除了金、银色外，几乎所有的色彩都会具有积极意义和消极意义这两重性，色彩情感的产生，都与它所依存的背景有直接的关系，因此运动鞋配色的关键是懂得配色的原理。许多成功的作品，就是在巧妙地利用色彩间互相衬托或互相制约的关系，让色彩恰如其分地扮演着它们的角色。

二、色彩引起的心理差异

不同的色彩，会引起人的不同的心理效应。色彩除了产生情感方面的心理效应外，还会引起生理方面的心理效应，也就是对色彩产生的心理差异。主要表现在以下几个方面。

（1）膨胀与收缩感：相对而言，色彩越暖、明度越高、纯度越高，越具有膨胀感；色彩越冷、明度越底、纯度越低，越具有收缩感。

（2）前进与后退感：相对而言，色彩越暖、明度越高、纯度越高、面积越大，越具有前进感；色彩越冷、明度越底、纯度越低、面积越小，越具有后退感。

（3）兴奋与平静感：主要取决于色彩的冷暖，如红、橙、黄等暖色使人感到兴奋，蓝、蓝绿等冷色使人感到平静。其次，高明度、高纯度的色彩有兴奋感，低明度、低纯度的色彩有平静感。

（4）华丽与朴素感：主要取决于纯度，纯度越高，色彩越华丽；纯度越低，色彩越朴素。其次是明度与色相也会带来一定影响，明度高的色彩、偏暖的色相，更有华丽感。

（5）轻与重：首先取决于明度，色彩明度越高，物体感觉越轻；明度越低，物体感觉越重。在明度、色相相同时，纯度越高、物体感觉越轻；纯度越低、物体感觉越重。

（6）软与硬：主要取决于明度和纯度，明度高、纯度低、暖色的物体显得软；明度低、纯度高、冷色的物体显得硬。

（7）动与静：采用高纯度基调，前进色与后退色共用，加大明度差、色相差、暖调的色彩更显精力充沛，具有动感；中低纯度基调、明度中弱对比以及冷调的色彩比较安静。

（8）色彩与温度：利用色彩的冷暖感，可以表现不同温度的感觉。蓝色等冷色调统治画面，拉大明度差距，会有寒冷的感觉；以冷色为中心，跨度大的冷色相搭配，画面明亮，会显得凉爽；采用橙色、茶色等暖色，弱对比，画面明亮，感觉会温暖；以浓烈纯红色为主，适当加点蓝色，造成强对比，会显得炎热。

在生活中，利用色彩引起的差异来进行配色的例子比比皆是，例如胖人穿黑色的衣服显得比较瘦，医院里的护士服采用冷色调与平静的氛围相协调，飞机涂成银色显得体轻，大红灯笼营造出节日的兴奋喜庆，高纯度、大反差的搭配使篮球鞋更具有动感等。色彩的问题是科学的，但在运用中更是感性的，颜色搭配不同会产生极为不同的效果，设计师在运用色彩时，不但要发挥色彩本身的个性，还要加入设计师个人的色彩偏好和用色习惯，以形成个人的色彩风格。

三、部分国家和地区对色彩的喜厌

了解了色彩的基础知识，知道了色彩的对比与调和，明白了色彩的情感表现，最后还应该清楚不同国家、不同地区、不同种族的人群对色彩的不同喜好。人类在不同的环境中，对色彩的喜好直接受着自然环境的制约，首先体现在受太阳光照射的量与质的程度上。有关专家根据因地理环境不同所受到太阳光的不同影响，将世界大致分为：北欧型的清冷色系和非洲、墨西哥的鲜暖色系两大类。其它许多的国家都是处于某色系的中间色调，如中国属于清冷色系的中间色调，喜欢红色、绿色、蓝色、黑色、白色。此外，社会环境对色彩的喜好也会产生深刻影响，如社会的时代背景、民族环境、政治环境、科技环境、宗教环境等。在做外贸产品时，不能不清楚贸易国对颜色的爱好，下面将一些国家、地区对色彩的喜厌做一简单介绍，参见表 14-10。

表 14-10　　一些国家和地区对色彩的喜厌

地　区	国　家	对色彩的喜爱与象征
亚洲地区	中　国	喜用红色、黄色、青色、白色、黑色，将红色用于请柬、结婚、年节之中，以示喜庆吉祥；黄色象征大地、中央、皇权；青色象征春天之色；在藏族，浅蓝色表示天界，黑色象征天色，又是冬天的象征
	朝　鲜	喜红色、绿色、黄色及其它鲜艳色，尤其喜爱白色衣服，故过去有“白衣之国”的美称，忌黑色、灰色
	日　本	喜白色、鲜蓝色、浅蓝色、金色、银色、紫灰色、红白相间色、柔和色调，白色历来属于天子服装色，神宫和僧侣穿着白色衣袍给人以清静感觉。忌讳带黑色的红色、深红色、黄色、绿色、蓝色、橙色及其它鲜艳色，视紫色为优雅、高贵之色，将黄色表示为年幼、天真和风流
	伊拉克	喜绿色、深蓝色、红色，厌蓝色、黑色。绿色象征伊斯兰教，国旗上的橄榄绿不能随便用，警车用灰色，客运业用红色
	新加坡	喜用红色、绿色、蓝红白相间色、红金相间色，红与金、红与白表示繁荣、幸福。忌用黄色、黑色，视黑色为不吉利，大厅中多用茶色、深绿色、青紫色、紫色、红色等
	泰国	一般喜用纯度高的颜色，红色、蓝色、白色为国家所用的颜色，黄色象征“王室”，一般不准使用，厌黑色，许多泰国人不约而同地按周一至周日的色彩顺序（黄色、粉红、绿色、橙色、浅蓝、浅紫、红色）来穿服饰
	土耳其	由于宗教的原因喜用绿色极高纯度的颜色，代表国家的红色和白色较流行
	巴基斯坦	喜用绿色、金色、银色、橘红及鲜明色，最喜欢翠绿色，认为国旗上的翡翠绿色最美，但不喜欢黄色，黑色代表消极的含义，忌用黑色
	印　度	喜用红色、橙色、黄色、绿色、蓝色和鲜艳色，流行绿色和橘红色，认为红色热烈、有朝气、富有生命力，蓝色表示真实，金色表示壮丽和辉煌，绿色表示和平、希望，紫色表示宁静和悲伤，忌用黑、白、灰色
	伊朗、沙特、阿富汗、科威特、也门、阿曼、巴林	喜用棕色、黑色（特别是白边衬托的黑色）、绿色、白色、深蓝与红相间色，忌用粉红色、紫色、黄色，喜用红色、绿色，红、绿色象征吉祥如意
欧洲地区	英　国	喜欢蓝色和金黄色，因罕见晴朗天气，而喜爱明朗色调，上层社会使用白色和银色，平民多用浅茶色、褐色等同色相的颜色，爱调配成对比效果，认为红色是不干净的色，英国人的裹尸布是橄榄绿色的，厌红色、橙色等

续表

地区	国家	对色彩的喜爱与象征
欧洲地区	法国	常用蓝色、粉红色、柠檬色、浅绿色、浅蓝色、白色和银色，喜欢含灰高雅色，不喜欢墨绿色，一是使人联想起纳粹军服的灰草绿色，二是该国举行葬礼时有铺撒绿树叶的风俗，而且忌讳绿色地毯，10 世纪时，黄色是罪人和叛逆的颜色，他们的住所被涂上黄色
	爱尔兰	喜欢绿色，因为国花色彩是传统的枯草绿色，也喜欢彩度较高的鲜明颜色，因政治、历史的原因，对英国国旗的红、白、蓝三色厌恶使用，对代表“婆罗台告特教”的橙色也不喜欢
	德国	喜欢高纯度色以及黄色、黑色、蓝色、桃红色、橙色、暗绿色等，将黄色称为金色，常用黑、金两色，厌恶茶色、红色、深蓝色、偏紫的粉红色等，特别厌恶咖啡色衬衫、暗色衬衫、大红领带等
	荷兰	喜爱代表国家的颜色：橙色、蓝色，此两色相间搭配十分醒目，特别是橙色，在节日里广泛使用
	挪威	十分喜爱高彩度色，特别喜欢红色、蓝色、绿色，以及其它鲜明色，这与当地冬季时间较长，在自然界不易见到鲜明的色彩有关
	瑞典	喜欢黑色、绿色、黄色，蓝色和黄色代表国家色，为了维护国家色的严肃性，一般不将蓝色和黄色用于商业上
	葡萄牙	无特殊喜好，但蓝、白色被看成是庄重正派的色，红、绿色是国旗的色，对这两种色彩普遍喜爱，其民俗有：寡妇穿上红色衣服以示神圣不可侵犯
	芬兰	芬兰国土 1/4 在北极圈内，由于湖泊众多和终年积雪的特点，因此象征湖泊的淡蓝色、象征冰雪的白色是最喜爱的传统色，国旗也由这两种色组成
	瑞士	喜欢红色、蓝色、黄色、红白相间、浓淡相宜的色，国旗用的红色、白色很流行，忌用黑色，黑色常用于寄托哀思，因此除了丧服外，很少人穿黑色衣服，瑞士农民则喜爱文静明朗的传统色
	比利时	与法国喜爱相同，男孩喜蓝色、少女喜粉红色，但遇到不幸之事，都用蓝衣作标志
	意大利	喜爱浓红色、绿色、茶色、蓝色及鲜艳色，忌用黑色、紫色，民俗中，红色为寡妇的爱和忠诚的证据
	希腊	喜欢黄色、绿色、蓝色等，认为黑色是反面的色彩而忌讳
	丹麦	喜爱红色、白色、蓝色等
	西班牙	喜爱黑色，中世纪时，黄色表示死囚的罪恶
	奥地利	绿色在国内流行，被广泛使用，在服饰上使用绿色，被认为是高贵。喜欢鲜艳的蓝色、黄色、红色
	罗马尼亚	喜欢白色、红色、绿色、黄色等，白色象征纯洁，绿色象征希望，红色象征爱情，黄色表示谨慎，均带有积极含义，视黑色为消极色，忌用黑色

续表

地区	国家	对色彩的喜爱与象征
澳洲	澳大利亚	喜欢鲜蓝色，鲜红色、鲜黄色，以及众多含灰的高雅色，厌紫色、橄榄绿色
美洲地区	美国	一般讲，对色彩无特殊的爱憎，但多数喜欢鲜艳的红色、蓝色，绿色被认为是庄重的色，红色表示干净，美国的印第安人视红色为男性和白昼，视黑色为男性和尘世，视白色为女性、和平、幸福的象征
	加拿大	对色彩的爱好，既近似于美国人，又相似于法国人，两者兼而有之。人们常说：加拿大是法国的文化、英国的体制、美国的生活。除部落中的宗教徒外，对色彩无特殊喜爱，一般喜欢素净的色
	古巴	对色彩的喜好受美国影响很大，一般居民喜欢鲜明的色，在众多的商品上，美国流行什么款式和色彩，他们也跟着流行什么
	墨西哥	喜爱红色、白色、绿色，代表国家的也是这三种色，因此有广泛用这三种色做装饰的习俗
	巴西	对色彩具有十分强烈的偏爱和特殊的感情，喜欢红色，认为暗茶色不吉祥，紫色表示悲哀，黄色表示绝望，这两种颜色配在一起，便要引起恶兆
	巴拉圭	普遍喜用高明度的色，红色、深蓝色、绿色分别象征国内三大党的颜色，使用时十分慎重
	秘鲁	喜用红色、紫红色、黄色等鲜明色，紫色只用于每年10月份举行的宗教仪式上，平时忌用
	阿根廷	人们非常喜爱银白的颜色，这与阿根廷的国名含义“白银之国”有关，喜欢黄色、绿色、红色，忌用黑紫相间的色，忌黑色
	圭亚那	喜爱明亮色
	厄瓜多尔	服饰和色彩有明显的地区差异，在凉爽的高原地区，居民的服饰喜欢用暗色，而在炎热的沿海地区，喜欢白色和高明度的色，农民普遍喜爱鲜明的色彩，对红色运用很谨慎，只限于消防汽车上
	委内瑞拉	喜欢黄色，而红色、绿色、茶色、白色和黑色代表国家五大党，一般不用，黄色是示意医务卫生行业的标准色，商业上不准用带宗教意味的色彩图案
	尼加拉瓜	忌用蓝色、白蓝色平行条状色
	哥伦比亚	喜爱明亮醒目的红色、蓝色、黄色，也有部分人喜欢浅色调
非洲地区	埃及	普遍使用绿色，绿色象征丰收、发育、雨水、力量，较喜欢在白或黑底上配红色、绿色以及橙色、青绿、浅蓝等，黄色表示幸福和繁荣，不喜欢蓝色、暗淡色和紫色，忌深蓝色
	突尼斯	伊斯兰教喜用绿色、白色、红色，犹太人喜爱白色，不同宗教喜欢不同色
	摩洛哥	喜红色、绿色、黑色及鲜艳色，认为这三种色是正色，白色为反面色，故忌用白色
	多哥	喜爱白色、绿色、紫色，认为这三种色彩代表积极意义，对红色、黄色、黑色，认为都代表消极意义而忌用
	乍得	喜用白色、粉色、黄色，并视这三色为吉祥色，忌用红色、黑色

续表

地区	国家	对色彩的喜爱与象征
非洲地区	尼日利亚	忌红色、黑色
	加纳	喜爱明亮色，认为黑色不吉祥，忌黑色；也很忌讳橘黄色，这是丧服用色
	博茨瓦纳	此国处南非内陆，亚热带气候，雨量稀少，人们渴望雨水，故爱好水的淡蓝色，视淡蓝色为代表国家生命的源泉，同时也喜爱黑、白、绿等色
	贝宁	忌用红、黑色
	利比亚	喜欢绿色，认为绿色是积极的颜色，禁止以各种颜色绘成的猪的图像和女性人体图像在商品包装上使用
	象牙海岸	爱用鲜艳明朗的色调，不喜欢暗淡的颜色和黑白相间的颜色
	利比里亚	喜欢明亮的鲜艳色，视黑色为消极色，故忌用黑色
	埃塞俄比亚	喜爱鲜艳明亮的色彩，视黑色为消极色，在商品包装上忌用黑色
	毛里塔尼亚	喜欢绿色、黄色、浅淡色，浅淡色比艳丽的颜色更受欢迎，并且普遍使用白色，国旗用绿色和黄色组成，所以这两种颜色也普遍受欢迎

作业与练习

1. 选用红、橙、黄、蓝、紫等色彩在电脑上做情感表现的小品练习。
2. 在电脑上对膨胀与收缩、前进与后退、华丽与朴实、兴奋与平静、轻与重、软与硬、动与静、冷遇暖等心理差异做小品练习。
3. 做市场调查，分析5款配色成功的运动鞋和5款配色失败的运动鞋。

第四节　运动鞋配色要点

运动鞋是一种工业产品，不同于美术作品，有自己特殊的穿用功能和审美标准，在配色过程中，必然会受到材质、工艺、功能、穿着对象、穿着时间、穿着空间以及社会环境的影响。在掌握色彩基本知识后再为运动鞋配色，就会变得比较容易。

一、配色的影响因素

1. 运动的特点

运动鞋是为竞赛运动或健身运动而设计的鞋，配色当中首先要考虑运动本身的特点。足球运动与篮球运动不同，网球运动与排球运动不同，滑板运动与滑冰运动也不同，不同的运动对运动鞋色彩的要求也不同。比如同样是跑鞋，慢跑与速跑不同，越野跑与公路跑也不同，不但在功能结构上要有区别，就是在色彩上也应设计出区别来。不同的运动项目有不同的特点，要把稳重、矫健、迅猛、疾驰、腾空、旋转、强大、威力等运动特点变成色彩语言，把最能体现运动特点的色彩展示出来。

2. 穿着的对象

穿运动鞋的人群可以是男性，也可以是女性；可以是儿童、青少年、成年人或老年人。不同的穿着对象，对色彩会有不同的要求。男性要求色彩能体现出坚实、健壮的阳刚之气，女性则要求色彩能体现出青春活力的阴柔之美。儿童对色彩要求是鲜艳、活泼、明快、对比强；女孩喜欢淡色、柔和色、鲜艳色，希望有平静感、朦胧感；男孩喜欢新奇、鲜明、活力、有动感、有力度的颜色；青年人对色彩要求既要丰富，又要响亮多变，追求时髦和流行色；中年人对色彩要求漂亮而引人注目，柔和含蓄，鲜明而不落俗气，高雅而又大方；老年人宜用比较平稳、柔和、素雅色调。在确定运动鞋的色调时，要先确定穿用对象。

3. 穿着的时间

穿着的时间与季节有关系。在北方，四季分明，冬天常把运动鞋当做棉鞋穿，所以在配色方面，要与冬装色调相协调；春、秋两季是旅游的好季节，旅游鞋的色彩应明快、活泼一些，与春秋的服装相搭配。在南方天气不太冷，多雨的天气比较多，运动鞋又有不怕水洗的优点，所以穿着的时间比较长，运动鞋的配色要考虑适应多种色彩变化的需求。许多学生都把运动鞋当做日常生活用鞋穿，在配色中应想到运动鞋与运动服相搭配，尤其是在比赛时穿的运动鞋，服装与运动鞋相配就有一种整体感，就会产生整体统一的美感。作为人体的服饰，往往是先决定服装后搭配鞋子，运动鞋大多时候是处在从属的、被动的、被挑选的地位，在色彩设计中一定不要忽略服装对配色的影响。

4. 穿着的空间

穿着的空间与穿着的环境有关系，鞋子的配色也要适应自然环境、社会环境、空间环境。运动休闲鞋应展示给人一种轻松自如的自由感受，色彩要柔和、自然，不要把运动的激烈感、工作的紧张感掺杂进来，这是空间环境的需求；旅游登山是游玩心态的登山，鞋的配色考虑的是绿水青山；探险登山是工作性质的登山，要从安全防护的角度考虑配色，这是自然环境的要求。如果把运动鞋当做社交鞋来穿，你可能会遇到意想不到的尴尬，这是社会环境的选择。配色时考虑穿着空间就是强调与穿着环境的适应关系。

5. 流行的因素

流行色对服装有影响，同样对运动鞋也有影响。抓住了流行趋势，可以带来丰厚的经济效益，但由于流行的周期往往比较短，错过了时机又会造成产品积压，风险与机遇并存。流行受到人们求新求异的心理作用影响，从某种意义上来说是一种社会性的摹仿，在使用流行色时，如果能把流行色与常用色彩组和应用，既可以延长流行色的生命，又可以扩大流行色的应用范围。

二、配色方法

1. 根据设计主题确定色彩的主色调

每设计一款鞋，都会有要表达的内容，这就是主题 。比如说想表现出动感，动感就是主题，但是怎样动？跑动？跳动？流动？滑动？转动？颤动？再比如说想表现律动，就可以把抽象主题具体在有节奏地跳动，再起个好听的名字叫“青春舞步”，既确定了设计的对象，也确定了色彩的基调：青春、靓丽、舞动、韵律。根据这种基调，就可以确定主色调。在写文章时，是使用文字、修辞、语句来表达什么是青春舞步，青春舞步如何美，要珍惜青春等；在造型时，要用点、线、面等造型元素来表达什么是青春，什么是舞步，要用形、色、质来突出青春的美好，要用造型的三要素来打动审美的主体，要珍惜青春；在色彩设计时，选用的是色彩语言，用色线、色条、色块来显示青春，显示舞动，用主色调来表达青春的状态，再通过色相对比、明度对比、纯度对比、冷暖对比等，突出青春的活力和美好。青春像舞动的少女，活泼、热情、美丽；青春像健壮的小伙，开朗、大方、充满生机，要通过色彩语言唤起主体对青春的憧憬和珍爱，达到主体与客体的心灵沟通、水乳交融。如果主色调选错了，变成了老气横秋，或变成了天真幼稚，那就是跑题，所以主色调一定要与设计主题一致。在色彩的调子与构成中，列举了那么多的色调，也只是几种基本色调，真正能体现青春的色调还要靠动手调配。不同的设计师会有不同的经历，对青春的不同理解，配出的色调也会各有不同，这是正常的现象，只要抓住青春这个主题就不会错。

2. 根据色彩的主色调确定搭配色

主色调定下的是一种基调，没有搭配色还不完整，必须有对比、有强调、有突出，才能把主题完善、升华，所以要选择搭配色。选搭配色的范围很广阔，没有限制，只要能深化主题都可入选。搭配色的数量不要太多，在 1 ~2 个色相内选择即可，过多的搭配色会造成支离破碎的感觉。因为眼睛看不同的色彩时，会出现继时对比留下的残像，这是一种生理现象，所谓“看花了眼”。有时也会用到渐变色，例如彩虹色，包含有 7 种颜色，由于它们成规律性排列，往往当成一种颜色处理。搭配色与主色调的关系是对比的关系，不管是强对比、中对比，还是弱对比，也不管是明度对比、色相对比，还是纯度对比，有对比才会有刺激，才会吸引眼球。使用单一色调时，往往是在与使用的空间环境相搭配，也同样存在着对比。有了对比还要有协调，通过协调达成整体的统一感，才能满足主体的审美意识。从运动鞋的配色过程来看，关键的一步是搭配色的对比与调和，而要达到这一步，必须有深厚的色彩基本知识，否则就会是“乔太守乱点鸳鸯谱”。

3. 达到配色效果协调一致

配色效果一致，包括全鞋身的颜色协调一致，鞋帮与鞋底的颜色协调一致，鞋与使用环境的协调一致。使全鞋的配色效果协调一致，这是美的统一法则，强调一致，是为了创造整体美。使鞋帮颜色协调，并不是限制某些刺激性强、反差大的颜色的应用，有时为了突出某些色块，对比会产生强烈的刺激效果。又想有刺激，又想有协调，就可以通过面积变化、位置变化来达到协调。鞋帮与鞋底的协调也很重要，上下协调才会达到整体协调，帮底之间有呼应，有包容，不能脱节，不能散乱就是好的搭配。不管是用帮面来配鞋底，或者用鞋底来配鞋帮，从配色的原理讲是同一个道理：协调一致产生和谐的美。鞋与使用环境的协调往往与选择有关系：在绿色的场地上，白色的网球鞋蹦来蹦去，会有赏心悦目的感觉，如果换成绿色的网球鞋，鞋身与背景环境融为一体，看不清脚下的动作，好像是缺少什么，就会感觉得不舒服。同样的道理，在室内黄色的地板上打球，如果配黄色调的运动鞋也会大跌眼镜。同样在绿色的背景上踢足球，换上白色的足球鞋就会感觉脚下变轻，因为足球是一种拼抢的运动，上重下轻就没有力度感，如果换成黑色的足球鞋，马上就会感到脚下生风，威猛异常。这就是色彩带给人的冲击力。如果换成银灰色的足球鞋会怎么样？银色是一种特殊的颜色，具有金属的光泽，金属的硬度、韧性、力量也会体现出来，银灰色还含有高科技的概念，会联想到太空、火箭、机器人，那么一支用现代化武装起来的球队将是不可战胜的。

在掌握色彩搭配原理后，运动鞋的配色就容易了，概括起来是：确定设计主题→确定主色调→选出搭配色→达到协调一致。

最后需要提醒的是打印效果：在电脑中配色，采用的是 RGB 系统，也就是光的加色混合，看上去色彩很鲜亮，在打印时，可以自动转成 CMYB 系统，也就是油墨的减色混合。由于油墨的色彩利用的是光反射，所以打印的效果与电脑中的效果会有所不同。一般说来，采用激光打印的效果比喷墨打印的效果好；采用的纸张单位面积重量大些、光亮些，效果更好些；采用的油墨质量要好些，这样打印的效果才会与设计的色彩接近。

作业与练习

1. 为一组儿童或女士运动鞋进行同色调的搭配色练习。
2. 为一款慢跑鞋进行不同色调的搭配练习。
3. 为一组篮球鞋进行不同色调与搭配色的变换练习。

第十五章　专项运动鞋的设计练习

运动鞋的种类非常多，不同种类的运动鞋在功能结构上、造型风格上以及材料工艺的选用上都会有很大的差别，所以本章通过专项运动鞋的设计练习方法，达到深入设计的目的。我们已经清楚，设计的目标是针对人而不是物，而人在参加不同的运动项目时，运动的状态是有区别的，所以要从运动本身开始，了解对运动鞋的不同要求。

第一节　普通运动鞋的设计

在运动鞋的分类中，已经对运动鞋进行了比较全面的介绍。但是从体育运动本身讲，主要有健身类运动、竞技类运动和休闲类运动三大类，所以在设计定位的时候，先归属一下运动类别，使设计的要求与风格向运动的类别靠拢。普通运动鞋的设计，显然是属于健身类运动。健身类运动又包括有氧运动、健美运动和自然力运动。设计运动鞋就要与这些运动项目相适应。

有氧运动是指锻炼者仅通过呼吸就能够满足身体对氧气需求的一种锻炼方法。有氧运动的特点是运动强度适中，运动时间较长（30min 左右）。通过有氧锻炼可以有效地提高心血管机能和呼吸机能，减少脂肪积累，增进健康。例如健身走、健身跑、游泳、滑雪、骑自行车、跳绳、爬楼梯、登山等都属于有氧运动，另外，只要是速度慢、保持有 30min 左右的运动时间，如篮球、足球、游戏或非正式小强度比赛等，也称之为有氧运动。

健美运动是指通过逐渐承受重力训练的方法来发展肌肉和训练形体的一种锻炼方法。通过训练，可以使体形匀称、身姿矫健、线条优美、动作敏捷。健美训练的直接效应是反映在肌肉的发展上，一般人的肌肉占体重的 30% ~40%，长期从事健美训练的男子，肌肉可占体重的 50% 以上。健美训练还对骨骼的发育有良好的作用。健美运动是一项安全的运动，很少受条件的限制。

自然力运动是指利用自然界一些天然因素，如水、日光、空气、泥沙等进行身体锻炼的一种方法，通过回归自然、亲近自然，保持和强健体魄，例如森林浴、泥沙浴、游泳、滑雪、滑冰等。

了解了健身运动的特点，就可以分析出普通运动鞋的共同特点。一是大众化，因为参加健身运动的人数众多，所以鞋款的适应对象范围要广泛；二是方便实用，在穿脱上要方便、在适应相类似的运动时能通用，有一定的强度和安全保障；三是保证产品的质量，大众化并不等于粗制滥造，不要拿企业的信誉开玩笑。有了共性的基础，就可以针对个性进行设计。下面以户外运动鞋和慢跑鞋为例进行说明。

一、户外运动鞋的设计

1. 设计目标分析

想设计一款很普通的运动鞋，矮帮、前开口式结构。款式风格上采用中性化设计，让男士、女士皆可穿用，再通过颜色的搭配变化：白色/红色、白色/深蓝色、灰色/白色、灰色/黑色、灰色/红橙色等来区分选用对象。帮面要简洁，减少累赘感，鞋底采用较大花纹结构，既能适应户外的活动，又有新鲜感。像进行旅游、野营、采摘、晨练、跑步、爬楼梯等活动都能穿。产品的销售对象就是广大的健身运动爱好者。

2. 成品结构图

如彩图-51 所示，这是一款很普通的运动鞋，为了穿脱方便，采用尼龙搭扣做鞋襻。鞋身使用网布，比较轻巧；鞋身侧面有两条装饰带，网布的断帮位置就设计在装饰带下面。鞋的前尖设计有前套，后跟设计有后套，后眉片为单峰造型，后中缝的断帮位置用织带补强。颜色选用中性灰配白色，再用少量的红色调节气氛。白色看起来很干净、明亮，但是色调有些偏冷，搭配中性灰以后，色调变得柔和。灰色与白色相配，也显得很有生气。几条红色的线条，充满了灵性，有活力但不外露，显出一种优雅的美感。鞋身简洁，鞋底也简洁，鞋底上有颗粒状的花纹，适合于户外的活动。设计普通运动鞋的楦型，可以用网球鞋楦代替，鞋的前跷不太高，鞋头较

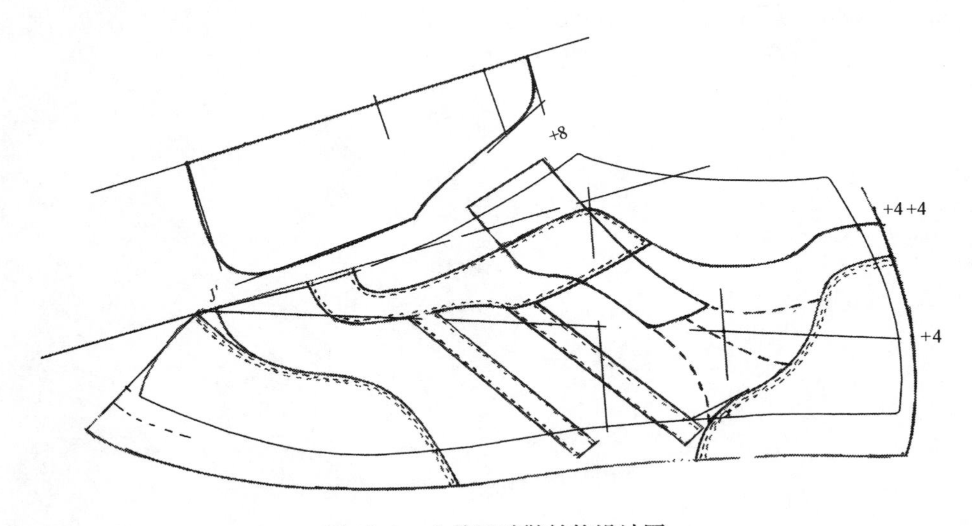

图 15-1　户外运动鞋结构设计图

厚，前掌宽大，适应的人群较广泛。

3. 结构设计图户外运动鞋结构设计见图 15-1。

二、慢跑鞋的设计

慢跑运动属于健身运动之一，慢跑鞋也就是一种普通运动鞋，但是由于需求量大，生产量也大，逐渐就形成了一种设计的风格，作为单独的品种被提炼出来。比如鞋底上的前底舌，几乎成了所有跑鞋的代表。“大众化 + 跑动”，是设计慢跑鞋的核心点。

1. 设计目标分析

想设计一款带有动感的慢跑鞋，利用网布，减轻鞋身的重量。鞋底选用成型 EVA 与橡胶片的贴合底，又轻软、又耐磨、又有弹性，适合于慢跑运动，参见彩图-25。鞋帮上采用现在流行的高频工艺，增加对中青年人士的吸引力。产品销售对象是慢跑运动的爱好者。

2. 成品结构图

如图 15-2 所示，鞋眼盖上有 6 个眼位，如果眼盖部件不能开料时，可从侧饰片的下面断开；眼盖之前有前饰条，可以设计成两片式网布鞋身；后眼盖上有高频压化，增强立体感，造型采用“后浪推前浪”的概念，侧面的装饰好像掀起一股巨浪，用力地向前涌去；眼片与侧饰片的线条，与鞋底花纹相连接，好像是一波未平一波又起；侧身网布上也有高频，与大浪相呼应。鞋身的侧饰片、后饰片部件上打有装饰孔，增加了透气性，看上去则更像飞溅的泡沫。鞋舌的网布有两种，起装饰作用的网布与鞋身相同，档次较高，舌体上大面积的网布很一般，借此可以降低成本，还可以产生不同材质的对比；鞋舌上的织带留有一个穿带孔，增加鞋带的稳固性。商标设计在鞋舌和后套上。慢跑鞋同样选用跑鞋的楦型，鞋楦的前跷较高，有利于快速地跑动，前头厚度比网球鞋楦稍薄，使得楦身显得修长，有流线型的设计效果。

图 15-2　慢跑鞋成品效果图

3. 结构设计图

慢跑鞋结构设计见图 15-3。

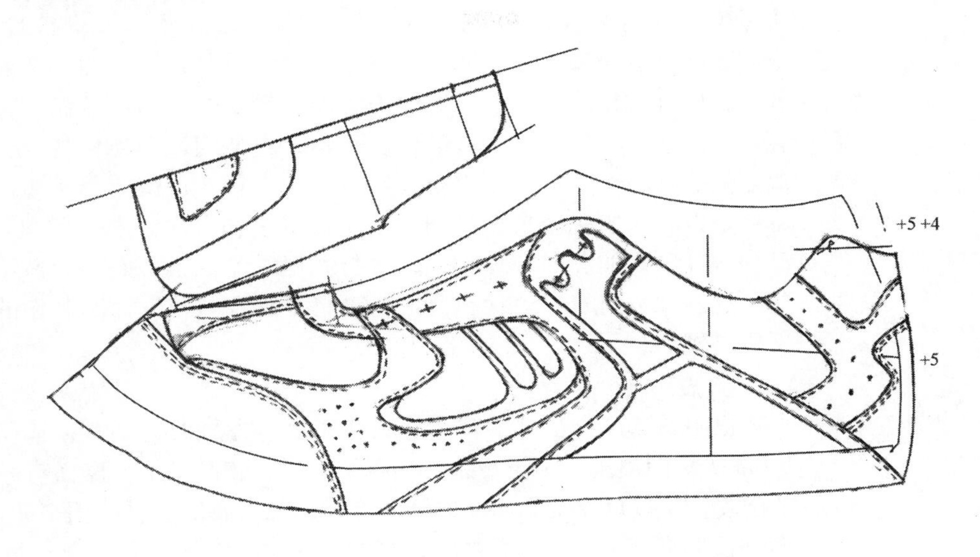

图 15-3　慢跑鞋结构设计图

普通运动鞋的设计，在造型上应掌握“大众化”这一特点，鞋帮与鞋底的结构具有运动鞋的共性，不要求特殊的功能性设计，鞋楦选择以网球鞋楦为主，适合大众口味，如遇到相类似的专项运动时，就选用专项运动鞋楦。由于面对的是普及型的健身运动，产品适用的对象范围一定要广，走经济实惠、薄利多销的营销路子。

作业与练习

1. 设计一款普通的运动鞋，进行分析和绘图，并取出样板来。
2. 设计一款慢跑鞋，进行分析和绘图，并取出样板来。

第二节　跑鞋的设计

慢跑属于健身运动，而径赛跑属于竞技运动，由于竞技运动需要速度、力量和耐力，所以径赛跑鞋与慢跑鞋会有很大的区别。竞技运动是指为了最大限度地发挥和提高人体在体格、心理、身体能力和运动能力等方面的潜力，取得优异运动成绩而进行科学的、系统的训练和竞赛。所以设计专项运动鞋要包括训练鞋和比赛鞋两个层次。

一、径赛跑运动的特点

竞技运动的项目很多，如果按运动项群分类，一般分为两大类，即体能类和技能类。径赛跑属于体能类运动，短跑要求有速度和力量，需要有很大的肌肉力量，在短时间内做快速收缩；同属于速度力量型的体能类运动还包括短距离速度滑冰、短距离赛场自行车、跳高、跳远、投掷标枪、铁饼、链球以及举重等运动项目。中长跑和超长的马拉松跑，都要求有耐力，能在较长的时间内控制肌肉进行协调的活动，属于耐力型的体能运动；类似的运动还包括中长距离划船、长距离速度滑冰以及公路竞走、自行车、滑雪等项目。径赛跑是以时间的快慢来记录和评定比赛成绩和名次，增加了竞争的激烈程度和参加者的心理负担，这与慢跑时的轻松心态是截然不同的。这两种不同的运动状态，也就决定了对竞赛鞋设计和制作的水平要求较高。

1. 短跑鞋

也叫做竞速鞋、钉子鞋，是配合速度与力量的运动鞋，适用于100m等短距离跑。由于短跑时的爆发力强，速度又快，路面有一定的硬度，所以从安全和运动成绩上考虑，鞋底要安装鞋钉用来防滑。鞋钉长度介于6～15mm之间，最常见的是12mm，路况越差，鞋钉越长，以提高抓地防滑的功能。鞋钉的材质、长度、数量、分布位置的不同，会获得不同的摩擦力，百米跑为获得极限速度，速跑鞋的任何细节设计都会成为关键的环节，这是一种高科技的产品。在2004年的雅典奥运会上，我国男选手刘翔以12s91的成绩平110m男子跨栏的世界纪录，获得该项目比赛的奥运冠军，被称为亚洲飞人，他所穿的那双鞋，被称为“红色魔鞋”。这是一双专门为他量身定做的跑鞋，参见彩图-52。今日的竞技场上，输赢往往就差那么几毫米、几十分之一秒，要提高速度，除了自身的条件外，就要改进装备，其中的跑鞋，应该从减少阻力上、热量调节上、降低摩擦上进行研究。钉跑鞋自1861年问世以来，一直是速跑鞋的主流。

短跑鞋的另一个特点是在楦底上。常用的跑鞋楦，依照楦后跟与前掌的弯曲程度可分为四种楦型：直楦、微弯曲楦、半弯曲楦、弯曲楦。弯曲的程度是以前掌中线与后跟中线的交角来控制的，直楦的交角在3°以内，弯曲楦的交角可达到25°，微弯曲楦与半弯曲楦介于两者之间，参见图15-4。

直楦型的弯曲程度最小，因此里怀一侧的鞋帮支撑性能比较好，适合于扁平足类的跑着穿用。微弯曲楦的夹角在10°左右，早期运动鞋用得比较多，半弯曲楦的夹角在16°左右，是目前较流行的鞋楦，也叫做歪头楦，这两种楦型都适合于正常的跑者穿用和用于一般的训练鞋，都可视为标准楦。为什么楦头要弯曲？其实从人脚底的结构来看，脚前掌就是向内侧弯曲的，弯曲的楦型符合脚的生理特征，

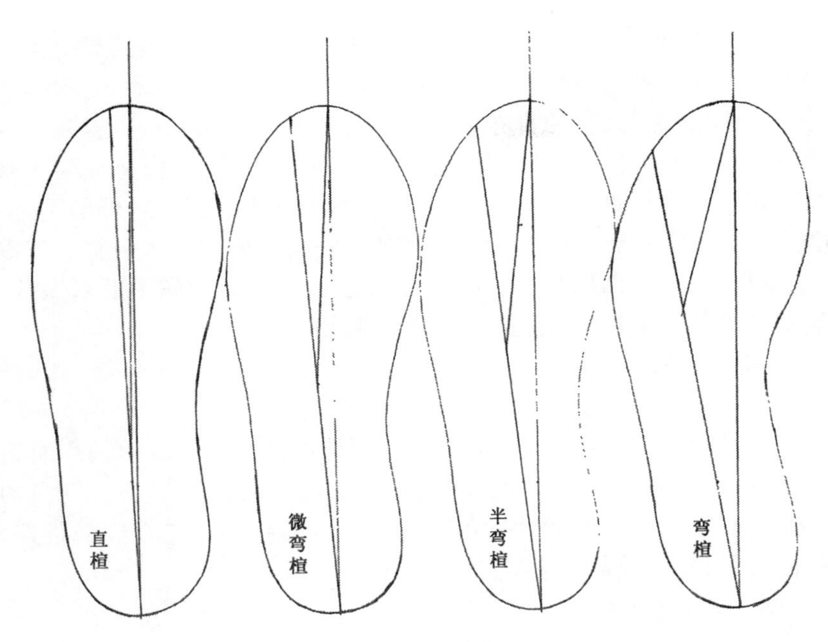

图 15-4　楦底的弯曲状态

有利于脚的弯曲运动。速跑鞋楦采用的是弯曲楦，俗称叫做“香蕉楦”，具有最佳的弯折性能。但同时也带来了危险，因为鞋帮内侧提供的支撑能力较弱，容易造成脚伤。因为短跑的运动成绩最能代表竞争的实力，所以在此选择了“成绩”而舍弃了部分的安全性。香蕉楦适合于讲究重量轻的跑鞋，适于体重不太重的选手，参见彩图-53。

2. 中长跑鞋

也叫做公路跑鞋，其中也包括马拉松跑鞋。这种跑鞋适用于水泥、沥青以及石铺的路面，路面比较整齐，但比较硬。因此要求鞋底要有弹性，有减震防护的作用；要求选用的鞋材质地要轻，有利于长时间的运动；鞋底应耐磨性好、耐弯折性好，鞋底面上要求有中等粗度的花纹，增加跑步时的防滑摩擦力，参见彩图-54。从审美的角度看，鞋款的造型应具有流动性的动感，给人以飞驰神速的感觉。气垫的应用、蜂巢结构的应用等，都是减震防护功能上的设计。

同样是跑鞋，作为练习用的跑鞋与比赛用的跑鞋还是有区别的。从重量上看，比赛鞋要求每双鞋重低于 200g，很轻，练习鞋每双低于 300g；在磨损程度上、减震效果上以及价格上，也略低于比赛鞋。因为训练的时间毕竟比正式比赛的时间长、消耗量大。

3. 越野跑鞋

越野跑是在自然环境中进行的一种中长距离的赛跑。它既是独立的竞赛项目，也是各项运动经常采用的训练手段。它没有固定的距离，也不受场地器材的限制，每次练习或比赛，都是按当时当地的自然环境条件选择路线，决定起点和终点。越野跑多在风景优美、空气新鲜、阳光充足的自然环境中进行，因而运动员可以得到美的享受，由于心情愉快，因此不易引起过分疲劳。由越野跑派生出来的城市公路跑，近年来也十分活跃。越野跑鞋适合于野外的草地、泥土、山坡等路况，要求鞋底要有良好的防滑效果，有较宽、较深的花纹。由于地面较松软，有一定的减震效果，鞋底不要求太厚。鞋身的重量、耐磨性、防护性，同公路跑鞋。

二、跑鞋的设计

1. 设计目标分析

想设计一款公路跑鞋，为了减轻鞋体的重量，鞋身上使用有透气性的“三合一”网布，鞋底选用“十佳底”的跑鞋底。发泡的EVA片材比较轻，橡胶片底的耐磨性、耐折性、防滑性能都很好。鞋面采用PU合成革。楦型选用跑鞋楦。

2. 成品效果图

如彩图-55所示，鞋眼盖设计了5个眼位，前套与后套的造型都使用了流线型曲线，与侧饰片的造型相呼应，有很强的动感。同色系的蓝色调显得沉稳，有耐力，浅色的鞋底显得格外轻巧，用少量的黄色活跃了气氛，加大了对比度，与鞋底的黄色相协调。

3. 结构设计图

公路跑鞋结构见图15-5。

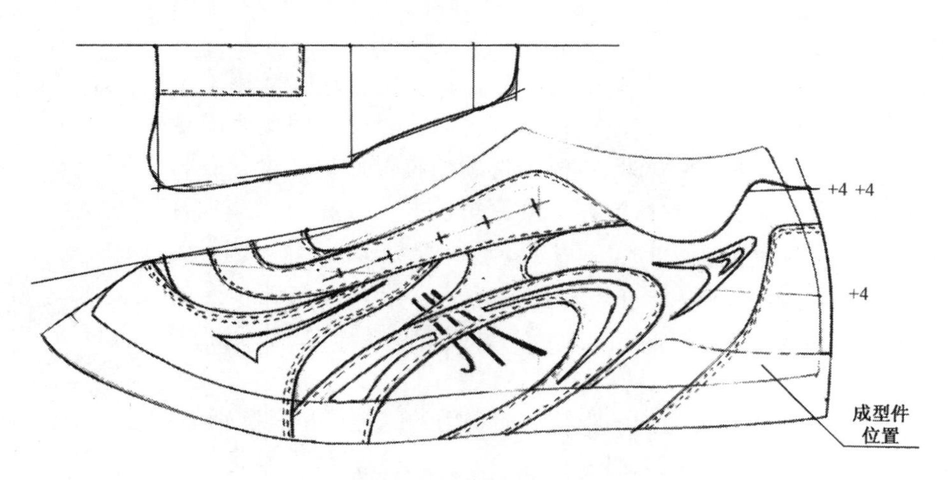

图15-5 公路跑鞋结构设计图

作业与练习

1. 设计一款跑鞋，要考虑功能、造型和色彩，画出成品效果图和结构设计图。

2. 利用十佳鞋底进行底配帮的 1×3 的成品效果图设计练习。

3. 画出 3 款不同风格的跑鞋成品效果图。

第三节　网球鞋的设计

网球运动也是竞技运动，但是不同于体能类的径赛跑，它是属于技能类的一种运动。技能类的竞技运动包括表现型运动和对抗型运动。在表现型运动内，包括具有准确性的射击、射箭比赛，也包括具有健美性的跳水、技巧、体操、花样滑冰等项目。在对抗型运动内，包括同场对抗的篮球、足球、手球、水球、冰球、曲棍球等比赛；也包括双人格斗的击剑、柔道、摔跤、拳击、散打等比赛；还包括隔网对抗的乒乓球、羽毛球、排球、网球等比赛。

一、网球运动的特点

网球起源可追溯到 12～13 世纪，是一种用手掌击球的游戏；14 世纪传入英国，当时球的表面用斜纹法兰绒制成，人们称这种球为“Tennis”，在上层社会流行，有“贵族运动”的雅称。到了 16～17 世纪网球运动演变成一种比赛，出现了特定的场地和球拍。网球运动的历史开始于 1873 年，经过了网球打法的改进，使之成为可以在草坪上进行的运动。以后又逐渐完善球网的高度、场地的大小、计分方法等内容。在 1896 年的第一届雅典奥运会上，网球曾被列为正式比赛项目，后来又被取消，直到 1988 年汉城奥运会，网球才被重新列为正式比赛项目。

网球运动属于隔网的对抗运动，网球的训练和比赛极具观赏性，运动员的奔跑、大力击球的动作极具美感，各种技术、战术的运用令人眼花缭乱，白色的服饰与绿色的场地相搭配，使比赛独具韵味。但是网球运动的强度和持续的时间是其它一些运动所不能比的，一场高水平的网球比赛，运动员的奔跑达万米以上，击球时会前后左右四面跑动，鞋的侧帮会受到很大的冲击，在剧烈运动的同时，还要做急停、跳跃等动作。网球运动延续了英国“绅士运动”的行为和习惯，有着良好的体育氛围，很少发生体育暴力和不文明行为。

有了对网球运动的了解，那在网球鞋的设计中应该注意什么呢？要注意网球运动的氛围和运动的强度。在造型上，要体现出奔跑的稳健和大力击球的力度感，区别于径赛的急速跑、区别于健身的慢跑，是一种胸有成竹的稳健的跑。所以网球鞋楦比较厚重，穿着舒适，前跷不太高，显得强健有力。由于网球运动对侧帮的冲击较大，所以在鞋帮的侧面一般要有补强设计。网球运动的场地较好，鞋底花纹不用很粗大，为了便于后退移动，在鞋底的后端，常设计成小的坡状，减少后退的阻力。在色彩的搭配上，不要脱离“绿色场地＋白色服装”这个大环境。网球鞋以白色为主是与白色的服饰相协调，现在有些运动员的服装颜色也在改变，因此网球鞋的色彩也可以有较大的变化，但是不要破坏延续的审美习惯。参见彩图-56。

二、网球鞋的设计

通过观察网球鞋的外观，应该很容易地区分网球鞋与跑鞋。下面分析几款传统的网球鞋。

1. 传统网球鞋成品图

如图15-6所示，通过这几款鞋的造型，可以看到有如下的共同特点。第一，在鞋帮的侧面都有补强件，抵抗侧面受到的冲击；第二，楦头较厚，前跷较小，使脚趾在鞋腔内的活动比较自由；第三，部件造型以稳健为主，要打持久战，有厚重的力度感；第四，注意了透气装饰孔的应用，改善因长时间运动而引起的不适感。第五，在鞋舌的两侧，常设计出固定带，用松紧带固定鞋舌，防止因剧烈的运动而错位。当然，固定带从外面是看不到的。

图15-6　网球鞋成品图

2. 改样设计

改样设计也是常用的一种设计方法。综合前面的几幅网球鞋成品图，画出改样后的成品图，参见图 15-7。

图 15-7　改样后的网球鞋成品图

3. 结构设计图

网球鞋的结构设计见图 15-8

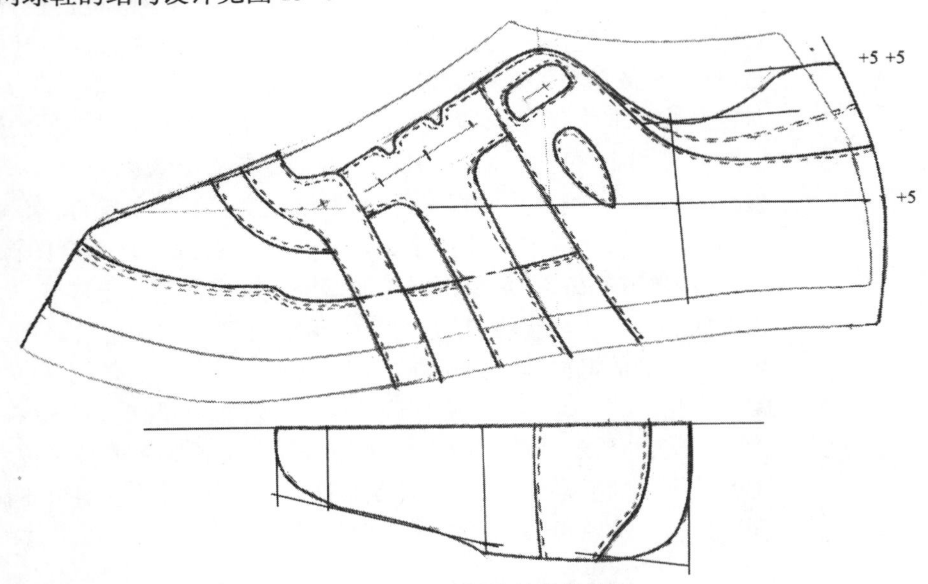

图 15-8　网球鞋的结构设计图

作业与练习

1. 设计一款传统样式的网球鞋。
2. 设计一款具有现代意识的网球鞋。

第四节　足球鞋的设计

足球运动起源于中国，早在 3500 年前的殷代，就有了求神祈雨的足球舞，到了战国时期，民间已兴盛集体的“蹴鞠”游戏，蹴鞠运动又经历了汉、唐、宋、明、清时代，有了进一步发展。在外国，相传古希腊就有人踢球，后被罗马人继承下来，但遭到罗马皇帝的取缔，到公元10世纪以后，法国、意大利、英国等一些国家才有了足球(soccer)游戏,到了15世纪末人们才称之为“football”,并逐渐发展成现代的足球运动。现代足球运动是首先从英国兴起的,是世界上开展得最广泛、影响最大的运动项目,被称为“世界第一运动”。

一、足球运动的特点

足球运动属于竞技运动中的同场对抗运动，是以脚为主支配球的一项球类运动。足球运动的对抗性很强，运动员在比赛中采用合乎规则的各种动作包括奔跑、急停、转身、倒地、跳跃、冲撞等，同对手进行激烈地争夺。一场足球比赛用时之长、场地之大、运动负荷之重、参观人数之多，都是其它运动项目所不及的；足球运动技术复杂，在激烈的争夺中完成各种配合，精彩的传球、接球、射门，往往会产生惊心动魄的诱惑和引人入胜的悬念。足球运动还能改善人的心理素质，培养勇敢、顽强、机智、果断的精神。

通过对足球运动的了解，分析一下如何进行足球鞋的设计。足球运动员的奔跑、传球、接球、射门,以及推、拨、扣、拖、挑等细腻的踢球动作,全依靠在一双脚上,所以足球鞋要合脚是第一的关键。足球鞋楦与脚型非常接近,不是为了追求舒服,而是要有脚鞋合一的感觉,这样才有利于对球的控制。鞋楦的前跷比较高,与跑鞋类似,是为了便于奔跑,这种跑就如同百米速跑,所以鞋底也安置了鞋钉,有利于急停、猛拐、起跳等需要大摩擦力的动作。除了普及型足球鞋的橡胶底外,一般的鞋底较薄,可以减轻重量,鞋底较硬,便于固定鞋钉,为了加强鞋底与鞋帮的坚牢度,还常用穿钉固定外底。鞋帮比较轻巧,鞋身内有一层薄的泡面,既有护脚的作用,又有对球的滞后作用;鞋的前帮常常采用大素头结构,并采用车假线的工艺处理,既提高了鞋帮的强度,又不会妨碍运球的方向。足球鞋的口门位置比一般鞋靠前,是为了便于脚趾的活动。总之,设计足球鞋应注意在功能上要求脚感好、在造型上要求威猛强悍。

二、设计举例

1. 设计目标分析

想设计一款足球练习鞋，以红色为主，搭配黑色，突出火一样的激情和不可被征服的力量。采用红黑搭配的PVC成型鞋底，装有鞋钉。鞋舌采用翻舌，防护作用好。根据构思可以先画出一幅图来。

2. 成品效果图

如图15-9所示，鞋身采用整片式大鞋身，尽量减少前帮的断帮位置，鞋身上采用印刷工艺装饰，并车有多条假线。采用5个眼位，简洁一些。后套上也是采用车假线和印刷工艺。

图 15-9　足球鞋成品效果图

3. 结构设计图足球鞋结构设计见图 15-10。

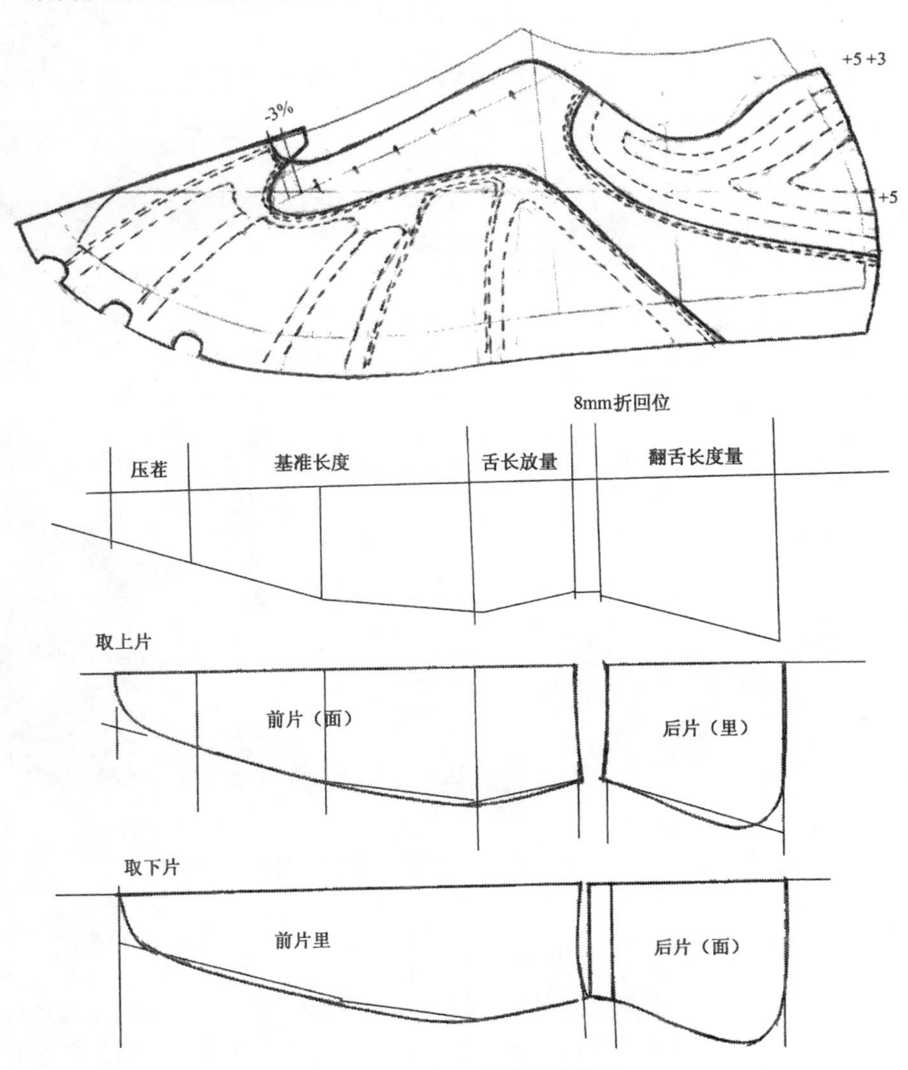

图 15-10　足球鞋结构设计图

4. 问题分析

在样品鞋的设计中，我们总是通过造型的变化来增加鞋款的花色品种。下面的3款足球鞋的成品效果图，就是通过造型变化完成的。第一款鞋采用了高频工艺，想通过立体的造型来增加张力，参见图15-11。第二款鞋采用了流行的鞋底，使足球鞋具有新潮感，参见图15-12。第三款鞋是学生足球鞋，采用橡胶底，并设计了较长的围盖增加鞋的统一性和整体性，断帮线设计在不起眼的位置，参见图15-13。

图15-11　足球练习鞋成品效果图（A）

图15-12　足球练习鞋成品效果图（B）

把3张成品效果图进行反复地研究分析，结果发现在每款鞋上都出现了较大的失误。这些失误会影响足球鞋的功能，请你把这些失误挑出来，答案就在“足球运动的特点”一段文字中。

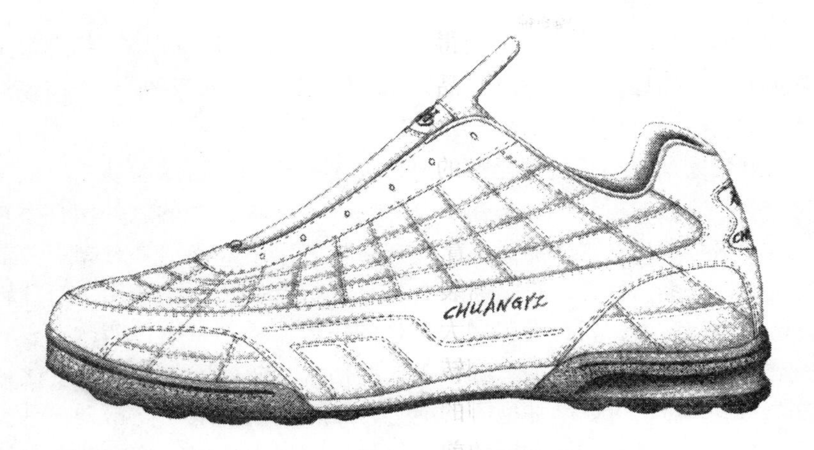

图 15-13　足球练习鞋成品效果图（C）

作业与练习

1. 采用改样设计法把图 15-11、图 15-12、图 15-13 中的失误改正。

2. 设计一款足球练习鞋，画出成品效果图。

3. 制取足球鞋的翻舌的样板。

第五节　篮球鞋的设计

篮球运动也是属于同场对抗的竞技运动，是用球向悬在高处的目标进行投准比赛的球类运动。由于最初是用装水果的篮筐做投掷目标，故名叫“篮”球（basketball）。

一、篮球运动的特点

现代篮球已经发展成为一项具有灵活巧妙的技术和变化多端的战术相结合的竞赛项目，比赛时各种专门的动作，总括为进攻和防守两大部分。进攻时的传球、接球、运球、突破、投篮等一系列连贯的动作，让人看得目不暇接，其中的跳起投篮，运动员突然高高跳起、空中换手、出手扣蓝，这一连串优美的动作，使得观看篮球比赛有了赏心悦目的感觉。防守时挥动的双臂、快速移动变换的脚步、封盖堵截的挡抢、人盯人步步紧逼的场面，给对方造成巨大的威胁和压力。从运动的场地灯光，到运动员完美的动作，再到运动员的球衣、球鞋，构成了一道美丽的风景线。

设计篮球鞋离不开这道“风景线”，篮球鞋的造型要具有审美性，要把“跳投”、“威力”这两种状态，转化成造型的视觉元素。设计篮球鞋要大气，利用大面、大色块，造成强烈的对比；还要利用颜色、光泽的强烈反差，营造激烈的运动氛围，给人以鼓舞和振奋。欣赏许多知名品牌的篮球鞋，首先在视觉上就有不同一般的感觉。说到篮球鞋，谁也不会忘记创造篮球神话的迈克尔·乔丹，1984 年耐克公司选定年轻的乔丹作为代言人，使得有飞人标志的“air jordan”品牌攀上前所未有的高峰，现在已经出品了19代产品，参见彩图-57，市场对乔丹鞋的需求仍是如饥似渴。

观赏篮球赛与看足球比赛的心态是不一样的，足球运动属于危险的运动，造成的意外伤害率在4.18%左右，篮球运动的意外伤害率在0.88%左右。其中篮球鞋就有着重要的防护作用，特别是对脚踝关节的扭伤、内翻、外翻、跟腱断裂、脚骨骨折有着预防的作用。篮球鞋设计成中帮结构，就是为了增大防护的作用，特别是统口两侧，要有一定的硬度，预防踝骨关节翻转造成的伤害。篮球鞋的统口长度比一般鞋要小一点，可以增加抱脚的能力；后帮的高度低于高帮鞋，是为了使脚腕运动灵活。篮球鞋的前跷比较低，稳定性好；篮球鞋底比较厚，弹性比较大，有利于弹跳动作；鞋底花纹中粗偏细，适合于地板类的运动场地；设计有气垫结构，有利于减震。

二、篮球鞋的设计

1. 成品效果图赏析

首先通过欣赏别人的作品来提高自己的审美能力，参见图15-14。

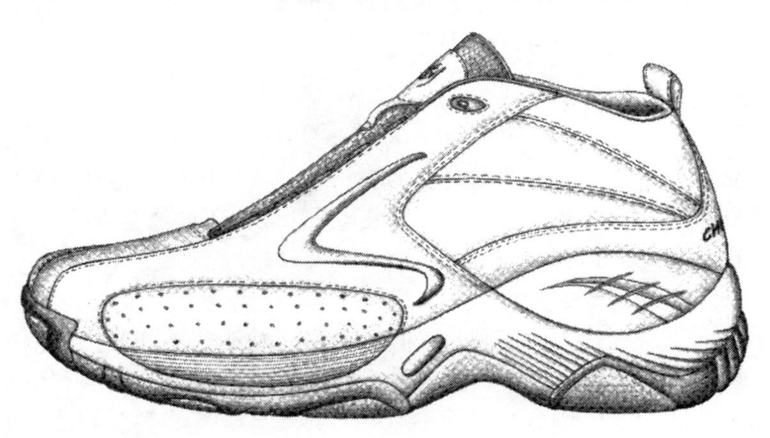

图15-14　篮球鞋成品效果图（A）

观赏图15-14的总体感觉是鞋底与鞋帮配合得比较完美，上下融会贯通，有一种整体的统一美。在局部造型上，前段的“点”，与中段的“体”，和后段的“线”，三者之间缺少调和，有分散的感觉，故而力度不强。

观赏图15-15的总体感觉是变化有新意，前帮采用素头结构很简洁，侧帮的补强作用突出，两相比较产生了力度感。前段的“点”与中段的“点”相呼应，与后段的“线”有反差，但是由于被一块大部件分割开，对比变弱。开口的部件使用了半截松紧布，后半边又用了鞋眼，使得造型和结构都变得复杂，与前帮的简洁风格相左。

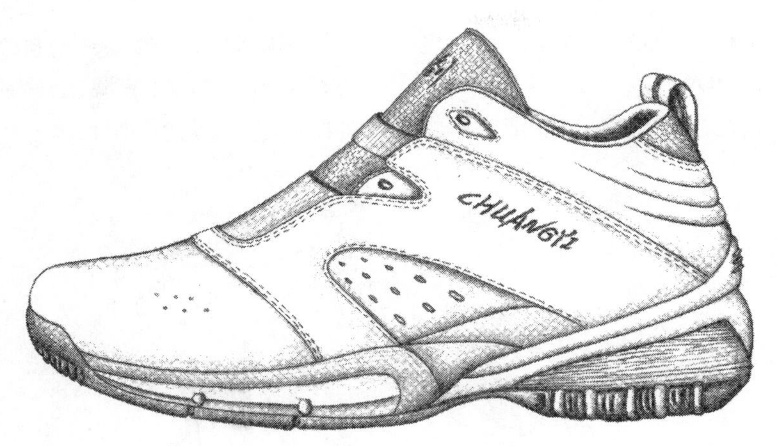

图 15-15　篮球鞋成品效果图（B）

图 15-16　篮球鞋成品效果图（C）

观赏图 15-16 的总体感觉是比较和谐，从鞋体的大轮廓造型到每块部件的安排比例，从鞋帮与鞋底的搭配到魔术带的应用，都比较和谐，和谐就会产生美。特别是应用魔术带，为穿脱带来了很大的方便。但是如果把篮球比赛的激烈场面与鞋的风格相比较，就会觉得休闲有余，而战斗力不足。是不是眼光太挑剔了？还记得“没有不败的产品，只有不败的品牌”这句话吗？因为你设计的产品是面对广大的顾客，总会有人提出问题、挑出毛病来，总有改进的余地。“乔丹鞋”那么有名气，为什么还要出第 19 代产品？为什么不把第一代产品一直卖下去？因为时代在变化，人的需求在变化，产品也就必须有创新变化，新产品要胜过老产品，这个“胜”是属于新一代的，那老一代得到的会是什么？但是作为“乔丹”这个品牌来说，不管推出的是第几代产品，都处于不败之地。所以不断地改进，也就是不断地创新，品牌就孕育在无穷的大设计循环之中。

2. 设计构思

在篮球比赛中，有一个“勾手投篮”的动作甚是优美，于是想通过投篮这个概念设计一款篮球鞋。在全鞋中属脚山的位置最高,自然成了投球的中心点,还想通过高频工艺,突出投球的立体造型,最后还要通过色彩对比的反差,把投篮的形象推向高潮,参见图 15-17。

图 15-17 篮球鞋的构思设计图

如图所示，高频图案，象征着挡篮的手臂，被拉长的接帮线，象征着拔地而起，借用鞋的统口轮廓线，完成挥手、倒勾、投篮的概念设计。颜色搭配：白/红、白/宝蓝、白/黑。

3. 结构设计图

篮球鞋结构设计见图 15-18。

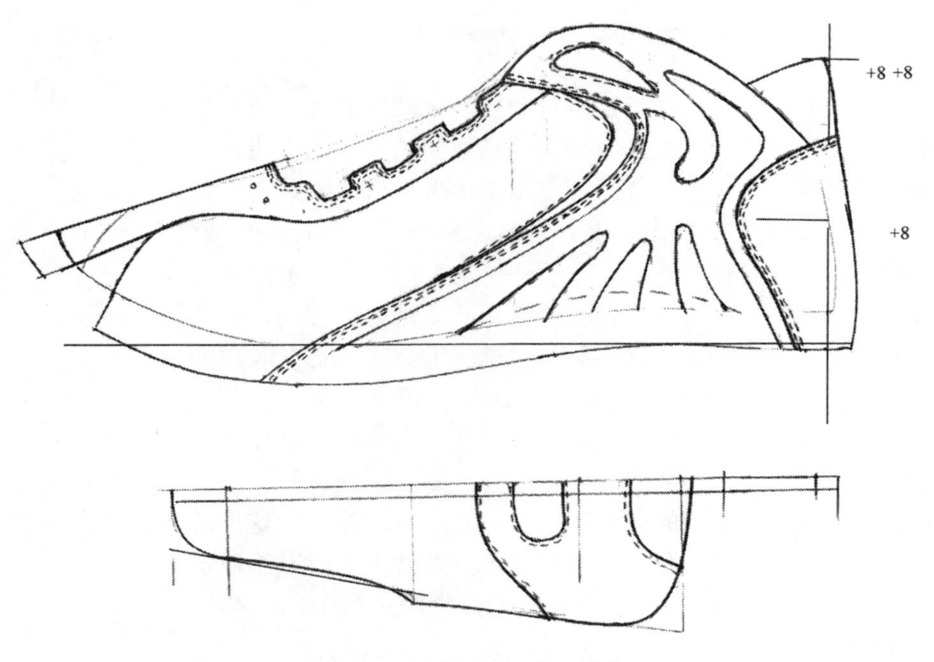

图 15-18 篮球鞋结构设计图

作业与练习

1. 把本节图（A）、图（B）、图（C）3款鞋进行改样设计，完成效果图。

2. 设计一款篮球鞋，画出效果图。

3. 制取篮球鞋的全套样板。

第六节　滑板鞋的设计

滑板运动属于哪一种运动类型？属于健身型？运动太激烈；属于竞技型？好像没有竞争对手。滑板是属于休闲类型的运动。何谓休闲运动？是指远离工作的自由时间所从事的各种户外活动。也就是个人在工作之外所参加的身体活动统称为休闲运动。例如滑轮、滑板、技巧小车、台球、保龄球、高尔夫球、体育舞蹈、体育旅游、钓鱼、登山、野营等都属于休闲运动。可见休闲运动包含的范围很广，使得休闲鞋包含的范围也就很广，滑板鞋只是其中之一。

一、滑板运动的特点

滑板运动是20世纪60年代才开始兴起的运动，起初穿用的就是帆布面橡胶底鞋，后来一个叫Paul Van Doreen的人设计了板鞋，因为他本身就有滑板的经验，知道哪一处最受力、哪一处最易受伤。滑板是一块平整的条形板，两端向上翘起，下面有四只小轮。玩滑板时双脚踏在板上，依靠惯性向前滑动。高级的动作是在高速滑行中，利用脚尖打板，使滑板腾空，飞落在高出的物体上继续滑行。为了练就这腾空飞落，要忍受无数次跌倒的伤痛。

在观察典型的滑板鞋时会发现：鞋底比较平，与板面的接触面积大，站立平稳安全；鞋底花纹比较细，与平整的板面间可产生较大的摩擦力，防滑性能高；有一定的前跷，有利于脚尖的打板动作。在帮面上，会有厚厚的泡棉，鞋舌与领口的泡棉比一般鞋都要厚，看起来很胖，这是出于防止脚的意外伤害的考虑；鞋的前帮脸比较短，这与足球鞋类似，是为了便于脚趾的活动。运动鞋的特点离不开运动本身的特点，有时为了安全考虑，只好牺牲一部分审美标准，所以滑板鞋不像跑鞋那样修长，也不像篮球鞋那样魁梧，但是很实用。

二、滑板鞋的设计

1. 滑板鞋成品效果图欣赏

下面是四幅所设计的滑板鞋成品效果图，参见图15-19～图15-22。

滑板鞋的设计风格

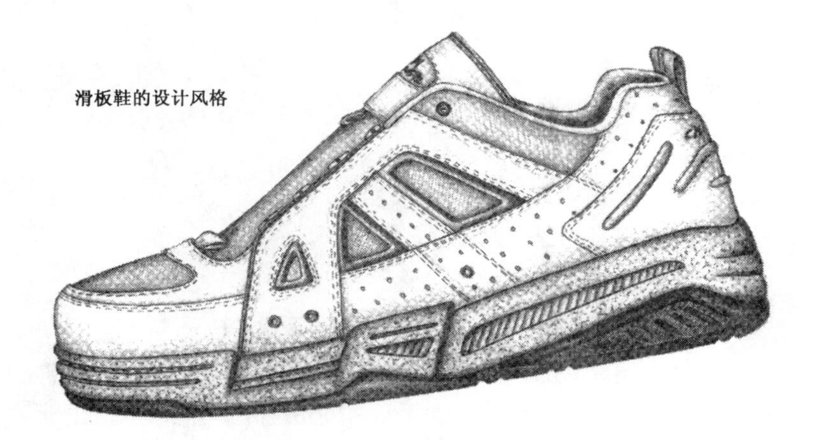

图 15-19 滑板鞋设计图（A）

图 15-20 滑板鞋设计图（B）

图 15-21 滑板鞋设计图（C）

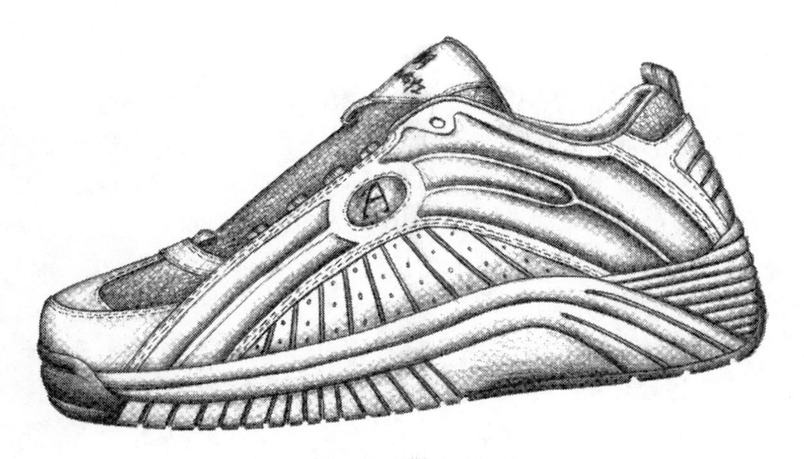

图 15-22　滑板鞋设计图（D）

以上四种滑板鞋的设计效果都比较到位，鞋帮与鞋底的搭配和谐统一，鞋帮部件的造型符合运动的心理特征，是比较成熟的作品。下面以第一款鞋为例，进行结构设计。

2. 结构设计图

滑板鞋（A）结构设计见图 15-23。

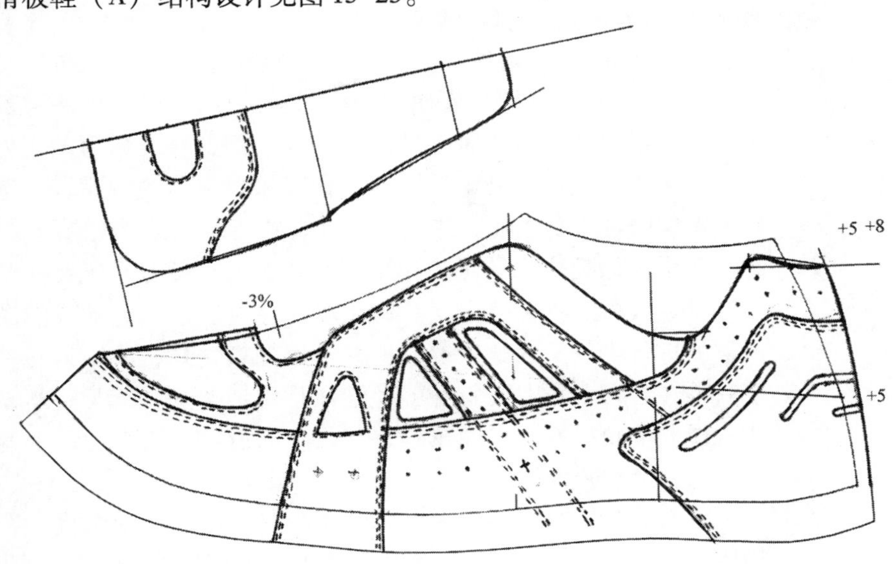

图 15-23　滑板鞋（A）结构设计图

作业与练习

1. 画出举例中的 3 幅成品效果图。
2. 套用模式设计一款滑板鞋。
3. 制取滑板鞋的全套样板。

第七节　登山鞋的设计

登山运动属于休闲运动范围，因为自然界有太多的奥秘需要去发现、去探索。但是登山运动却是一项在特殊环境下的特殊的运动，不同于一般的休闲活动。按照登山运动的目的不同，又分为旅游登山、竞技登山和探险登山三个项目。

一、登山运动的特点

登山成为一项体育运动，是在人类生产活动的基础上逐渐形成的。世界上无论哪个民族和国家，只要具备山区地理环境，人们就必然不断增多对山的接触和认识，通过开山、伐木、采药、狩猎、战争、通商、旅游、迁徙等各种活动穿山越岭，但这还不是自觉的体育活动。国际登山界一般认为登山成为体育运动是在18世纪的欧洲。1760年7月，有个青年科学家为了探索高山植物问题，渴望有人能帮助他克服当时看来是不可逾越的险阻，登上高峰。于是他在阿尔卑斯山脉最高峰的勃朗山下一个小山村口贴出告示：凡能提供登上勃朗之巅的路线者，给以重赏。但长时间无人响应。直到26年之后，才有一个医生和一个水晶石匠人结伴登上勃朗峰，第二年有一支20多人的登山队，在匠人的带领下登上高峰，验证了前一年的首次攀登，并进行了科学考察工作。于是，一个新的体育项目"阿尔卑斯运动"随之兴起。

探险登山，需要有一定的器械和装备，以克服各种恶劣的自然条件，一般要登上雪线以上的高峰绝顶。例如攀登珠穆朗玛峰。在各种装备中，就包括高山靴，这是攀登冰雪地形的特用鞋。选用材料要有保暖性、防水性、透气性，质地要轻；还要另配绑腿和鞋罩，进一步增加保暖防水和保护作用；在冰坡上行动时，还要在靴下绑上冰爪。其中的竞技登山，具有比赛的性质，各自徒手或借助一定的器械进行攀登技术的竞赛，这时要用到攀岩鞋，或叫岩石鞋。这是一种在岩石上作业的特种鞋，鞋帮是用结实的皮革类材料，鞋底用较硬的橡胶材料，鞋底较厚并有凸起的齿纹，增大运动中的摩擦力，有固定和防滑的作用。

市面上常见的登山鞋，也叫做徒步鞋，是一种旅游登山鞋，结构造型是仿照攀岩鞋设计的，有矮帮款式和高帮款式的区别。因为是登山活动，所以鞋的结实程度一定要牢靠。在鞋帮设计上，部件多，通过各种造型变化来增加强度，特别是在为了提高透气性能而使用网布时，更要注意补强。在鞋底设计上，较厚的鞋底显得特别耐磨，粗大的花纹在崎岖的山路上有较好的止滑作用，底前端的底墙比较高，不怕冲撞。

二、登山鞋的设计

登山鞋的设计离不开对登山运动的要求，在满足基本要求后，还要在功能的强度上、防滑性能上突出登山鞋的特点。对于造型上的设计，要因时而异，早期的登山鞋很简单，现在如果还生产这种鞋，就会卖不出去；现在很流行装饰功能的设计，是为了吸引顾客的眼球，那就在装饰上做足文章，达到尽善尽美。下面是一组成熟的作品。

1. 设计效果图欣赏

如图 15-24 ~ 图 15-26 所示，三款鞋中都利用了网布，使笨重的鞋底有了轻巧的感觉；结构上强调了前尖、后跟与侧帮的强度；工艺上采用了流行的高频压花，使造型更加完美；鞋帮与鞋底的搭配，风格相同，上下呼应也很和谐。其中图 15-24 与图 15-26，鞋底相同，是 1×2 的底配帮设计。

图 15-24　登山鞋成品效果图（A）

图 15-25　登山鞋成品效果图（B）

图 15-26　登山鞋成品效果图（C）

图 15-27　登山鞋设计图

2. 登山鞋的设计

仿照上面提供的设计模式也设计一款登山鞋。对于许多成型产品来说，由于设计的人次太多，逐渐就形成了固定的风格和模式，比如说跑鞋、篮球鞋。因为有了这种风格和模式，就很容易把它们区别开来，按照这种模式去设计，就容易到位。反过来，如果你破坏了这种模式，就很难得到同行的认可。只有优秀的设计师，才能在继承的同时又有创新，在保留旧模式的同时又制定了新游戏规则。如图 15-27 所示，这是一款采用套用模式设计的登山鞋。

3. 结构设计图

登山鞋结构设计见图 15-28。

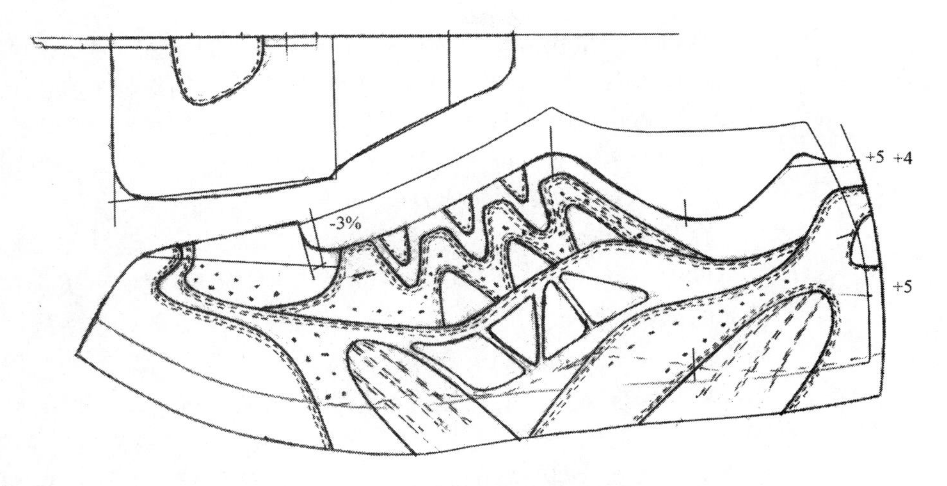

图 15-28　登山鞋结构设计图

作业与练习

1. 画出举例中的 3 幅成品效果图。
2. 套用模式设计一款登山鞋。
3. 套用模式设计一款高帮登山鞋。

第八节　运动休闲鞋的设计

运动休闲鞋是目前市场上比较流行的一种鞋类，虽说人们要参加体育运动，要穿运动鞋，但是比起穿休闲鞋的时间来说毕竟要短，所以休闲运动鞋的发展还会有很大的空间。可是现在市场上的休闲鞋品种非常少，一窝蜂地往时装化方向挤，反而把市场做小了。这与对休闲的认识有关。

“休闲”所追求的是一种愉悦的感受，在休闲的活动中想要得到一种自由自在的享受，这是一种不受场地限制、重视自我选择、主动参与、自己负责、体现做人的尊严和自我价值的活动。所以对于休闲鞋的设计应该突出在精神上的作用，外在的表现形式要符合休闲活动的状态。我们已经设计过休闲鞋了，比如慢跑鞋和登山鞋，也是属于休闲鞋，只不过休闲的方式是慢跑和登山。设计这一类型已经成熟的休闲鞋比较容易，因为大量的设计产品为我们铺好了一条参照的路，已经形成了某种设计的风格和模式，俗话说“照猫画虎”，就能设计出休闲鞋来。但是要在这种模式之下搞创意、有创新，实在是不容易。实际上休闲鞋涉及的领域很广、涵盖的内容很多，还有待人们去开发。

如何去开发？这是我们最关心的问题。仔细想想，开发、创新、创意，这些名词的说法虽不同，但是在实质上与设计含义是相同的。

首先要确立一个设计的理念：强调设计的目的是人而不是产品。接下来的问题就是为什么人设计。如何确定设计的对象？要到市场上去找，要做市场调查和分析。市场如何形成？就是我们常说的人气、购买力和购买欲望，可以简单地用模式表示为：

市场 = 人口 + 购买力 + 购买欲望

穿鞋的人这么多，总能找到设计的目标。有了设计的目标就要进行设计定位：对消费者的消费层次、生理、心理、审美定位；对产品的类型、档次、风格、工艺、材料定位；还要对今后的发展空间定位。有了这些前期的准备工作之后，才能进行后续的构思和试制。看起来很麻烦，但是这些都是设计之本，有许多出口的产品在国外被称为低档产品，“低”在何处？是工艺？是材料？还是款式？最关键的是找不到明确的服务对象，只能低价销售。如果想走捷径的话，就是重复别人、就是仿制，那就谈不上设计。

本书的内容即将结束，在此先做一个小结。在上篇中，主要讲的是技术设计，在下篇中主要讲的是艺术设计和设计理念。技术设计和艺术设计是用来进行设计的手段，而设计的内容、设计的对象却存在于大设计的循环过程之中。本书中没有关于功能设计方面的内容，不是它不重要，而是没有这方面的实验研究。抄写别人的资料没有用，只是空谈理论，不能解决实际的问题。搞功能设计，必须有试验的手段，需要大量的投资，这不是通过单纯的学习就能解决的问题。

下面以休闲鞋设计案例作为全书的结束。

“运动便鞋”的开发与设计

听说过运动便鞋吗？确实是第一次听说。有皮便鞋、有布便鞋，再出个运动便鞋也是顺理成章的事。为什么要开发运动便鞋？请看下面的市场分析报告。

（一）目前运动鞋市场产品分布状况调查

我们可以把市场上的产品分为高、中、低三个档次，把服务的对象分成老年、中年、青年、儿童四个层面，把运动鞋分布的调查的结果填充在下面的表格中，参见表 15-1。

表 15-1　产品分布状况调查

产品档次	老　年	中　年	青　年	儿　童
高　档		* *	*	
中　档		* * *	* * *	*
低　档	*	* * * * *	* * * * *	* * *

通过调查表可以看到，“ * ”号越多，分布密度越大，在老年运动鞋市场方面，几乎是个空白，这是目前的市场状况。我国的人口

即将进入老龄化时代，老年人口已经占到10%以上，从某些方面来说，这又是一个巨大的潜在市场。从幼儿成长到青年、再步入到老年，这是一个不可抗拒的生命规律，老年人群总会存在，这就决定了老年市场发展空间非常有前景。特别是现在享受高档服务的中青年，当他们步入老年的行列之后，不仅需要对老年的服务，而且还会提升消费服务的档次。开发运动便鞋的目的是要抢先占领“银发族”市场。

（二）市场调查的分析研究

开发“银发族”的运动便鞋有没有可行性？

按照“市场 = 人口 + 购买力 + 购买欲望”逐一进行分析。

（1）人口：从理论上讲，13亿人口的10%就是1.3亿，这不是个小数字，按照有50%的人需要服务计算，也不是几个工厂的生产就能够解决的。结论：人口众多，消费对象稳定。

（2）购买力：老年人群的购买力不均衡。在农村购买力低，在城市购买力较高。退休的老人都有稳定的收入，随着生活水平的提高，需要一些专为老年人服务的产品。结论：产品的主打市场目前是城市的银发族。

（3）购买欲望：老年人也同样希望买到自己喜欢的、适合自己的用品。现在的老年所穿的鞋，大多是过时的、廉价的、打折处理的产品，而不是真正为老年人设计的、适合老年人的产品。

（4）老年人购物的特点：①实用。过多的装饰就是多余功能，就不是实用；②质量。劣质的产品达不到实用的要求，也逃不过他们挑剔的眼睛；③价格。性价比要合理，不要以为老人“就喜欢便宜货”，他们是在用一生的经验来评判产品“值不值这个价”；④颜色。配色要符合老年人心理，太老、太嫩、太素、太花都不成；⑤款式。要简洁、方便、庄重、大方。

我们的任务是专门设计老年人的产品，满足老年人的要求，激发起他们购物的欲望。结论：没有做不到的，只有想不到的。

（三）设计构思

1. 设计目标分析

运动便鞋是一种休闲鞋，比如去买菜、遛弯、打太极拳、下棋、散步、老友聊天等都能穿，突出实用的便利性：穿鞋脱鞋要方便，穿在脚上要轻便，走在路上很随便，清洁起来还简便。运动便鞋以走路为主，不同于慢跑鞋，也不同于健步鞋，没有锻炼的指标；它就是一种家居鞋，虽然可以慢跑，也可以健步，但是造型上不要张扬，不能强调动感，而是一种亲和的、温馨的、脱俗的、健朗的风格和情调。色彩以蓝色、灰色、黑色、茶色、棕色、咖啡色等为主色调，再配以其它的辅助色。

2. 成品效果图

如图15-29所示，该图是按照设计构思画出的成品效果图。采用“一脚蹬”式的结构是为了穿脱的方便，让老年人弯腰系有24个孔的鞋带是一种罪过。在鞋领口的前端，是一块“四面弹”的材料，可以保证穿得进去，穿后还抱脚。鞋的大身采用网布，减轻鞋的重量，增加鞋的透气性。鞋的前套与后套采用人工革，不仅可以降低成本，而且还可以清洗。鞋面上设计有一组系带结构，有增加强度、紧固帮面的作用，其实更主要的是用来装饰，把装饰与功能结合起来就不显得多余。鞋底采用轻便的贴胶底，防滑性能好。由于把一些流行的元素设计在鞋款上，看起来不落俗套，但是在整体的把握上又很普通，所以走在街上就会很自在，显得很随便。

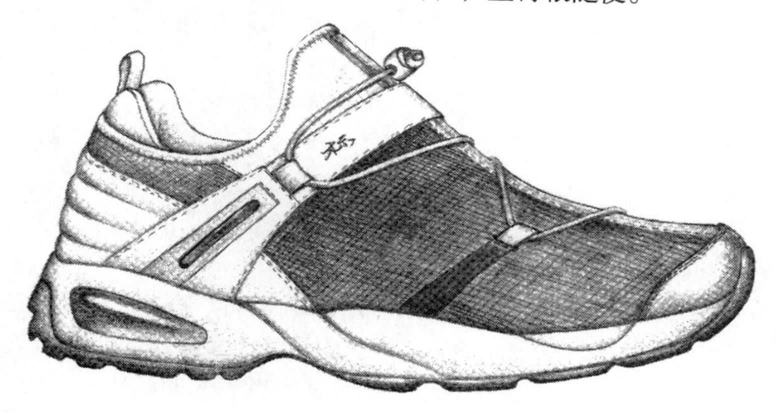

图15-29　运动便鞋成品效果图

类似的效果图要多设计一些，也可以设计成系列产品，然后从中筛选。经过审定确认后，就可以继续下面的工作：结构设计图→制取样板→开料→试制→找问题再试制→确认样品→打刀模→备料→投产→产成品→营销→商品。

作业与练习

1. 按照文中的思路设计3款运动便鞋。
2. 通过市场调查、分析、研究，设计一款有开发前途的运动鞋。

参考书目

1. 中国大百科全书总编委员会《体育》编辑委员会编．中国大百科全书（体育篇）．北京：中国大百科出版社，1982
2. 陈念慧编著．鞋靴设计学．北京：中国轻工业出版社，2001
3. 李当岐编著．服装学概论．北京：高等教育出版社，1998
4. 贾京生编著．服饰色彩．北京：高等教育出版社，1999
5. 谢庆森主编．工业造型设计．天津：天津大学出版社，1994
6. 金剑平编著．立体设计．武汉：湖北美术出版社，2002

书　　名	定价(元/册)
皮鞋款式样板设计	25.00
皮鞋结构设计	42.00
皮鞋帮样结构设计原理	38.00
鞋楦设计	108.00
运动鞋的设计与打板	48.00
机器制鞋工艺学	32.00
鞋楦造型设计与制作	38.00
现代胶粘皮鞋工艺(上、下)	92.00
鞋靴美学与技能丛书——鞋靴创意与表现技法	40.00
鞋靴美学与技能丛书——鞋靴造型设计	38.00
鞋靴美学与技能丛书——鞋靴制作工艺	28.00
皮鞋款式造型设计	25.00
皮鞋楦跟造型设计(第二版)	22.00
鞋样设计实用教程	50.00
英汉制鞋工业常用词汇	40.00
鞋靴贴楦设计法	40.00
时装女鞋制作工程——开发设计稿	40.00
时装女鞋制作工程——工艺技术篇	40.00
皮鞋设计学(高校教材)	40.00
皮鞋工艺学(高校教材)	32.00
革制品材料学(高校教材)	25.00
鞋类效果图技法(高校教材)	45.00
皮革制品机械原理及构造(高校教材)	30.00
皮革制品 CAD/CAM(普通高等教育"十五"国家级规划教材)	30.00
革制品分析检验(教指委推荐特色教材)	32.00
运动鞋设计(高校教材)	36.00
计算机辅助皮革制品设计(高校教材)	58.00
皮鞋工艺学(职教教材)	35.00
鞋靴设计效果图技法(第二版)(高职教材)	35.00
鞋靴设计学(第二版,普通高等教育"十一五"国家级规划教材)	65.00
脚型·楦型·底部件(高职教材)	26.00
鞋靴色彩设计(高职教材)	40.00
制鞋机械概论(高职教材)	26.00
现代制鞋工艺(高职教材)	45.00
鞋靴结构设计(高职教材)	48.00
楦型设计原理(高职教材)	30.00
制鞋工(基础知识、初级)——国家职业资格培训教程	15.00
制鞋工(中级、高级)——国家职业资格培训教程	25.00
制鞋工(技师)——国家职业资格培训教程	15.00